"十二五"江苏省高等学校重点教材（编号：2015-1-108）

采掘机械

（第二版）

主　编　史俊青
副主编　徐志鹏

中国矿业大学出版社
·徐州·

内 容 提 要

本书是在国家示范院校重点建设专业工学结合系列教材的基础上修订而成的，是“十二五”江苏省高等学校重点教材之一。本书针对井巷施工及采掘领域工矿应用型技术人才应具备的知识和能力，按照项目教学方式构建符合职业能力培养规律的课程内容体系，并在教学过程中依照“学习＋操作”相结合的原则，实现工学结合教学活动，切实使学生的能力能够满足职业岗位的需要。

全书分为三大学习项目，十五个具体工作任务。主要介绍了井巷掘进设备、井巷掘进辅助设备、机械化采煤设备的用途、工作原理、典型结构、安全操作规范及其维护保养等方面的基本知识与技能。

本书是高职教育三年制矿井建设专业的教材，也可作为矿山机电、采矿工程、矿井通风与安全等专业的教材，同时也可供矿山工程技术人员使用和参考。

图书在版编目(CIP)数据

采掘机械 / 史俊青主编. —2 版. —徐州 ：中国矿业大学出版社，2017.6(2021.1 重印)

ISBN 978 - 7 - 5646 - 3327 - 1

Ⅰ. ①采… Ⅱ. ①史… Ⅲ. ①采掘机—高等职业教育—教材 Ⅳ. ①TD421.5

中国版本图书馆 CIP 数据核字(2016)第 260609 号

书　　名 采掘机械
主　　编 史俊青
责任编辑 章　毅　夏　然
出版发行 中国矿业大学出版社有限责任公司
(江苏省徐州市解放南路　邮编 221008)
营销热线 (0516)83884103　83885105
出版服务 (0516)83995789　83884920
网　　址 http://www.cumtp.com　**E-mail**:cumtpvip@cumtp.com
印　　刷 江苏淮阴新华印务有限公司
开　　本 787 mm×1092 mm　1/16　**印张** 18　**字数** 446 千字
版次印次 2017 年 6 月第 2 版　2021 年 1 月第 2 次印刷
定　　价 38.00 元
(图书出现印装质量问题，本社负责调换)

前　言

本书是在国家示范院校重点建设教材《采掘机械》（史俊青主编，中国矿业大学出版社，2010年）的基础上经过修订而成，本次修订参照国家、江苏省“十二五”重点立项建设教材的要求、指导思想、原则以及高职高专规划教材的要求进行。

本次修订以第一版教材为基础，根据矿井建设一线技术员岗位基本要求进行修订。本教材依据工程实际，合理安排项目和任务，在每一任务中，以完成这一任务应具备的能力为目标来确定理论知识与技能训练内容。教材理论知识充分体现了以技术应用为目的，以必须、够用为度，以明确概念、强化应用为重点。教材按照目前和今后矿井建设一线技术员岗位知识与技能需要，适当增加和调整了部分内容。

修订的主要内容有：

(1) 对第一版中有关图文方面存在的纰漏和差错进行了订正。

(2) 将“项目一　井巷掘进设备”中任务顺序进行了调整，即将第一版中任务顺序按设备用途大类设置调整为按立井掘进工程和平巷掘进工程中设备使用的先后顺序设置教学任务顺序。这样修订后，使学生能更好地把实际工程项目中各工序与工序中所用设备有机结合起来，便于学生对工程项目进程的理解。

(3) 在每一任务前增加了任务描述，使学生在这一任务学习前明确目标，知道自己在该任务中要学什么和做什么。

(4) 增加和调整了教材的部分内容。具体情况如下：① 在“项目一　井巷掘进设备”中的伞钻部分，增加了FJD系列及SJZ系列伞钻的技术参数表，使学生对伞钻的性能更加了解，便于学生对伞钻的选用；在立井掘进的装载设备中增加了目前最常用的装载设备“挖掘机的使用与维护”；在平巷掘进设备中用目前最常用的EBZ型掘进机替代了ELMB型掘进机。② 在“项目二 井巷掘进辅助设备”中的提升设备部分增加了提升设备选型计算实例，在排水设备部分增加了排水设备选型计算实例，在通风设备部分用K4—73—01型通风机的反风替代了原来的4—72—11型通风机的反风，在矿山压缩空气设备中的压气设备组成中用螺杆式空气压缩机替代了原活塞式空气压缩机等等。这样修订后，使教材内容紧贴企业实际，使学生所学知识及技能更能满足企业需要，与企业的新设备、新技术同步更新。

(5) 对教材进行了多元化建设。不仅有纸质教材、还有电子教材，同时还收集或制作了部分设备的结构组成、工作过程、运行操作及维护等的动画或视频，以及设备工作虚拟环境，编写了试题库、试卷库，实现了易教、易学的目的。通过利用纸质教材、电子教材、电子课件等为学生提供多元化的教学资源，最大限度地满足学生个性化、自主性学习需求。电子课件、设备相关的动画或视频、试题库、试卷库等可以在中国矿业大学出版社的网站上下载，下载地址为：http://www.cumtp.com/download/item-331.html，也可以通过邮箱16036726@qq.com索取。

本书由江苏建筑职业技术学院史俊青教授担任主编，负责本书的策划、统稿和审稿工作。其中项目一中的任务一至任务七由江苏建筑职业技术学院史俊青编写；项目二中的任务一、任务二由江苏建筑职业技术学院孙政编写，任务三、任务四由中煤第五建设有限公司第三工程处张新房编写；项目三中的任务一至任务四由江苏建筑职业技术学院徐志鹏编写。

由于作者水平所限，本书难免有不足之处，敬请广大读者批评指正。

《采掘机械》编写组

2016年12月

目　　录

项目一 井巷掘进设备

任务一 凿岩机的使用与维护

教学目标

(1) 知识目标
① 熟知凿岩机的用途、类型和性能参数。
② 掌握凿岩机的结构及工作原理。
(2) 能力目标
① 能对凿岩机进行正确操作(使用前检查,启动、停止操作)。
② 能编写凿岩机操作规程。
(3) 职业素质
① 培养学生对凿岩机安全操作、团队协作、服从指挥的意识。
② 培养学生认真、细致、严谨的工作态度。

任务描述

在钻眼爆破法掘进巷道时,首先在工作面岩壁上钻凿出许多直径为 34～42 mm,深度为 1.5～2.5 m 的炮眼,然后在炮眼内装入炸药进行爆破。凿岩机就是一种在岩壁上钻凿炮眼用的钻眼机械。作为掘进一线的工程技术人员是凿岩机的使用者和维护者,其技术水平直接影响工作面的安全生产、工作效率、技术经济指标和设备使用寿命,因此作为一个合格的技术人员应熟知凿岩机的结构、工作原理及性能,并具有对凿岩机正确操作和维护保养的基本技能。

相关知识

一、凿岩机的凿岩原理

凿岩机按所用动力的不同可分为气动凿岩机、液压凿岩机、电动凿岩机和内燃凿岩机四类。凿岩机是按冲击破碎原理进行工作的,其工作原理如图 1-1 所示。活塞 1 在工作时作高频往复运动,不断地冲击钎尾。当活塞 1 向前运动时,在冲击力的作用下,呈尖楔状的钎头 4 将岩石压碎并凿入一定深度，形成一道凹痕。活塞退回后，钎杆 3 转过一定角度，活塞再次向前运动，冲击钎尾，又形成一道新的凹痕。两凹痕之间的扇形岩块被钎头上产生的水平分力剪碎。活塞不断地冲击钎尾，并从钎杆的中心孔连续输入压缩空气或压力水，将岩渣排出孔外，即可形成一定深度的圆形钻孔。实践表明，对于中硬以上岩石，凿岩机冲击破碎效果最好。

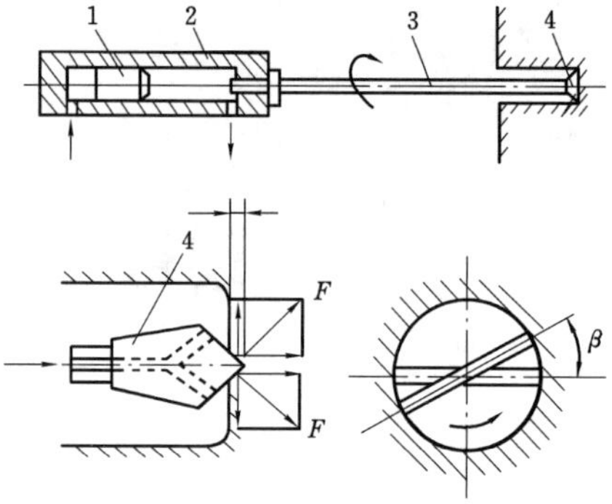

图 1-1　凿岩机钻孔原理

1——活塞；2——凿岩机缸体；
3——钎杆；4——钎头

凿岩机的主要性能参数有：活塞每次冲击钎尾所做的功，即冲击功；冲击频率；每次转钎角度；转钎扭矩和凿岩机质量等。在其他性能参数一定的情况下，凿岩效率与冲击功、冲击频率的大小成正比，但冲击功的大小受钎杆和钎头所镶硬质合金片的强度限制，不能任意加大。冲击频率是凿岩机工作时产生噪声和振动的主要原因，故无减振装置的手持式凿岩机的冲击频率不应超过 1 800～1 900 次/min，其他凿岩机当冲击频率超过 2 500 次/min 时必须设置消声器。凿岩机的转钎扭矩用来克服凿岩过程中作用在钎头和钎杆上的岩石的阻力矩，以保证钎子转动，进行连续作业。

二、气动凿岩机

气动凿岩机是以压缩空气为动力的钻孔机具，用钢管和软管将压缩空气输入凿岩机使其产生冲击和旋转作用，带动钎杆和钎头凿出炮眼。按支承和推进方式不同可将气动凿岩机分为手持式、气腿式、伸缩式和导轨式等。气动凿岩机虽然种类较多，但结构基本相似，均由冲击配气机构、转钎机构、排屑机构和润滑机构等组成。

钎子是凿岩机破碎岩石和形成岩孔的刀具，由钎头 2 和钎杆 1 两部分组成(图 1-2)。钎杆与钎头的连接方式可采用锥面摩擦连接和螺纹连接两种方式。由于锥面摩擦连接加工简单、拆装方便，只要锥面接触紧密，钎头和钎杆就不会轻易脱落，因此，目前广泛采用此种连接方式。

图 1-2　钎子

1——钎杆；2——钎头

钎头按刃口形状不同，可分为一字形、十字形和 X 形等，其中最常用的是一字形钎头，如图 1-3(a)所示，一字形钎头的主要优点是凿岩速度快和容易修磨。钎杆如图 1-3(b)所示，断面呈有中心孔的六角形。钎杆尾部六方侧面由锻钎机加工并经热处理，钎尾插入凿岩机的转动套内与其六方内孔配合，传递扭矩。钎尾端面承受凿岩机活塞的频繁冲击，要求其既有足够的表面硬度，又有良好的韧性。为防止活塞过早磨损，钎尾端面硬度应比活塞硬度低。钎杆中心孔供通水或压缩空气用，压缩空气或水经此中心孔，由钎头两侧面小孔流入钻孔底部，以便清除岩孔内的岩粉。

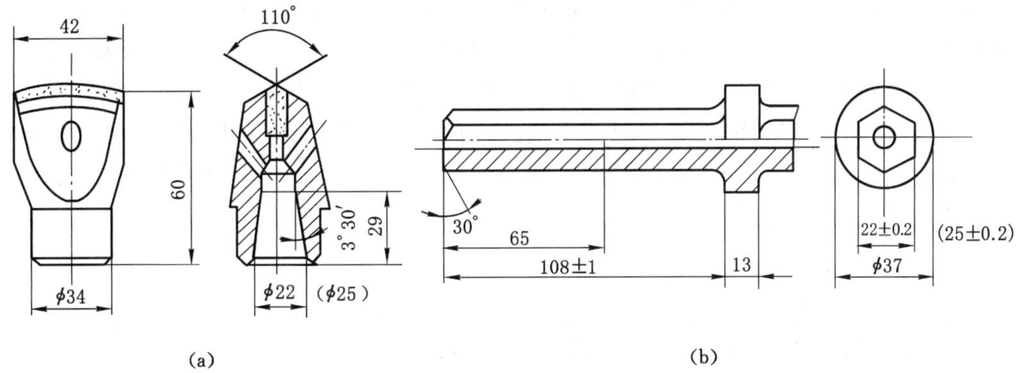

图 1-3　钎头和钎杆

(a) 钎头；(b) 钎杆

钎杆尾部插入凿岩机的钎套后，用钎卡卡住钎杆凸肩，防止拔钎子时与凿岩机脱开，或防止凿岩机空打时钎子由凿岩机的转动套中脱出。钎杆尾部的长度必须稍大于凿岩机内转动套的长度，以便活塞始终冲击钎尾，不致冲击转动套。

下面以气腿式凿岩机为例，说明各机构的工作原理。气腿式凿岩机外形如图 1-4 所示，钎杆的尾端装入凿岩机 2 的机头钎套内，注油器 3 连接在风管 5 上，使压缩空气中混有油雾，对凿岩机内零件进行润滑，水管 4 供给清除岩粉用的水，气腿 6 支撑凿岩机并给以工作所需的推进力。

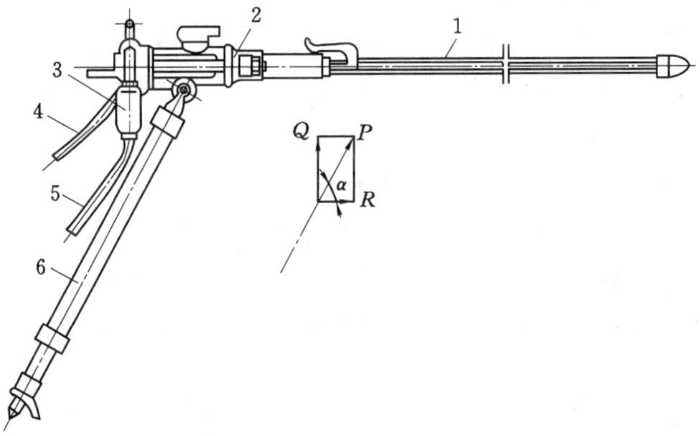

图 1-4　气腿式凿岩机外形图

1——钎杆；2——凿岩机；3——注油器；4——水管；5——风管；6——气腿

(一) 冲击配气机构

气动凿岩机实现活塞往复运动以冲击钎尾的机构称为冲击配气机构。常用的配气机构有被动阀配气机构、控制阀配气机构和无阀配气机构三种。

1. 被动阀配气机构

被动阀配气机构是依靠活塞往复运动压缩气缸前后腔气体，形成高压气垫推动配气阀变换位置来进行工作的。被动阀有球阀、环状阀和蝶状阀三种，其中球阀已很少使用，环状阀和蝶状阀配气机构的动作原理基本相似。图 1-5 所示为环状阀配气机构，压缩空气按图 1-5(a)中箭头所示方向进入气缸后腔 4(左腔)推动活塞进入冲击行程，当活塞前进到关闭排气孔 6 时，气缸前腔 7(右腔)成为密封腔，其压力随着活塞的前移而上升，此压力通过气路通道 8 作用于配气阀 3 后腔，当压力超过压缩空气压力时配气阀换位[图 1-5(b)]，此时压缩空气按箭头方向进入气缸前腔，使活塞返回，待活塞返回到关闭排气孔 6 后，气缸后腔压力上升，又推动配气阀 3 换到左位[图 1-5(a)]。配气阀的不断换位使活塞往复运动，冲击钎尾。

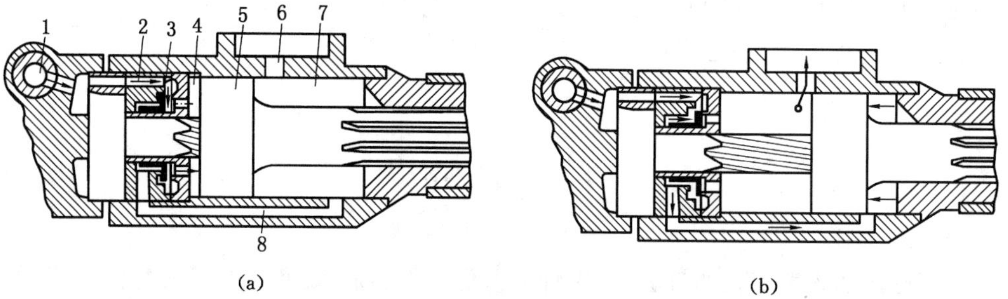

图 1-5 环状阀配气机构

1——压缩空气入口；2——气道；3——配气阀；4——气缸后腔；
5——活塞；6——排气孔；7——气缸前腔；8——气路通道

2. 控制阀配气机构

控制阀配气机构是压缩空气通过控制气路推动配气阀实现换向的，其耗气量比被动阀配气机构小。其工作原理如图 1-6 所示，冲击行程开始时[图 1-6(a)]压缩空气由箭头所示方向进入气缸后腔，推动活塞向前运动，当活塞越过控制气孔 6 时，一部分压缩空气进入后阀室 2，推动配气阀 3 变换位置，此时前阀室 10 的废气从小孔 5 逸入大气。当活塞越过排气孔 7 时，气缸后腔与大气相通，活塞靠惯性继续前行冲击钎尾。冲击行程结束也是返回行程的开始[图 1-6(b)]，此时压缩空气由箭头所示方向进入气缸前腔，推动活塞反向运动。活塞越过控制气孔 8 时，一部分压缩空气进入前阀室 10，并推动配气阀 3 变换位置，此时进后阀室内废气经小孔 11 逸入大气。当活塞越过控制气孔 6 后，气缸前腔与大气相通，返回行程结束。配气阀 3 的不断换位使活塞往复运动，冲击钎尾。

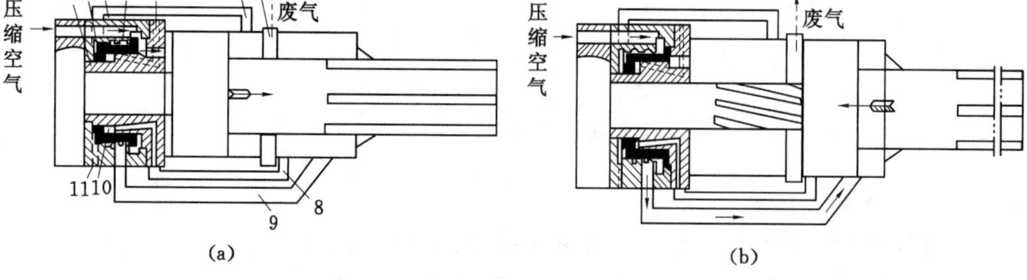

图 1-6 控制阀配气机构

1——阀套；2——后阀室；3——配气阀；4——控制阀；5,11——通大气小孔；
6,8——控制气孔；7——排气孔；9——气孔；10——前阀室

3．无阀配气机构

无阀配气机构，靠活塞在运动过程中的位置变换实现配气，如图 1-7 所示。压缩空气沿箭头方向进入气缸后腔（左腔）[图 1-7(a)]，气缸前腔（右腔）通大气，活塞前行；当活塞移动到关闭进气孔时，由于气缸后腔压气膨胀做功，推动活塞继续前行；当活塞打开排气孔时，由于惯性活塞仍前行，此时活塞冲击钎尾，完成冲击行程。此后压缩空气进入气缸前腔[图 1-7(b)]，后腔通大气，活塞返程。

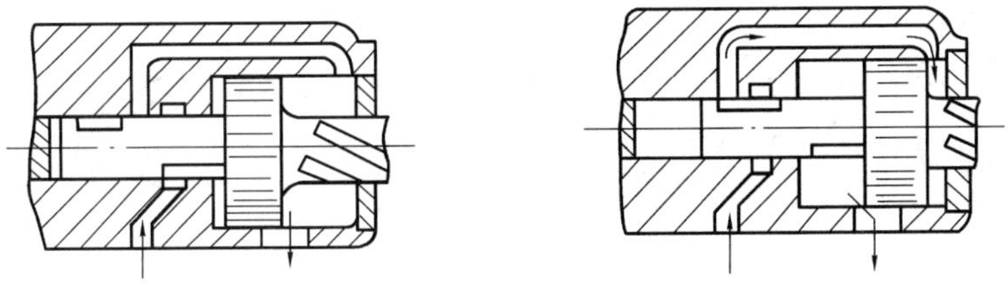

(a)　　　　(b)

图 1-7　无阀配气机构

（二）转钎机构

使气动凿岩机钎杆回转的机构，称为转钎机构。转钎机构有内回转和独立回转两种。

1．内回转转钎机构

内回转转钎机构的钎杆回转是依靠棘轮机构和螺纹连接来完成的。

棘轮机构可分为齿式棘轮机构和摩擦式棘轮机构。齿式棘轮机构如图 1-8 所示，在棘轮外缘或内缘上具有刚性轮齿，依靠棘爪与棘轮齿间的啮合传递运动。图 1-8(a)所示的棘轮机构是通过曲柄摇杆机构来推动棘爪运动的。当曲柄 1 作匀速连续的转动时，摇杆 3 作往复摆动。当摇杆逆时针方向摆动时，棘爪 4 推动棘轮 5 转过某一角度；当摇杆反向摆动时，棘轮静止不动。因此棘轮机构具有单向间歇运动的特性。

在图 1-8(b)中若棘轮固定不动，轴带动棘爪可作顺时针运动，反向转动被棘轮阻止。

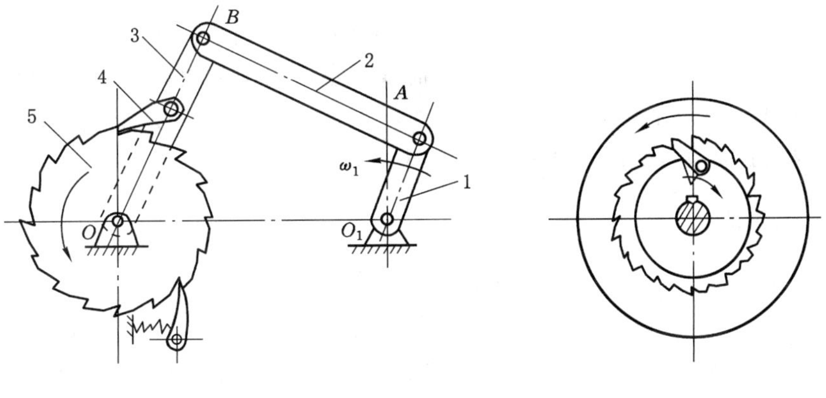

(a)　　　　(b)

图 1-8　齿式棘轮机构

1——曲柄；2——连杆；3——摇杆；4——棘爪；5——棘轮

内回转转钎机构如图1-9所示，当活塞4往复运动时，通过螺旋棒3和棘轮机构，使钎杆每被冲击一次就转动一定的角度。冲程时，棘爪2处于顺齿位置，螺旋棒3转动，活塞依直线向前冲击。回程时，棘爪2处于逆齿位置，阻止螺旋棒3转动，迫使活塞转动，从而带动转动套5和钎杆7转动一定角度。内回转机构多用于轻型手持式或气腿式气动凿岩机。

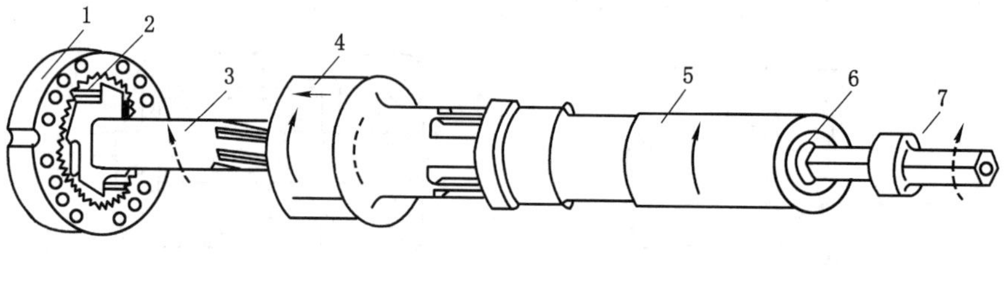

图1-9 内回转转钎机构

1——棘轮；2——棘爪；3——螺旋棒；4——活塞；5——转动套；6——钎尾套；7——钎杆

2. 独立回转转钎机构

独立回转转钎机构是由独立的气动马达经齿轮减速驱动钎杆转动的，该机构具有转速可调、转矩大、转动方向可变等特点，并有利于装拆钎头钎杆。独立回转转钎机构多用于重型导轨式气动凿岩机。

（三）排屑机构

排屑机构是用水冲洗排除孔内岩屑的机构。凿岩机驱动后，压力水经水针进入钎杆中心孔直通炮孔底部，与此同时有少量气体从螺旋棒或花键槽经钎杆进入炮孔底部，与冲洗水一起排除孔底岩屑。在凿深孔和向下凿孔时，孔底的岩屑不易排出，可扳动凿岩机的操纵手柄到强吹位置，使凿岩机停止冲击，停止注水，压缩空气按强吹气路从操纵阀进入，经过气缸气孔、机头气孔、钎杆中心孔进入孔底，实现"强吹"，把岩屑泥水排除。

（四）润滑机构

润滑机构是向凿岩机各运动件注润滑油，以保证正常凿岩作业的机构。一般在进气管上安装一台自动注油器，实现自动注油，油量大小可用调节螺钉调节。压缩空气进入注油器后，对润滑油施加压力，在高速气流作用下，润滑油滴被打散形成雾状，在含润滑油的压缩空气驱动凿岩机的同时，各运动零件相应被润滑。

三、液压凿岩机

（一）液压凿岩机的组成机构及工作原理

液压凿岩机是一种以液压力为动力的凿岩机。由于液体传递的压力比压缩空气的压力大得多，通常都在10 MPa以上，而且液体几乎不能被压缩也不能膨胀做功，并且可以循环使用，因此，液压凿岩机的构造与气动凿岩机的基本部分既相似而又有许多不同之处。液压凿岩机是由冲击机构、转钎机构和排粉机构组成的。下面以国产YYG—80型液压凿岩机为例分析其工作原理。

1. 冲击机构

液压凿岩机借助配油阀使高压油交替地进入活塞的前后油腔形成压力差,使活塞作往复运动。高压油进入活塞后腔,则推动活塞作冲程运动,冲击钎尾;高压油进入活塞前腔,使活塞作回程运动。同气动凿岩机一样,液压凿岩机产生冲击动作的关键部件是配油装置,配油方式主要有4种,即独立的配油滑阀配油、套筒式配油阀配油、利用旋转马达驱动的旋转式配油阀配油、利用活塞运动实现配油的无阀式配油。

YYG—80型液压凿岩机的冲击机构属于前后腔交替进、回油式,采用滑阀配油,其结构如图1-10所示。冲击机构由缸体4、活塞5和滑阀12等组成。缸体4做成一个整体,滑阀12与活塞的轴线平行,在缸体4孔内,前后各装一个铜套6、3支撑活塞运动,并导入液压油。滑阀12的作用是通过阀芯相对于阀体位置的改变自动改变活塞前、后腔的油液流动方向,从而使活塞作往复运动,打击冲击杆8的尾部,将冲击能量传递给钎子。

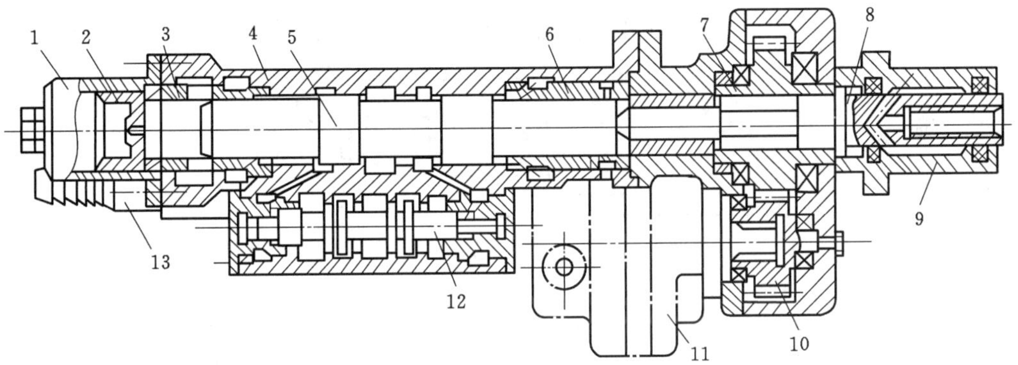

图1-10 YYG—80型液压凿岩机结构

1——回程蓄能器壳体;2,5——活塞;3,6——套;4——缸体;7,10——齿轮;8——冲击杆;9——水套;11——摆线转子液压马达;12——滑阀;13——进油管

YYG—80型液压凿岩机冲击配油机构的工作原理如图1-11所示。图1-11(a)为活塞冲程开始时,活塞1与滑阀阀芯2均处于左端位置。压力油经进油管P进入滑阀后,经H腔、a孔进入活塞左端A腔,使活塞向右(前)运动,活塞右端M腔内的液流经孔e、滑阀K腔、Q腔经回油管O回油箱。此时滑阀阀芯2两端E腔、F腔均通油箱,滑阀阀芯2保持不动。当活塞右移到一定位置时,A腔与b孔接通,部分高压油经b孔至阀芯左端E腔,而阀芯右端F腔经孔d、缸体B腔和c孔回油箱,在压力差作用下,滑阀阀芯2向右移动,同时活塞冲击钎尾,完成冲击行程。此后活塞开始返回行程。

图1-11(b)为活塞返回行程开始时,此时压力油经滑阀H腔、e孔进入活塞右端M腔,活塞左端A腔经a孔、滑阀G腔、N腔回油箱,活塞被推动左移。当活塞移动到打开d孔时,M腔部分压力油经d孔作用在阀芯右端,推动阀芯左移,移到图1-11(a)所示位置时,液流换向,回程结束并开始下一个循环的冲程。在活塞左移的过程中,当活塞左端关闭f孔后,随着活塞继续左移,D腔内液压升高,当此油压大于回程蓄能器3内左侧的气体压力时,油压压缩气体进入蓄能器,此时蓄能器将油液的压力能储存起来,同时还可

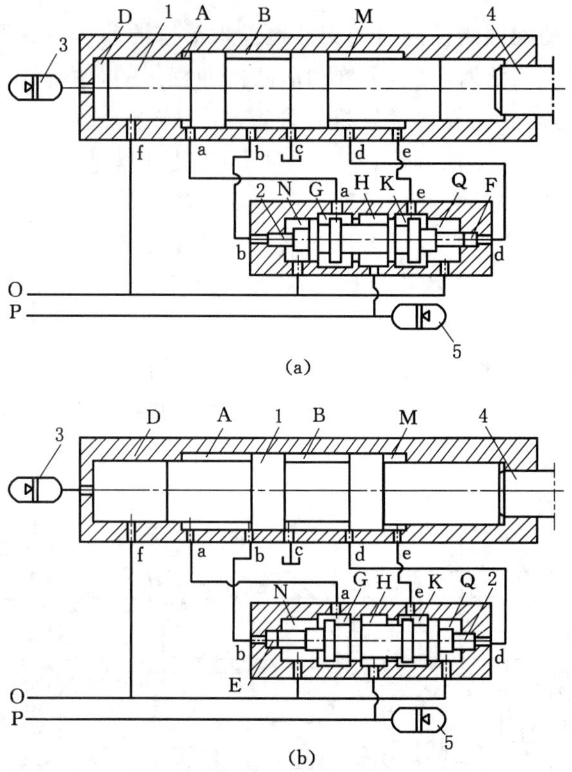

图 1-11 YYG—80 型液压凿岩机冲击配油机构的工作原理

1——活塞;2——滑阀阀芯;3——回程蓄能器;4——钎尾;5——主油路蓄能器

对活塞起缓冲作用。当冲程开始时,该蓄能器将储存的液压能释放出来,以加快活塞向前运动的速度,提高冲击力。

液压凿岩机主油路上还装有一个主油路蓄能器 5,其作用是将系统多余的液压能储存起来,待系统需要时补偿给系统,以减少液压泵供油量,提高效率,并减少液压冲击。

2. 转钎机构

液压凿岩机的转钎机构均采用独立机构,由液压马达通过一对减速齿轮带动钎子转动。

(1) 液压马达

液压马达的功用是将液压泵通过油管输送到马达体腔内的液压能转换为马达轴旋转运动的机械能,从而带动负载转动。马达输出的机械能是以输出转速 n 和输出转矩 T 的形式表现出来的。马达的输出转速为

$$n = \frac{q}{V} \tag{1-1}$$

式中 q——单位时间内输入给马达的液体体积,即马达的流量,m^3/s;

V——马达每转一圈所输入的液体体积,也就是马达每转一圈工作容积的变化量,即马达的排量,m^3/r。

马达的输出转矩为

$$T=\frac{\Delta pV}{2\pi} \tag{1-2}$$

式中 Δp——马达进出油口的压力差,Pa。

由式(1-1)和式(1-2)可看出,改变输给马达的流量或变量马达的排量,就可改变马达的转速;改变马达的进出油口的压力差或变量马达的排量,就可改变马达的输出转矩。

(2) 减速齿轮

减速齿轮的作用是降低转速。齿轮的啮合情况如图 1-12(a)所示,若主动齿轮的转速为 n_1,齿数为 z_1,从动齿轮的转速为 n_2,齿数为 z_2,则主动齿轮每分钟转过的齿数为 n_1z_1,从动齿轮每分钟转过的齿数为 n_2z_2。因为在两齿轮的啮合过程中,主动齿轮转过一个齿,从动齿轮相应的也转过一个齿,所以在每分钟内两轮转过的齿数应相等,即 $n_1z_1=n_2z_2$,则一对齿轮的传动比为

$$i_{12}=\frac{n_1}{n_2}=\frac{z_2}{z_1} \tag{1-3}$$

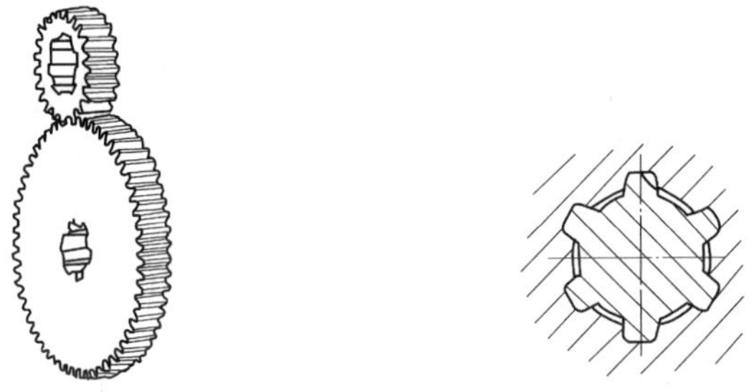

(a) (b)

图 1-12 马达转钎机构传动原理

当从动齿轮的齿数少于主动齿轮时,增加转速;当从动齿轮的齿数多于主动齿轮时,降低转速。

(3) 转钎机构

YYG—80 型液压凿岩机的转钎机构如图 1-10 所示,由摆线转子液压马达 11,齿轮对 7、10 和冲击杆 8 组成。齿轮 7 的内孔为花键孔,与冲击杆上的花键相配合[花键孔与花键的配合如图 1-12(b)所示]。钎尾插入冲击杆 8 前端的六方孔内(图 1-10),因此,当液压马达通过减速齿轮对 7、10 带动冲击杆 8 转动时,钎子将跟着一起转动。

在液压马达的液压回路中装有节流阀,其作用是调节进入马达的油液流量,进而调节马达的转速。节流阀的结构原理如图 1-13(a)所示,液流从 A 口流入,经过阀芯下部的轴向三角形节流槽,再从 B 口流出。拧动阀上方的调节螺钉,可以使阀芯作轴向移动,从而改变阀口的通流面积,使通过的流量得到调节。图 1-13(b)为节流阀的符号。

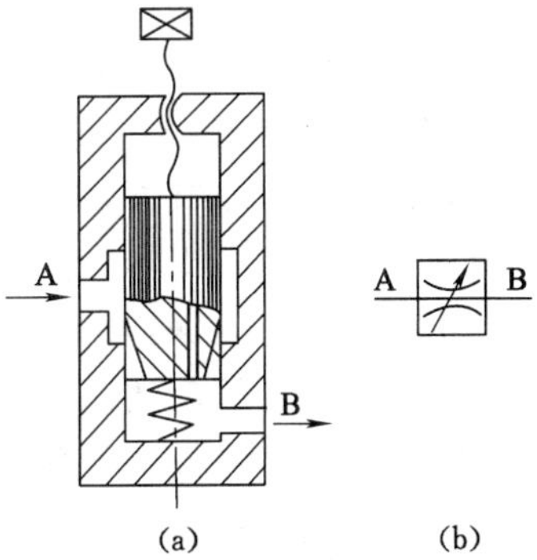

(a) (b)

图 1-13 节流阀

(a) 结构原理;(b) 图形符号

3. 排粉机构

液压凿岩机由于结构上的特点而无法使用轴向供水，只能采用侧向供水排除岩粉。YYG—80 型液压凿岩机的排粉机构采用旁侧进水方式，压力水经图 1-10 中的水套 9 进入钎子中心孔内，直通炮孔底部排除岩粉。

YYG—80 型液压凿岩机的冲击机构采用独立的液压系统，由一台齿轮泵供油，而转钎机构则与配套的液压钻车的液压系统合并使用。

（二）液压凿岩机的特点

与气动凿岩机相比，液压凿岩机具有以下优点：

① 动力消耗少，能量利用率高。由于采用高压油作动力，液压凿岩机的能量利用率可高达 30%～40%，而气动凿岩机的能量利用率一般只有 10%～15%，故其动力消耗仅为气动凿岩机的1/3～1/4。

② 凿岩速度快。一般情况下，液压凿岩机钻眼速度比气动凿岩机快 30%～50%。

③ 机械性能好。由于液压比气压高得多，故冲击功、冲击频率和能量传递效率等性能指标大为改善，如液压凿岩机的冲击频率可达每分钟上万次，而气动凿岩机则为每分钟 3 000 次左右。

④ 工况条件好，有利于零部件的使用。采用液压油作动力，可以根据岩石情况调整性能参数，使机器在最佳工况下工作，从而能充分发挥凿岩机的效能，减少事故，延长钻具寿命。液压凿岩机的运动件均在油液中工作，润滑条件好，因而提高了零件寿命。由于油压高，活塞直径可做得较小，这样可大大降低活塞和钎杆中的应力峰值，提高活塞和钎子的使用寿命。

⑤ 消除了气动凿岩机的排气噪声和油雾，改善了作业条件。

液压凿岩机的缺点：由于需要和液压钻车配合使用，所以投资大；单位功率的重量较大；技术要求和维护费用较高。

四、气动凿岩机的使用与维护

（一）气动凿岩机的使用注意事项

① 新的凿岩机在使用前，必须拆卸清洗内部零件，重新安装时应在零件表面涂以润滑油。组装完好后，先在低压（0.3 MPa）下开车运转 20 min 左右，检查并确认运转正常后才可使用。

② 使用前吹净气管、水管中的杂物，以免脏物进入机体，造成机体部件的磨损加快。

③ 仔细检查各操作手柄的灵活性和可靠性及各部位螺纹连接是否牢固。

④ 供气压力应保持在 0.5～0.6 MPa，压力过高易损坏零件，过低凿岩机效率低。

⑤ 凿岩机开机前注油器内要注满润滑油，并调好油阀。工作过程中要随时观察润滑情况并及时加油，不得无润滑油作业。

⑥ 凿岩机开机时应先点动，在气腿顶力缓慢加大的同时逐渐开全车凿岩，不得在气腿顶力最大时突然开全车运转，更不应长时间开全车空运转，以免零件擦伤和损坏。在拔钎时应以开半车为宜。

⑦ 钻完孔后，应先拆掉水管进行轻运转，吹净机内残存水滴，以防内部零件锈蚀。

⑧ 湿式中心注水凿岩机，严禁打干眼，更不准拆掉水针作业，防止运转不正常及损坏

阀套。

⑨ 经常拆装的凿岩机，在凿岩时应注意及时拧紧螺栓，避免损坏内部零件。

⑩ 已经用过的凿岩机需要长期存放时，应该拆卸清洗、涂油封存，并且不应存放在潮湿处。

(二) 气动凿岩机的操作机构

为了便于操作，气动凿岩机的操纵机构全集中于柄体。

(1) 操纵阀手把既是控制凿岩机的总开关，又是气水联动、强力吹洗的控制机构。操纵阀手把共有 5 个位置：① 停止工作位置；② 轻运转、注水、轻吹洗位置；③ 中运转、注水、轻吹洗位置；④ 全运转、注水、轻吹洗位置；⑤ 强力吹洗炮眼、机器停止工作、停水位置。

(2) 调压阀手柄是用来控制气腿的运动速度和调节轴推力的。把调压阀手柄从右方逆时针推向左方，可以无级调节轴推力；反之，把调压阀手柄从左方顺时针推向右方，则气腿轴推力可调到零，即停止气腿伸缩。

(3) 气腿快速缩回扳机用来控制换向阀换向，使气腿快速缩回。凿岩机在工作过程中，气腿的一次推进尚不能满足凿眼深度要求，需移动气腿在地面上的支点位置时，只需钩动扳机压换向阀至气腿缩回位置，气腿则可迅速缩回，不需要关闭操纵阀和调压阀。

(三) 气动凿岩机润滑油的选择和使用

润滑油对机器的使用寿命影响甚大，其选用原则是：根据现场温度和机器对油黏度的需求而定。现场温度高时，选用黏度较大的油；反之，选用黏度较小的油。大气温度在 10～30 ℃时，一般选用 HJ40 机械油；大气温度在 −10～10 ℃时，选用 HJ20 机械油；大气温度在 −10～−30 ℃时，一般选用冷冻机油，并且要经常进行检查。

五、液压凿岩机的使用

(一) 使用前的检查

新的、长期存放未使用的或刚检修过的凿岩机在开始使用时，应检查下列内容：

① 两根拉紧螺栓、水套的两螺母，以及其他各部分连接螺栓是否紧固。

② 蓄能器内充气压力是否正常。

③ 转钎机构齿轮箱内是否有足够的润滑油。

④ 冲击器接口与管路、转钎液压马达进回油口与管路接头处是否漏油，对不正常现象应进行处理。

⑤ 冲击、转钎、推进压力应达到规定要求。

(二) 使用方法

① 接通电源，打开照明灯。

② 选定好台车的位置，将台车稳固好。

③ 接通水源，使水压达到 0.6～1 MPa。

④ 操作：调整好打孔位置，打开水阀，启动转钎机构，将推进器向岩壁推近，开启冲击机构进行冲击。根据地质情况，也可先轻冲击后转钎。

⑤ 凿孔：当开眼深度达到 5～10 mm 后，钻机可按预定参数进行凿孔，应根据岩层情况适当调整各钻进参数，以达到最佳钻进效果。

⑥ 退钎：孔眼深度达到要求后，先停止推进、冲击，后进行退钎，最后再停止转动。遇

到退钎困难时，也可边轻冲击边退钎。

操作中油液工作温度最高不得超过 60 ℃，油液过滤精度应高于 15 μm。

任务实施

一、教学设备及工具

① 气腿式凿岩机 8 台及小型空压机 1 台，液压凿岩机 2 台及凿岩台车 1 辆。

② 扳手、钳子、螺丝刀等工具 10 套。

二、任务实施方法

① 指导教师集中讲解凿岩机的拆装方法步骤、注意事项及操作安全事项。

② 学生 5 人 1 组，就位按步骤拆卸凿岩机。

③ 学生拆装过程中要记清柄体部、缸体部、机头部的连接关系，弄清楚凿岩机各部分连接方式。

④ 拆开后，对内部结构记录清楚，弄清楚操纵机构、配气（油）机构、转钎机构及排粉机构的结构原理。

⑤ 指导教师巡回检查并指导，随时向学生进行提问。

⑥ 拆开后对机件进行清洗，然后涂以润滑油，按拆卸顺序反向装好凿岩机，并安上钎子，支撑到气腿上（若为液压凿岩机，应装到台车上），连接气（油）路及水路，并进行运转前的各项检查。

⑦ 按凿岩机使用注意事项及操作步骤在指定区域内对凿岩机进行启动、开眼、凿岩、停止操作练习。

三、任务考评

教师根据学生实训中的表现，即手指口述、技能操作、实训报告等，评定出实训成绩。凿岩机的操作评分标准见表 1-1、表 1-2。

表 1-1　　气动凿岩机的操作评分标准

序号	考核内容	考核项目	分值	评分标准	得分
1	组成机构	① 冲击配气机构 ② 转钎机构 ③ 排屑机构 ④ 润滑机构	20	① 每项内容 5 分 ② 每缺一项扣 5 分	
2	运转前检查	① 拆卸清洗内部零件 ② 各连接部件的检查 ③ 气路的检查 ④ 润滑油量的检查	30	① 每项内容 7.5 分 ② 每缺一项扣 7.5 分 ③ 操作不正确酌情扣分	

续表 1-1

序号	考核内容	考核项目	分值	评分标准	得分
3	运转操作	① 启动操作 ② 开眼操作 ③ 凿岩操作 ④ 停止操作	30	① 每项内容 7.5 分 ② 错一项扣 7.5 分	
4	实训态度	① 遵守安全规程 ② 清理现场卫生 ③ 按时上交实训报告	20	① 遵守安全规程 5 分 ② 清理现场卫生 5 分 ③ 实训报告符合要求 10 分	
总计					

表 1-2　液压凿岩机的操作评分标准

序号	考核内容	考核项目	分值	评分标准	得分
1	组成机构	① 冲击机构 ② 转钎机构 ③ 排粉机构	15	① 每一项 5 分 ② 每缺一项扣 5 分	
2	运转前检查	① 各连接部件的检查 ② 水路检查 ③ 蓄能器内气压检查 ④ 润滑油量检查 ⑤ 各工作油压的检查	20	① 每一项 4 分 ② 每缺一项扣 4 分	
3	液压凿岩机试运转	低压试运转	10	① 试运转 10 分 ② 操作不正确酌情扣分	
4	液压凿岩机的运转	① 启动操作 ② 开眼操作 ③ 凿岩操作 ④ 停止操作	40	① 每项 10 分 ② 错一项扣 10 分	
5	实训态度	① 遵守安全规程 ② 清理现场卫生 ③ 按时上交实训报告	15	① 遵守安全规程 5 分 ② 清理现场卫生 5 分 ③ 实训报告符合要求 5 分	
总计					

思考与练习

① 凿岩机有何功用？按其所用动力不同如何分类？
② 气动凿岩机由哪几大机构组成？各机构有何作用？
③ 液压凿岩机由哪几大机构组成？
④ 与气动凿岩机相比，液压凿岩机有何优缺点？

⑤ 在液压系统中液压马达、节流阀各起什么作用？
⑥ 齿轮传动的传动比如何计算？
⑦ 凿岩机使用注意事项有哪些？
⑧ 选定一种凿岩机，编写其使用操作规程。

任务二　伞钻的使用与维护

教学目标

(1) 知识目标
① 熟知伞钻的作用、类型。
② 掌握伞钻的结构组成及工作原理。
(2) 能力目标
① 能正确识读伞钻液压系统图及气、水路系统图。
② 能对伞钻正确使用与维护。
(3) 职业素质
① 培养学生对伞钻安全使用与正确维护的意识。
② 培养学生协同工作、服从指挥的意识。

任务描述

伞钻是机械化开挖立井中专用的一种钻孔设备，它的形状像一把雨伞，能方便收拢和撑开。当立井工作面需要钻凿炮眼时，将井口棚内呈收拢状态的伞钻通过井筒运送到井底工作面，然后撑开伞钻将伞架支撑在井筒壁上，开动安装在伞架上的凿岩机以完成钻凿炮眼的工作。

伞钻是实现快速打井，缩短建井周期，提高经济效益的必不可少的专用设备。作为一个合格建井技术人员应熟知伞钻的结构、工作原理及性能，并具有对伞钻正确使用和维护的基本技能。

相关知识

按伞钻上架设的凿岩机所用动力的不同可将伞钻分为气动钻机和液压钻机。最常用的是 FJD_6 型、FJD_9 型及 SJZ 型气动钻机和 YSJZ 型液压钻机。下面以 YSJZ 型液压钻机为例，介绍钻机的结构、工作原理以及使用维护等内容。

一、YSJZ 型伞钻的结构与工作原理

YSJZ 型伞钻的结构如图 1-14 所示，它由中央立柱、摆动架、支撑臂、液压凿岩机、推进系统、动臂、调高器、电气系统，以及液压、气、水系统等部分组成。

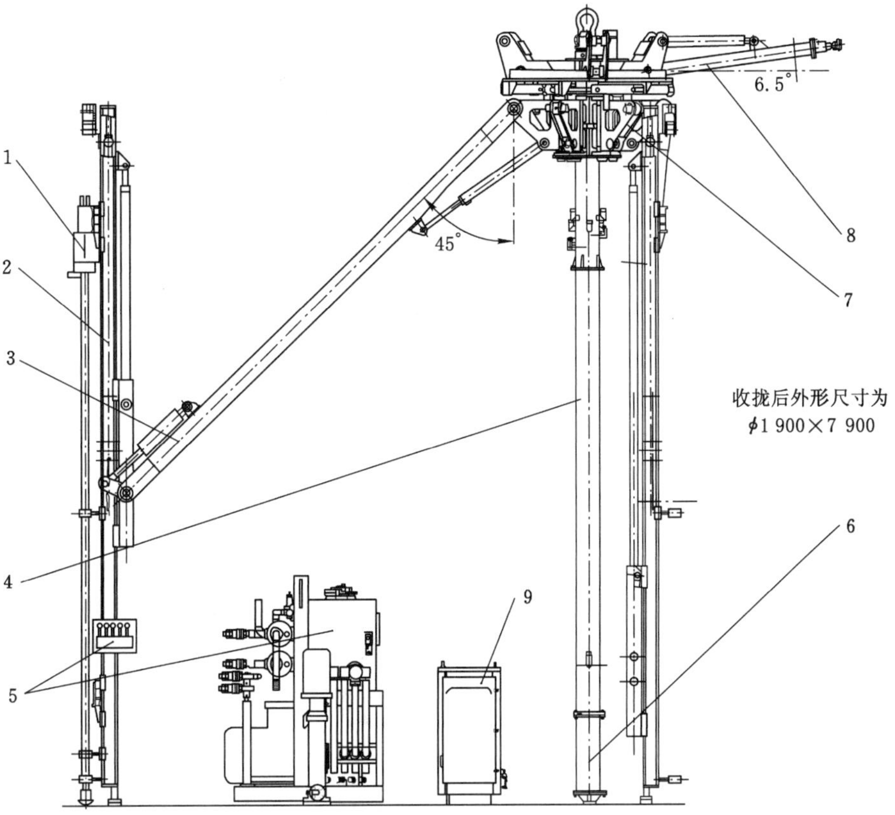

图 1-14 YSJZ 型伞钻

1——液压凿岩机；2——推进系统；3——动臂；4——中央立柱；5——液压、气、水系统；
6——调高器；7——摆动架；8——支撑臂；9——电气系统

（一）中央立柱

中央立柱是整个伞钻的躯干，其结构如图 1-15 所示。它由吊环 1、上立柱 6、下立柱 7、调高器 8 等主要部件组成。上、下立柱均由钢管制成，上下两段间通过法兰盘用螺栓连接，两法兰间有垫圈密封，构成连通的立柱钢管。上立柱 6 内腔为储气罐，柱体上安装有油路、水路、气路的接头。下立柱 7 上安装有中央操纵多路阀、气动马达开关阀等。

上立柱 6 上部的转臂支架 5 是安装摆动架 4 的支持体。摆动架 4 上有安装孔，用于安装动臂。上立柱 6 顶部有顶盘 2，顶盘呈放射状均布有四个支座，用于安装四组支撑臂。顶盘的中间为吊环 1，它是整个钻架的提吊部分。

调高器 8 在立柱最下端，与立柱之间采用螺栓连接。调高器的作用是调整立柱的高度，其调高行程为 300 mm。调高器的结构与工作原理如图 1-16 所示，它由底座 1、导向筒 2、调高液压缸 3 和销轴 4 等组成。液压缸的缸体固定在底座 1 上，活塞杆通过销轴 4 与导向筒 2 相连，导向筒通过法兰与下立柱相连。当调高器液压缸活塞杆运动时，便使立柱高度发生变化，同时导向筒沿缸体滑动。

用调高器调整立柱的高度，动臂连同推进器相对于底座的高度也随之变化。液压缸的最大行程为 300 mm，则调高器的调高范围为 0～300 mm。

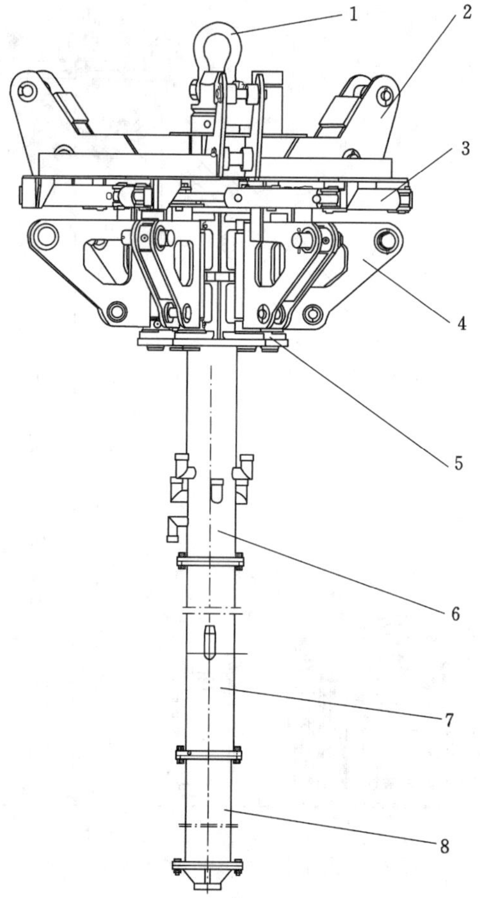

图 1-15　中央立柱

1——吊环;2——顶盘;3——转臂液压缸;4——摆动架;5——转臂支架;6——上立柱;7——下立柱;8——调高器

（二）支撑臂

支撑臂共有四组,安装在中央立柱顶盘的支座上,它能稳定地将钻架支撑固定在井臂上,它与立柱构成钻架工作时固定不动的架体。支撑臂的工作原理如图 1-17 所示,每组支撑臂均由升臂液压缸 2、支撑液压缸 3 和支撑爪 5 组成。由图 1-17 中可以看出,工作时,升臂液压缸 2 活塞杆缩回将支撑液压缸 3 从垂直向下的收拢位置提升到水平上仰 6.5° 的工作位置,然后四个支撑液压缸活塞杆伸出,将支撑爪 5 推到井帮撑紧,将钻架固定。凿岩工作结束后,在压力油的作用下,支撑液压缸 3 将支撑爪收回,升臂液压缸 2 活塞杆伸出,支撑臂放下呈收拢状态,由一提升绞车将钻架提升到地面。

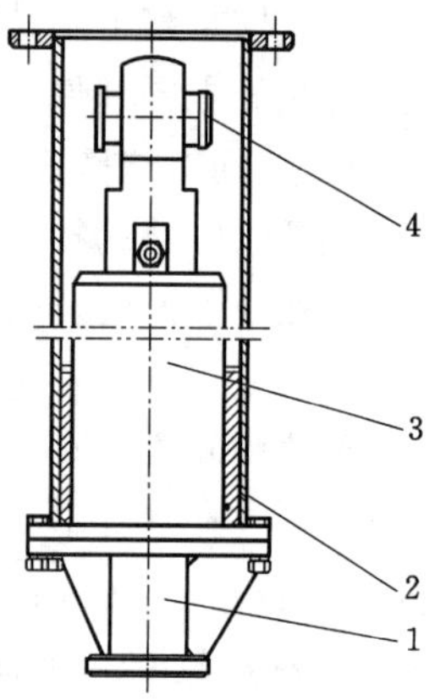

图 1-16　调高器

1——底座;2——导向筒;
3——调高液压缸;4——销轴

（三）动臂

YSJZ 型伞钻装有四组动臂,均布于中央立柱周围。每组动臂由动臂体 2、支臂液压缸 4、倾斜液压缸 1、销轴 3 等主要部件组成(图 1-18)。动臂的作用是把推进器平行移动到井筒底面所需炮眼的极坐标位置,并在各液压缸锁死后实现推进器空间位置的固定,使各凿岩机能在自己的工作区域内任意位置上进行凿岩。

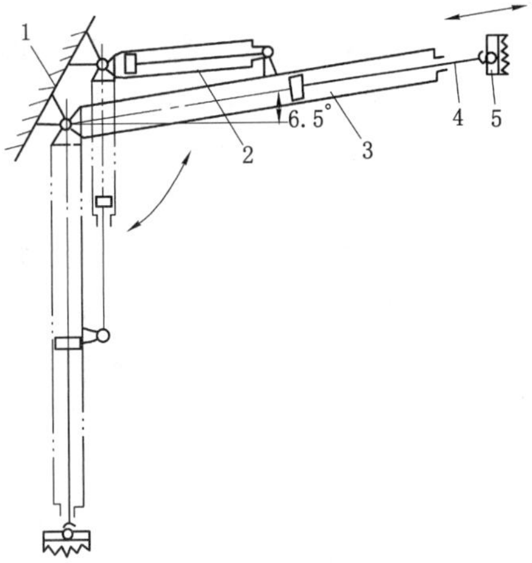

图 1-17　支撑臂的工作原理

1——顶盘;2——升臂液压缸;3——支撑液压缸;4——支撑液压缸活塞杆;5——支撑爪

动臂的平行移动靠动臂的机械结构和液压系统组成的平动机构实现(图 1-19)。推进器平行内外移动是通过平动液压阀来实现的。操纵平动阀(图中未画出),可使支臂液压缸 6 的有杆腔进油、无杆腔回油,使动臂体 3 带动推进器 1 平行内移;反之实现推进器平行外移。

操纵倾斜液压缸控制阀(图中未画出),可使倾斜液压缸 2 的活塞杆伸缩,调整推进器 1 相对地面的角度。当倾斜液压缸 2 的活塞杆外伸时,可实现推进器 1 向外倾斜,完成钻凿掏槽

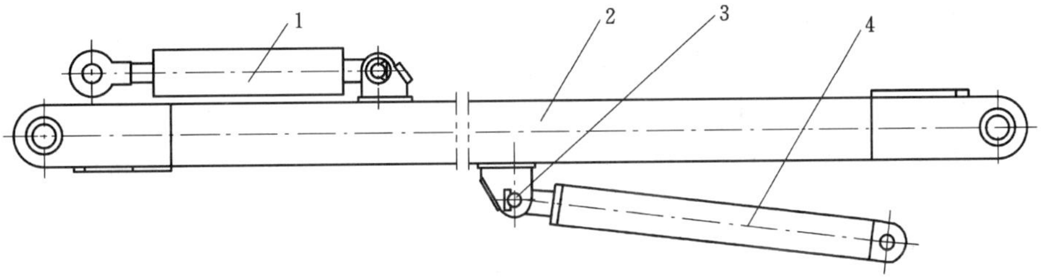

图 1-18　动臂

1——倾斜液压缸;2——动臂体;3——销轴;4——支臂液压缸

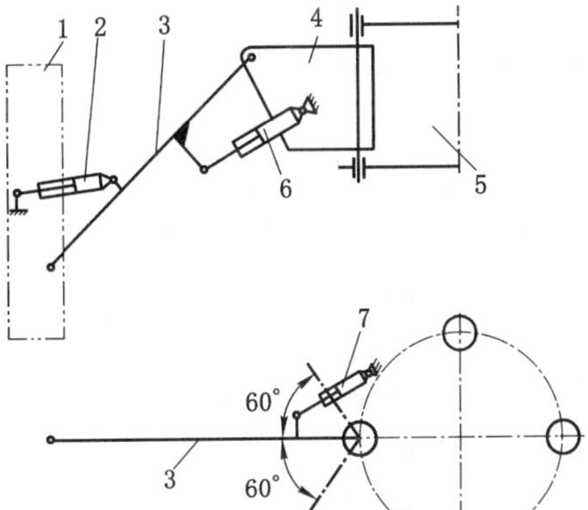

图 1-19　动臂左右摆动机构示意图

1——推进器;2——倾斜液压缸;3——动臂体;4——摆动架;5——立柱;6——支臂液压缸;7——摆动液压缸

眼工作。

动臂左右摆动靠立柱上的摆动架 4、摆动液压缸 7、安装架、动臂体 3 及液压操纵阀组成的动臂左右摆动机构来实现。动臂左右摆动可使推进器在同一炮眼圈径上周向移动，实现工作位置的变换。考虑到相邻动臂能够相交叉，每组动臂可左右摆动 60°，实际摆角范围为 120°。这样每组动臂可使推进器在要打眼的扇形工作区域内任意移动，使推进器上的凿岩机能在相应的扇形工作区域内任意位置打眼。

(四) 推进器

YSJZ 型伞形钻架共有四组推进器，分别安装在每组的动臂上，与动臂一起构成钻架的工作臂。推进器主要为凿岩机钻凿炮眼时提供推进力和拔钎力，并承受凿岩机凿岩时给机体向上的反作用力，同时还起着导向的作用，使凿岩机按要求的炮眼角度完成钻凿炮眼的工作。

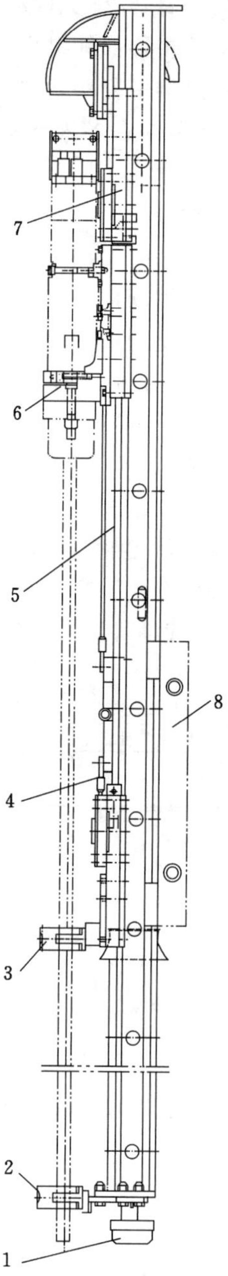

图 1-20 推进器

1——顶皮；2——下扶钎器；3——中扶钎器；4——钢丝绳张紧器；5——滑轨；6——凿岩机；7——凿岩机拖板；8——滑轨升降液压缸滑架

推进器的结构如图 1-20 所示，每组推进器均由顶皮 1、下扶钎器 2、中扶钎器 3、钢丝绳张紧器 4、滑轨 5、凿岩机拖板 7、滑轨升降液压缸滑架 8 等部分组成。

推进器下端有一个圆形顶皮 1，在凿岩时始终顶着工作面，以避免打眼时移动孔位而出现故障。中、下扶钎器 3、2 的作用是避免打眼时钎杆弯曲，增强钎杆的抗弯强度。

滑轨 5 是由槽钢焊接成的四方形截面的导轨，左面的导轨面是凿岩机拖板 7 的导向滑道，右面的导轨是滑轨升降液压缸滑架 8 的滑道。

滑轨升降液压缸的活塞杆与滑轨 5 的上端相连接，缸体固定在滑轨液压缸滑架 8 上，滑架 8 通过销轴与动臂铰接。滑架上的滑槽与滑轨 5 右侧轨面配合，可相对滑轨移动。因此，滑轨升降液压缸的活塞杆伸出时推进器被提起，顶尖离开工作面，通过动臂来移动推进器的工作位置，按炮眼角度要求摆动一定角度或使其垂直。滑轨升降液压缸活塞杆缩回，将推进器放下，并使顶尖顶紧工作面，这样就把推进器连同整个动臂固定起来，以便凿岩机凿岩。

凿岩机 6 安装于凿岩机拖板 7 上，其拖板 7 借助于滑轮组钢丝绳的拉力可在滑轨 5 左侧轨道上上下滑动，实现凿岩推进与拔钎工作。

推进器的工作原理如图 1-21(a)所示，它主要由导轨 7、凿岩机托盘 3、推进液压缸 2、钢丝绳 6 和导向绳轮 1 等组成。导向绳轮 1 装于推进液压缸 2 的两端，钢丝绳 6 的一端固定在导轨 7 上，另一端绕过导向绳轮固定在凿岩机托盘 3 上，钢丝绳张紧器 5 可控制钢丝绳的张紧程度。由于活塞杆固定在导轨 7 上，工作时缸体移动，就牵引钢丝绳带动凿岩机沿导轨进退。当压力油进入到推进液压缸的无杆腔时，在压力油的作用下产生推力 F，将推进液压缸的缸体向右推进，同时通过绳轮组拖板、钢丝绳带动凿岩机向右推进。钢丝绳及绳轮组的受力分析如图 1-21(b)所示，由图可知，推进液压缸的推力 F 被分解为两个分力 F'，即 $F=2F'$，也就是说凿岩机的推力是液压缸推力的一半。所以凿岩机的推进速度和行程应是液压缸推进速度和行程的两倍，使凿岩机凿岩速度快、效率高。当推进液压缸有杆腔通压力油时，推进液压缸后退，使凿岩机拔钎，同样拔钎速度为推进液压缸后退速度的两倍。这种推进器的特点是传动简单，质量轻，推进行程大，但钢丝绳拉伸变形大，需调节其张紧程度。

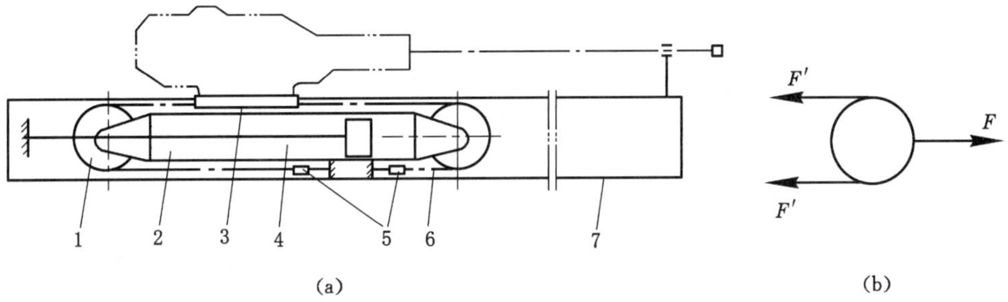

图 1-21 推进器结构原理图

1——导向绳轮；2——推进液压缸；3——凿岩机托盘；4——活塞杆；5——钢丝绳张紧器；6——钢丝绳；7——导轨

在滑轨的侧面焊有安装操纵阀组的支架。转钎、冲击、推进均由安装在滑轨上的操纵阀组来控制。

液压马达固定在滑轨的上端，由液压马达带动钎杆转动进行钻孔，由冲击液压缸带动钎杆冲击，进行凿岩。

（五）液压系统

一个完整的液压传动系统通常由以下五个部分组成。

动力元件：它是把机械能转换成油液压力能的装置，通常称为液压泵。

执行元件：它是把油液的压力能转换成机械能的装置，也称为液动机。通常把作直线运动的液动机称为液压缸；把作回转运动的液动机称为液压马达。

控制元件：它们是控制液压系统中油液的压力、流量和液流方向的装置，通常称为各种液压阀或阀，如溢流阀、换向阀、节流阀等液压元件。这些元件是保证系统正常工作必不可少的组成部分。

辅助元件：如油箱、过滤器、液压管等都是系统的辅助装置。它们对保证液压系统可靠、稳定、持久工作，有不可或缺的作用。

传动介质：指液压油或乳化液等，它们是传递能量的载体。

YSJZ 型伞形钻架的液压系统也是由上述液压元件组成的，在学习该钻机液压系统之前，先学习该钻机液压系统中用到的主要液压元件的结构、原理及图形符号。

1. 液压元件的结构原理

(1) 齿轮泵

齿轮泵按啮合方式不同可分为内啮合和外啮合齿轮泵。外啮合齿轮泵的工作原理如图 1-22 所示，泵体 1 内有一对参数完全相同的渐开线齿轮 2，齿轮两端面用泵端盖(图中未画出)密封。泵体、端盖和齿轮之间形成了密封容腔，并由两个齿轮的齿面接触线将左、右两腔隔开，形成了吸、压油腔。当齿轮按图示方向旋转时，右侧吸油腔内相互啮合的轮齿相继脱开，使密封容积逐渐增大，形成局部真空，油箱中的液体在大气压力作用下进入吸油腔，并随着旋转的轮齿进入左侧压油腔。左侧压油腔的轮齿则不断进行啮合，使密封容积减小，油液被挤出，通过与压油口相连的管道向系统输送压力油。齿轮连续旋转，齿轮泵的吸、压油腔就将连续不断地吸油和排油。

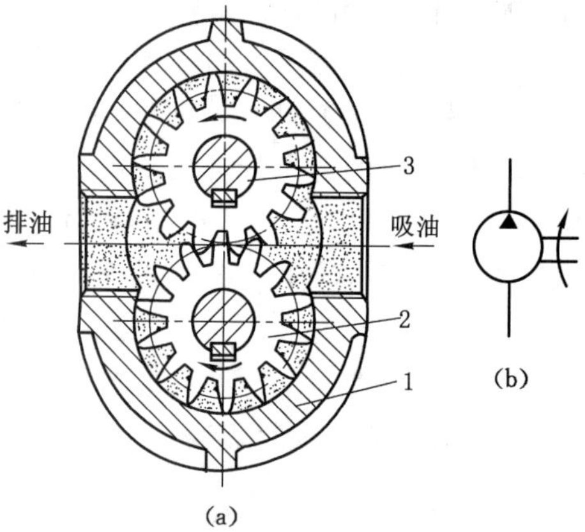

图 1-22 外啮合齿轮泵的工作原理

1——泵体；2——齿轮；3——轴

齿轮泵为单向定量液压泵，其图形符号如图 1-22(b)所示。齿轮泵具有体积小、质量轻、价格低、工作可靠、寿命长、对工作介质污染不敏感、结构简单、容易制造、维护方便等优点。但齿轮泵的流量和压力脉动大，承受的径向力不易平衡，噪声大，流量不能调节，且容积效率较低。所以齿轮泵多用于压力不高、传递功率不大、对机构运动速度稳定性要求不高的液压系统中。

(2) 单向阀

单向阀的作用是只允许液流向一个方向流动，而不能倒流。

图 1-23 所示为单向阀的结构原理和图形符号。当压力油从进口 p_1 进入时，顶开阀芯 2，然后经环形阀口和阀芯上的四个径向孔，从出口 p_2 流出。当工作液体反向流动时，因液压力将阀芯紧压在阀体上，阀芯的锥面使阀口关闭，液流即被切断，不可流通。单向

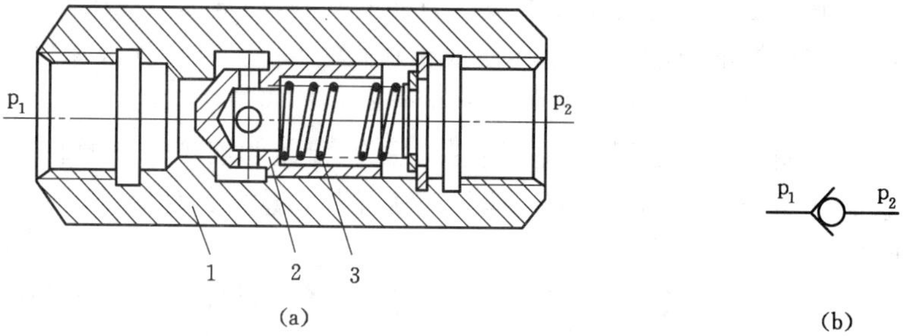

图 1-23 单向阀的结构原理和图形符号

(a) 结构原理；(b) 图形符号

1——阀体；2——阀芯；3——弹簧

阀中的弹簧仅用于使阀芯在关闭时复位，刚度较小，故开启压力较小（0.04～0.1 MPa）。更换硬弹簧，使其开启压力达到 0.2～0.6 MPa，便可当背压阀使用。

根据系统的需要，若要使被单向阀所闭锁的油路重新接通，可把单向阀做成闭锁油路能够控制的结构，这就是液控单向阀。图 1-24 所示为液控单向阀的结构原理和图形符号。在图 1-24(a)中，当控制口 k 不通控制压力油时，主通道中的油液只能从进油口 p_1 流入，顶开阀芯从出口 p_2 流出，相反方向则闭锁不通。当控制油口 k 接通控制压力油时，控制活塞向右移动，借助于右端悬伸的顶杆将阀芯顶开，使进油口和出油口接通，油液可以在两个方向自由流动。图 1-24(b)是液控单向阀的图形符号。

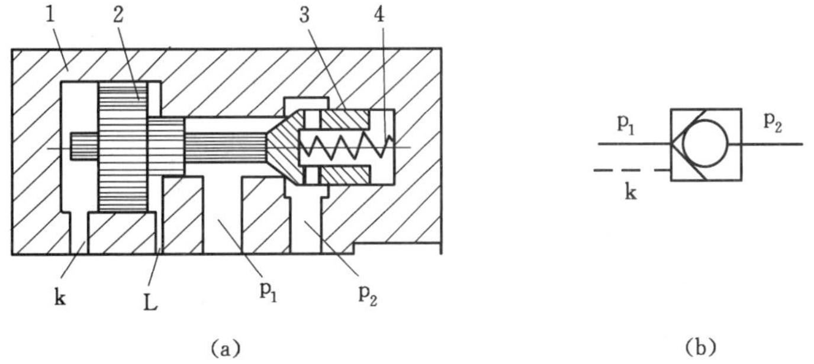

图 1-24 液控单向阀的结构原理和图形符号

(a) 结构原理；(b) 图形符号

1——阀体；2——控制活塞；3——阀芯；4——弹簧

将两个液控单向阀共用一个阀体就组成了双液控单向阀，又称双向液压锁。双向液压锁的结构原理及图形符号如图 1-25 所示。当压力油从 p_1 腔进入时，依靠液压自动将左边的阀芯顶开，使液流从 p_1 口向 p_2 口流动。同时，通过控制活塞 2 把右阀顶开，使 p_4 口与 p_3 口沟通，将原来封闭在 p_4 口通路上的液体通过 p_3 口排出。这就是说，当一个油腔正向进油时，另一个油腔就反向出油，反之亦然。当 p_1、p_3 两油口都没有压力油时，p_2 腔与 p_4 腔的液体依靠弹簧使阀芯 3 与阀座严密接触而封闭，这时执行元件（液压缸）[图 1-25(c)]被双向锁住。

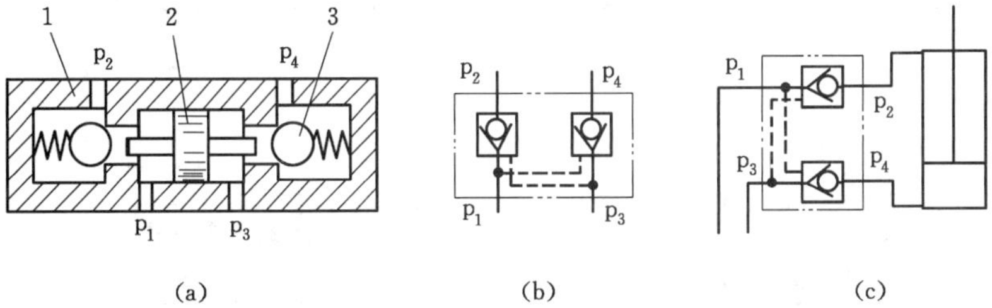

图 1-25 双向液压锁的结构原理、图形符号及应用

(a) 结构原理；(b) 图形符号；(c) 应用

1——阀体；2——控制活塞；3——阀芯

(3) 换向阀

换向阀的作用及工作原理：换向阀的作用是利用阀芯和阀体间相对位置的改变来改

变液流的方向，接通或关闭油路，从而控制执行元件的换向、启动或停止。当阀芯和阀体处于图 1-26 所示的相对位置时，液压缸两腔不通压力油，处于停止状态。若对阀芯施加一个从右向左的力使其左移，阀体上的油口 P 和 A 连通，B 和 T 连通，压力油经 P、A 进入液压缸左腔，活塞右移；右腔油液经 B、T 回油箱。反之，若对阀芯施加一个从左往右的力使其右移，则 P 和 B 连通，A 和 T 连通，活塞便左移。

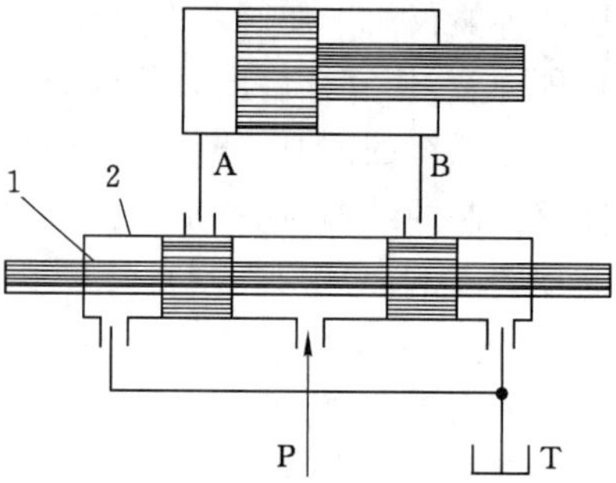

图 1-26　换向阀的工作原理

1——阀芯；2——阀体

换向阀的分类：按阀芯运动方式分有滑阀和转阀；按阀芯在阀体内的工作位置数分有二位、三位和多位；按换向阀所控制的油口通路数分有二通、三通、四通、五通等；按位置数和通路数换向阀有二位二通、二位三通、二位四通、二位五通、三位四通、三位五通等类型(表 1-3)。不同的位置数和通路数是由阀体上的沉割槽和阀芯上台肩的不同组合形成的。将五通阀的两个回油口 T_1 和 T_2 在阀体内沟通成一个油口 T，即成四通阀。

表 1-3　　换向阀的主体结构和图形符号

名称	结构原理图	图形符号	名称	结构原理图	图形符号
二位二通	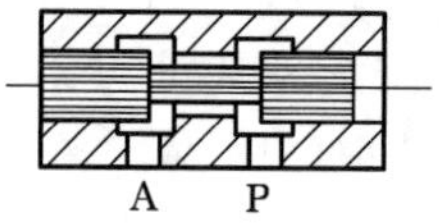	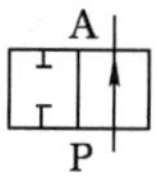	二位五通	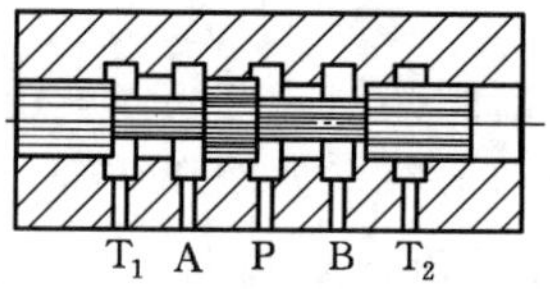	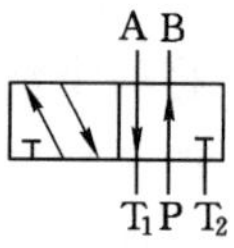
二位三通	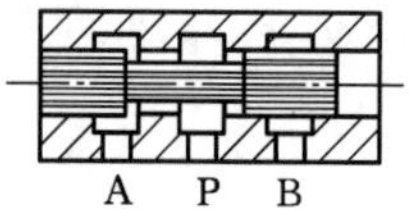	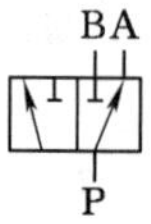	三位四通	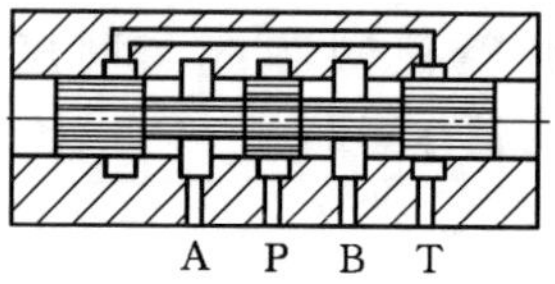	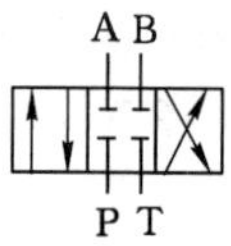
二位四通	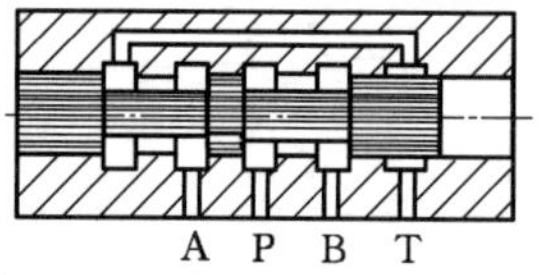	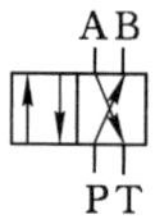	三位五通	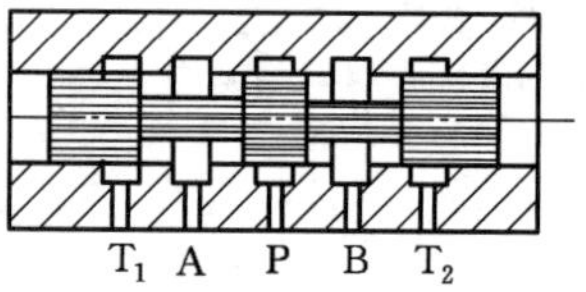	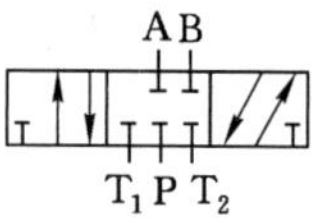

换向阀的符号如表 1-3 所列，其含义如下：

① 位数用方格表示，两个方格表示二位，三个方格表示三位。

② 在一个方格内，箭头或封闭符号“┴”或“┬”与方格上下边的交点数为油口通路

数，即“通”数。箭头表示两油口连通，但不表示实际流向；“┴”或“┬”表示该油口不通。

③ 控制机构和复位弹簧的符号画在主体符号两端的任意位置上（通常位于一边或中间）。

④ P 表示进油口，T 或 O 表示通油箱的回油口，A 和 B 表示连接其他两个工作油路的油口。

⑤ 三位阀的中间方格、二位阀画有弹簧的一格为阀的常态位（阀芯未受到外部力作用时所处的位置），常态位应画出外部连接油口。三位阀常态位各油口的连通方式称为中位机能。中位机能不同，阀在中位时对系统的控制性能也不相同。三位四通换向阀常见的中位机能型别、符号及其特点如表 1-4 所列。

表 1-4　　三位四通换向阀的中位机能

型别	结构简图	图形符号	中位机能的主要特点及作用
O 型	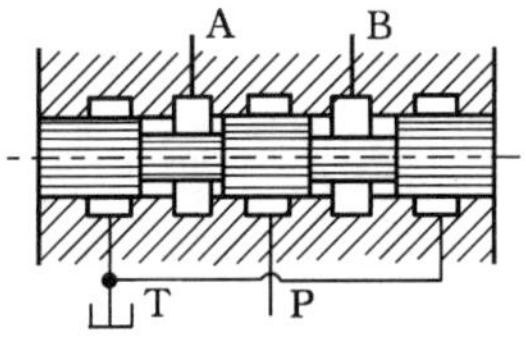	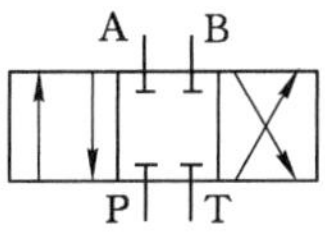	① 各油口相互不通 ② 液压泵不能卸荷 ③ 不影响换向阀之间的并联 ④ 可以将执行元件短时间锁紧(有间隙泄漏)
Y 型	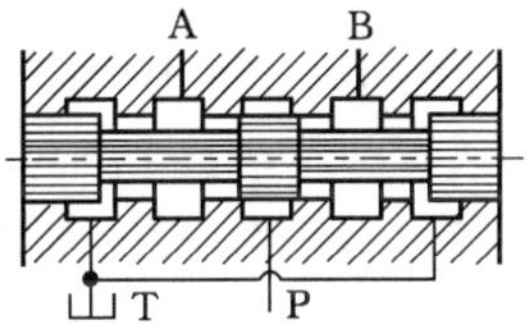	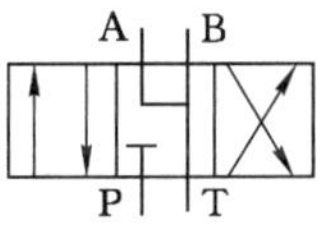	① A、B、T 油口之间相互沟通 ② 液压泵不能卸荷 ③ 不影响换向阀之间的并联 ④ 执行元件处于浮动状态
H 型	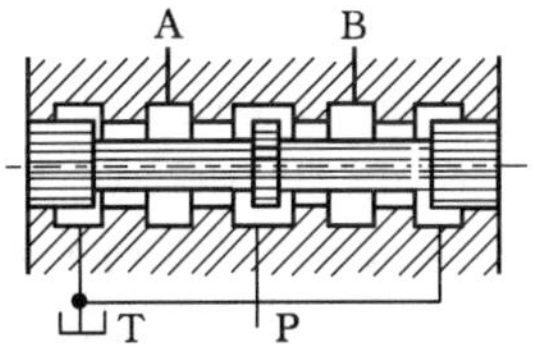	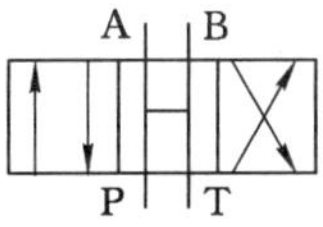	① 各油口相互沟通 ② 液压泵处于卸荷状态 ③ 影响换向阀之间的并联 ④ 执行元件处于浮动状态
P 型	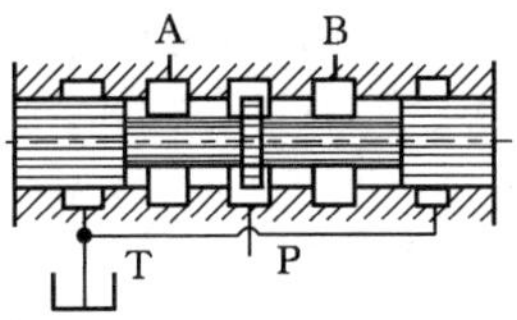	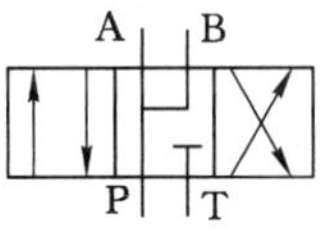	① A、B、P 油口之间相互沟通 ② 液压泵不能卸荷 ③ 不影响换向阀之间的并联 ④ 执行元件处于差动连接状态
M 型	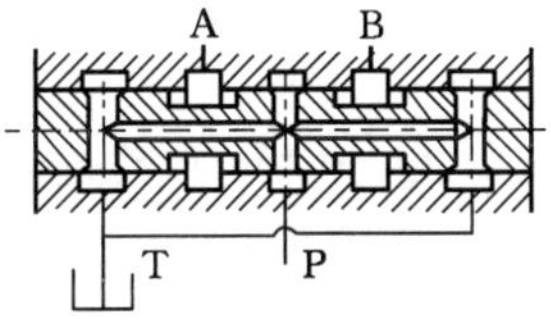	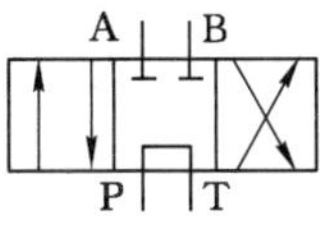	① P 与 T 油口沟通 ② 液压泵可以卸荷 ③ 影响换向阀之间的并联 ④ 可以将执行元件短时间锁紧

换向阀的控制方式:根据改变阀芯位置的操纵方式不同,换向阀有手动、机动、电磁、液动和电液动换向阀等,其符号如图 1-27 所示,控制原理说明见表 1-5。

(a) (b) (c) (d) (e) (f)

图 1-27 换向阀操纵方式符号

(a) 手动;(b) 机动;(c) 电磁;(d) 液动;(e)电液动;(f) 弹簧

表 1-5 **换向阀操纵方式说明**

换向阀名称	表示符号	简要说明
三位四通手动换向阀	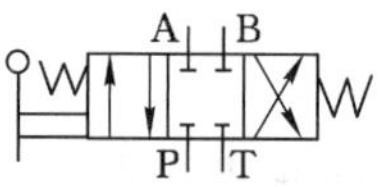	此种换向阀靠人力使阀芯阀体的相对位置发生改变,进而改变P、A、B、T 油口的通断关系。当人力操纵使阀芯右移时,阀处于左位,此时 P、A 口通,B、T 口通;阀芯左移时,阀处于右位,即 P、B 口通,A、T 口通;当操纵力消失时,在弹簧力作用下,阀芯回到中位,此时 P、A、B、T 口均不通
二位二通机动换向阀	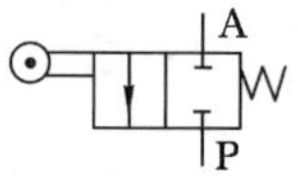	在机械力作用下阀芯相对阀体右移,此时 P、A 口相通;当机械力消失时,在弹簧恢复力作用下,阀芯复位,P、A 口不通
二位三通电磁换向阀	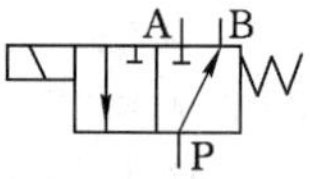	当阀体左端电磁铁线圈通电时产生电磁力,在电磁力作用下,阀芯相对阀体右移,使 P、A 口相通,B 口堵死;当电磁线圈失电时,电磁力消失,在弹簧恢复力作用下,阀芯复位,使 P、B 口通,A 口堵死
三位四通液动换向阀	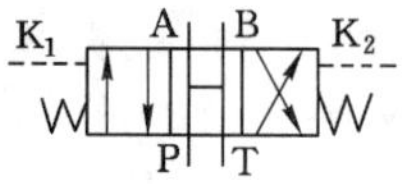	阀芯左右两端有控制油腔,当左控制腔 K_1进压力油、右控制腔 K_2回油时,阀芯右移,阀处于左位,即 P、A 口通,B、T 口通;当右控制腔 K_2通压力油、左控制腔 K_1回油时,阀芯左移,阀处于右位,即 P、B 口通,A、T 口通;当两腔 K_1、K_2均不通压力油时,阀芯在弹簧恢复力作用下回到中位,此时 P、A、B、T 口全通
三位四通电液动换向阀	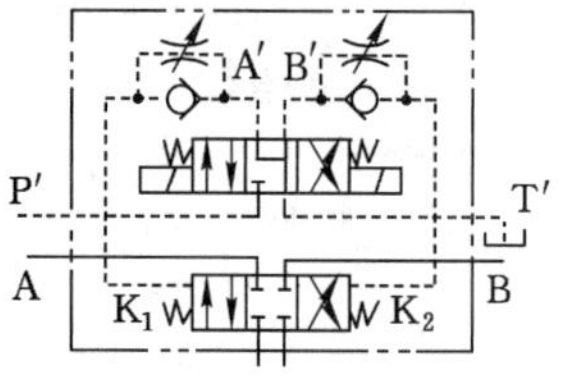 (a) 详细符号 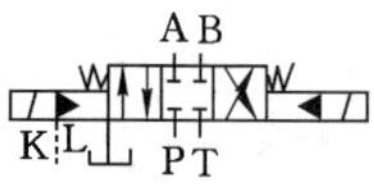 (b) 简化符号	电液动换向阀是由电磁先导阀和液动主阀组成的,主阀的阀芯由先导阀的电磁铁来控制。当先导阀左端电磁铁通电时,电磁阀处于左位,控制油液经 P′、A′和单向阀到达主阀左腔 K_1,主阀右腔 K_2的油液经节流阀、电磁阀左位、B′、T′回油箱,主阀阀芯右移,处于左位,主回路中 P 与 A 通,B 与 T 通;反之当电磁阀右端电磁铁通电时,电磁阀处于右位,控制油液经电磁阀右位到达主阀右腔 K_2,主阀左腔 K_1的油液经电磁阀右位回油,主阀阀芯左移,处于右位,主回路中 P 与 B 通、A 与 T 通;当电磁阀两端电磁铁不带电时电磁阀处于中位,主阀左右两腔与油箱相通,在弹簧力作用下主阀芯处于中位,此时 P、A、B、T 口全不通

(4) 溢流阀

溢流阀的主要功用是控制和调整液压系统的压力，以保证系统在一定压力或安全压力下工作。

溢流阀按其结构原理分为直动型和先导型两种。直动型溢流阀如图 1-28 所示，当进入 P 口的液压力较小，小于作用在阀芯上的弹簧力时，在弹簧力作用下锥阀芯 2 紧压在阀体 1 的阀口上，阀口关闭。当进口 P 液压升高到能克服弹簧阻力时，便推开锥阀芯使阀口打开，油液就由进油口 P 流入阀内，再从回油口 T 流回油箱(溢流)。阀口一旦打开，进油压力就不会继续升高，阀口开度稳定在液压力和弹簧力保持平衡的位置上，当通过溢流阀的流量变化时，阀口开度即弹簧压缩量也随之改变。但在弹簧压缩量变化甚小的情况下，可认为溢流阀进口处的压力基本保持为定值。拧动调压螺钉 4 改变弹簧预压缩量，便可调整溢流阀的溢流压力。

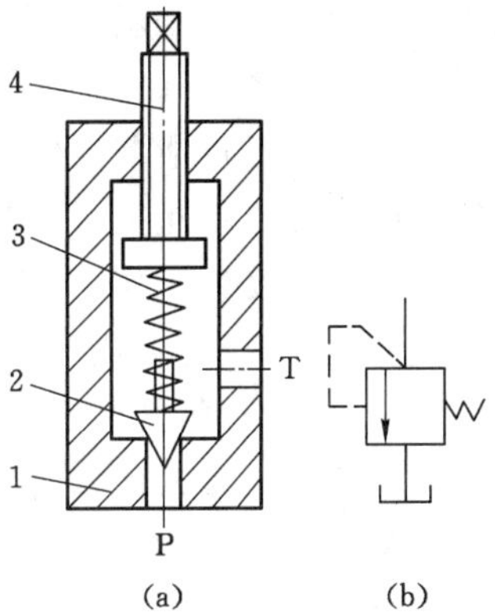

图 1-28 直动型溢流阀
(a) 结构原理；(b) 图形符号
1——阀体；2——锥阀芯；
3——弹簧；4——调压螺钉

这种溢流阀因进口油液直接作用于阀芯，故称为直动型溢流阀。直动型溢流阀一般只能用于低压或小流量处。控制较高压力或流量较大时，需要装刚度较大的硬弹簧，不但手动调节困难，而且阀口开度(弹簧压缩量)略有变化便会引起较大的压力波动，不稳定。系统压力较高时宜采用先导型溢流阀。

图 1-29 所示为先导型溢流阀，它由先导阀和主阀两部分组成。先导阀是一个小规格的直动型溢流阀，而主阀阀芯是一个一端为锥形、中心开有阻尼小孔 R 的圆柱筒。液流从进油口 P 处进入，经阻尼孔 R 到达主阀弹簧腔，并作用在先导阀阀芯上(一般情况下，外控口 K 堵塞)。当进油压力不高时，液压力不能克服先导阀的弹簧阻力，先导阀口关闭，阀内无液体流动。这时主阀芯因上下腔液压相同，故被主阀弹簧压在阀座上，主阀口亦关闭。当进油压力升高到先导阀弹簧的预调压力时，先导阀口打开，主阀弹簧腔的油液流过先导阀口并经阀体内的通道和回油口 T 流回油箱。这时，液流流过阻尼小孔 R，产生压力损失，使主阀芯两端形成了压力差。主阀芯在此压差作用下克服弹簧阻力向上

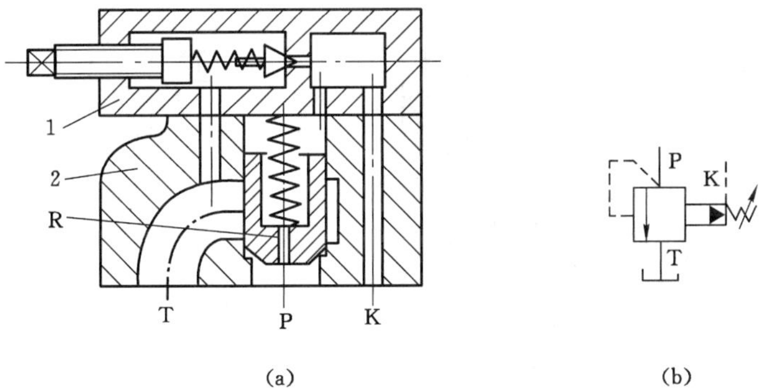

图 1-29 先导型溢流阀
(a) 结构原理；(b) 图形符号
1——先导阀；2——主阀

移动，使进、回油口 P、T 连通，达到溢流稳压的目的。拧动先导阀的调压螺钉便能调整溢流压力。更换不同刚度的调压弹簧，便能得到不同的调压范围。

在先导型溢流阀中，先导阀的作用是控制和调节溢流压力，主阀的功能则在于溢流。先导阀因为只通过泄漏液体，其阀口直径较小，即使在较高压力的情况下，作用在锥阀芯上的液压推力也不是很大，因此调压弹簧的刚度不必很大，压力调整也就比较轻便。主阀芯因两端均受液压作用，主阀弹簧只需很小的刚度，当溢流量变化引起弹簧压缩量变化时，进油口的压力变化不大，故先导型溢流阀的稳压性能优于直动型溢流阀。但先导型溢流阀是二级阀，其灵敏度低于直动型溢流阀。

当用比例电磁铁代替直动型溢流阀中的调压螺钉，便成为比例溢流阀。比例电磁铁的输出推力(即作用在阀芯上的力)与输入电磁线圈的电流成比例，因此比例溢流阀的调定压力决定于输入电流的大小，若输入电流连续地、按比例地或按一定程序变化，则比例溢流阀所调节的压力也连续地、按比例地或按一定程序进行变化。因此比例溢流阀多用于系统的多级调压或实现连续的压力控制。

(5) 减压阀

减压阀可以用来减压、稳压，将较高的进口液压降为较低并稳定的出口液压。

减压阀同样有直动型和先导型两种。图 1-30(a)为先导型减压阀的结构原理，它由先导阀和主阀两部分组成，由先导阀调压，主阀减压。压力为 p_1 的液体从阀的进油口 A 流入，经过缝隙 δ 减压以后，压力降低为 p_2，再从出油口 B 流出。同时压力为 p_2 的液体通过主阀芯上的阻尼小孔 R 后作用在先导锥阀上。当系统负载较小、出口压力 p_2 低于先导阀弹簧所调定的压力时，先导阀关闭。主阀芯阻尼孔内无液体流动，主阀芯左、右两腔液压均等于出口液压 p_2，主阀芯在主阀弹簧作用下处于最左端位置，主阀芯与阀体之间构成的减压口全开，不起减压作用；当出口压力 p_2 大于先导阀调整压力时，先导阀就被顶开，主滑阀右端油腔中的部分压力油便经锥阀开口及泄油孔 L 流入油箱。由于主滑阀阀芯内部阻尼小孔 R 的作用，滑阀右端液腔中的液压降低，阀芯失去平衡而向右移动，因而缝隙 δ 减小，减压作用增强，使出口压力 p_2 降低至调整的数值；当出口压力 p_2 小于先导阀调整压力时，其作用过程与上述相反。减压阀出口压力的稳定数值可以通过上部调压螺钉来调节。图 1-30(b)为先导型减压阀符号，图 1-30(c)为直动型减压阀符号。

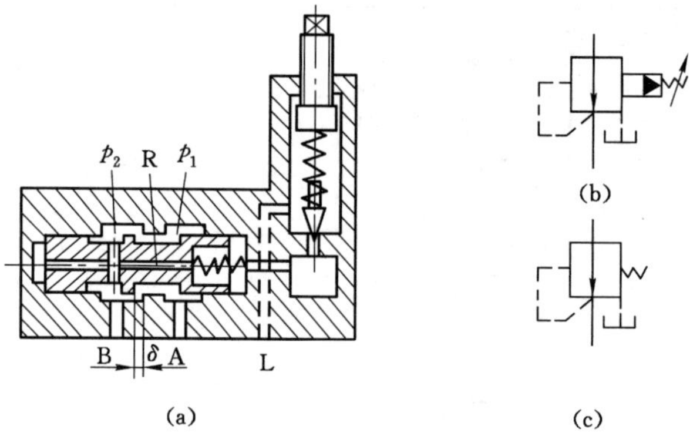

图 1-30 先导型减压阀

(a) 结构原理；(b) 先导型减压阀符号；(c) 直动型减压阀符号

2. 凿岩液压系统

凿岩液压系统的动力源是电源(包括高压电缆、变压器、低压电缆和电气开关箱),通过两套四联泵把电能转化成液压能,控制液压凿岩机的推进、冲击与回转。

凿岩液压系统为开式系统,开式系统是指液压泵从油箱吸油,执行元件(液压缸或液压马达)向油箱回油,即主回路不封闭的系统称为开式系统,如图 1-31 所示。该系统由两台 55 kW 防爆电动机、8 台流量为 32 L/min 的外啮合齿轮泵(两套四联)、1 个容积为 520 L 的油箱、4 组三联换向阀、4 个比例溢流阀、4 个推进液压缸、4 台液压凿岩机和其他液压附件组成,其中泵站安装于吊盘上,通过快速接头、胶管与钻架连接。

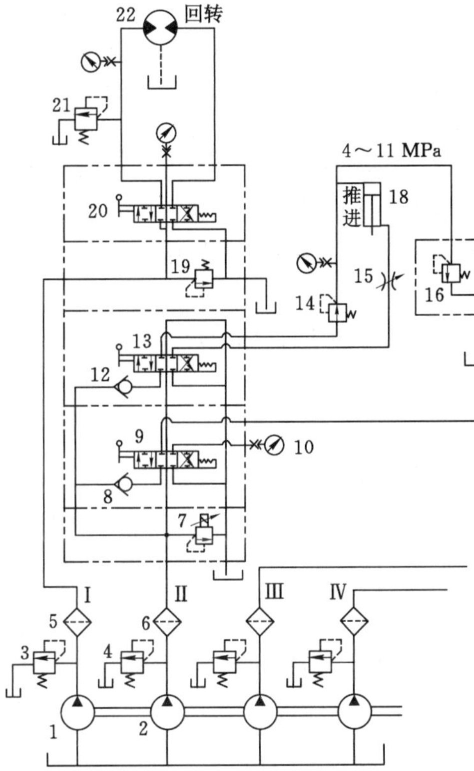

图 1-31 凿岩液压系统

1,2——主泵(液压泵);3,4,16,17,19,21——溢流阀;5,6——过滤器;7——比例溢流阀;8,12——单向阀;9,13,20——三位六通手动换向阀;10——压力表;11——凿岩机;14——减压阀;15——节流阀;18——推进液压缸;22——液压马达

凿岩冲击液压回路由主泵 2、高压过滤器 6、三位六通换向阀 9、凿岩机 11 等组成。当三位六通换向阀 9 处于中间或右边位置时,凿岩机得不到压力油,故不动作。当换向阀手柄推到左边位置时,主泵 2 的压力油通过过滤器 6 和换向阀 9 进入凿岩机 11 驱动凿岩机冲击。该回路的压力由比例溢流阀 7 来控制,通过控制冲击压力,可达到控制冲击功大小的目的。

钎杆旋转液压回路由主泵 1、三位六通手动换向阀 20、液压马达 22 等组成。此回路通过手动换向阀 20 来控制凿岩机转钎马达的正反转。当换向阀处于中间位置时,液压马达22得不到压力油，故转钎马达不旋转。当换向阀20拉到右边位置时，压力油通过换向阀进入转钎马达使其反转。

钎杆旋转液压回路的压力保护是通过溢流阀19和溢流阀21来实现的。换向阀处于中间位置或转钎马达反转时，系统压力受溢流阀19控制。此时系统压力最高，增加卸钎杆的能力，但最高不会超过溢流阀19的调定压力(19 MPa)。当换向阀拉到左边位置时，马达正转，系统压力由溢流阀21来调定，即此时系统压力不会超过溢流阀21的调定压力(15 MPa)，否则溢流阀将被打开溢流。

凿岩机推进液压回路由主泵2、减压阀14、比例溢流阀7、手动三位六通换向阀13、节流阀15、推进液压缸18等组成。当液压泵供压力油时，通过操作手动三位六通换向阀13就可以控制推进液压缸活塞杆的伸出或缩回，操作节流阀15可以控制液压缸的推进与缩回速度。当手动三位六通换向阀13处于中间位置时，推进液压缸得不到压力油，故不动作。当换向阀13的手柄推(拉)到左(右)边的工作位置时，压力油通过手动三位六通换向阀直接到推进液压缸的无杆腔(有杆腔)，推动活塞杆伸出(退回)。在钻机上，实际推进液压缸的活塞杆是固定的，推进液压缸的缸体通过滑板钢丝绳带动凿岩机拖板前进或后退。凿岩机的推进压力由减压阀14来调整。溢流阀4在回路中起过载保护作用。

3. 辅助动作液压系统

辅助动作液压系统如图1-32所示，该系统的工作原理是：安装在立柱上的球阀控制

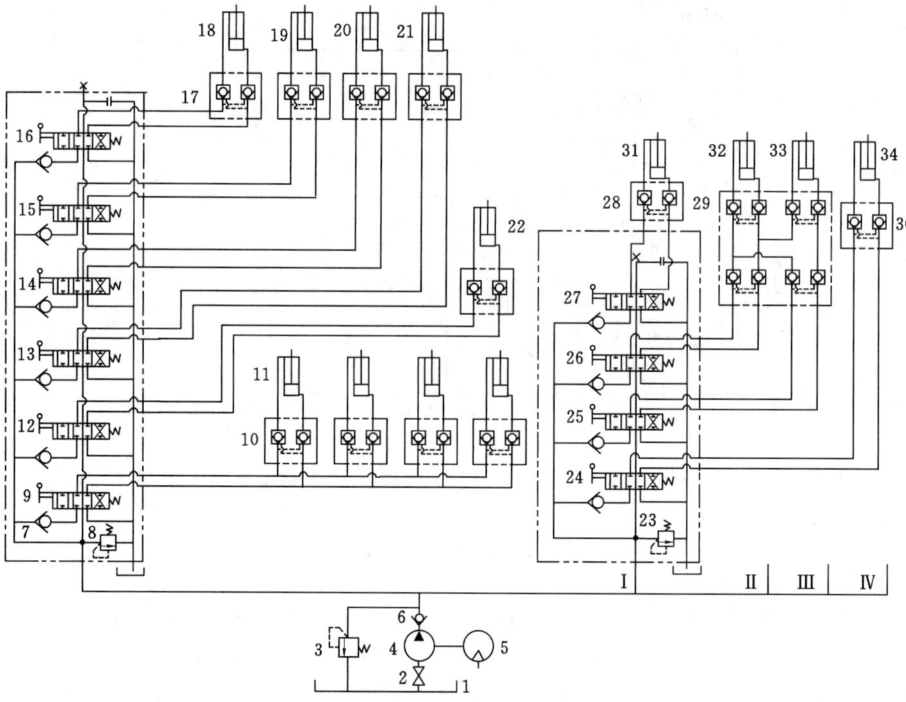

图1-32 辅助动作液压系统原理

1——油箱；2——闸阀；3,8,23——溢流阀；4——液压泵；5——气动马达；6,7——单向阀；9,12～16,24～27——三位六通手动换向阀；10,17,28～30——双向液压锁；11——支撑臂升降液压缸；18～21——支撑臂液压缸；22——调高液压缸；31——滑轨升降液压缸；32——倾斜液压缸；33——支臂液压缸；34——摆臂液压缸

泵站的气动马达5，由气动马达5带动C5—8型液压泵4转动，液压泵输出的压力油推开单向阀6，分成五路。向左的一路由溢流阀8控制这一支路的油液压力，由安装在下立柱上的六联三位六通手动换向阀控制各液压缸的活塞杆伸缩。当换向阀9处于左位时，四组支撑臂升降液压缸11的活塞杆缩回，将支撑臂升起；当支撑臂上扬到与水平面夹角为6.5°时，操纵换向阀9使其处于中位，由四组双向液压锁10将四组液压缸锁紧，使液压缸不受外力影响；换向阀9处于右位时活塞杆伸出，支撑臂落下向立柱收拢。同理换向阀13、14、15、16分别控制支撑臂液压缸18、19、20、21活塞杆的伸缩；换向阀12控制调高液压缸。从泵排出的压力油向上一路到达支路Ⅰ，该支路的压力由溢流阀23调节，由换向阀24控制摆臂液压缸34带动动臂作往复摆动；换向阀25、26联合控制倾斜液压缸32和支臂液压缸33，使两个液压缸获得不同的伸缩速度；由换向阀27控制滑轨升降液压缸31。

溢流阀3在系统中起安全保护作用。

凿岩时，所有换向阀处于中位，可使液压泵处于卸荷状态。

（六）气路系统

外接压缩空气由主进风口经上立柱，通过注油器携带油雾进入气动马达，驱动伞钻辅助动作液压系统中的液压泵转动，为辅助动作的液压系统提供动力。若为气动凿岩机，压缩空气通过注油器携带油雾进入凿岩机，润滑凿岩机的转钎部分，同时还可以起到散热、防尘、防止岩屑进入凿岩机和密封凿岩机的作用。

（七）水路系统

YSJZ4.8型液压竖井钻机的供水系统如图1-33所示。水源可用地面水，也可用井水（地下水），经进水管路接进水接头1，通过过滤器2对水进行过滤，通过减压阀3把水压减到0.6 MPa，进入到冷却器5冷却循环液压油，然后再进入水泵6，通过水泵增压到2 MPa，经注水节门7进入凿岩机，通过钎具冲洗孔底。供凿岩机的水压可根据岩石的变化条件进行适当的调节，以达到凿岩穿孔的最佳效果。进入冷却器的水压受减压阀3和安全阀4控制，安全阀4的调定压力为0.8 MPa，如果减压失灵用安全阀来保护，使水压不会超过0.8 MPa。供水系统的作用是用水泵排出的压力水来冲洗孔底的岩屑，用流动的水通过冷却器冷却液压油，使油温不会急剧升高。

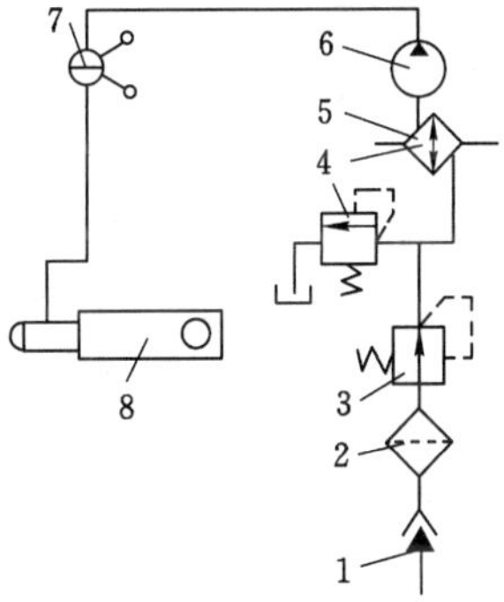

图1-33 供水系统

1——进水接头；2——过滤器；3——减压阀；4——安全阀；5——冷却器；6——水泵；7——注水节门；8——液压凿岩机

二、伞钻的主要技术参数

YSJZ4.8型液压竖井钻机、FJD系列竖井钻机、SJZ系列竖井钻机的主要技术参数分别见表1-6、表1-7和表1-8。

表 1-6　　YSJZ4.8 型液压竖井钻机的主要技术参数

	基本性能参数	参数值			基本性能参数	参数值
整机性能	动臂数量/个	4	液压泵站		额定转速/r·min^{-1}	1 480
整机性能	炮眼圈径/mm	1 650～9 000	液压泵站		主泵类型	齿轮泵
整机性能	收拢后外形尺寸 (外接圆直径×高度)/mm×mm	1 900×7 900	液压泵站		主泵额定压力/MPa	28
整机性能			液压泵站		主泵排量/mL·r^{-1}	4×32×2
整机性能	支撑臂支撑外接圆直径/mm	5 000～7 000	液压泵站		油箱容积/L	520
整机性能	动臂左右摆动角度/(°)	左右各 60	辅助工作装置	供水装置	工作压力/MPa	0.6～1.2
整机性能	钻架质量/kg		辅助工作装置	供水装置	工作流量/L·min^{-1}	60
整机性能	泵站质量/kg		辅助工作装置	供水装置	水泵类型	多级离心
整机性能	钻孔直径/mm	51	辅助工作装置	供水装置	最大进口压力/MPa	1
整机性能	钻孔深度/mm	5 160	辅助工作装置	供水装置	额定流量/m^3·h^{-1}	8
整机性能	适应钎具	B35 钎杆 ϕ51 钎头	辅助工作装置	辅助泵站	工作压力/MPa	12～14
钻凿特性	类型特征	冲击回转式	辅助工作装置	辅助泵站	工作流量/m^3·min^{-1}	0.2
钻凿特性	冲击能/J	200	辅助工作装置	辅助泵站	工作气压/MPa	0.5～0.7
钻凿特性	冲击频率/Hz	≥33	辅助工作装置	辅助泵站	总耗气量/m^3·min^{-1}	8

表 1-7　　FJD 系列竖井钻机的主要技术参数

技术特征	FJD6 型	FJD6A 型	FJD9 型	FJD9A 型
支撑臂个数/个	3	3	3	3
支撑臂支撑外接圆直径/m	5～6.8	5.5～9.6	4.9～9.5	5.5～9.6
动臂个数/个	6	6	9	9
动臂工作范围： 水平摆动角/(°) 垂直炮眼圈径/m	 120 1.34～6.8	 120 1.64～8.8	 80 1.64～8.6	 80 1.64～8.6
配用凿岩机： 型号 数量/台	 YGZ70 6	 YGZ55 6	 YGZ70 9	 YGZ70 9
动力形式： 油泵风马达型号 功率/kW 油泵型号 油泵工作压力/MPa	风动—液压 TJ8 8 YB—A25C—FF 10.5	风动—液压 TJ8 8 YB—A25C—FF 10.5	风动—液压 TJ8 8 CB—C25C—FL 10.0	风动—液压 TJ8 8 YB—A25C—FF 10.5
推进器形式： 推进行程/m 推进风马达型号 功率/kW	风马达—丝杆 3 TMIB—1 1	风马达—丝杆 4.2 TM1—4 4	风马达—丝杆 4 TM1—4 4	风马达—丝杆 4.2 TM1—4 4

续表 1-7

技术特征	FJD6 型	FJD6A 型	FJD9 型	FJD9A 型
工作气压/MPa	0.5～0.7	0.5～0.6	0.5～0.7	0.5～0.7
工作水压/MPa	0.3～0.5	0.4～0.5	0.3～0.5	0.3～0.5
最大耗风量/$m^3 \cdot min^{-1}$	50	80	80	100
收拢后外形尺寸： 高/m 外接圆直径/m	 4.5 1.5	 7.2 1.65	 5 1.6	 7.63 1.75
总质量/kg	5 300	7 500	8 500	10 500
钎尾规格/mm	25×159 六角钎杆	ϕ30×42.5 圆钎杆	25×159 六角钎杆	
备注	FJD6 型伞钻的支撑臂加长后，支撑范围可达 7.5 m			

表 1-8　　SJZ 系列竖井钻机的主要技术参数

技术特征	SJZ5.5	SJZ5.6	SJZ6.7	SJZ6.9	SJZ6.10
支撑臂数量/个	3	3	3	3	3
动臂数量/个	5	5	6	6	6
支撑臂支撑外接圆直径/m	4.6～6.6	5.7～7.7	4.6～6.7 5.7～7.7 6.6～8.6	6.6～9.8	7.6～10.8
动臂水平摆角/(°)	150	150	120	120	120
垂直炮孔圈径/m	1.6～6.3	1.65～8.2	1.65～8.2	1.65～9.56	1.65～10.5
凿岩机数量/型号	5/YGZ70	5/YGZ70	6/YGZ70	6/YGZ70	6/YGZ70
动力形式	风马达—液压泵	风马达—液压泵	风马达—液压泵	风马达—液压泵	风马达—液压泵
油泵功率/kW	5.8	5.8	5.8	5.8	5.8
油泵工作压力/MPa	7～14	7～14	7～14	7～14	7～14
推进器形式	油缸—钢丝绳	油缸—钢丝绳	油缸—钢丝绳	油缸—钢丝绳	油缸—钢丝绳
推进行程/m	3.5	4.3	4.3	4.3	4.3
工作气压/MPa	0.5～0.7	0.5～0.7	0.5～0.7	0.5～0.7	0.5～0.7
工作水压/MPa	0.3～0.5	0.3～0.5	0.3～0.5	0.3～0.5	0.3～0.5
最大耗风量/$m^3 \cdot min^{-1}$	58	58	68	68	68
收拢后外形尺寸(直径×高)/m	1.7×6	1.9×7.2	1.9×7.2	1.9×7.7	1.9×8.2
钎尾规格/mm	B25×159 六角钎杆	B25×159 六角钎杆	B25×159 六角钎杆	B25×159 六角钎杆	B25×159 六角钎杆
钎头直径/mm	38～55	38～55	38～55	38～55	38～55

三、伞钻的优缺点

伞钻有以下优点：

① 机械化程度高，减轻了工人的体力劳动，操作灵活，安全可靠，配备有重型导轨式凿岩机，凿岩速度有较大提高，实现了单机单人操作，减少了夹钎事故，劳动生产率比人持钻提高3～4倍。

② 能钻深眼、直眼，有利于提高一次循环进尺，为提高大抓岩机的效率创造了条件，缩短了非生产的辅助时间。能准确地控制钻眼位置，保证了眼孔质量，有利于推广光面爆破。

③ 设备结构紧凑，体积小，重量轻，易于在井筒中布置，不影响吊泵及其他凿井设备的配套使用，机动性大，使用时由提升机下放至井底，凿岩完毕提升至井口安放，维修保养方便。

伞钻的缺点是：气动钻机噪声大，推进装置故障多，凿岩辅助时间长（包括下放，上提、安装和收拢），占用整个循环时间比重大，有待进一步改进。

总体来看，伞钻的优点是显著的，在实现立井施工机械化中，伞钻已经成为凿岩作业的主要设备，并在煤矿建井施工中被广泛采用。

四、伞钻的使用

（一）下井前的准备

① 每班下井前必须将各油雾器都加满油之后再将油盖拧紧。

② 检查各管路部分是否渗漏油，发现问题及时处理。

③ 操纵推进液压缸使凿岩机上下滑动，看其运行是否正常。

④ 检查水路是否畅通，钎杆是否直，钎头是否磨损。

⑤ 检查吊环部分是否可靠，有无松动等现象。

⑥ 检查各操纵手柄是否在“停止”位置，检查机器收拢位置是否正确，注意软管外露部分以及顶盘快速接头处是否符合下井尺寸，以免吊盘喇叭口碰坏管路系统。

⑦ 检查各快速接头是否清洁，必要时清洗后用干净的棉布或塑料布将油管口包扎好，以免污物进入管路。

⑧ 用两根钢丝绳分别在推进器上部和下部位置捆紧，防止意外松动。

⑨ 在井底面中心，打一个深度为400 mm左右的定钻架中心孔，孔径为ϕ40 mm左右，安放钻座。

（二）下井及工作面固定

① 事先同提升机司机，井口、吊盘和工作面信号工联系好，讲明钻架下落各深度应注意的事项，以便很好地配合，确保安全操作。

② 伞钻上下井转换挂钩时，井盖门必须关上。

③ 伞钻通过吊盘喇叭口时，应停下由信号工连接快速接头，并检查是否有凸出部分碰上吊盘，而后继续下放伞钻，注意伞钻与吊盘距离应小于9 m，以免拉断管路。

④ 下放伞钻到井底约300 mm时，停止下放，放好底座。应将伞钻移至井筒中央，坐于底座上，此时中心稳车绳将伞钻吊正，随后由信号工接通吊盘上总风管（先要小风吹净

管口内污物）。

⑤ 接通球阀，启动气动马达使液压泵工作供给压力油。操纵立柱油路阀升起支撑臂，伸出支撑爪，撑住井筒壁，整体伞钻垂直固定后放松稳绳少许使之扶住伞钻，确保安全。

⑥ 支撑臂支撑位置要避开升降人员，吊桶及吊泵等设备位置，以免碰坏。同时在支撑住井壁后不可开动调高液压缸，以免折断支撑臂。

⑦ 立柱固定时要求垂直井底面，以避免炮眼偏斜和产生卡钎现象。

（三）启动

① 启动前先接通电源。

② 吊盘信号工启动电动机时，先点动数次，一是观察电动机的旋转方向是否按箭头指示方向，二是给液压系统充满液压油。

③ 钻机启动前先检查各手柄，手柄均应处于中间位置上。

④ 泵电动机启动前检查水路是否接通，打开泵头上的螺堵直到稳定的水流流出。点动数次，观察电动机的旋转方向是否按箭头指示方向旋转。

（四）钻孔

① 操纵三联换向阀动作，将钻臂推进器放到要钻孔位置的轴线方向。

② 操纵滑轨升降液压缸操纵阀，将滑架与工作面定好位置。

③ 打开注水节门给凿岩机供水冲洗炮孔。

④ 操纵转钎阀，使钎杆回转（逆时针为凿岩作业，顺时针为卸钎杆）。

⑤ 操纵凿岩推进手柄，使凿岩作业前进或后退。

⑥ 推动比例溢流阀手柄，先慢速小冲击凿岩，当钎头进入岩石后推进力升高，冲击阀自动换向。

⑦ 当钎头充分进入岩石，确定不会有偏斜危险时，将比例溢流阀手柄推到底，正式凿岩作业。

⑧ 当推进行程到达终点时，拉回冲击与回转手柄，停止冲击与回转。拉回比例溢流阀手柄，回到原位。

⑨ 拉回凿岩推进手柄使凿岩机向上退回到原位。

⑩ 将推进器移到下一个孔位继续凿岩作业。

（五）注意事项

① 打眼过程中，辅助提升上下人和输送工具时，信号工应特别注意，防止碰伤支撑臂、动臂或挤压伤人。

② 动臂移动到新眼位时，滑轨升降液压缸动作，使顶尖缓缓顶紧井筒底面。凿岩过程中，推进器必须在工作面上，不能离地吊打。

③ 摆动动臂回转角度时，应注意防止互相碰撞。如果一臂遇故障不能工作时，可由相邻臂帮助继续完成。

④ 钻孔时冲洗炮孔水应正常流出，如发现水不流出时，应立即退钻检查处理。

⑤ 钻进时严禁反转，凿岩机蓄能器充氮压力正常为 6 MPa。

⑥ 钻进速度一经调定合适后，一般不应变动，如需变动时应按要求进行调整。

（六）收尾工作

① 所有炮眼打完后，先将各动臂收拢，停在专一位置上，卸下钎杆，将凿岩机放到最低位置，确保收拢尺寸。

② 适当提紧中心稳绳，收拢四个支撑臂后再收回调高液压缸，用钢丝绳上下捆紧，使中心稳绳受力，防止钻架倾倒。

③ 停止供气供水，打开吊盘上快速接头并封堵好，准备提升到井口安放。

④ 除信号工外，其余人员在钻架提升之前全部提升到地面。

伞钻不工作时，应悬吊停放在井口棚内便于维修的地方。

五、伞钻的维护

正确地维护、润滑和保养钻机，可使机械长久保持良好的工作状态，延长机件的寿命，增强机器的可靠性，减少故障和机械事故，充分发挥钻机的性能，提高工作效率。因此，正确地做好钻机的维护、保养和润滑工作，具有非常重要的意义。

钻机的维护、保养工作主要包括以下几方面：

① 按规定周期加注或更换润滑油。

② 按规定周期检查油位和油面。

③ 检查或更换损坏的零件。

④ 调整各运动部位和液压系统的工作性能和要求。

⑤ 清洗钻机各部分及清除污物。

任务实施

一、教学设备

伞形钻架仿真模型机一台。

二、任务实施方法

① 教师讲解具体任务及要求。

② 学生分组，结合模型机，指出伞钻的各组成部分，并说明各部分的作用、动作原理。

③ 结合液压系统图及模型机，让学生指出各液压元件名称及作用，并叙述液压系统原理。

④ 在指定区域让学生轮流对模型机进行操作练习。

⑤ 伞钻的使用与维护要求学生在毕业顶岗实习时进一步巩固。

三、任务考评

教师根据学生实训中的表现，即手指口述、技能操作、实训报告等，评定出实训成绩。伞形钻架操作评分标准见表 1-9。

表 1-9　　伞形钻架的操作评分标准

序号	考核内容	考核项目	分值	评分标准	得分
1	伞钻的组成机构及各部分作用	① 中央立柱 ② 摆动架 ③ 支撑臂 ④ 液压凿岩机 ⑤ 推进系统 ⑥ 动臂 ⑦ 调高器 ⑧ 液压系统 ⑨ 水、气系统 ⑩ 电气系统	25	① 每项内容 2.5 分 ② 每缺一项扣 2.5 分	
2	运转前检查	① 油路检查 ② 水路检查 ③ 气路检查 ④ 各连接处检查 ⑤ 操纵手把位置检查	20	① 每项内容 4 分 ② 每缺一项扣 4 分	
3	伞形钻架的固定	① 升起支撑臂 ② 伸出支撑爪	16	① 每项内容 8 分 ② 错一项扣 8 分 ③ 操作不正确酌情扣分	
4	运转操作	① 启动 ② 钻孔 ③ 收尾工作	24	① 每项内容 8 分 ② 错一项扣 8 分 ③ 操作不正确酌情扣分	
5	实训态度	① 遵守安全规程 ② 清理现场卫生 ③ 实训报告	15	① 遵守安全规程 5 分 ② 清理现场卫生 5 分 ③ 实训报告符合要求 5 分	
总计					

思考与练习

① 伞钻由哪几部分组成?

② 伞钻的中央立柱有何作用?

③ 调高器是怎样进行调高的?

④ 叙述支撑臂的结构组成和工作原理。

⑤ 叙述动臂的作用、结构组成及工作原理。

⑥ 叙述动臂推进器的基本组成结构和工作原理。

⑦ 叙述伞钻液压系统的组成结构和工作原理。

⑧ 叙述伞钻的启动、钻孔、收尾工作。

⑨ 叙述伞钻使用中的注意事项。
⑩ 编写伞钻使用安全技术措施。

任务三 抓岩机的使用与维护

教学目标

(1) 知识目标
① 熟知抓岩机的功用和类型。
② 掌握抓岩机的结构组成及工作原理。
③ 掌握影响抓岩机生产能力的因素及提高抓岩生产效率的措施。
(2) 能力目标
① 能读懂抓岩机气动系统原理图。
② 能对抓岩机正确使用与维护。
(3) 职业素质
培养学生适应工作环境的能力,以及安全文明操作的工作意识。

任务描述

抓岩机不仅可以在地面抓取松散的物料,而且在开凿立井中,可以将爆破后松散的岩石和矿物装入吊桶。立井掘进中,装岩是一道最繁重、最费时的工序,一般占掘进循环时间的50%～60%左右,因此,作为一名建井技术人员应熟知抓岩机的结构、工作原理及性能,并能合理使用与维护抓岩机,以加快立井施工速度,提高建井工作效率。

相关知识

一、抓岩机的分类

国产抓岩机可按如下方式分类:
① 国产抓岩机按抓斗容积大小分有小型(0.2 m^3以内),中型(0.4 m^3以内)和大型(0.6 m^3以上)三种。
② 国产抓岩机按动力分有气动、电动、液压(包括气动—液压和电动—液压)三种。
③ 国产抓岩机按机器操纵方式分有手动操纵、机械操纵和自动化控制三种。
④ 国产抓岩机按机器结构特点和安装方式分有靠壁式(HK型)、环形轨道式(HH型)、中心回转式(HZ型)和长绳悬吊式(HS型)四种,其中应用最广的是中心回转式。下面以HZ—4型抓岩机为例介绍抓岩机的结构、工作原理、使用及维护。

二、HZ—4型抓岩机的结构与工作原理

HZ—4型中心回转式抓岩机主要由抓斗、提升机构、回转机构、变幅机构、主机架、司

机室、气动系统及吊盘固定装置等组成，如图 1-34 所示。

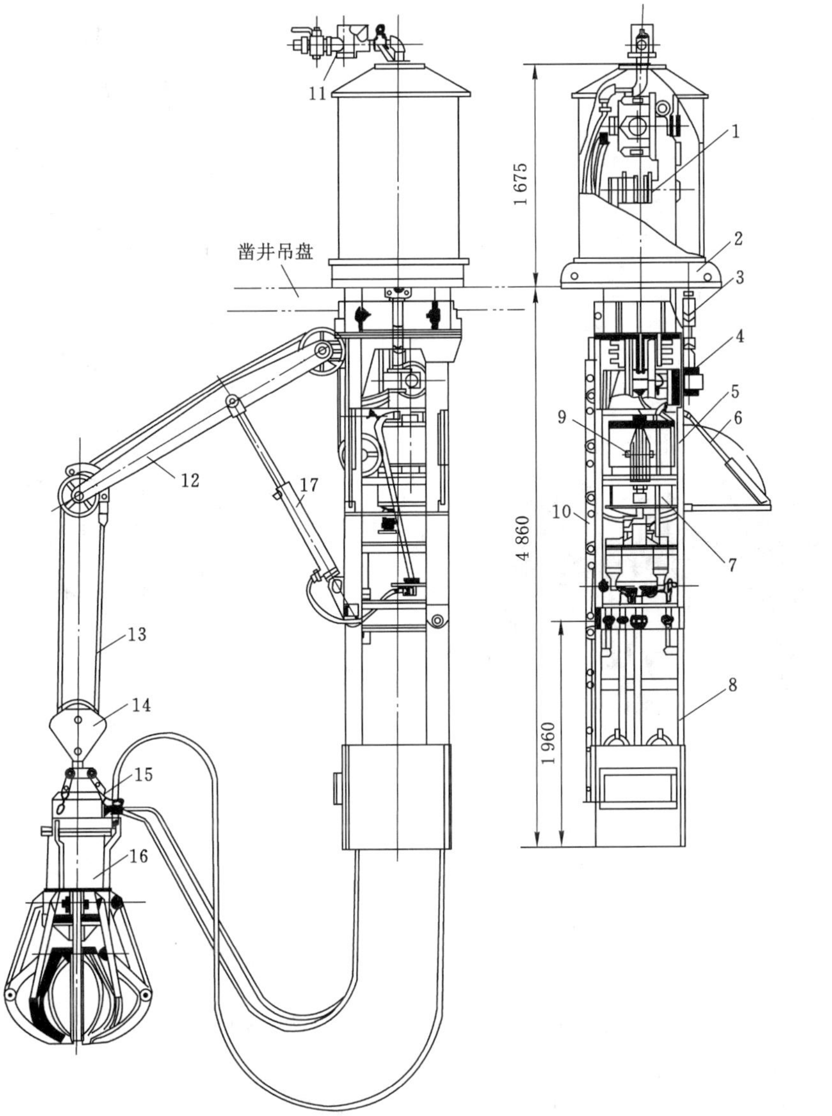

图 1-34　HZ—4 型抓岩机的结构

1——气动绞车；2——回转座；3——万向接头；4——回转机构；5——机架；
6——折叠检修台；7——变幅机构；8——司机室；9——滑轮；10——折梯；11——气动系统；
12——提升臂杆；13——提升钢丝绳；14——动滑轮组；15——吊链；16——抓斗；17——推力液压缸

（一）抓斗

抓岩机的生产率与抓斗容积有极大的关系。为了提高抓岩效率，我国立井掘进中广泛使用气动抓斗，抓斗容积大多为 0.4 m^3 和 0.6 m^3。HZ—4 型中心回转式抓岩机的抓斗容积为 0.4 m^3。

图 1-35 所示是 HZ—4 型抓岩机抓斗的结构，它由抓片、耳盘、拉杆、气缸、活塞、配气阀和消声器、悬吊装置等基本部分组成。

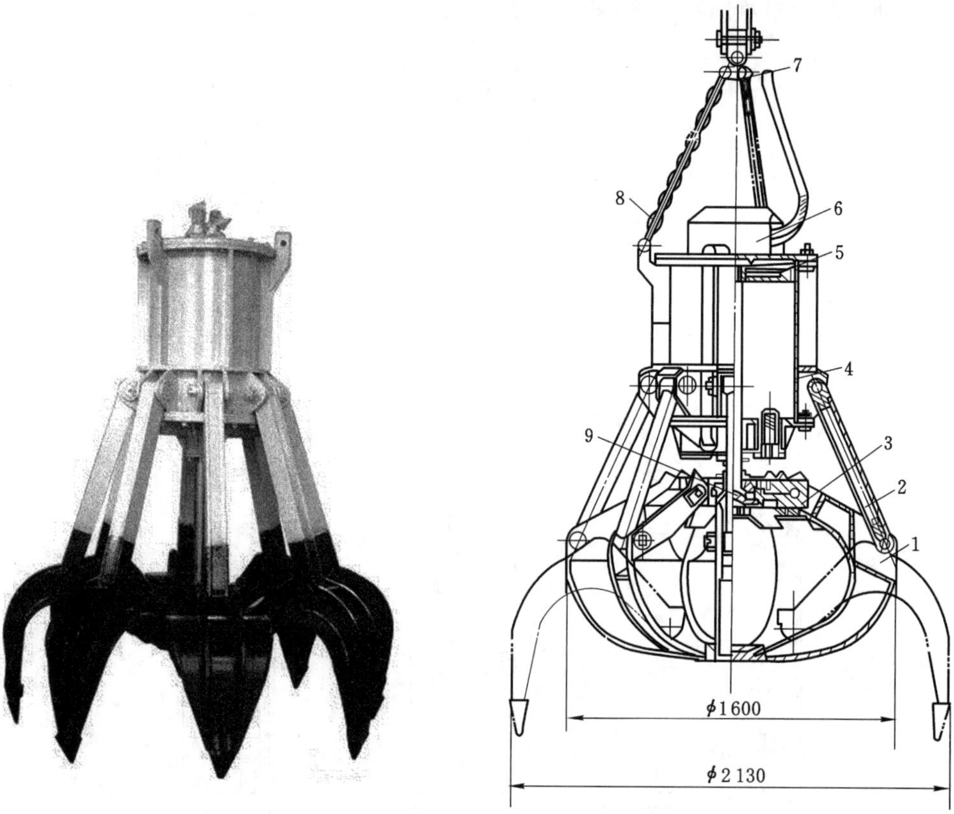

(a)　　(b)

图 1-35　HZ—4 型抓岩机抓斗

(a) 外观图;(b) 半剖图

1——抓片;2——拉杆;3——耳盘;4——气缸;5——活塞;6——配气阀和消声器;
7——三爪叉;8——悬吊链条;9——球面连接装置

HZ—4 型抓岩机抓斗有八个抓片,每个抓片由两个销轴分别与耳盘 3 及拉杆 2 的下端铰接,拉杆上端由销轴铰接在气缸 4 的耳座上,耳盘与活塞杆头成万向连接,从而允许耳盘在抓取过程中产生一定偏转,免除活塞杆受弯曲而破坏。在气缸顶上安装有配气阀,控制抓斗的开闭运动。配气阀的排气口上装有消声器。整个抓斗通过三根链条悬吊在抓岩机的提升钢丝绳上。

抓斗工作时,由司机在司机室遥控配气阀,当压缩空气由配气阀进入气缸上腔时,推动活塞下移,下腔气体经配气阀和消声器排出,活塞下移带动耳盘下降并使抓片张开。反之,从下腔进气,活塞上移,带动耳盘上升并使抓片合拢。

(二) 提升机构

提升机构的作用是上提或下放抓斗,以便抓岩或向吊桶里装矸。它包括气动绞车提升钢丝绳、导向绳轮、动滑轮等。如图 1-34 所示,气动绞车 1 被安装在回转座 2 的上方,处于整个机器的最高部位,提升钢丝绳 13 一端固定在绞车卷筒上,另一端绕过滑轮 9、提升臂杆 12 两端的滑轮、动滑轮组 14,最后固定在提升臂杆 12 的前端。本机构采用动滑轮组提高了气动绞车的提升能力，减少了气动马达的轴功率。

（三）回转机构

回转机构主要由蜗杆蜗轮减速器、万向联轴器及一对互相啮合的内齿轮组成。

1. 蜗杆蜗轮减速器

蜗杆蜗轮减速器用来传递空间两交错轴之间的运动和动力，两轴夹角一般为 90°，如图 1-36 所示。蜗杆为主动件，蜗轮为从动件。蜗杆是一个具有梯形螺纹的螺杆，其螺纹有左、右旋之分，螺线头数有单头和多头（一般为 1，2，4，6）之分；蜗轮是在一个齿宽方向具有弧形轮缘的斜齿轮。一对相啮合的蜗杆、蜗轮，其轮齿的旋向相同，且螺旋角之和为 90°，即 $\beta_1+\beta_2=90°$（β_1 为蜗杆的螺旋升角，β_2 为蜗轮螺旋角）。若蜗杆头数为 z_1，蜗轮齿数为 z_2，当蜗杆转动一圈时，蜗轮转过 z_1 个齿，即转过 z_1/z_2 圈。当蜗杆转速为 n_1 时，蜗轮的转速应为 $n_2=n_1z_1/z_2$。所以蜗杆传动的传动比应为

$$i=\frac{n_1}{n_2}=\frac{z_2}{z_1} \tag{1-4}$$

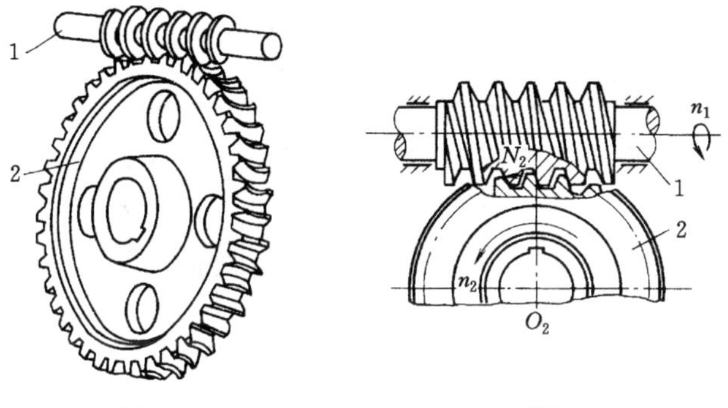

图 1-36　蜗杆蜗轮减速传动

(a) 外观图；(b) 啮合局部剖视

1——蜗杆；2——蜗轮

蜗杆传动的最大特点是结构紧凑、传动比大、传动平稳、噪声小、具有自锁性，但其传动效率低、成本高。

2. 万向联轴器

如图 1-37(a)所示，万向联轴器由分别装在两轴端的叉形接头 1、3，以及与叉形接头

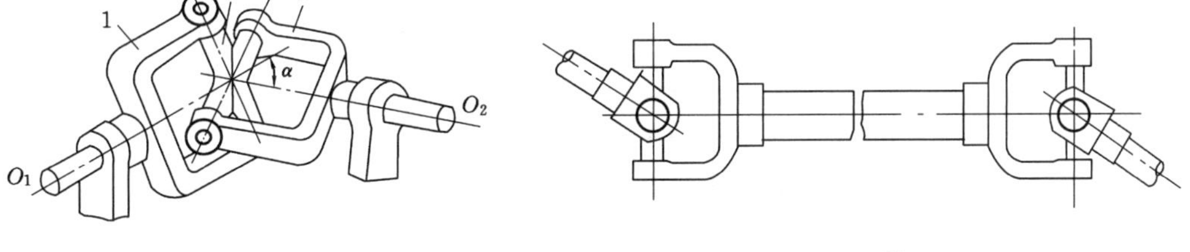

图 1-37　万向联轴器

1，3——叉形接头；2——十字形中间连接件

相连的十字形中间连接件 2 组成。这种联轴器允许两轴间有较大的夹角 α（最大可达 35°～45°），且机器工作时即使夹角发生改变仍可正常传动，但 α 过大会使传动效率显著降低。这种联轴器的缺点是当主动轴角速度 ω_1 为常数时，从动轴的角速度 ω_2 并不是常数，而是在一定范围内变化，这在传动中会引起附加载荷，所以常将两个万向联轴器成对使用，如图 1-37(b)所示，但安装时应注意必须保证中间轴上两端的叉形接头在同一平面内，且应使主、从动轴与中间轴的夹角相等，这样才可保证 $\omega_1=\omega_2$。

3. 内齿轮

内齿轮的啮合情况如图 1-38 所示，当传动轴带动外齿轮转动时，若内齿轮固定不动，则外齿轮一方面自转而另一方面沿内齿圈转动。

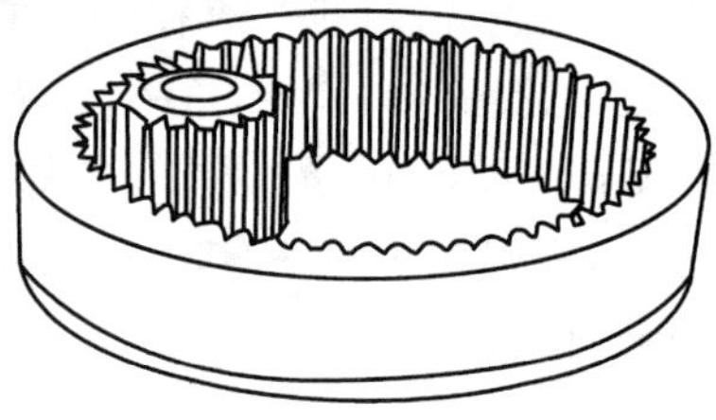

图 1-38　内齿轮的啮合

4. 回转机构

回转机构的结构如图 1-39 所示。它的底座 2 安装在吊盘的两根钢梁 3 上，回转体 5 与主机架 6 连接，在吊盘的下方呈悬吊状态，6.25 kW 的气动

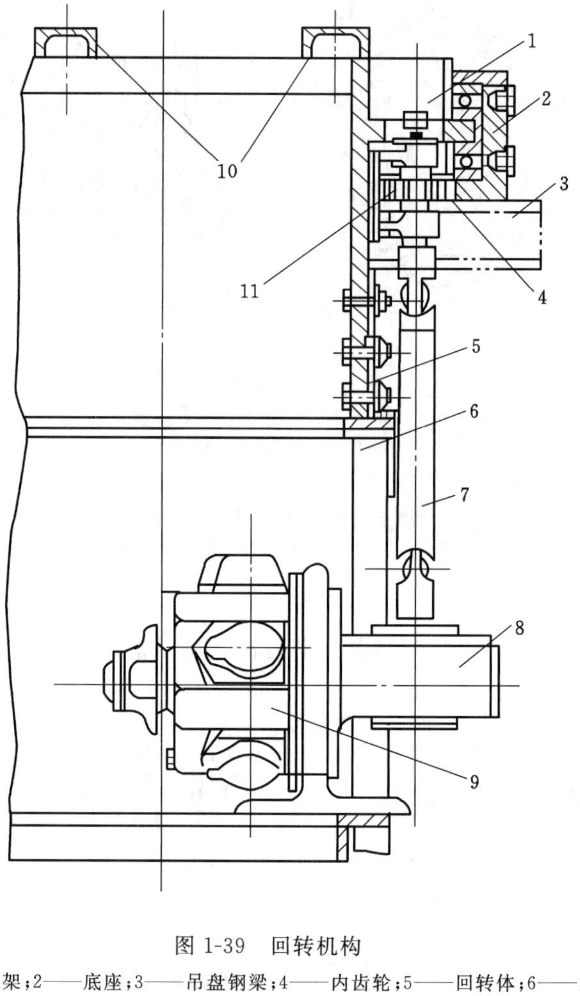

图 1-39　回转机构

1——回转机架；2——底座；3——吊盘钢梁；4——内齿轮；5——回转体；6——主机架；7——万向联轴器；8——蜗杆蜗轮减速器；9——气动马达；10——左右梁；11——小齿轮

马达 9 和蜗杆蜗轮减速器 8 安装在主机架 6 上。减速器输出轴、万向联轴器 7 及回转小齿轮 11 连接在一起，小齿轮与底座 2 下方的内齿轮 4 相啮合。气动马达运转时，通过万向联轴器 7 驱动小齿轮 11，小齿轮既自转又沿着内齿轮 4 公转，从而带动主机架、臂杆、抓斗等同时绕机器中心转动，实现抓岩机的圆周运动。回转机构的传动系统如图 1-40 所示。

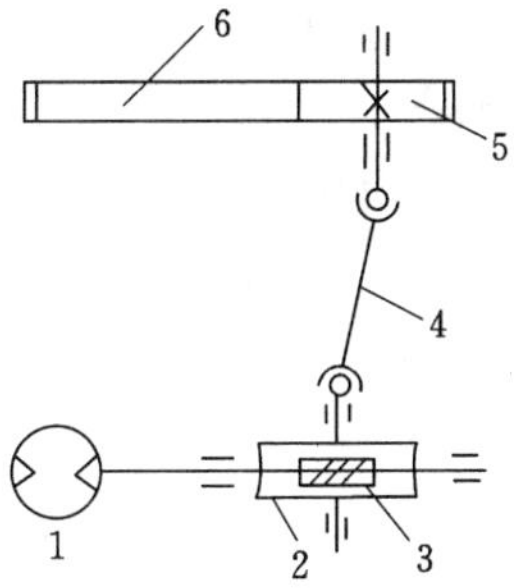

图 1-40　回转机构传动示意图

1——气动马达；2——蜗轮；3——蜗杆；4——万向联轴器；5——小齿轮；6——内齿轮

（四）变幅机构

变幅机构的作用是使抓斗在井筒中作径向移动，其结构如图 1-41 所示。臂杆 4 上端与机架铰接，下端通过滑轮悬吊抓斗。臂杆的径向摆动由推力液压缸 3 控制，

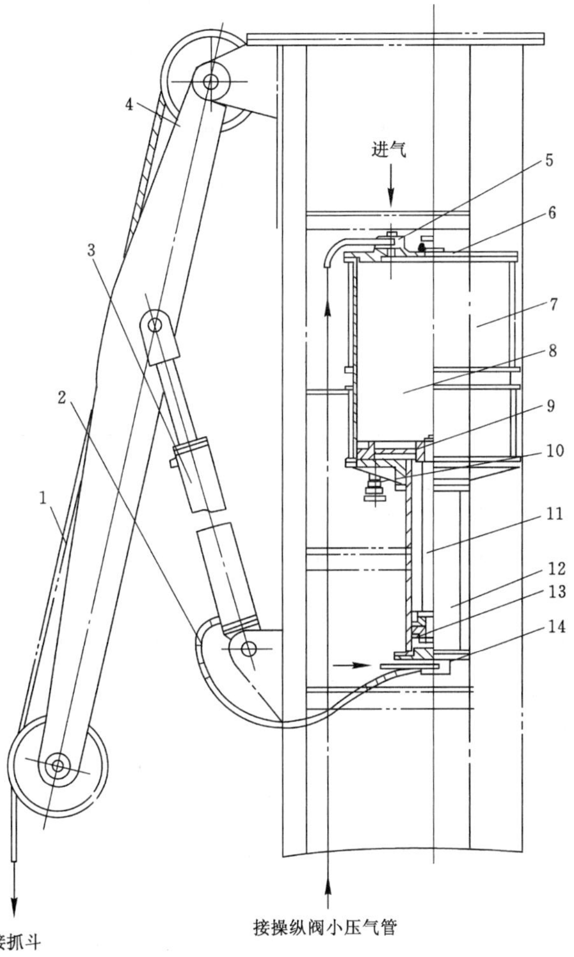

图 1-41　变幅机构

1——钢丝绳；2——高压胶管；3——推力液压缸；4——臂杆；5——配气阀；6——顶盖；7——增压缸；8——大气缸；9——大活塞；10——截止阀；11——活塞杆；12——增压液压缸；13——小活塞；14——控油阀

推力液压缸的液压油来自增压缸 7。增压缸的上部是一个气缸 8,下部是一个液压缸 12,其增压原理如图 1-42 所示,由于大活塞的有效面积大于小活塞面积,所以当向上部气缸内输入低压气体时,可以在下部液压缸得到高压液体,其关系为

$$\frac{\pi}{4}D^2 p_1 = \frac{\pi}{4}d^2 p_2$$

$$p_2 = \left(\frac{D}{d}\right)^2 p_1 \qquad (1\text{-}5)$$

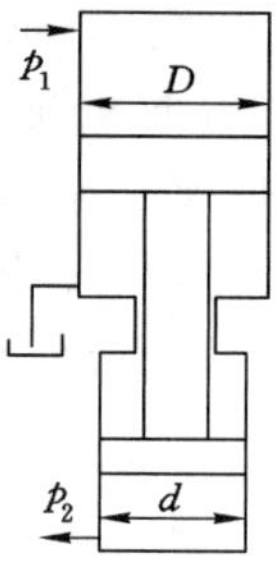

图 1-42 增压缸原理图

式中 p_1,p_2——增压缸输入、输出压力;

D——增压缸大活塞直径;

d——增压缸小活塞直径。

由式(1-5)可知,增压缸可将气体的低压转变为液体的高压。当两缸内活塞工作面积比为 16∶1,输入的压缩空气压力为 0.5 MPa 时,输出的油液压力增至 8 MPa。

如图 1-41 所示,当司机操纵五位六通阀(图中未画出),将压缩空气经配气阀 5 引入气缸时,活塞下移,使液压缸内的油液通过控油阀 14、高压胶管 2,进入推力液压缸 3,推动活塞上移,实现臂杆的张开。当操纵五位六通阀,使配气阀与大气相通时,增压气缸排气,推力液压缸里的油液返回到增压缸,臂杆依靠自重下降实现臂杆的收缩。当五位六通操纵阀的手把处于中间位置时,配气阀及控油阀将油、气通道切断,增压缸内的压缩空气及油液停止流动,臂杆不动。这样,抓斗可以在任何位置上停止,以便对准吊桶。

(五)主机架和司机室

主机架如图 1-43 所示,它是用型钢和钢板焊接而成的框架结构,是抓岩机的躯干。前后主梁各一对,左右对称布置,均是用四块钢板焊接成矩形截面的中空构件,既是机架主梁,又是进气管道。压缩空气从总进气管 5 进入,经连通管 7 进入后主梁 6 和连接管 10,通过操纵阀分别进入气缸或气马达,以控制抓斗动作。后右主梁还焊接有增压缸下面的控油阀进气接头。机架内装有蜗杆蜗轮减速器、导绳轮、增压缸、管路系统等。

司机室是一框式结构,在主机架下部,通过连接板与主机架相连,如图 1-44 所示。司机室内装有操纵阀、压力表及管路。前后立柱均是槽钢及钢板焊接而成的矩形框架,既是司机室的主机架,又是进气管道。在司机室的前方,左、右各装一个操纵阀。工作时,司机在座位上操纵左、右两个操纵阀,控制抓岩机的全部动作。

(六)气动系统

抓岩机的气动系统原理如图 1-45 所示。压缩空气由总进气阀 2,经过滤器 3、注油器 4 和回转接头进入抓岩机的上部防水罩内,沿总进气管到达主机架,进入机架管柱中,然后分为四路。

Ⅰ路:当五位六通手动换向阀 7 处于右二位时,压缩空气通过配气阀 18 左位进入增压气缸 17 内,推动活塞下移,将增压液压缸 16 中的压力油推出,液压油经控油阀 15 左位向推力液压缸 13 供油,使臂杆伸开,实现抓斗的径向移动。

Ⅱ路:当五位六通手动换向阀 7 处于左一或左二位时,压缩空气经阀 7 进入提升绞车气马达 14,同时也打开绞车的制动阀 11,使制动气缸 12 松闸,绞车卷筒转动,通过钢丝绳实现抓斗的提升或下放。

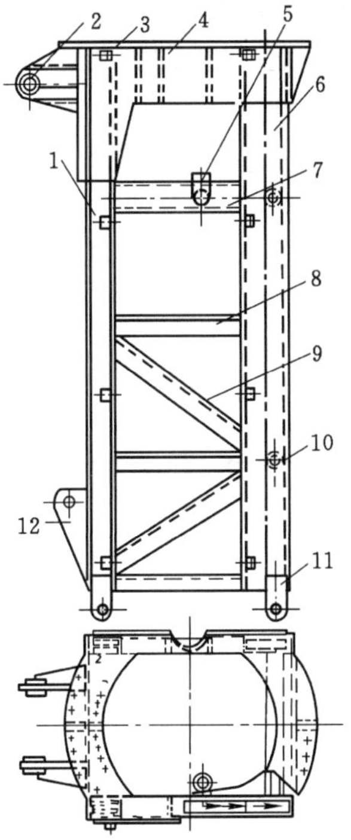

图 1-43 主机架

1——前主梁；2——上支承板；3——折梯耳；4——顶板；5——总进气管；6——后主梁；7——连通管；8——横撑；9——斜撑；10——连接管；11——连接板；12——下支撑板

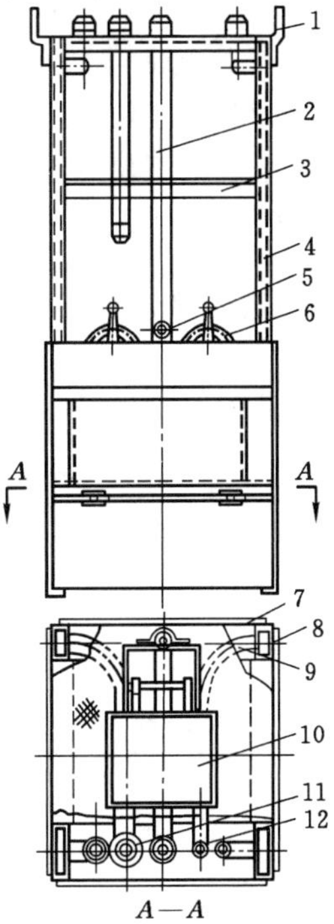

图 1-44 司机室

1——连接板；2——压气管；3——横梁；4——前立柱；5——压力表；6——操纵阀；7——防护板；8——后立柱；9——进气管；10——司机座；11——右进气管；12——左进气管

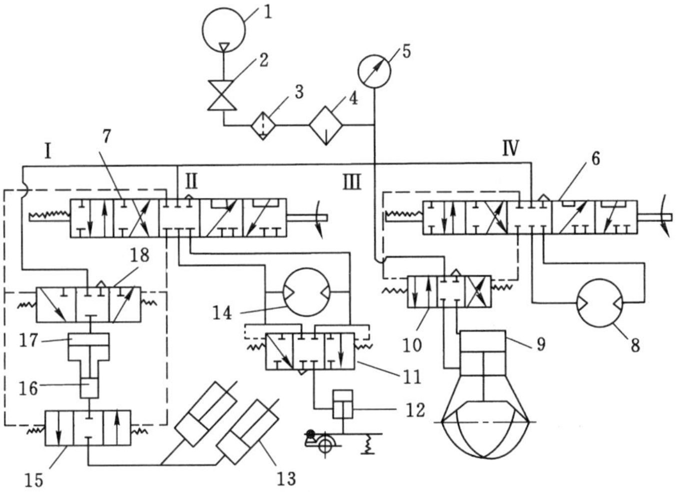

图 1-45 气动系统原理图

1——气源；2——总进气阀；3——过滤器；4——注油器；5——压力表；6，7——五位六通手动换向阀；8——回转机构气马达；9——抓斗气缸；10，18——配气阀；11——制动阀；12——制动气缸；13——推力液压缸；14——提升绞车气马达；15——控油阀；16——增压液压缸；17——增压气缸

Ⅲ路：当五位六通手动换向阀 6 处于最右位时，压缩空气经配气阀 10 右位进入抓斗气缸 9 上腔，气缸下腔经阀 10 排气，实现抓片的张开。反之，当换向阀 6 处于右二位时，压缩空气经配气阀 10 左位进入抓斗气缸 9，实现抓片的闭合。

Ⅳ路：压缩空气经五位六通手动换向阀 6 左一或左二位进入回转机构气马达 8，实现抓岩机的回转动作。

三、中心回转式抓岩机主要技术性能

部分中心回转式抓岩机的主要技术性能见表 1-10。

表 1-10　　中心回转式抓岩机的主要技术性能

名称			HZ—4 型	HZ—6 型
抓斗容积/m^3			0.4	0.6
额定生产能力/$m^3 \cdot h^{-1}$			25～30	50
抓斗	质量/kg		1 446	2 333
	抓片数量		8	8
	闭合直径/mm		1 296	1 600
	张开直径/mm		1 965	2 130
提升机构	提升气动机功率/kW		18.4	18.4
	提升能力/kN		30	35
	提升速度/$m \cdot s^{-1}$		0.3～0.5	0.3～0.4
回转机构	回转气动机功率/kW		6.25	6.25
	回转速度/$r \cdot min^{-1}$		3～4	3～4
变幅机构	变幅液压缸直径/mm		540	600
	增压液压缸直径/mm		150	150
	推力液压缸直径/mm		100	100
	增压液压缸油压/MPa		6.4	8.0～11.0
	变幅平均速度/$m \cdot s^{-1}$		0.4	0.4
使用气压/MPa			0.5～0.7	0.5～0.7
压气消耗量/$m^3 \cdot min^{-1}$			17	17
机器外形尺寸	长/mm		1 170	1 170
	宽/mm		1 400	1 400
	高	吊盘上方/mm	1 675	1 675
		吊盘下方/mm	4 860	4 860
机器总质量/kg			9 427	10 410
适用井筒净径/m			4～6	5～7

四、其他抓岩机简介

(一) 靠壁式抓岩机

靠壁式抓岩机不像中心回转式抓岩机要依附于凿井吊盘,它一般由地面的凿井绞车单独悬吊,靠井壁布置。工作时,用张紧螺栓及预埋锚杆将机身固定在井壁上,随着工作面的下掘,抓岩机通过悬吊绞车沿井壁下放到新的工作位置。当井筒进行其他作业时,由凿井绞车将抓岩机提到安全位置。

国产靠壁式抓岩机有压缩空气驱动和电力驱动两种,使用较广泛的是气动,它们都采用液压控制。靠壁式抓岩机结构紧凑、动作灵活、操作简便,由于它完全不依附掘进吊盘,不受其他掘进设备的干扰,机器的吊运、下放、维修均比较方便。它在井筒中的工作位置距工作面较近,司机视野清晰,装岩时容易对准吊桶。但当井帮围岩松软时,抓岩机很难固定。因此,这种抓岩机不适于煤炭系统凿井使用,一般用于金属矿山。

目前,我国定型生产的靠壁式抓岩机气动的有 HK—4 型和 HK—6 型,电动的有 HDK—4 型和 HDK—6 型。

(二) 环形轨道式抓岩机

环形轨道式抓岩机一般自带工作盘或被安装在吊盘下层盘的下表面上,随吊盘上提或下放,因此它不需要专用悬吊绞车,简化了设备。环形轨道固定连接在工作盘上,机器的中心立柱固定在工作盘中央。工作时抓斗的环向移动通过环形轨道实现,径向移动则通过横梁由径向行走小车实现。它的动力是压缩空气,操作安全,使用、维修方便,它的抓斗能在整个圆周上和径向上任意移动,因此,无装岩死角,抓岩能力大,生产率高。但由于这种机型的环形轨道尺寸固定,不适于变井径井筒。而且在抓岩时常出现环形轨道随吊盘倾摆,致使抓斗不能到位投抓的现象。因此,该机应用较少。

目前,我国定型的环形轨道式抓岩机有 HH—6 型、HH—6A 型和 2HH—6 型。

(三) 长绳悬吊式抓岩机

长绳悬吊式抓岩机的悬吊绞车安装于地面,悬吊钢丝绳经井架上的天轮下放到井筒中,将抓斗悬吊于工作面,抓岩机司机在工作面遥控绞车的正反转,达到提升和下放抓斗的目的;就近控制操纵阀实现抓斗的张合,用人力推拉,实现抓斗的横向移动。

长绳悬吊式抓岩机和其他立井抓岩机相比,具有装备简单,配套容易,操作与维护简便等优点。

目前,我国定型的长绳悬吊式抓岩机有 HS 型。

五、抓岩机的生产能力

抓岩机的生产能力分为额定生产能力和实际生产能力。

额定生产能力是指抓斗在单位纯工作时间内的实际装岩量,即不考虑在抓岩过程中的工艺及其他因素的停顿时间。

实际生产能力是指单位总工作时间的实际抓岩量。这里的总工作时间是在掘进循环中,从爆破通风后的准备工作开始到抓岩清底结束为止,包括准备与结束作业、辅助作业、工艺停歇和允许的工作休息时间。

（一）影响抓岩机生产能力的因素

抓岩机生产能力受多种因素影响，主要包括抓岩机的结构、矿山技术条件和施工工艺等。这些因素彼此相关，其相关性取决于机械化程度。当机械化程度提高时，施工工艺和矿山技术条件的影响就相对降低。从施工角度来看，设备的结构、矿山技术条件可视为一个不变的因素，因此深入分析施工工艺组织对生产能力的影响，采取相应措施，对于提高抓岩机的生产能力有十分重大的意义。

（二）抓岩机生产能力的计算

1. 额定生产能力

立井抓岩作业分为抓岩和清底两个阶段。抓岩阶段，岩渣块度小，抓斗抓满系数大，生产率高；清底阶段，岩石块度变大，抓斗抓满系数较低，其技术生产能力显著下降。抓岩机说明书上所给出的额定生产能力是指抓岩阶段的生产能力。额定生产能力的计算方法如下：

抓岩阶段

$$P_1 = 3\ 600 \frac{q}{t_1} k_1 \tag{1-6}$$

清底阶段

$$P_2 = 3\ 600 \frac{q}{t_2} k_2 \tag{1-7}$$

平均额定生产能力

$$P_p = \frac{P_1 P_2}{\alpha P_2 + \beta P_1} \tag{1-8}$$

式中 P_1、P_2、P_p——抓岩阶段的额定生产能力、清底阶段的额定生产能力和平均额定生产能力，m^3/h（松散岩石）；

q——抓斗的标称容积，m^3；

k_1、k_2——抓岩、清底阶段的抓满系数，$k_1=1\sim1.1$，$k_2=0.5\sim0.7$；

t_1、t_2——抓岩、清底阶段抓斗抓取一次的循环工作时间，$t_1=25\sim35$ s，$t_2=100\sim150$ s；

α、β——抓岩、清底阶段装岩量占总装岩量的百分数。

实际上清底阶段的工作量在抓斗容积不变的情况下基本上是常数，一般为 $10\sim20\ m^3$。α 随炮眼深度和一次爆破岩石量的增加而增加。

2. 实际生产能力

实际抓岩生产能力可按下式计算

$$P_s = \frac{3\ 600}{\left(\frac{3\ 600}{P_p \rho} + \frac{t_3}{V k_3}\right) k_4} \tag{1-9}$$

式中 P_s——实际抓岩生产能力，m^3/h；

V——吊桶容积，m^3；

t_3——吊桶在井底摘挂钩时间，$t_3=20\sim30$ s；

k_3——吊桶装满系数，$k_3=0.95\sim1.0$；

k_4——准备和结束作业及工人休息时间系数，$k_4=1.27$；

ρ——撒出系数。

撒出系数可按下式计算

$$\rho = \frac{d_t}{d_d} \tag{1-10}$$

式中 d_t——吊桶直径，m；

d_d——抓斗张开直径，m。

（三）提高抓岩机生产率的措施

提高抓岩机的生产率，除改进结构外，还要改善机器的作业条件，选择合理的施工工艺和组织方法，具体做法如下：

① 采用深孔爆破，增大抓岩机第一阶段抓岩量的比例。

② 合理选择爆破参数，使爆破后岩石块度均匀，底面平整，减少大块，以增大抓满系数，同时也利于清底。

③ 合理选择提升能力，使抓岩机能充分发挥其生产能力。在掘进过程中，提升高度是不断增大的，也就是说提升能力是逐渐降低的。在选择提升机时，应考虑到提升能力随掘进深度变化的特点，并使提升能力适当大于抓岩机的技术生产能力。

④ 适当加大吊桶容积，将提升机的一次提升量增大，同时装入吊桶内的岩石松散系数也减小，有利于提高抓岩机的生产能力。

⑤ 采取切实措施，提前排除井筒各部位的涌水，尽力使涌水不在工作面积聚，即实现“打干井”。事实证明井筒涌水将恶化装岩条件。

⑥ 提高抓岩机司机的操作技术水平。

六、抓岩机的使用与维护

（一）机器下井前准备

① 机器下井前，应进行全面检查，检查螺栓连接、绳夹、焊缝等处有无松动、开裂等现象，如有应彻底修复，否则不准下井。

② 管路在下井前要用压风吹净，并将进出气口堵住，以免进入脏物。

③ 机器在下井前，对缺件、损坏件等必须更换，外露螺纹需加保护。

（二）井下安装程序

1. 吊盘固定

吊盘固定装置用于固定吊盘，使吊盘和抓岩机在抓岩时保持稳定。固定装置可预先安装在吊盘上，以便安装机组时应用。固定装置的液压系统如图 1-46 所示。吊盘安装要尽量稳平，不要使千斤顶顶在井壁的接茬处，相对两个千斤顶的高度差不大于 100 mm。使用时，先由螺旋千斤顶调整吊盘的中心位置，然后用液压千斤顶撑紧井壁。

2. 抓岩机在井筒中的布置

机器在井筒中的布置如图 1-47 所示。机器安装时应考虑井筒中心需留有测量孔。同时考虑吊桶通过时的安全距离，抓岩机在吊盘上的位置应偏离井筒中心一定的距离，通常为 650～750 mm。机器回转机构的底座置于吊盘的两根钢梁上并用 L 形螺栓紧固，确保有足够的刚度。两根钢梁内侧边距离 S 应为 1 230～1 250 mm，千斤顶及泵站安装在吊盘上，对称布置。

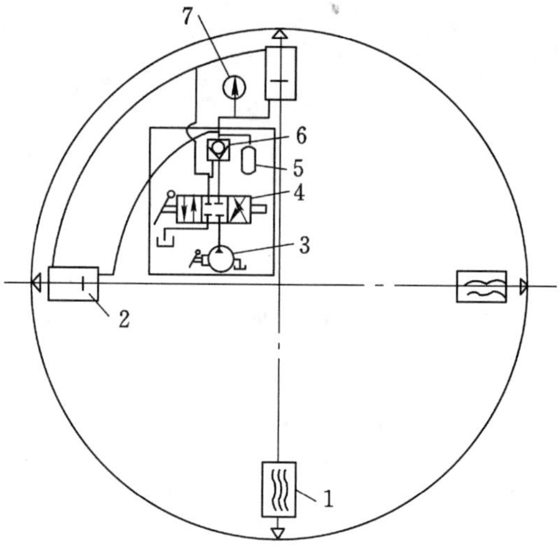

图 1-46 固定装置液压系统示意图

1——手动千斤顶;2——液压千斤顶;3——手摇泵;4——三位四通手动换向阀;5——蓄能器;6——液控单向阀;7——压力表

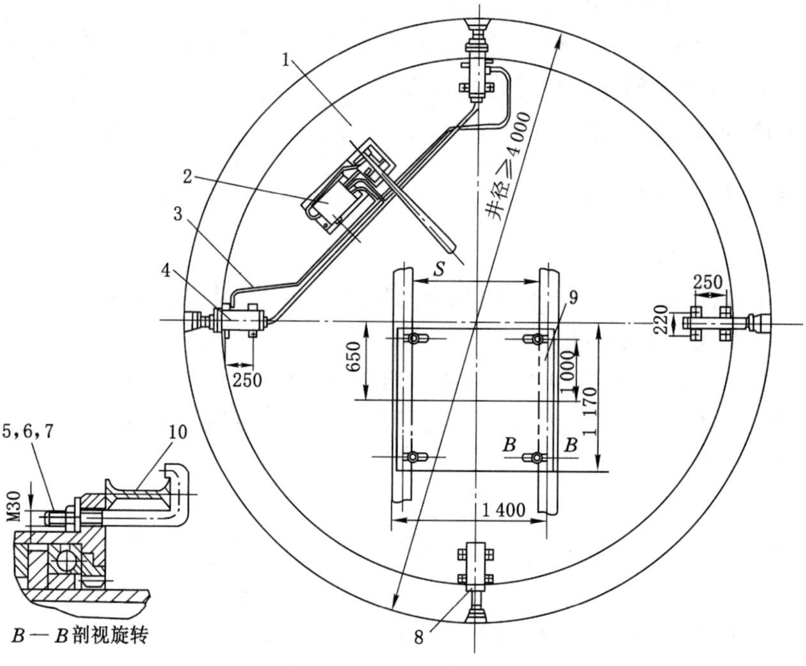

图 1-47 抓岩机在井筒中的布置图

1——吊盘;2——泵站;3——管路;4——液压千斤顶;5——L 形螺栓;6——螺母;7——垫圈;8——手动千斤顶;9——回转机构底座;10——钢梁

3. 安装各管路

在安装前应先检查各管接头内是否有脏物,然后再连接安装。

(三) 井下试车操作

① 试车前先将各处的油孔、油杯及齿轮箱加足润滑油。

② 试车前将机器所有的紧固件及管路系统全面检查一遍，看是否有松动现象，然后进行试车。

③ 试车前先打开总阀门，检查管路接头处是否有漏气现象。

④ 将操纵阀手柄的搭钩打开，进行空载试运转 3～5 个循环动作，重新检查机器各处运转情况是否正常，然后再做重载试验。

（四）注意事项

① 正式工作前，要清除机器上的浮矸和杂物，然后空车运转，待机器正常后再工作。

② 司机离开机器时必须将操纵阀的搭钩搭在手柄上，以防发生事故。

③ 零件如发现磨损、变形严重或紧固件有松动情况时，应立即停止工作进行修理或更换新零件，待修复完善后，方可继续使用。

④ 必须将各个油杯及油孔加油后方可开车运转。

⑤ 应经常保持机器清洁与完整。

⑥ 钢丝绳应定期检查，且必须符合相关规程的要求。

⑦ 应经常检查吊盘固定装置的油压，如压力不足时，再重新操作液压泵加压。

（五）机器的润滑

① 及时充分的润滑是保证机器正常运转和延长使用寿命的必要措施，因此，规定了加油及检查时间，一定要做好油位检查和加油工作。

② 为统一起见，所有气动机、减速机箱体、油雾器等处都用 20 号机械油或透平油进行润滑，各滚动轴承均用钙基脂（黄油）润滑，各操纵阀、配气阀、气缸等装配时都应加适当的机油或黄油以助润滑。

③ 润滑油的材质必须符合要求，不得混有灰尘、杂物及其他带有腐蚀性的杂物。

④ 抓斗连接盘上面槽和八根拉杆腔内均应定期注油。

（六）机器的维护检修

经常定期检修是保证机器正常使用、安全生产的有效措施，尤其是悬吊件更应特别注意。

① 钢丝绳要经常检查，发现断丝、松股、压痕等应立即更换。

② 机器、臂杆绳轮、支承座连接螺栓等，如发现问题应及时处理。

③ 气路系统应经常保持严密、干净，不得漏风，滤气器要定期清洗（每周一次），油雾器要经常加油，保持正常滴油。

其他各部件的检修，要根据具体情况及生产安排进行处理，决不能使机器“带病”工作。

任务实施

一、教学设备

中心回转式抓岩机一台。

二、任务实施方法

① 教师讲解具体任务及要求。

② 学生分组，指出抓岩机的各组成部分，并说明各部分的作用、动作原理。
③ 学生指出抓岩机上各气动元件名称及作用，并叙述气动系统原理。
④ 学生分组轮流在指定区域对抓岩机进行操作练习。
⑤ 对于抓岩机的使用与维护学生在顶岗实习中进一步巩固。

三、任务考评

教师根据学生学习中的表现、答题情况、实训报告等，评定出实训成绩。

抓岩机操作评分标准见表 1-11。

表 1-11　　抓岩机的操作评分标准

序号	考核内容	考核项目	分值	评分标准	得分
1	结构组成及工作原理	① 抓斗 ② 提升机构 ③ 回转机构 ④ 变幅机构 ⑤ 主机架和司机室 ⑥ 气动系统	24	① 每项内容 4 分 ② 每缺一项扣 4 分	
2	运转前检查	① 各连接处检查 ② 管路连接 ③ 钢丝绳检查 ④ 操纵手把位置检查	28	① 每项内容 7 分 ② 每缺一项扣 7 分	
3	运行操作	① 抓斗张合 ② 抓斗提升 ③ 臂杆回转 ④ 臂杆变幅	28	① 每项内容 7 分 ② 错一项扣 7 分 ③ 操作不正确酌情扣分	
4	实训态度	① 遵守安全规程 ② 清理现场卫生 ③ 实训报告	20	① 遵守安全规程 5 分 ② 清理现场卫生 5 分 ③ 实训报告符合要求 10 分	
总计					

思考与练习

① HZ—4 型抓岩机主要组成部分有哪些？各部分的主要作用是什么？
② 结合图 1-45 叙述抓岩机气动系统工作原理。
③ 中心回转式抓岩机在井筒中如何布置？
④ 影响抓岩机生产率的因素有哪些？怎样提高抓岩机的生产率？

任务四　矿用挖掘机的使用与维护

教学目标

(1) 知识目标

① 了解挖掘机的功用及类型。

② 掌握挖掘机结构组成及各组成部分的作用。

③ 掌握挖掘机各操作手柄、踏板及按钮的功能及操作方法。

(2) 能力目标

能对挖掘机正确使用与维护。

(3) 职业素质

培养学生适应工作环境的能力、严谨细致的工作态度、爱岗敬业的工作精神。

任务描述

爆破法掘进井筒时，爆破后的矸石，虽然可以采用中心回转抓岩机装矸，但清底、刷帮，仍需人工辅助装岩，施工进度不快，工作效率不高。矿用挖掘机可以在立井井筒、巷道等狭窄的工作面中进行灵活的装载、挖掘，使工人劳动强度降低，施工速度加快、工作效率提高。正确使用和维护挖掘机是充分发挥其效能、提高使用可靠性和延长使用寿命的必要条件，因此，使用者必须严格按照使用规定正确使用与维护挖掘机。

相关知识

一、挖掘机的功用与分类

挖掘机是用于土、石方挖掘的一种工程机械，应用较为广泛的是单斗挖掘机，其主要用途是：筑路工程中用于开挖堑壕，建筑工程中用于开挖基础，水利工程中用于开挖沟渠、运河和疏通河道，采石场及露天采矿工程中用于剥离和挖掘矿石，煤矿建井中用于井下装岩及清底等；更换工作装置后还可以进行起重、浇筑、安装、打桩、夯土和拔桩等工作。

单斗挖掘机可以按如下方式分类：

① 按动力装置分为电驱动式、内燃机驱动式和复合驱动式等。

② 按传动装置分为机械传动式、半液压传动式和全液压传动式。

③ 按行走机构分为履带式、轮胎式、汽车式。

④ 按工作装置在水平面内回转的范围分为全回转式(360°)和非全回转式(270°)。

二、MWY6/0.3型矿用液压挖掘机的结构

MWY6/0.3型矿用液压挖掘机是张家口宣化华泰矿冶机械有限公司制造的井下装岩及清底设备。该机具有结构紧凑、外形尺寸小、噪声低、污染小、效率高等特点。与竖井钻机配套使用,可实现矿山竖井掘进机械化作业,从而大大提高掘进速度。同时该机也可以用于平巷及斜巷装岩及挖掘作业。

MWY6/0.3型矿用液压挖掘机的结构如图1-48所示,其主要由工作装置1、推土铲2、回转平台3、液压系统4、底盘总成5、机罩6、顶棚7、电气系统8等部分组成。

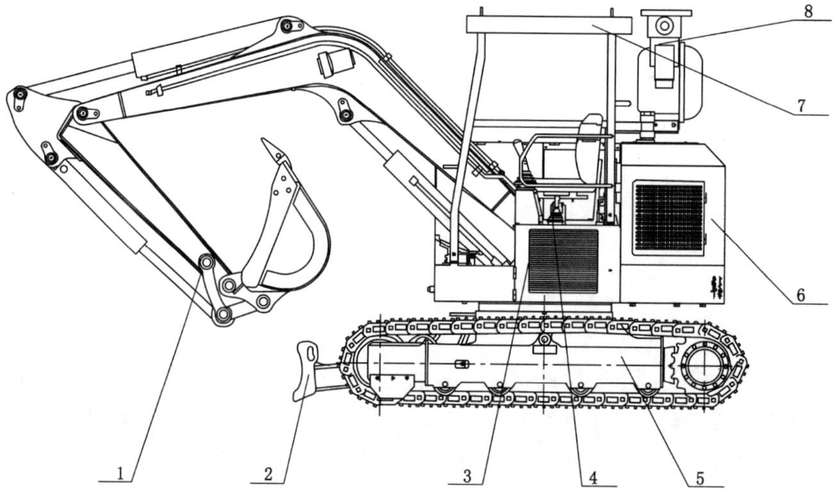

图1-48 MWY6/0.3型矿用液压挖掘机结构

1——工作装置;2——推土铲;3——回转平台;4——液压系统;5——底盘总成;6——机罩;7——顶棚;8——电气系统

(一) 回转平台

回转平台的结构如图1-49所示,平台主体为刚性焊接结构,平台下部通过回转支撑与底盘相连;中部装有回转减速机,减速机与回转支撑组成上车回转机构,中部连接座上装有工作装置;右部装有液压油箱和主阀,左部为驾驶室,安装有控制挖掘机各种动作的先导阀、司机座椅及顶棚。后部装有泵与电动机组件(包括电动机、主泵、附泵以及变速箱),座椅下面装有油冷却器组件。

(二) 行走底盘

该机采用履带式行走底盘,其结构如图1-50所示,由底架、行走驱动装置及履带张紧装置组成。

行走装置有两条履带,每条履带由各自的液压马达通过减速机、驱动轮驱动。当两个液压马达同方向旋转时挖掘机将直线前进或后退;若只向一个液压马达供油,并将另一液压马达制动时,挖掘机将绕制动一侧的履带转向;若左右两个液压马达反向旋转,挖掘机将进行原地回转。履带板采用三齿式,其刚性及韧性好;驱动轮采用整体铸件,其作用是把动力传给履带;驱动液压马达为内置式,行走减速机也采用内藏式二级行星齿轮减速机,其主要特点是结构紧凑,占有空间小、重量轻、传动比大、安装简单、换油方便、启

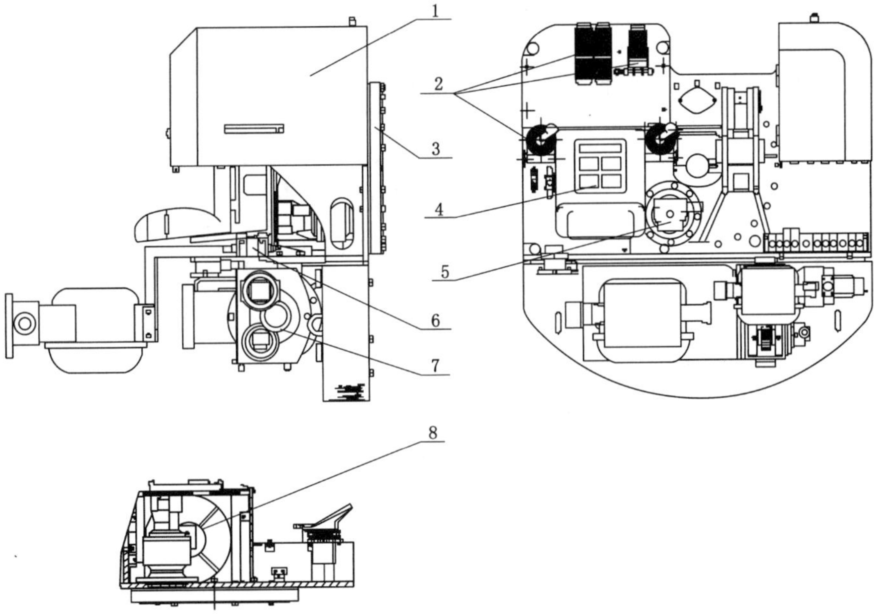

图 1-49　回转平台的结构

1——液压油箱；2——先导阀；3——回转支承；4——座椅；5——回转减速机；
6——主阀；7——泵—电动机组件；8——油冷却器组件

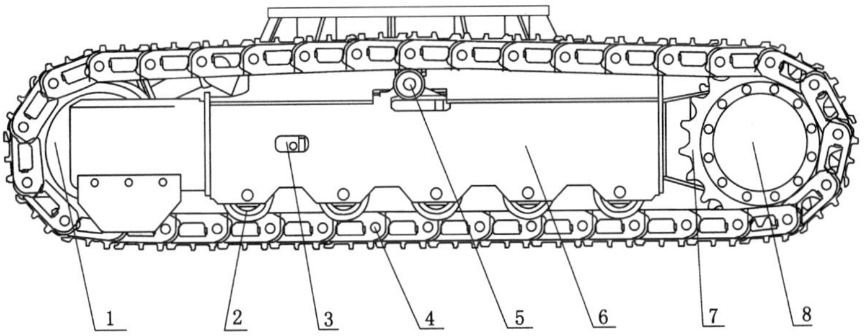

图 1-50　行走底盘

1——引导轮；2——支重轮；3——履带张紧装置；4——履带；
5——托链轮；6——底架；7——驱动轮；8——行走减速机

动效率高、运转噪声低。

履带张紧装置由引导轮、张紧弹簧及张紧液压缸等组成。引导轮用于引导履带正确绕转，防止跑偏，同时起转向及支承作用；张紧弹簧及液压缸能保持履带有一定的张紧度，并在挖掘机工作和行驶中起缓冲作用。调整履带张紧度时，可使用高压黄油枪将黄油注入张紧液压缸，或拧下液压缸单向阀前的油嘴排泄黄油来实现履带张紧度调节。

支重轮起支重作用，采用先进的浮动密封，运行平稳可靠，保养省时省力。

（三）工作装置

工作装置的主要功能是完成挖掘、提升、卸载和收斗等动作。其结构如图 1-51 所示，主要由挖斗1、连杆机构2、挖斗液压缸3、斗杆4、斗杆液压缸5、销轴6、大臂7、大臂液压缸8等部分组成。大臂、斗杆和挖斗等主要部件彼此铰接,在各液压缸的作用下各部件绕铰接点摆动,完成挖掘、提升、卸载和收斗等动作。

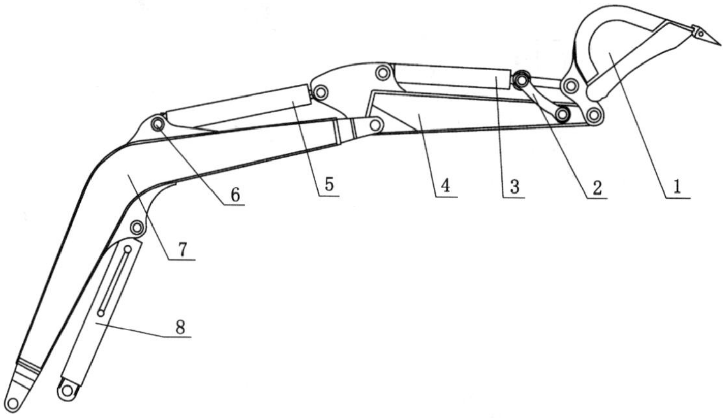

图1-51 工作装置

1——挖斗;2——连杆机构;3——挖斗液压缸;4——斗杆;5——斗杆液压缸;6——销轴;7——大臂;8——大臂液压缸

(四) 液压系统

液压系统由主泵、辅助泵、液压马达、液压缸、主阀、先导阀、滤油器、散热器、油箱及各种附件组成。

由主泵(相当于四联泵)和主阀分别组成两组共8种液压回路,分别为铲斗液压缸、大臂液压缸、左行走马达、右行走马达、斗杆液压缸、液压锤(备用)、推土铲液压缸以及上车回转马达回路。

这8种回路均为液控回路。铲斗液压缸和大臂液压缸共用一个手动十字先导阀控制操作;斗杆液压缸和上车回转马达共用另一个手动十字先导阀控制操作;左行走马达、右行走马达共用一个脚踏行走先导阀控制操作;推土铲液压缸用一个手动先导阀控制操作;液压锤用一个脚踏行走先导阀控制操作。以上各先导阀均由一个先导开关阀控制其先导油路的接通与断开。

行走马达采用停车制动工作机制,即当行走脚踏阀返回中间状态时,马达入口高压油被切断,平衡阀在弹簧力的作用下回到中位,切断解除制动油路,从而使制动柱塞压下制动片和摩擦片,制动住行走马达。

回转马达也采用停车制动工作机制,但采用先导压力控制,操作先导操纵阀回到中位时,回转制动阀一侧失去先导压力,阀芯受弹簧力的作用移动,腔体内的液压油从回油口排出卸压,制动活塞受弹簧力的作用向下移动压紧摩擦片实现停车制动。

一联辅助齿轮泵直接控制风冷散热器的工作。

(五) 动力系统

挖掘机用37 kW的防爆电动机通过连接盘及联轴器带动主泵和辅助泵,把电能转化为液压能,给全车的液压系统供给压力油,使液压缸和液压马达工作。

（六）电气系统

MWY6/0.3 型矿用液压挖掘机所配用的启动器为 QBZ—80/660(380)矿用隔爆型真空电磁启动器，适用于含有爆炸性气体(甲烷)的煤矿井下，作为控制主泵电动机之用。同时对电动机及其有关电路进行保护。

三、挖掘机的技术参数

MWY6/0.3 型矿用液压挖掘机主要技术参数见表 1-12。

表 1-12　MWY6/0.3 型矿用液压挖掘机主要技术参数

型号		MWY6/0.3	MWY6/0.3(20)
标准斗容量/m^3		0.30	0.20
工作质量/kg		6 300	5 800
额定功率/kW,额定转速/$r\cdot min^{-1}$		34.8,2 200	34.8,2 200
液压系统参数	设定压力(工作装置)/MPa	22	22
	设定压力(回转)/MPa	23.5	23.5
	设定压力(行走)/MPa	24	24
	流量/$L\cdot min^{-1}$	110	110
作业范围参数	最大挖掘高度/mm	≥5 000	≥4 194
	最大卸料高度/mm	≥3 300	≥3 100
	最大垂直挖掘深度/mm	≥2 100	≥1 815
	最大挖掘深度/mm	≥2 600	≥2 157
	最大挖掘半径/mm	≥4 800	≥3 685
整机性能参数	最大挖掘力(铲斗)/kN	≥45	≥36
	回转速度/$r\cdot min^{-1}$	≥10	≥10
	行走速度/$km\cdot h^{-1}$	≥2.6	≥2.6
	爬坡能力	14°	14°
	最大牵引力/kN	50	50
	司机位置处噪声	≤90 dB(A)	≤90 dB(A)
外形尺寸	运输时全长/mm	2 550	2 210
	运输时全宽/mm	2 100	1 700
	运输时全高/mm	4 290	3 825
	司机室高度/mm	2 322	2 322
	履带全长/mm	2 550	2 210
	履带轨距/mm	1 480	1 236
	轮间距/mm	1 986	1 648
	履带板宽度/mm	400	350
	前部最小回转半径/mm	≤1 300	≤1 150
	后部回转半径/mm	1 100	1 100

四、挖掘机的使用与操作

下面以MWY6/0.3型矿用液压挖掘机为例进行介绍。

(一)使用安全注意事项

1. 启动前的安全措施

① 在操作前,为了有效安全的使用机器,必须阅读并理解操作手册。

② 启动电动机前,应确保机器周围没有人,否则可能引起严重的人员伤害。

③ 启动前应保证各手柄与踏板处于中间位置,以保证机器在启动时不会动作。

④ 在离开司机座椅前,关闭(按下)先导开关按钮,以防止误碰操作手柄。在离开机器前,将铲斗降到地面后关闭先导开关按钮。

2. 操作中的安全措施

① 操作前电动机启动时,先点动数次,一是观察电动机的旋转方向是否按箭头指示方向,二是给液压系统充满液压油。

② 启动后,先检查机器的工作性能,即缓慢操作,检查回转和行驶功能,忽略这一步检查可能造成伤亡或机器损害。

③ 在开始工作前,缓慢操作控制手柄,确保其反应与其功能相符。在进行行走控制前应先按响电铃,提醒其他人员。确认行走马达的位置,如果行走马达在前面,注意此时的行驶功能刚好相反。

④ 在进行转动操作前,确保回转区域内无人或其他障碍物。

⑤ 在行驶时,保持挖斗应高于地面30~40 cm。在粗糙的地面上以慢速行驶,不要急转弯,切勿强行通过障碍物。

⑥ 在斜面或斜坡上行驶或进行操作时,要格外小心,绝对不要在斜面上旋转或转弯,否则可能造成机器不稳定或不平衡,同时也会加大回转系统的负荷,造成回转系统故障。此种情况下,可以建立一个水平区域仔细地进行操作控制,防止机器突然移动,造成滑落和倾翻。

⑦ 在进行转动操作时,上车左右旋转不能大于180°,否则会绞坏电缆。

⑧ 操作时小心挖斗碰到驾驶室或推土铲,否则可能引起严重的人员伤害或机器损害。

⑨ 不能用铲斗齿来吊装和移动重的负载物。

3. 禁止的操作

滥用与误用机器操作,会对机器造成严重损坏,严重时会导致人员伤亡。

① 不要使用机器的牵引力来挖掘,这样会给机器结构、前端的工作装置施加过度的压力,造成严重的机器损伤。

② 不要借用机器的旋转力进行作业,这样会给机器结构、前端的工作装置施加过度的压力,会造成工作装置及旋转装置的严重损坏,同时也会造成严重的人身伤亡。

③ 不要用铲斗进行捶击和敲打操作,此类操作会损坏机器和部件,也会导致人员伤亡。

④ 不得多次往复甩动铲斗和大臂液压缸,此类操作会损坏液压缸。

⑤ 电动机禁止反转,否则会损坏泵和齿轮箱。

⑥ 作业时注意推土板,不要碰到岩石等障碍物;行驶或运输时,注意防止铲斗碰到推土板。

⑦ 井下喷浆时机器要退出喷浆区域或严密遮盖,不得让水泥浆喷溅到设备上,否则

会使机器各运动部位不能正常工作。

⑧ 禁止拆下行走护链板，否则会造成履带脱落。

⑨ 除规定的功能外，不能用作他用。

（二）机器的使用操作

驾驶室内各操作手柄及踏板的布置如图 1-52 所示。各操作手柄、踏板及按钮的操作方向基准为机器行走马达位于后部，操作者面向机器前进方向。各操作手柄、踏板及按钮的功能及操作方法如下：

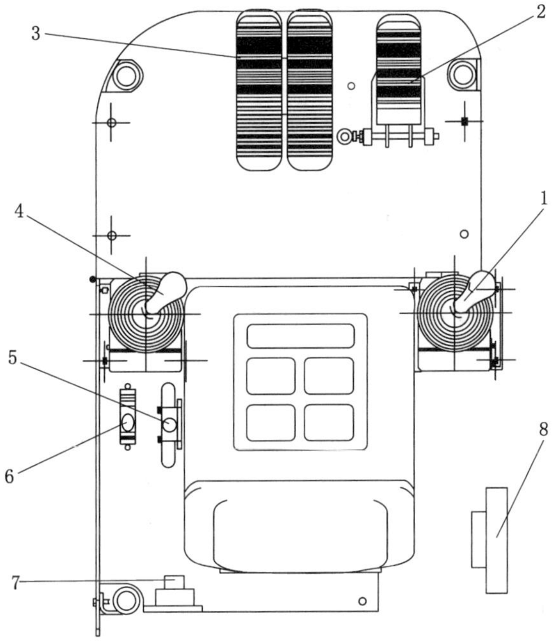

图 1-52 驾驶室内各操作手柄及踏板的布置

1——右操纵杆；2——液压锤踏板；3——行走踏板；4——左操纵杆；5——先导开关阀；6——推土铲操作手柄；7——启动器远控按钮；8——电铃按钮

① 左操纵杆：操纵杆向前推，斗杆液压缸收缩，斗杆张开；操纵杆向后拉，斗杆液压缸伸出，斗杆收回；操纵杆向左拉，上车向左（逆时针）回转；操纵杆向右拉，上车向右（顺时针）回转。

② 右操纵杆：操纵杆向前推，大臂液压缸收缩，大臂下降；操纵杆向后拉，大臂液压缸伸出，大臂上升；操纵杆向左拉，挖斗收回；操纵杆向右拉，挖斗张开。

③ 行走操纵杆：两个操纵杆同时向前推时，机器向前行走；两个操纵杆同时向后拉时，机器向后行走；仅推右边操纵杆时，机器向左转；仅推左边操纵杆时，机器向右转；在向后拉一个操纵杆的同时向前推另一个操纵杆，则机器原地旋转。

④ 推土铲操作手柄：手柄向前推，推土液压缸伸出，推土铲下降；手柄向后拉，推土液压缸收缩，推土铲抬起。

⑤ 先导开关按钮：提起按钮，先导油路导通，各先导手柄起作用；按下按钮，先导油路断开，各先导手柄不起作用。

⑥ 启动器远控按钮：该按钮位于司机坐椅左后侧，绿色为启动，红色为停止。

⑦ 电铃按钮：位于司机坐椅右侧，颜色为红色。

⑧ 启动器启动按钮：该按钮位于电磁启动器右侧，绿色为启动，红色为停止。

⑨ 操纵行走踏板，行走马达开始运行，机器开始行走至一水平作业位置(必要时人工清理出一块水平停机区域)。

(三) 下井前的准备

① 每班下井前必须检查油箱油位，不足时加油。

② 检查各管路部分是否渗漏，发现问题及时处理。

③ 操纵各手柄看各动作是否正常。

④ 检查斗齿、侧齿是否损坏，如有损坏更换。

⑤ 检查吊具及吊索是否可靠，检查吊点情况。

⑥ 检查操纵手柄是否在"停止"位置，检查机器工作装置收拢位置正确否，注意机器外形尺寸是否符合下井尺寸，以免吊盘喇叭口碰坏机器。

(四) 下井及工作面放置

① 事先同提升司机、井口、吊盘和工作面信号工联系好，讲明机器下落各深度时应注意的事项，以便很好配合，确保安全操作。

② 检查吊具及吊索，如有损坏立即修复或更换。

③ 机器通过吊盘喇叭口时，应停下检查是否有凸出部分碰上吊盘。

④ 机器下放到离井底约 300～500 mm 时，停止下放。应将机器调整至合适位置后，再缓慢下放到井底。

(五) 启动和行走

① 启动前先接通电源。

② 启动时先点动电动机数次，一是观察电动机的旋转方向，二是给液压系统充满液压油。注意：若电动机反向旋转，反转后再次启动前应检查齿轮箱油位，油位不足时应加油。

③ 启动前先检查各手柄，应均处于中间位置上。

④ 启动前确定行走马达的前后位置。

⑤ 按响启动警铃，提醒场内其他人员，确保没有人靠近机器。

⑥ 提起先导开关按钮，接通先导油路。

⑦ 操纵各手柄使工作装置处于行走状态(大臂在正前方位置，挖斗底距地面 300～400 mm)。

(六) 作业操作

1. 挖掘作业

① 浅层挖掘时，要使用大臂，把铲斗设置得太深，会降低机器的效率。

② 当大臂和小臂间形成 90°～100°夹角时，挖斗能够得到最大的挖掘力。

③ 总是要把铲斗齿方向朝着准备挖掘的方向，并在较浅的深度进行挖掘，这样可以减少挖掘阻力和斗齿的损坏。

④ 平滑地操作小臂，小心地移动控制杆，不要突然移动或停止小臂运动，这样会对机器和它的部件造成不必要的压力。

2. 装载作业

① 将吊桶与机器保持一合适距离，可减小机器的回转角度以及挪车次数，大大提高装载效率。

② 装载作业时注意保护工作装置，防止其与吊桶及井壁产生磕碰。

3. 停车

① 将上车转至向前位置，将铲斗与推土铲降到地面上。

② 将各手柄及踏板置于中间位置。

③ 按下先导开关按钮。

④ 关闭电动机，切断电源。

五、挖掘机的维护与保养

正确的维护、润滑和保养，可使机器长久和保持良好的工作状态，延长机件的寿命，增强机器的可靠性，减少故障和机械事故，充分发挥机器的性能，提高工作效率。因此正确做好设备的维护保养和润滑工作，具有非常重要的意义。

保养工作主要包括下列内容：

① 按规定周期加注或更换润滑油；

② 按规定周期检查油位和油面；

③ 检查或更换损坏的零件；

④ 调整各运动部位和液压系统的工作性能和要求；

⑤ 清洗各部及清除污物。

(一) 保养

每班接班前司机应对机器的各部分进行检查，看有无故障或损坏；司机在开机前应检查每个电路，看是否通畅，并按下列规定时间和内容对机器进行保养。

1. 每 8 h 保养的内容

(1) 检查液压油油位，不足时添加液压油。

(2) 每次启动电动机前点动检查齿轮箱油位，不足时加注润滑油。

(3) 给工作装置销轴加注润滑脂。

(4) 检查机器外观，停机不动时，应无变形、无碰撞，管路无断裂。

(5) 检查螺栓、螺母是否脱落，按需要进行更换；检查它们的松紧度。

(6) 检查所有液压缸、管、软管、软管接头是否漏油或损坏，如有损坏，进行更换。

(7) 检查行走系统是否存在泄漏或摩擦。

① 检查支重轮、引导轮、拖链轮和行走马达是否出现泄漏。

② 检查支重轮、引导轮、拖链轮、驱动链轮是否出现异常磨损和螺栓是否松动。

③ 慢慢移动机器，检查是否有异常声音。

④ 每班清理行走底盘上的泥土，防止长时间积累，造成行走装置不能正常工作。

2. 每 50 h 保养的内容

(1) 调整履带张紧力

① 检查。首先对履带进行检查，步骤如下：a. 转动履带，将履带接头转至上面中间位置；b. 回转上车架，与下车架成 90°，操作工作装置，将工作装置放在地面上，缓慢降下

大臂，支撑起机器的一侧；c. 在驱动轮与引导轮之间检查履带的张紧度，合理的张紧度为下挠度不大于 15～20 mm。

② 调整。调大张力的步骤为：a. 用黄油枪给张紧液压缸喷嘴打黄油，得到需要的张力；b. 前后移动机器，平衡履带左右的张力；c. 再次检查履带的张力，并对两边的履带进行重复调整。放松张力的步骤为：a. 慢慢拧松油嘴，释放黄油(旋转油嘴不得超过一圈)；b. 前后移动机器，平衡履带左右的张力；c. 再次检查履带的张力，并对两边的履带进行重复调整。

(2) 润滑各销轴

机器每工作 50 h 或 1 周，需要进行润滑。

① 将机器停放在水平硬路面上，将挖斗口向下水平放置在路面上，检查与清洁各黄油嘴；

② 用黄油枪润滑各销轴；

③ 擦掉销轴连接处溢出的润滑脂。

④ 检查液压缸状态，看有无变形和碰撞；

⑤ 检查变速箱油面，不足时加油。

3. 每 100 h 保养的内容

(1) 总体检查

① 检查机罩是否完好，液压缸耳座有无断裂；

② 拧紧各螺栓，拧紧各液压接头；

③ 清洗弹簧和履带张紧装置。

(2) 检查液压系统

① 检查空气过滤器和回油过滤器，必要时更换滤芯；

② 更换液压油，清洗油箱(第一次工作时 100 h 更换，以后每 500 h 更换一次)；

③ 检查液压马达有无漏油。

4. 每 200 h 保养的内容

(1) 检查各连接处销轴磨损情况。

(2) 润滑工作装置和推土铲销轴。

① 将机器停放在水平硬路面上，将挖斗口向下水平放置在路面上，检查与清洁黄油嘴。

② 用黄油枪润滑工作装置和推土铲销轴。

③ 擦掉销轴连接处溢出的润滑脂。

④ 润滑回转支撑，在三个方向上，每隔 90°打一次黄油，直至黄油溢出。注意回转支撑上有三个黄油嘴。

⑤ 润滑回转装置齿轮。

⑥ 润滑行走支重轮：用注油器按要求加注润滑油。

⑦ 润滑导向轮：用润滑泵按要求加注润滑油。

⑧ 更换回油滤芯。

5. 每 500 h 保养的内容

① 按规定力矩紧固电动机固定螺栓。

② 检查履带板紧固螺栓，如有松动，按规定力矩拧紧。

③ 检查回转装置齿轮润滑情况，必要时注入润滑脂。

④ 检查轮齿磨损情况，如磨损过度或损坏，应予以修复或更换。

⑤ 检查铲斗齿及侧齿，如磨损超限，应予以更换。

⑥ 检查铲斗、连杆机构，不得有裂纹，否则予以更换或补焊。

⑦ 更换液压油，清洗油箱。

6. 每 1 000 h 保养的内容

① 检查履带张紧装置。

② 更换行走减速机、回转减速机润滑油。

③ 清洗回油和高压过滤器。

④ 清洗油箱。

⑤ 更换老化、破损的油管。更换后，排除混入液压油中的空气。

⑥ 抽出油样分析是否需要更换。

7. 2 000 h 保养检查

按部件进行大修保养。

① 工作装置的保养：检查各销轴，如磨损严重，应予以更换。

② 行走机构的保养：检查支重轮、拖链轮、引导轮等的磨损情况，如有损坏，应予以更换或修复。

③ 行走履带的保养：检查履带板的磨损情况，如磨损严重，应予以更换或修复。

④ 清洗液压系统（包括清洗油箱，更换液压油）。注：液压缸、液压马达、液压泵和各种阀，均不准许在工作现场拆卸，若有故障可在现场更换部件。

（二）常见故障、原因及处理措施

常见故障、原因及处理措施见表 1-13。

表 1-13　　MWY6/0.3 型矿用液压挖掘机常见故障、原因及处理措施

故　障	可 能 原 因	排 除 方 法
电动机启动不了或运转不正常	① 电源缺一相，或相序不正确 ② 电压不足 ③ 接触器损坏或电气线路有故障	① 检查电源保证三相正常以及相序正常 ② 测量电压，把电压调整正常 ③ 修理、更换接触器、排除线路故障
无动作或动作缓慢无力	① 电动机反转 ② 齿轮箱有故障，油泵不转 ③ 泵损坏 ④ 液压系统压力偏低 ⑤ 吸入空气 ⑥ 油面太低 ⑦ 回油滤芯堵塞 ⑧ 液压缸内有空气 ⑨ 液压油不合格或黏度太高 ⑩ 主溢流阀卡住 ⑪ 液压缸内泄严重	① 电动机转向纠正 ② 排除齿轮箱故障 ③ 修理或更换泵 ④ 把系统压力调整正确 ⑤ 检查吸油管路，更换密封件，排除渗漏 ⑥ 加油至油标上限 ⑦ 清洗或更换回油滤芯 ⑧ 把液压缸接头处的软管拧松，来回运动排气 ⑨ 按要求更换液压油 ⑩ 清洗或更换主溢流阀 ⑪ 更换液压缸密封
行走、转向无力，或不能直线行走	① 主溢流阀压力偏低 ② 行走油马达损坏 ③ 左右履带张紧度不一致	① 清洗或调整主溢流阀至正常压力，必要时更换调不上压力的阀 ② 修理或更换行走油马达 ③ 调整履带张紧度

续表 1-13

故障	可能原因	排除方法
渗漏	① 接头松动 ② 密封垫或密封圈失效 ③ 焊缝渗漏	① 拧紧接头 ② 更换垫圈 ③ 补焊

任务实施

一、任务实施

1. 教学设备

挖掘机一台。

2. 任务实施方法

① 教师讲解具体任务及要求。

② 学生分组，指出挖掘机的各组成部分，并说明各部分的作用、动作原理。

③ 学生分组按要求轮流对挖掘机进行操作练习。

④ 对于挖掘机的使用与维护学生在顶岗实习中进一步巩固。

二、任务考评

教师根据学生实训中的表现、答题情况、实训报告等，评定出实训成绩。

挖掘机的操作评分标准见表 1-14。

表 1-14　　挖掘机的操作评分标准

序号	考核内容	考核项目	分值	检测标准	得分
1	挖掘机的结构组成及各部分作用	① 回转平台 ② 行走底盘 ③ 工作装置 ④ 液压系统 ⑤ 动力系统 ⑥ 电气系统	30	① 每项内容 5 分 ② 每缺一项扣 5 分	
2	使用注意事项	① 启动前的安全措施 ② 操作中的安全措施 ③ 禁止的操作	15	① 每项内容 5 分 ② 每缺一项扣 5 分	
3	各操作手柄、踏板及按钮功用的操作方法	① 左操纵杆 ② 右操纵杆 ③ 行走操纵杆 ④ 推土铲操作手柄 ⑤ 先导开关按钮 ⑥ 启动器按钮 ⑦ 电铃按钮	35	① 每项内容 5 分 ② 错一项扣 5 分	

续表 1-14

序号	考核内容	考核项目	分值	检测标准	得分
4	实训态度	① 遵守安全规程 ② 清理现场卫生 ③ 实训报告	20	① 遵守安全规程 5 分 ② 清理现场卫生 5 分 ③ 实训报告符合要求 10 分	
总计					

复习思考题

① MWY6/0.3 型矿用液压挖掘机主要组成部分有哪些？各部分的主要作用是什么？

② 挖掘机使用安全注意事项有哪些？

③ 挖掘机各操作手柄、踏板及按钮有何功能？如何操作？

④ 挖掘机维护保养的内容有哪些？

任务五　凿岩台车的使用与维护

教学目标

(1) 知识目标

① 熟知凿岩台车的功用及类型。

② 掌握凿岩台车的结构组成及工作原理。

(2) 能力目标

能正确使用与维护凿岩台车。

(3) 职业素质

使学生具有正确使用与维护凿岩台车的意识。

任务描述

凿岩台车是隧道及矿山井下巷道施工的一种凿岩设备。在用钻爆法掘进隧道或巷道时，它能支持并移动安装在其上的多台凿岩机同时进行钻眼作业，加快巷道的施工速度、提高劳动生产率，同时改善工作人员的劳动条件。因此使用者应掌握凿岩台车的结构、工作原理及性能，并能合理使用与维护凿岩台车，保证凿岩台车能高效可靠运行。

相关知识

一、凿岩台车的用途、类型

凿岩台车是将一台或数台凿岩机连同推进装置一起安装在钻臂导轨上,并配以行走机构使用,以实现凿岩机械化的装备。和手持式凿岩机相比,凿岩台车工效可提高2~4倍。

凿岩台车按凿岩机钻臂数可分为单机、双机、三机和多机;按钻臂调位方式可分为直角坐标调位和极坐标调位;按行走装置可分为轨轮式、轮胎式和履带式。

二、CTJ型凿岩台车的结构与工作原理

CTJ—3型三机轮胎式凿岩台车如图1-53所示,它主要由侧边钻臂2(两个)、推进器3、中间钻臂4、轮胎行走机构6及附属的液压系统、压气和供水系统等组成。YGZ—70型导轨式凿岩机1装在推进器3的导轨上,摆动机构11能使三个支臂同时水平回转,按极坐标方式调节支臂的方位,以适应炮孔位置的需要。凿岩机工作时,前支撑液压缸5和后支撑液压缸7撑紧在底板上,使车轮抬起脱离底板,以保证机器工作的稳定性。该凿岩台车的动力系统为气动、液压组合式,台车的操纵手把集中于操纵台上和司机座旁边,方便司机操作。

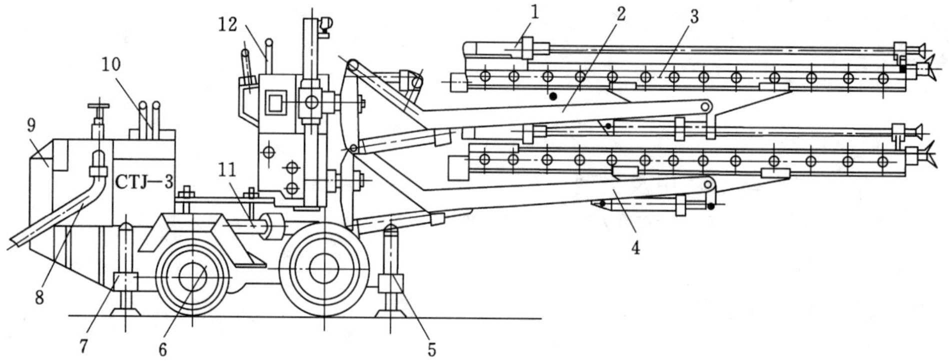

图1-53 CTJ—3型三机轮胎式凿岩台车

1——凿岩机;2——侧边钻臂;3——推进器;4——中间钻臂;5——前支撑液压缸;6——轮胎行走机构;7——后支撑液压缸;8——进风管;9——配重;10——司机座;11——摆动机构;12——操作台

(一)推进器

推进器用来使凿岩机移近或退出工作面,并提供凿岩时所需的轴向推力。推进器按工作原理不同有螺旋式推进器、液压缸式推进器和链式推进器三种。CTJ—3型凿岩台车采用螺旋式推进器,它安装在侧边钻臂2和中间钻臂4的前端(图1-53)。推进器的工作原理如图1-54所示,导轨式气动凿岩机11用螺栓固定在其底座12上,装在底座下的螺母2与推进器丝杠3相啮合,气动马达1通过减速器驱动丝杠3旋转,通过凿岩机底座下的螺母2驱动凿岩机在导轨9上前进或后退。在其导轨9的下面设有补偿液压缸5,

其缸体与导轨托盘 4 铰接，活塞杆与导轨铰接，补偿液压缸活塞杆伸缩就可以调节推进器在导轨托盘 4 上的位置，使导轨前端的顶尖 7 紧顶在岩壁上，以减少凿岩机工作过程中钻臂的振动，增加推进器的工作稳定性。凿岩机底座与导轨间、导轨与导轨托盘间均有滑垫，可减少移动阻力和磨损。在导轨前端还装有剪式扶钎器 8，当凿岩机开始钻炮孔时，用扶钎器夹持钎子 10 的前端，以免钎子在岩面上滑动；钎子钻进一定深度后，松开扶钎器以减少阻力。扶钎器的两块卡爪平时由弹簧张开，扶钎时由扶钎液压缸 6 将其活塞杆上的锥形头插入两块卡爪之间，使其剪刀口合拢。

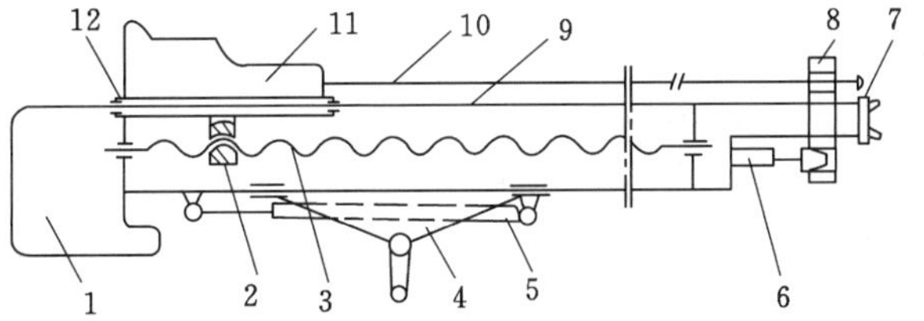

图 1-54　推进器的结构原理简图

1——气动马达；2——螺母；3——丝杠；4——托盘；5——补偿液压缸；6——扶钎液压缸；
7——顶尖；8——扶钎器；9——导轨；10——钎子；11——凿岩机；12——底座

该凿岩机气动马达的功率为 735 W，推进器推进力为 7 kN，推进行程为 2.5 m。调节气动马达进气量，可使凿岩机获得不同的推进速度。

（二）钻臂

钻臂是凿岩台车的主要部件，它的作用是支撑推进器和凿岩机，并可调整推进器的方位，使之可在全工作面范围内进行凿岩。CTJ—3 型凿岩台车的两侧钻臂和中间钻臂结构基本相同，其工作原理如图 1-55 所示。

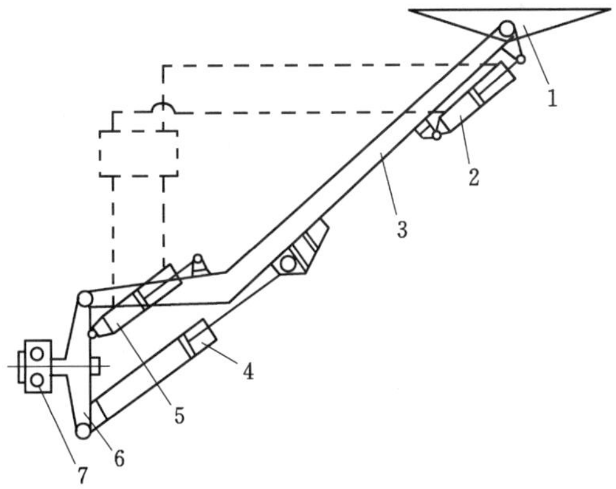

图 1-55　CTJ—3 型凿岩台车钻臂

1——推进器导轨托盘；2——俯仰角液压缸；3——钻臂架；4——钻臂液压缸；
5——引导液压缸；6——钻臂座；7——回转机构

钻臂架 3 的前端与推进器导轨托盘 1 铰接，利用俯仰角液压缸 2 可以调整导轨的倾角，以满足凿岩机所钻炮眼的倾角。利用钻臂液压缸 4 可以调整钻臂架的高度，以满足凿岩机钻凿不同高度的炮眼。钻臂架 3 的后端与钻臂座 6 铰接，钻臂座安装在回转机构 7 的水平出轴上，在回转机构的带动下，可使钻臂座连同钻臂架一起绕此轴线在 360°范围内回转。因此，由回转机构改变凿岩机的回转角度，钻臂液压缸改变凿岩机的回转半径，就可以确定炮眼位置，使凿岩机能在一定圆周范围内钻凿不同位置的炮眼。钻臂的此种调位方式称为极坐标调位方式，其主要优点是在炮孔定位时操作程序少，定位时间短，但对操作技术要求较高。

（三）平移机构

为提高破岩效果，节省调整凿岩机位置的时间，凿岩机采用直线掏槽法作业，亦即钻臂在改变位置时要求推进器始终和初始位置保持平行，使台车钻凿出平行炮眼。在凿岩台车上采用液压平移机构就可满足此要求。

液压平移机构的工作原理如图 1-56 所示，利用缸径相同、相应腔相连的引导液压缸 2 和俯仰角液压缸 5，借助压力油来传递运动，以实现托盘在运动过程中的自动平移。当钻臂向上摆动 $\Delta\alpha$ 角从位置Ⅰ运动到位置Ⅱ时，迫使引导液压缸 2 的活塞杆伸出，将活塞杆腔的压力油排入俯仰角液压缸 5 的活塞杆腔，使其活塞杆缩回同样长度，带动托盘反向摆动 $\Delta\alpha'$ 角。合理选择两液压缸的安装位置，可使 $\Delta\alpha=\Delta\alpha'$，从而使托盘和推进器近似保持原来的位置。液压平移机构的特点是结构紧凑、质量轻、不受行程限制，适用于长钻臂、伸缩式钻臂。

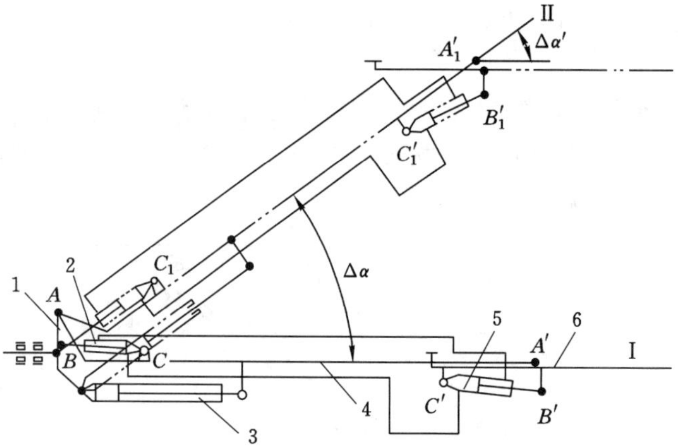

图 1-56 液压平移机构的工作原理

1——回转支座；2——引导液压缸；3——钻臂液压缸；4——钻臂；5——俯仰角液压缸；6——托盘

（四）回转机构

CTJ 型凿岩台车的回转机构实际上是一齿轮齿条液压缸，在回转机构中的齿条液压缸带动下，回转机构中的齿轮轴可使钻臂座连同钻臂架一起绕此轴线在 360°范围内回转。图 1-57 所示为中间支臂采用双齿条齿轮回转机构。在回转壳体 2 的两侧装有四个缸体 4，缸体用压盖 3 固定在壳体 2 上，两根齿条 7 的两端均做成球头形状，用压环 6 与活塞 9 相连，四个活塞都装在相应的缸体内，两根齿条均与轴齿轮 8 啮合，轴齿轮的另一端伸出壳体外，并用键与支臂座相连。在四个活塞的油路连接上保证两根齿条相向运动，即可共同驱动轴齿轮带动支臂座回转。

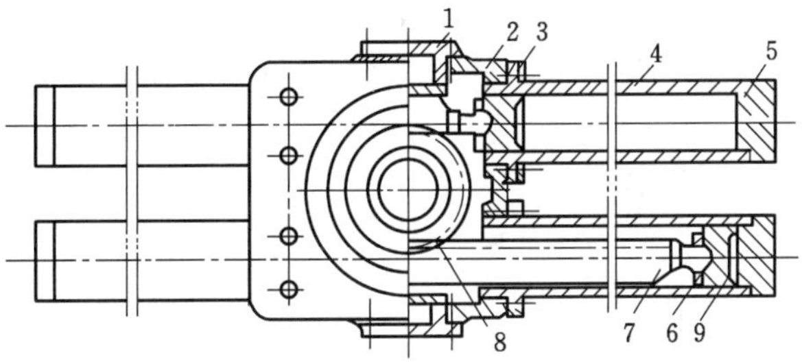

图 1-57 齿条齿轮回转机构

1——端盖;2——壳体;3——压盖;4——缸体;5——缸盖;6——压环;7——齿条;8——轴齿轮;9——活塞

CTJ 型凿岩台车两个侧支臂的回转机构,与上述中间支臂的回转机构基本相同,只是缸体的布置方式不同,中间支臂的回转机构缸体水平布置,而侧支臂的回转机构缸体垂直布置。三个支臂的工作范围有较大的重叠,可相互替代打眼。

(五) 摆动机构

CTJ 型凿岩台车的摆动机构如图 1-58 所示。凿岩机的三个支臂均安装在摆动机构的回转架 2 上,回转架上带铜套 3 的轴孔套装在与行走车架相连的立轴上,摆动液压缸 1 缸体端与行走车架铰接,活塞杆端与回转架铰接。在液压缸 1 的作用下,回转架绕立轴在水平面内左右摆动,从而带动各钻臂水平摆动,使凿岩机可以在巷道的转弯处进行凿岩作业。

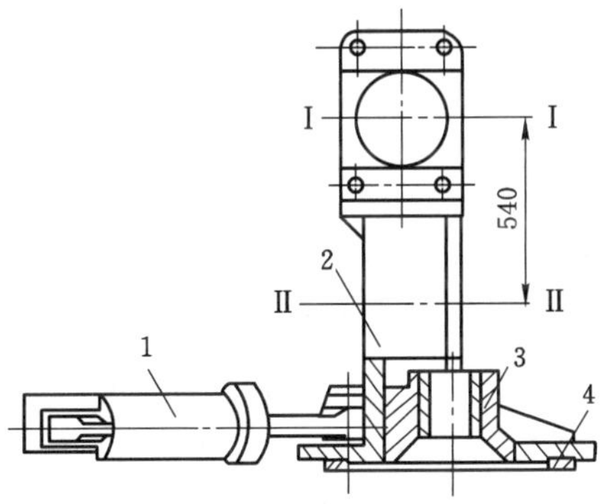

图 1-58 摆动机构

Ⅰ—Ⅰ——侧支臂回转轴线;Ⅱ—Ⅱ——中间支臂回转轴线;

1——摆动液压缸;2——回转架;3——铜套;4——铜垫片

(六) 行走机构

CTJ—3 型凿岩台车采用轮胎式行走机构,其中两前轮为驱动轮,由一台气动马达经三级齿轮减速后驱动前轮;两个后轮为转向轮,由司机操纵转向液压缸带动后轮转向。

(七) 动力系统

CTJ 型凿岩台车动力系统为气动、液压组合式,如图 1-59 所示。由气源而来的压气经胶管输入到凿岩台车后端的进风管,再经过滤器 1、闸阀 2 进入风包 3,由风包出来的压气经注油器 4 分别进入行走气动马达 7,泵气动马达 10,三个支臂的气路Ⅰ、Ⅱ、Ⅲ及二位二通转阀 12。阀 12 专供装药前吹炮眼使用,三个支臂的气路Ⅰ、Ⅱ、Ⅲ相互并联,其气路系统完全相同。机器的液压系统为单泵多缸并联系统,泵站布置在机器后部机座下面,液压泵为单级叶片泵，由一台活塞式气动马达驱动，气动马达由脚踏阀 9 或二位二通转阀 8 控制开闭，前者用于断续开闭液压泵，后者用于连续开闭液压泵。

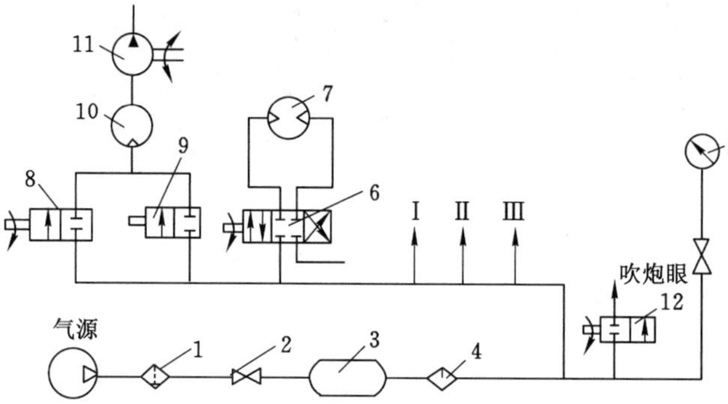

图 1-59　动力系统示意图

1——过滤器；2——闸阀；3——风包；4——注油器；5——压力表；6——三位四通行走阀；7——行走气动马达；8，12——二位二通转阀；9——二位二通脚踏阀；10——泵气动马达；11——泵

三、凿岩台车的使用与维护

（一）开车前的检查

① 检查油箱油位，若低于规定最低油位，必须用液压泵通过精过滤器向油箱注入规定的油液。禁止用人工直接注油。

② 检查钻臂与推进器各销轴和螺钉、螺母连接是否牢固，各电动机联轴节的螺钉、销轴有无松脱；凿岩机的拉杆螺栓是否有松动，以及前后车轮连接有无松脱。

③ 检查胶轮充气是否充足，若不足应充入不含油气的干净气体。

④ 把凿岩机退至导轨架后端，收拢放低钻臂，理好气、水、油管，将台车开到工作面。

⑤ 检查台车前后支腿是否伸出，只有当支腿全部伸出、台车稳定后才可开钻。

⑥ 检查多路阀手柄是否在中位，液压凿岩机冲击部分的控制阀手柄是否在空载位置。

⑦ 第一次启动液压泵之前，必须向泵内充满清洁的液压油，并用手转动各泵组的联轴器。

（二）钻孔作业

① 为凿岩台车送电，必须先合上巷道中总电源开关，后合上台车上的开关（断电顺序相反）。

② 开钻前先试各系统油压，要求压力达到规定压力后开机，严禁随意拧动溢流阀、流量阀、减压阀的调节旋钮，不许任意改变冲击系统液压泵的流量。

③ 开钻前推进器必须顶紧岩面，待钎头触及岩面后才能开钻，避免空打。

④ 开钻时必须先给水，不许打干眼。

⑤ 开眼时，轻打轻推进；开眼后，再重打全推进。

⑥ 钻臂移位时，推进器必须先缩回，使顶尖离开岩面。

⑦ 钻臂下面严禁站人，两侧站人应保持安全距离，注意各个钻臂不要互相碰撞，避免挂坏油管。

⑧ 凿岩过程中，如遇有一根油管破裂或接头漏油的情况，应立即检修。

⑨ 工作中，油温不得超过 50 ℃。

（三）使用后的维护

① 凿岩完毕后，应将钻臂收拢放好，清理油管，洗车，收起前后支腿，然后退出工作面，停放在安全地点，以免爆破时飞石、浮石落下砸坏台车。

② 凿岩停止，操作人员离开台车后，必须断开台车的开关和巷道中的总电源。

③ 用电机车牵引台车做长距离运行时，应将行走手柄放到相应位置，以减少行车阻力。

任务实施

一、教学设备

凿岩台车一台。

二、任务实施方法

① 教师讲解具体任务及要求。

② 学生分组，指出凿岩台车的各组成部分，并说明各部分的作用、动作原理。

③ 结合动力系统图，叙述动力系统原理。

④ 在指定区域让学生轮流对凿岩台车进行操作练习。

⑤ 凿岩台车的使用与维护要求学生在毕业顶岗实习时进一步巩固。

三、任务考评

教师根据学生实训中的表现、答辩情况、实训报告等，评定出实训成绩。

凿岩台车的操作评分标准见表 1-15。

表 1-15　凿岩台车的操作评分标准

序号	考核内容	考核项目	分值	评分标准	得分
1	结构组成	① 推进器及钻臂 ② 平移机构 ③ 回转机构 ④ 摆动机构 ⑤ 行走机构 ⑥ 动力系统	24	① 每项内容 4 分 ② 每缺一项扣 4 分	
2	启动前的检查	① 软管的检查 ② 各连接件的检查 ③ 润滑油的检查 ④ 钎杆和钻头情况的检查 ⑤ 滑道的进给和退回钢丝绳的检查	20	① 每项内容 4 分 ② 每缺一项扣 4 分	

续表 1-15

序号	考核内容	考核项目	分值	评分标准	得分
3	凿岩台车的运转	① 启动操作 ② 开眼操作 ③ 凿岩操作 ④ 停止操作	40	① 每项内容 10 分 ② 每错一项扣 10 分 ③ 操作不正确酌情扣分	
4	实训态度	① 遵守安全规程 ② 清理现场卫生 ③ 实训报告	16	① 遵守安全规程 5 分 ② 清理现场卫生 5 分 ③ 实训报告符合要求 6 分	
总计					

思考与练习

① 凿岩台车有何功用？它是如何分类的？
② 凿岩台车由哪几部分组成？各部分有何作用？
③ 应如何使用与维护凿岩台车？
④ 缩写凿岩台车安全运行操作规程。

任务六　装载机的使用与维护

教学目标

(1) 知识目标
① 掌握装载机械的用途与分类。
② 掌握耙斗装载机、铲斗装载机、扒爪装载机的结构及工作原理。
(2) 能力目标
① 能辨认耙斗装载机、铲斗装载机、扒爪装载机的结构。
② 能对耙斗装载机、铲斗装载机及扒爪装载机正确使用与维护。
③ 能编写装载机操作规程、维护维修技术文件。
(3) 职业素质
培养学生对装载机械正确使用与维护的意识。

任务描述

用钻眼爆破法掘进巷道时，工作面爆破后碎落下来的煤岩需要装载到运输设备中运离工作面，实现这一功能的设备统称为装载机械。煤矿常用的装载机械有耙斗式、铲斗式、扒爪式等几种。要正确地使用与维护装载机械，必须掌握装载机械的性能、组成结构、工作原理,以及装载机械的使用操作方法等。

相关知识

装载机械按不同的方法分类如下:按驱动方式分为电动式、气动式、电液式,按行走方式分为轨轮式、履带式、轮胎式和雪橇式,按作业过程的特点分为间歇动作式和连续动作式。间歇动作式主要有耙斗装载机、后卸式铲斗装载机和侧卸式铲斗装载机;连续动作式主要有扒爪装载机、立爪装载机、圆盘式装载机和振动式装载机等。

一、耙斗装载机

耙斗装载机(简称耙装机)是用绞车牵引耙斗耙取岩石装入矿车、箕斗或转载设备的机械,适用于矿山平巷和倾角 30°以下斜井巷道掘进装岩,是我国煤巷掘进的主要装载设备。

(一) 耙斗装载机的组成和工作过程

各种型号的耙斗装载机结构虽有不同,但其工作原理基本相同。现以 P—30B 型耙斗装载机为例,介绍耙斗装载机的组成和工作过程。

如图 1-60 所示,耙斗装载机主要由耙斗、尾轮、固定楔、绞车、台车、料槽、导向轮、托轮、操纵机构和电气部分等组成。

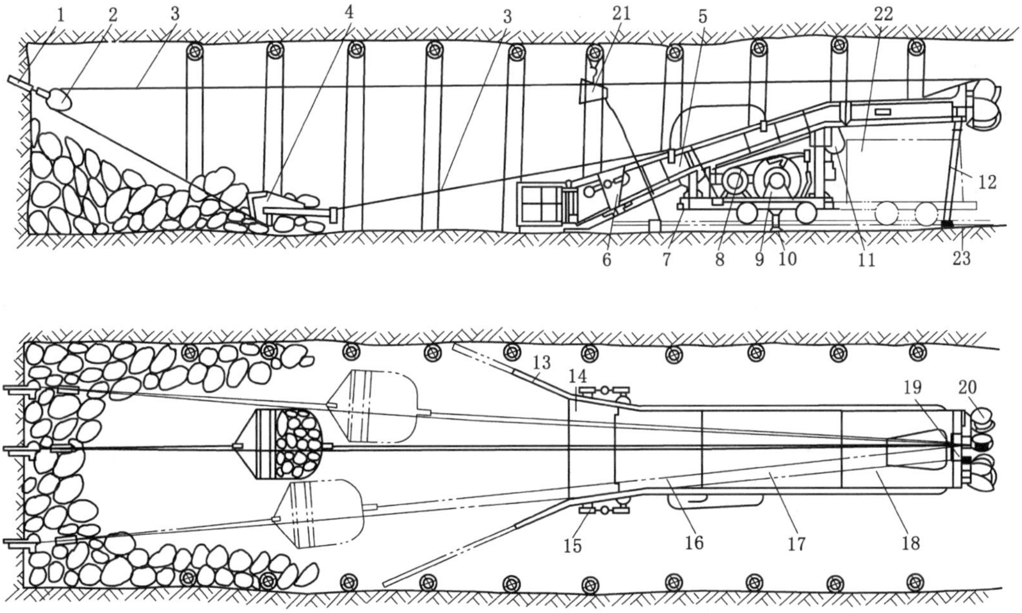

图 1-60 耙斗装载机

1——固定楔;2——尾轮;3——钢丝绳;4——耙斗;5——机架;6——护板;7——台车;8——操纵机构;9——绞车;10——卡轨器;11——托轮;12——撑脚;13——簸箕挡板;14——簸箕口;15——升降装置;16——连接槽;17——中间槽;18——卸料槽;19——缓冲器;20——头轮;21——照明灯;22——矿车;23——轨道

工作时耙斗在钢丝绳牵引力下移到料堆的上表面处,以自重落下使耙齿插入料堆,钢丝绳牵引耙取物料，沿巷道底板耙入料槽，岩石块通过卸料口卸至下面的矿车内(也可以是其他运输设备)。为了使耙斗能往复运行，采用双卷筒绞车牵引，工作卷筒的钢丝绳牵引耙斗前进，空程卷筒的钢丝绳绕过固定在工作面上的尾轮牵引耙斗后退。两个操纵手柄分别控制两个卷筒刹车带的开合，实现耙装物料的动作。

（二）绞车

耙斗装载机的绞车是牵引耙斗运动的装置，能使耙斗往复运行，迅速换向，并适应冲击负荷较大的工况，多为双卷筒结构。绞车按动力分为电动、气动和电液传动三种。按结构形式可分为行星轮式、圆锥摩擦轮式和内胀摩擦轮式三种。P—30B 型耙斗装载机采用行星轮式传动，其传动系统如图 1-61 所示。电动机 1 经减速器 2 传动两卷筒。减速器 2 是二级圆柱齿轮减速器，在减速器第二级的两齿轮 Z_3、Z_5 中间增加一惰轮 Z_4。所谓惰轮是指不影响传动比的大小，只起到改变主、从动轮转向关系或增大主、从动轴间轴心距作用的齿轮。这里的惰轮是为了增大进轴和出轴间的轴心距，以便安装电动机和卷筒。在减速器 2 的出轴上装有齿轮 Z_6 和 Z_9，它们绕自身轴线转动，而轴线位置固定不动，因此齿轮 Z_6 和 Z_9 被称为太阳轮或中心轮。齿轮 Z_7 和 Z_{10} 除绕其自身的轴线转动外还分别绕齿轮 Z_6 和 Z_9 转动，因此齿轮 Z_7 和 Z_{10} 被称为行星轮，支撑行星轮的构件称为系杆。行星轮 Z_7 和 Z_{10} 的系杆分别与工作卷筒 3 和回程卷筒 4 固定。各行星齿轮传动的内齿圈 Z_8 和 Z_{11} 兼作制动轮。耙斗耙取矿石时，将工作卷筒 3 的内齿圈 Z_8 用刹车闸带 5 制动，回程卷筒 4 的内齿圈 Z_{11} 不制动。若中心轮轴顺时针方向转动，通过行星轮 Z_7 和系杆可带动工作卷筒 3 顺时针转动而缠绳，牵引耙斗向卸载槽方向运动，见图 1-61(c)。此时未被制动的回程卷筒将被钢丝绳拉着逆时针方向转动而放绳。耙斗卸载后，在电动机转向不变的情况下，将工作卷筒的制动闸松开，将回程卷筒的内齿圈 Z_{11} 制动，则回程卷筒顺时针方向转动而缠绳，工作卷筒逆时针转动而放绳，耙斗返回工作面料堆。当两个制动闸均松开时，两卷筒都不转动，耙装机处于停车状态。由此可见，在电动机转向不变的情况

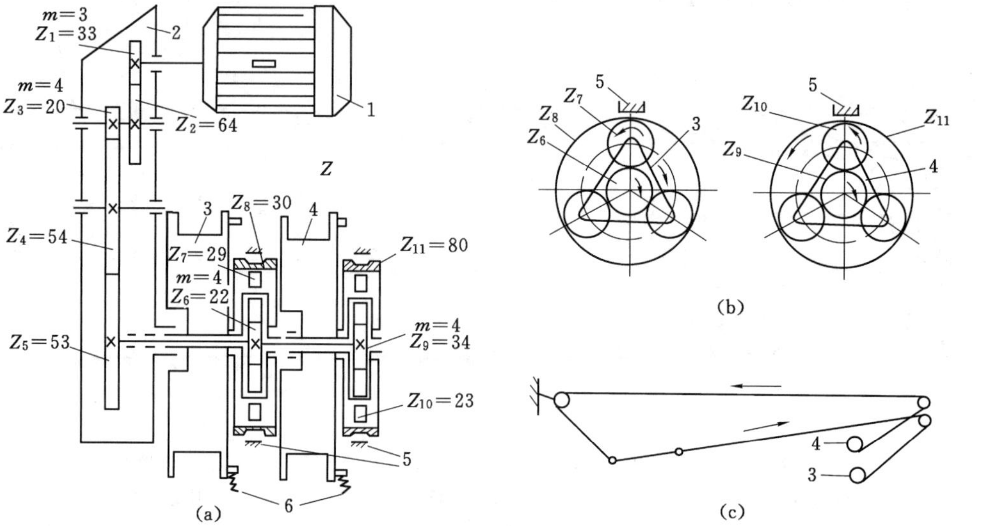

图 1-61 行星齿轮传动的双卷筒式绞车

1——电动机；2——减速器；3——工作卷筒；4——回程卷筒；5——刹车闸带；6——弹簧式辅助闸

下，这种传动可以实现停车、正转和反转，避免电动机的频繁启动和换向。

绞车的两套行星齿轮传动结构相同，而中心轮和行星轮的齿数不同，从而使耙斗工作行程运动速度较慢，而返回行程速度较快，以适应装载行程比返回行程载荷大得多的工况。

刹车闸带 5 为带式闸，其制动原理如图 1-62 所示，当杠杆上作用外力 F 后，闸带收紧且抱住制动轮，靠带与轮间的摩擦力达到制动目的。这种制动器结构紧凑，操作简单方便。

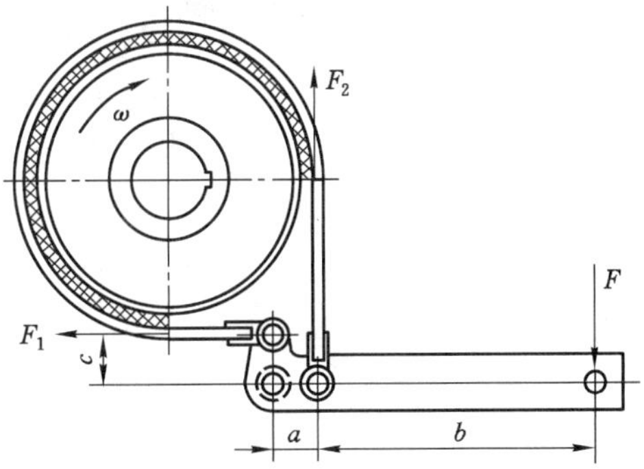

图 1-62　带式制动器

为防止两卷筒在工作时由于卷筒转动惯性不能及时停车，而产生钢丝绳乱绳现象，引起卡绳事故，在每一卷筒上装有一弹簧式辅助闸 6。

（三）耙斗

耙斗是用绞车牵引往复运动，直接扒取松散煤岩的斗状构件。根据物料密度的大小有不同形式的耙斗，分为耙式、箱式和半箱式耙斗。耙式耙斗没有侧板；箱式耙斗两侧有侧板，适应较软、松散、细碎的物料；半箱式耙斗用于扒取密度大、块度大的物料。在装载行程中，耙斗被向前牵引，耙斗的自重使它逐渐插入料堆，耙斗内的物料，沿着耙斗的尾帮升高并向前翻滚（图 1-63），耙斗被逐渐装满，插入料堆的阻力也随着增大。当耙斗的自重和插入阻力达到平衡后，插入料堆的深度就不再增加。因此，耙斗的形状和质量直接影响耙斗装载机的生产率。

在装载过程中，耙斗斗齿插入物料的角度是变动的，通常把耙斗在静止水平位置时耙齿齿端内侧与水平面的夹角 α 称为耙角，耙齿齿端外侧面与水平面的夹角 β 称为后角（图 1-64）。耙角大小直接影响耙斗的插入情况和装载效果。用于平巷时，耙角一般为 50°～55°；用于倾角小于 20°的斜巷时，耙角约为 65°～75°；用于倾角大于 20°的斜巷时，耙角约为 70°～75°。

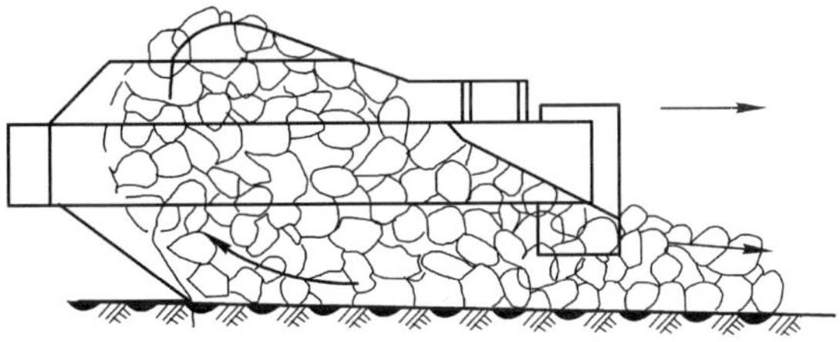
图 1-63　耙斗装料过程

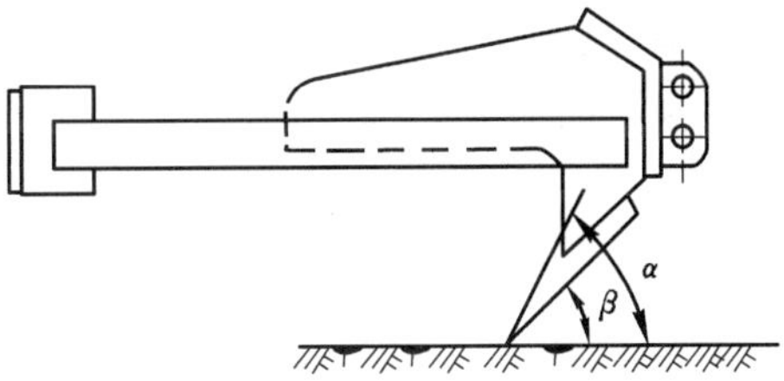

图 1-64　耙斗耙角和后角

耙斗依靠自重插入料堆，重力越大越容易插入，但重力过大消耗功率增加，容易刮入底板，增加牵引阻力。

耙斗的结构如图 1-65 所示，主要由斗齿和斗体组成。斗体用钢板焊接而成，斗齿与斗体铆接。斗齿有平齿和梳齿之分，多使用平齿。斗齿材料为 ZGMn13，磨损后可更换。尾帮后侧经牵引链 8 和钢丝绳接头 1 连接，拉板前侧与钢丝绳接头 6 连接，绞车上工作钢丝绳和返回钢丝绳分别固定在接头 6 和 1 上。

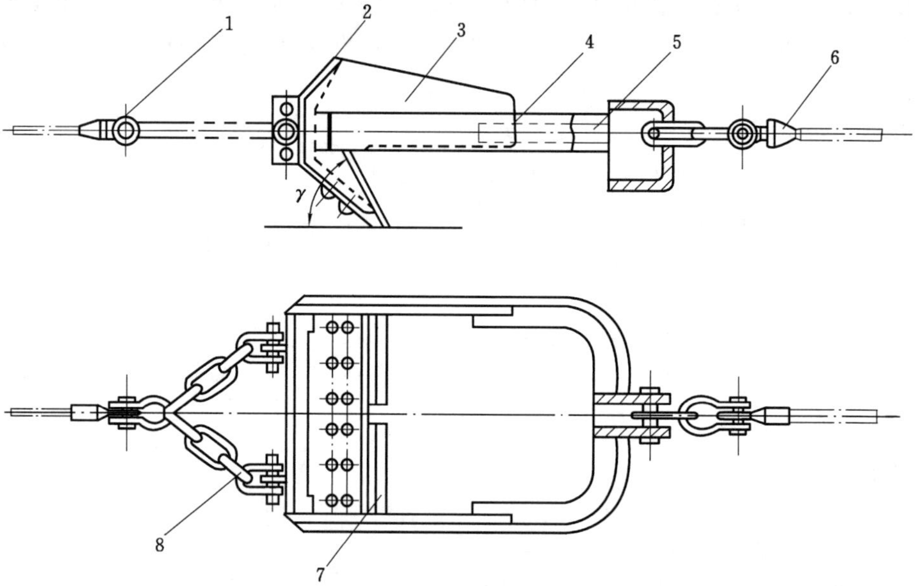

图 1-65 耙斗结构

1,6——钢丝绳接头;2——尾帮;3——侧板;4——拉板;5——筋板;7——斗齿;8——牵引链

(四) 料槽

料槽的结构如图 1-66 所示,耙斗扒取物料后通过料槽卸载到运输设备中。为便于运输和安装,料槽分成几节,由挡板、进料槽、中间槽和卸料槽等组成。中间槽安装在台车的支架和支柱上,而进料槽和卸料槽分别与中间槽用螺栓连接。簸箕口与两侧的挡板用销连接,与连接槽之间通过钩环连接。挡板的作用是引导耙斗进入料槽,还可防止岩渣向两侧散失。簸箕口靠自重紧贴底板。进料槽的中部安装有升降装置,用于调节簸箕口的高低。中间槽有两个弯曲部分,装有可拆卸的耐磨弧形板。卸料槽在靠近端部的位置开有卸料口。卸料槽的尾部装有滑轮组,钢丝绳从卷筒引出,绕过滑轮组后分别接在耙斗的前部和后部,以便往返牵引耙斗。在卸料槽的后部还安装有弹簧碰头,用以减轻耙斗卸载时的冲击。

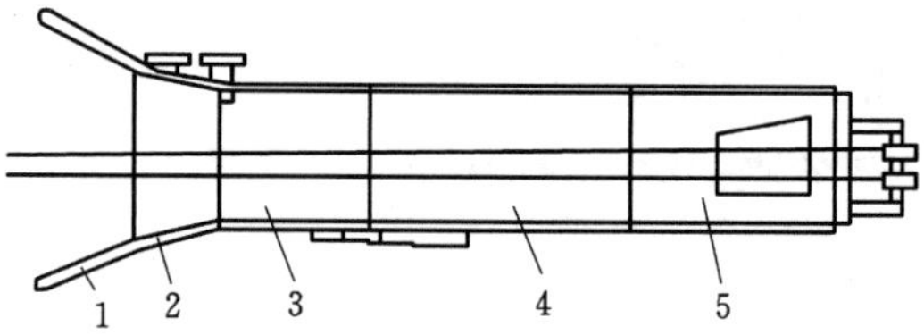

图 1-66 料槽

1——簸箕口;2——升降装置;3——连接槽;4——中间槽;5——卸料槽

(五) 台车

台车是耙斗装载机的机架和行走部分,并承载着装载机的全部重量。台车由台车

架、车轮、弹簧碰头组成。在台车上安装有绞车、操纵机构以及支撑中间槽的支架和支柱。台车前后部挂有四套卡轨器，用于耙斗装载机工作时固定台车。

二、铲斗装载机

铲斗装载机是煤矿使用最普遍的装载机械之一，常用于装岩石，所以又称装岩机，其工作机构是铲斗，靠铲斗从工作面底板上铲取岩石，而后将岩石卸入运输设备。铲斗装载机结构简单，适宜于装较大块度且坚硬的岩石，但其装载工作不连续。

铲斗装载机按卸载方式可分为后卸式和侧卸式两种，按行走机构分有轨轮式、胶轮式和履带式。我国多采用轨轮行走后卸式铲斗装载机和履带行走侧卸式铲斗装载机。

这里以 ZC—60B 型侧卸式铲斗装载机为例说明其结构和工作原理。如图 1-67 所示，ZC—60B 型侧卸式铲斗装载机主要由铲斗工作机构、履带行走机构、液压系统和电气系统组成。装载机工作时，先将铲斗 1 放到最低位置，开动履带行走机构 8 使机器前进，借助行走机构的力量，使铲斗插入岩堆，然后边前进边操纵升降液压缸 3，将铲斗装满，并把铲斗升高到一定高度，再把机器后退到卸料处，操纵侧卸液压缸 2，将料卸到矿车或带式输送机上运走。料卸净后，使铲斗恢复原位，同时装载机返回到料堆处，至此完成一个装载工作循环。

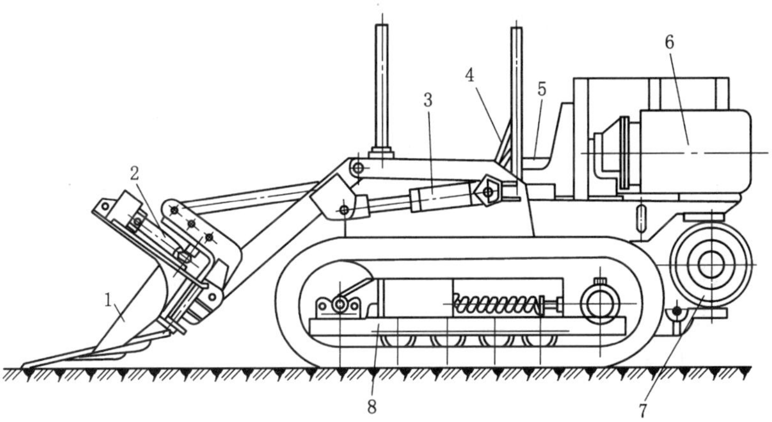

图 1-67 ZC—60B 型侧卸式铲斗装载机

1——铲斗；2——侧卸液压缸；3——升降液压缸；4——操纵手把；5——司机座；6——泵站；7——行走电动机；8——履带行走机构

(一) 铲斗工作机构

ZC—60B 型侧卸式铲斗装载机的铲斗工作机构如图 1-68 所示，主要由铲斗 1、侧卸液压缸 2、拉杆 3、摇臂 4、升降液压缸 5、铲斗座 6 等组成。

铲斗 1 后部左右两侧的上下位置均有一个销轴孔，铲斗支撑在铲斗座 6 上，两者靠铲斗下部左侧(或右侧)的一个销轴 8 连接。侧卸液压缸 2 的缸体与斗座的中间臂杆铰接，活塞杆与铲斗的右上部(或左上部)铰接。当侧卸液压缸活塞杆伸出时，铲斗即可向左侧(或右侧)倾斜而卸载。需要改变卸载方向时，只要同时改变连接铲斗与铲斗座的销轴位置和侧卸液压缸活塞杆与铲斗的铰接位置即可。铲斗座由拉杆 3 和摇臂 4 连接到行走机架上，组成双摇杆机构。在升降液压缸 5 的作用下，摇臂 4 可上下摆动，使铲斗座

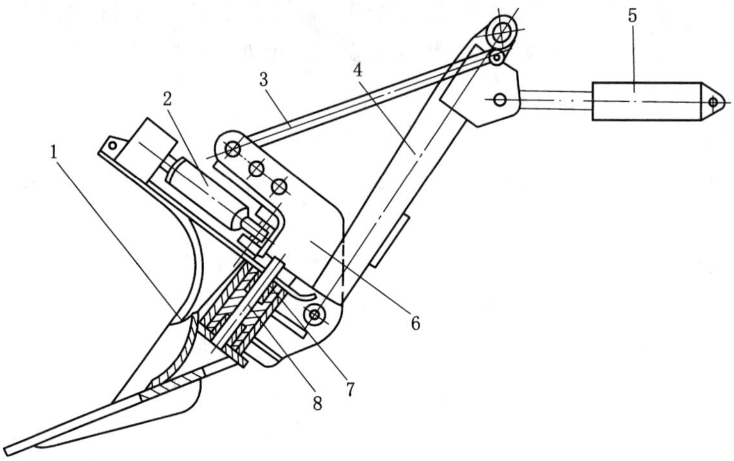

图 1-68 铲斗工作机构

1——铲斗；2——侧卸液压缸；3——拉杆；4——摇臂；5——升降液压缸；6——铲斗座；7——轴套；8——销轴

上的铲斗完成装载升降动作。拉杆 3 在铲斗升降过程中亦作上下摆动，使铲斗在上升时绕着摇臂与铲斗座的铰点作顺时针转动，使铲斗装满并端平；下降时作逆时针转动，铲斗回复到装载位置。铲斗上有三个供拉杆连接的孔，以便于改变与拉杆的连接位置，适应不同高度的料堆。

装载机的铲斗由钢板焊接而成，容积为 0.6 m^3，斗唇呈椭圆形，侧壁很矮，以减少铲斗铲入阻力，便于铲斗装满。

铲斗座是支撑铲斗的底座，由钢板焊接而成。铲斗铲入料堆时，铲入阻力全由铲斗座承受。摇臂外形呈"H"形，也由钢板焊接而成。下端两个销轴孔与铲斗座连接，上端两个销轴孔与行走机架连接，两侧两个销轴孔则与左右升降液压缸的活塞杆连接。

（二）履带行走机构

履带行走机构实现装载机的行走功能，给予工作机构在铲装岩石时所需的插入力和承载机器的总质量。该机构由左右对称的两条履带组成。履带链包绕在主链轮和导向轮上，主链轮装在履带行走减速器的出轴端。4 个支重轮装在履带架上，机器全部重量和载荷都经支重轮传递到与底板接触的履带链上。履带的张紧靠弹簧完成。

ZC—60B 型侧卸式铲斗装载机履带行走机构的传动系统如图 1-69 所示。每条履带均由独立的 13 kW、680 r/min 的电动机驱动，经三级圆柱齿轮（一级 Z_1、Z_3，二级 Z_4、Z_5，三级 Z_6、Z_7）减速后带动主链轮旋转，使机器行走。为了增大轴心距在一级齿轮 Z_1、Z_3 之间增加一惰轮 Z_2。行走机构的电动机与制动轮用联轴器连接，制动轮位于两履带之间。同时开动 2 台电动机正转和反转，机器可直线前进和后退。如果机器要右转弯，则关闭右履带电动机并将右制动轮制动，只开动左履带电动机，机器即向右转弯。反之，机器向左转弯。若按相反方向同时开动两台电动机，装载机可向左或向右急转弯。电动机的开、停和制动抱闸或松闸是用脚踏机构操纵的，以避免误操作。

脚踏机构的联动操纵系统如图 1-70 所示，滚轮 2 连接行程开关 1。操纵时，司机踩下脚踏板 3，压下滚轮 2，在切断电动机电源的同时，使摇杆 4 逆时针上摆，通过拉杆 5，使摆杆 9 绕支座 10 上的销轴中心顺时针左摆，使制动闸 8 闸住制动轮。松开脚踏板，电动机转动。脚踏板为左右两只，左边操纵左侧履带，右边操纵右侧履带。

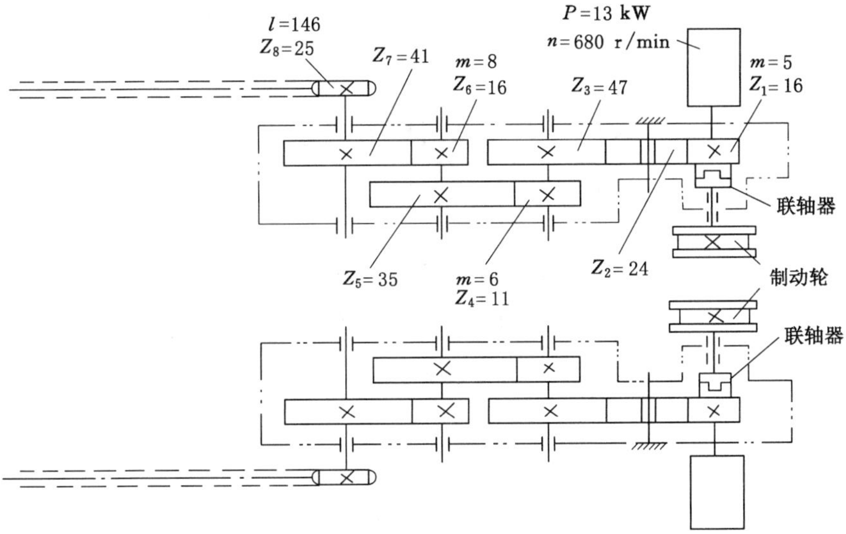

图 1-69 履带行走机构的传动系统

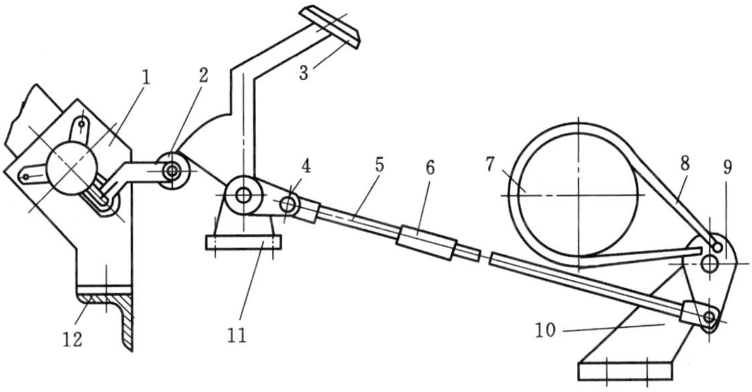

图 1-70 履带行走机构的脚踏操纵系统

1——行程开关；2——滚轮；3——脚踏板；4——摇杆；5——拉杆；6——调节螺母；
7——制动轮；8——制动闸；9——摆杆；10,11——支座；12——支架

（三）液压系统

ZC—60B 型侧卸式铲斗装载机的液压系统如图 1-71 所示。该系统的油箱除具有储存液压油的作用外，还兼作电气防爆箱的固定基础，同时还有支撑机架的作用。系统采用 L—HM32 或 L—HM46 液压油。油箱上部有空气滤清器用来排除箱内空气和产生的其他气体，也是液压油的注油口。

系统采用 YB—58C—FF 型定量叶片泵，额定工作压力为 10.5 MPa，排量为 58 mL/r。换向阀、溢流阀、单向阀组成阀组，安装在司机座前面，两个操纵手把分别控制铲斗工作机构中的升降液压缸和侧卸液压缸。当两个换向阀均处于中位时，叶片泵实现卸荷。单向阀起锁紧作用，使铲斗处于卸载位置时更加稳定。

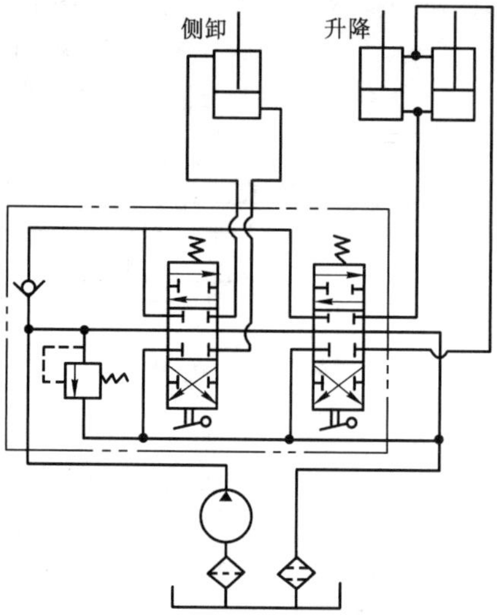

图 1-71 ZC—60B 型侧卸式铲斗装载机的液压系统

三、扒爪装载机

扒爪(也称蟹爪)装载机是一种连续作业的双臂式装载机,主要用于巷道掘进中装载爆落的煤岩,装载能力一般为 35～200 m^3/h。扒爪装载机按采用的动力不同有电动和电液驱动两种,按转载运输机的形式不同有整体式(多为刮板输送机)和分段式(前段多为刮板输送机,后段多为带式输送机)两种。目前应用较为广泛的扒爪装载机是具有整体运输机、履带行走的电动扒爪装载机。下面以 ZMZ_{2A}—17 型扒爪装载机为例分别介绍扒爪装载机的组成与工作原理。

(一) 组成与工作原理

ZMZ_{2A}—17 型扒爪装载机的基本组成与工作原理如图 1-72 所示,主要由扒爪工作机构、转载机构、行走装置、电动机及控制各部分运动的液压系统组成。装载机工作时,先开动扒爪工作机构和转载输送机 7,操纵铲装板升降液压缸 3 将铲装板降至料堆的底部,然后开动履带行走装置 4,让机器慢速推进,使铲装板前缘逐渐插入料堆。此时,扒爪 1 按预定的耙运轨迹运动,落在铲装板上的物料被扒爪送入转载输送机 7 的受料口,由刮板链运送到机器后面停放的矿车或其他运输设备上。液压缸 3、5 和 13 分别实现装载高度、卸载高度和卸载位置的调整。

(二) 扒爪工作机构

扒爪工作机构由装载铲板和左右扒爪等组成,其工作原理如图 1-73 所示。曲柄 2、连杆 3、扒爪 5 和摇杆 1 是通过销轴铰接在一起的,形成一个曲柄摇杆机构。当电动机通过传动装置带动曲柄圆盘作匀速圆周运动时,摇杆作摆动运动,扒爪指尖则形成一个肾形曲线的运动轨迹,这种运动轨迹的特点是每一运动循环可分为插入、搂取、耙装、返回四个阶段,每个阶段扒爪运动速度不同。插入、搂取速度低,返回速度高,适应了扒爪插入、搂取时负荷大,返回时负荷小的工作特点,既可提高装载能力,又可充分发挥电动机效率。两个曲柄圆盘相向回转,驱动左右两个扒爪在铲板表面上作平面复合运动。两个装载扒爪的运动相位差为180°，当一个装载扒爪耙取铲板上的物料时，另一个装载扒爪处于返回行程，使装载工作连续进行。

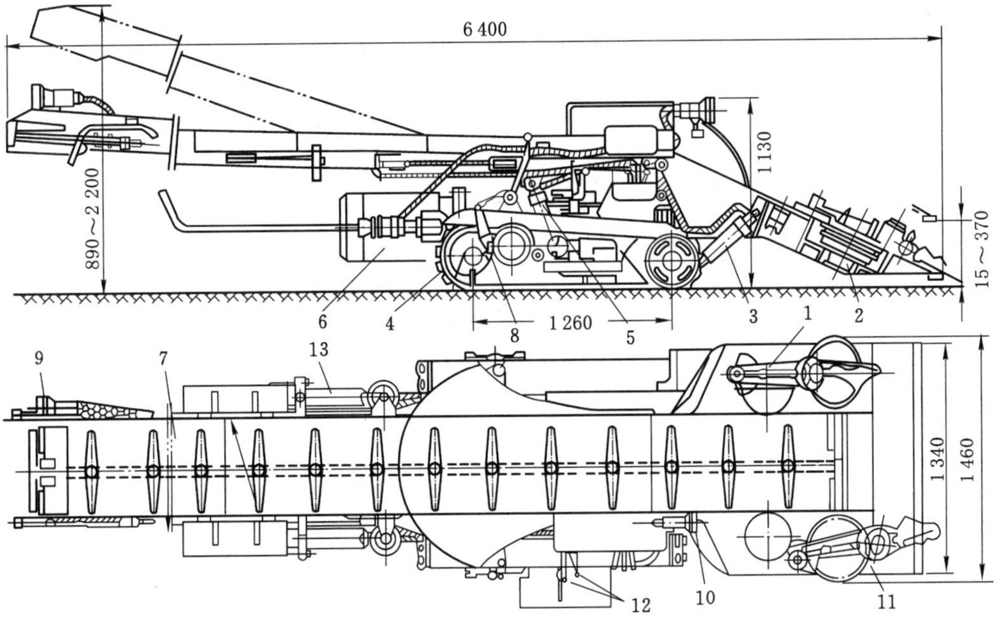

图1-72 ZMZ$_{2A}$—17型扒爪装载机

1——扒爪；2——扒爪减速器；3——铲装板升降液压缸；4——履带行走装置；5——转载机升降液压缸；6——电动机；7——转载输送机；8——紧链装置；9，10——照明灯；11——铲装板；12——操纵手把；13——转载机摆动液压缸

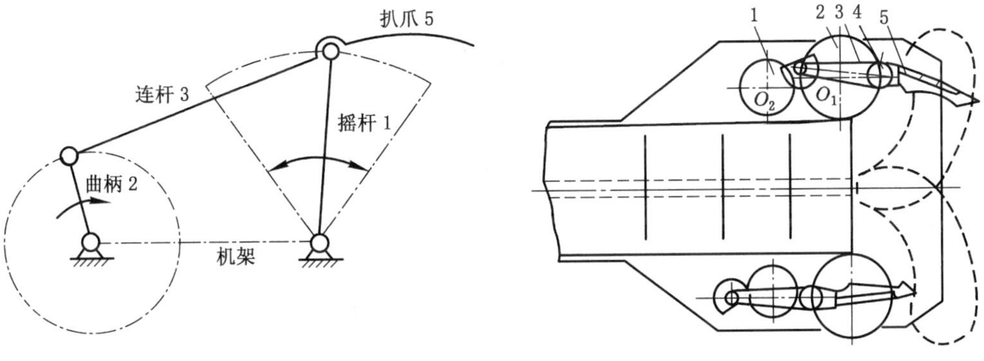

(a) (b)

图1-73 扒爪工作机构原理

(a) 原理图；(b) 结构俯视图

1——摇杆；2——曲柄；3——连杆；4——曲柄销；5——扒爪

铲装板是工作机构的基体，倾斜安装在主机架前端。铲装板在升降液压缸的作用下，可绕水平轴作上下摆动。

（三）转载机构

转载机构有两种形式：一种是采用一台输送机直接转载；另一种是由两台输送机搭接而成。采用一台输送机直接转载的扒爪装载机在煤矿使用较多，如图1-74所示，它主要由回转座5、回转台9、刮板链6、回转液压缸3和10以及张紧机构等组成。

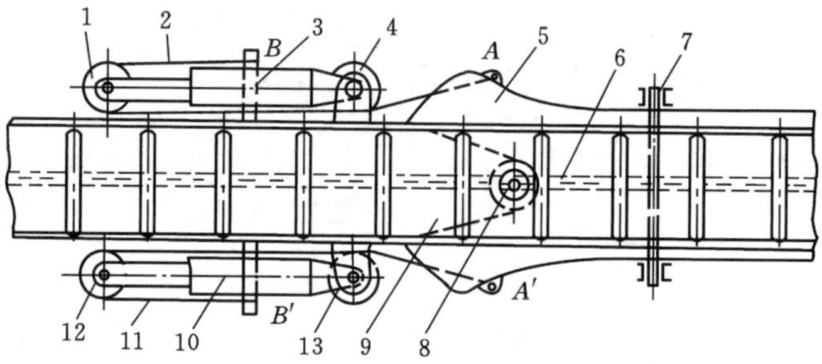

图1-74　转载机构的水平摆动原理

1,12——动滑轮；2,11——钢丝绳；3——左回转液压缸；4,13——定滑轮；5——回转座；6——刮板链；7——水平轴；8——立轴；9——回转台；10——右回转液压缸

转载机构前半段与铲装板连在一起，中部槽帮两侧固定有左、右回转液压缸3和10，两根长度相等的钢丝绳2和11各有一端固定在液压缸的外侧B、B'处，绕过液压缸两端的滑轮后，将其另一端固定在回转座5上的A、A'处。当液压缸3进压力油时，其柱塞向外推出，钢丝绳2受拉，转载机前半段不动，使回转台9带动尾部绕回转座5上的立轴8向左摆动。转载机尾部的摆动，使另一液压缸远离该侧钢丝绳在圆台上的固定点，迫使其柱塞缩进缸内，而把液压缸内的油液排出。反之，当液压缸10进压力油时，转载机尾部向右摆动。

回转座5还能在两个后升降液压缸的作用下绕水平轴7上下摆动，带动回转台的尾端升降，调节卸载高度。

（四）行走机构

该行走机构由左右两个履带车架和主机架连接成整体，两个履带链轮分别驱动左右履带链工作，其履带行走机构没有支重轮，整个机器的质量通过下履带架支撑到接地履带上，工作过程中下履带架与接地履带之间发生相对滑动，增加了履带行走阻力，但其结构较简单，适用于质量轻的扒爪装载机。由于该装载机的扒爪、转载机和履带行走装置全部由一台电动机驱动，因而机械传动系统复杂，检修不便；减速器的轮廓尺寸较大，使装载机的结构不够紧凑。

（五）机械传动系统

该机械传动系统的电动机经过主减速箱、中间减速箱和左右扒爪减速箱等，分别驱动左右扒爪、刮板转载机、左右履带和液压泵。

（六）液压系统

液压系统如图1-75所示，由YBC45/80型齿轮泵、换向阀组和液压缸等组成。换向阀组包括单向阀、安全阀和三个手动换向阀。液压缸都是单作用柱塞式液压缸，每两个构成一组，换向阀7、8、9分别控制装煤铲板的升降、转载机尾部的回转和升降。当三组液压缸均不工作时，液压泵经三阀中间位置直接卸载。安全阀对系统起保护作用，单向阀在液压泵卸载期间起锁紧保压作用。

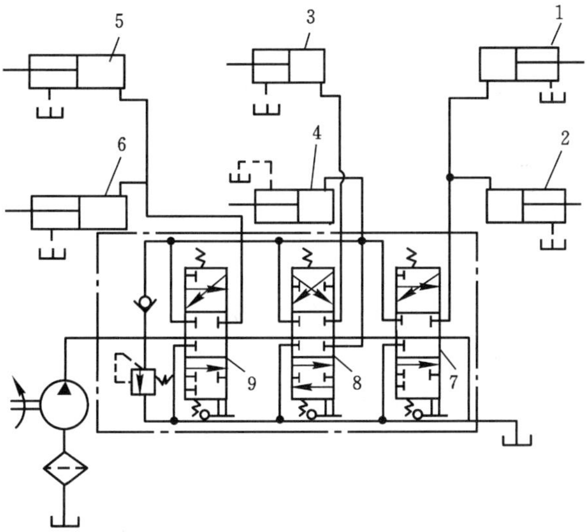

图 1-75 液压系统

1，2——铲板升降液压缸；3，4——机尾回转液压缸；5，6——机尾升降液压缸；7，8，9——换向阀

四、耙斗装载机的使用与维护

（一）耙斗装载机的操作

① 爆破后先在掘进工作面上打好上部炮眼，在打好的炮眼内插入固定楔，挂好尾轮，便可开始耙岩。

② 操纵工作卷筒的操纵手把，使工作卷筒转动，钢丝绳牵引耙斗耙取岩石，并从卸料口卸入矿车。

③ 操纵返回卷筒手把，使返回卷筒转动，将空耙斗牵引返回到工作面，依次重复耙岩动作。

④ 矿车装满岩石后，需进行调车，司机可利用调车时间，将岩石耙至簸箕口前，也可使少量岩石耙到机槽上。待矿车到达后，司机连续操作装车。这样可充分利用时间，提高装岩效率。

⑤ 耙取巷道左、右两侧岩石时，只需向左、右移动尾轮即可。

⑥ 在 90°弯道中使用时，采用分段耙取岩石法，即先将工作面岩石耙到转弯处，然后移动尾轮位置，把转弯处岩石耙装到矿车内。

（二）耙斗装载机使用注意事项

① 移动耙斗装载机前，应对小绞车的固定、钢丝绳及其连接装置、信号、滑轮和轨道铺设质量等进行一次全面检查，发现问题及时处理。

② 选好装岩位置后，要把机身固定好，防止在工作过程中滑动。上、下山使用装载机时，必须设有有效的防跑车保险装置，以防机器下滑伤人。

③ 悬挂钢丝绳的尾轮一定要固定牢固，打楔眼时要有一定的偏角。安装固定楔处的

岩石要坚硬，以防由于固定楔不牢靠，在工作过程中拉脱伤人。

④ 开车前一定要发出信号，机器两侧及绳道内不得站人，司机一侧的护栏应完好可靠，以免伤人。

⑤ 操作时，两个制动闸只能一个紧闸，另一个松闸，否则会引起耙斗跳动，甚至拉断钢丝绳。操作时钢丝绳的速度要保持均匀。

⑥ 耙斗耙取岩石时，若阻力过大或过负荷，应将耙斗退回 1～2 m 重新耙取，不得强行牵引，以免造成断绳或烧毁电动机等事故。

⑦ 在工作中应随时注意各部件声响及电动机与轴承温度，以及钢丝绳的磨损情况。

⑧ 电气设备不得失爆，工作面的瓦斯浓度不应超过 0.5%。

⑨ 在无矿车或箕斗时，不能将岩石堆放到溜槽上。

⑩ 爆破前应将耙斗拉到机器前端，以免埋住。爆破后检查隔爆装置、电缆和溜槽后再进行工作。

⑪ 在拐弯巷道工作时，要设专人指挥，尤其是在弯道超过 10 m 时，要设两个专人用信号指挥，一个在作业面，另一个在拐弯处。

⑫ 严禁在有煤与瓦斯(一氧化碳)突出的工作面使用耙斗装载机。

五、侧卸式铲斗装载机的操作

(一) 机器的试运转

1. 试车前的准备

① 搞清井下供电电源的电压，校正行走电动机及泵电动机接线方式，并检查主回路相对于地的绝缘电阻。

② 送电后操作主令开关，点动行走电动机，检查行走方向是否与操纵方向一致，即前推手把时机器前进，后拉手把时机器后退。

③ 点动泵电动机，检查其旋转方向是否与规定方向一致。

④ 检查机器转向制动情况和制动闸轮间隙值，使脚踏开关能达到先断电后机械制动的要求。

⑤ 泵启动后，将液压系统压力调整在 11～12 MPa，检查管路各连接处是否有漏油现象。

⑥ 检查空载举斗、落斗、侧卸、复位各动作是否灵活自如，各工作液压缸连接油管是否与机架发生摩擦。

⑦ 检查各紧固件连接处是否牢固。

2. 试车

整机下井的机器可不必进行长时间的试车，但经拆卸到井下重新组装的机器应进行试车。空车试运转 6～8 h 后，对机器进行全面仔细的检查：

① 机器上各连接螺栓应重新紧固。

② 工作机构应灵活，位置应准确，不得有卡死现象。

③ 脚踏按钮、顶杆、顶撞位置应正确，制动闸应灵活，必须实现先断电后机械制动。

④ 履带张紧应适当，过松易掉链，过紧易损坏机器。履带上方区段一般以悬垂 20～

30 mm 为宜。

⑤ 液压系统各管路连接处不得有渗漏现象，发现渗漏必须及时处理，经检查无误后方可投入使用。

（二）机器的调整

拆卸下井的机器或使用一定时间的机器，必须进行调整。

1. 行走履带的调整

旋转弹簧缓冲装置的调节螺母，改变张紧丝杆的长短来调整引导轮的进出，调整履带张紧的紧松程度。

2. 制动闸带的调整

旋转脚踏操纵机构中拉杆上的调节螺母，改变脚踏拉杆的长短来调节制动轮与制动带的间隙。间隙过大制动不灵，间隙过小制动带容易烧损，一般间隙保持在 2～4 mm 为宜。

3. 脚踏防爆按钮顶杆的调整

脚踏凸轮顶杆的升降高度为 10 mm，若长期使用磨损或高低安装位置不当，致使顶杆顶撞按钮不灵，应对其进行调节。

4. 液压系统压力调整

调整多路换向阀中的溢流阀，一般情况下调整到 10～12 MPa 即可。

（三）机器的操作

1. 开车前的准备工作

① 对机器外观进行全面检查，若有不安全因素，应进行处理。

② 对各紧固件的连接情况进行检查。

③ 对各润滑点加注润滑油。

④ 检查油箱内油量，对各液压管路及连接处进行检查，若有渗漏油现象，应进行处理。

⑤ 提醒机器周围的工作人员离开机器。

2. 操作程序

① 首先操作磁力启动器远程控制按钮，使机器带电，两只照明灯全部工作。

② 司机就位，打开主令开关的保险机构。

③ 操作泵启动按钮，使泵电动机投入运转。

④ 左手操作主令开关手把，向前推 30°，机器前进；后拉 30°，机器后退；中间位置，机器停止。

⑤ 机器前进或后退时，右脚踩右闸，机器向右转弯；左脚踩左闸，机器向左转弯。

⑥ 右手操作多路换向阀手柄，操作内侧手柄时，向里拉斗臂升起，向外推斗臂下降；操作中间手把，向外推铲斗侧卸，向里拉铲斗复位；操作外侧手柄，向前推铲斗前转，向后拉铲斗向内转。

⑦ 机器工作循环：机器落斗前进→进入岩堆冲插→装满举斗→机器后退→铲斗侧卸→铲斗复位→斗臂下降落斗→机器前进。

3. 注意事项

① 接入电源前，将左右行走电动机引出线切掉，进行空载吸合及脱开试验，正常后再

将引出线并入。

② 司机在操作之前，应熟悉机器的结构、性能和操作规程，经地面操作培训且考试合格后方可下井上机顶岗。

③ 司机驾驶动作要熟练，手脚配合要协调，判断要准确，避免猛冲、猛撞、误操作。

④ 如遇电气故障而需要打开防爆箱盖时，防爆面必须严加保护，不得有磕碰划伤。

⑤ 铲斗举起后严禁斗下过人。如果在斗下检修，必须串上保险箱，或在铲斗下加保护支撑。

⑥ 机器行走时，不得跨越大于 300 mm 的硬性障碍物。

⑦ 工作面爆破时，应将机器开至工作面 30 m 以外的安全地带，铲斗举起，插上保险销，以免崩坏机器。

⑧ 机器停止工作时，应将电源切断，铲斗落地。

⑨ 司机离开机器时应将主令开关保险装置卡上，以防意外。

六、扒爪式装载机的操作

（一）试运转

1. 井上试验

机器下井前，必须在井上预先检查及试运转，检查各部零件是否运转正常。

① 若电气设备的绝缘阻抗小于 500 kΩ，应加以干燥或更换。

② 试验地点应为平坦的空地，并备有煤或半煤岩的试验用物料堆。

③ 试运转前应检查机器的注油量。

④ 机器在低温下工作时，必须先使机器空转，待传动箱内的油温达到 15 ℃时，方可开动油压分配器进行工作。

⑤ 对机器的负荷及空转试验时间不得小于 1 h。

2. 试运转前的工作

试运转机器下井后，在正式工作前必须进行空载运转。试运转前应做好如下工作：

① 检查电路中电压偏差，不得超过±5%。

② 切断电源，把动力电缆线引向磁力启动器。

③ 将长度为 80～100 m 的动力电缆由磁力启动器拉向机器。根据工作条件可将电缆挂在支柱的钩上或沿着底板放置，并将电缆两端分别与磁力启动器和电动机接线盒连接上。

④ 接通磁力启动器电源，并检查接地情况。

⑤ 以瞬时连接“点动”按钮的方法，试验电动机的转向，刮板链的运转方向必须是由装煤前嘴往刮板输送机机尾移动，不准反方向动作。

⑥ 在各部分检查均正常的情况下，最后开动机器空载试运转，时间不少于 5 min，同时检查各工作机构、油压系统、操纵手把及电气设备动作的准确性。

（二）操作

① 司机应熟悉机器的性能和结构。

② 为防止零件过早磨损及损坏，机器未注油时不能使用。

③ 当开动电动机或工作机构（装煤爪、刮板或履带行走部分）时，要喊话使周围人离

开，以免伤人。

④ 应用操纵电钮开动或停止机器，不要使用磁力启动器的操纵把，以防其触点烧坏。

⑤ 在装载机离开工作面时，应使机器的装煤爪和刮板链空转一会。

⑥ 不应使电动机温升超过 80 ℃。

⑦ 不应使传动箱内的摩擦离合器频繁或长时间滑动。

⑧ 刮板链、滚子链不要调得过紧或过松。

⑨ 当电动机开动，或声音不正常或不转动时，应立即停止检查，以免烧坏电动机线圈。

⑩ 电动机如在负荷下停止运转并发出怪声时，应立即切断电源，以防烧损电动机线圈。查出原因并排除故障后，使电动机在无负载情况下空转一下，以检查电动机是否正常，然后方可重新开动机器。

⑪ 如果减速装置及其他部件工作有不正常现象(如减速装置内发出敲击声音)，要停止机器，查明原因，并进行修复。

⑫ 在有瓦斯的工作面，应特别注意电气设备，同时应做好通风工作。

任务实施

一、设备

耙斗装载机一台。

二、实施步骤

① 学生对实训室耙装机进行整体参观，弄清耙装机的主要结构组成，对耙装机在巷道掘进装载时的安装方式有一个整体的感性认识。

② 在模拟巷道墙壁上固定尾轮的固定楔。

③ 连接安装钢丝绳(工作钢丝绳、回程钢丝绳要安装牢固)。

④ 送电，操作手把，演示耙斗的耙装岩石过程。

⑤ 停电后，拆开一个绞车，观察内部的传动系统及制动方式，操作两个手把控制闸带，使绞车有不同的转动方向。

⑥ 重新装好，试运转。

学生在实训过程中指导教师巡回检查并指导，随时向学生进行提问。

其他两种装载机的实施过程类似于耙斗装载机，这里不再叙述。

三、任务考评

教师根据学生实训中的表现、答辩情况、实训报告等，评定出实训成绩。

耙装机、侧卸式铲斗装载机及扒爪式装载机的操作评分标准分别见表 1-16、表 1-17 及表 1-18。

表 1-16 耙装机的操作评分标准

序号	考核内容	考核项目	分值	评分标准	得分
1	耙装机的主要部件	① 耙斗 ② 绞车 ③ 料槽 ④ 台车	20	① 每项 5 分 ② 缺一项扣 5 分	
2	设备运转前准备	① 尾轮的安装 ② 启动前的检查	20	① 尾轮的安装 10 分 ② 启动前的检查 10 分	
3	设备运转	① 启动操作 ② 耙岩操作 ③ 停止操作	40	① 启动操作 10 分 ② 耙岩操作 20 分 ③ 停止操作 10 分	
4	实训态度	① 遵守安全规程 ② 清理现场卫生 ③ 实训报告	20	① 遵守安全规程 5 分 ② 清理现场卫生 5 分 ③ 实训报告符合要求 10 分	
总计					

表 1-17 侧卸式铲斗装载机的操作评分标准

序号	考核内容	考核项目	分值	评分标准	得分
1	铲斗装载机主要的结构组成	① 工作机构 ② 履带行走机构 ③ 液压系统	15	① 每项 5 分 ② 缺一项扣 5 分	
2	试车前的准备工作	① 机器外观检查 ② 紧固件检查 ③ 各润滑部位检查 ④ 液压油量及液压管路检查 ⑤ 清理机器周围的障碍	30	① 每项 6 分 ② 缺一项扣 6 分	
3	操作程序	① 电控系统的操作 ② 机器的启动 ③ 机器的前进 ④ 机器的后退 ⑤ 机器的转弯 ⑥ 机器的工作循环 ⑦ 机器的停止	35	① 每项 5 分 ② 缺一项扣 5 分	
4	实训态度	① 遵守安全规程 ② 清理现场卫生 ③ 实训报告	20	① 遵守安全规程 5 分 ② 清理现场卫生 5 分 ③ 实训报告符合要求 10 分	
总计					

表 1-18 扒爪式装载机的操作评分标准

序号	考核内容	考核项目	分值	评分标准	得分
1	扒爪式装载机的结构组成	① 扒爪工作机构 ② 转载机构 ③ 行走机构 ④ 机械传动系统 ⑤ 液压系统	20	① 每项 4 分 ② 缺一项扣 4 分	
2	机器的试运转	① 电源的检查 ② 试验电动机的方向 ③ 空载试运转，时间不少于5 min ④ 检查各工作机构、油压系统、操纵手把及电气设备动作的准确性	40	① 每项 10 分 ② 缺一项扣 10 分	
3	启动操作	启动操作	10	操作不正确酌情扣分	
4	停机操作	停机操作	10	操作不正确酌情扣分	
5	实训态度	① 遵守安全规程 ② 清理现场卫生 ③ 实训报告	20	① 遵守安全规程 5 分 ② 清理现场卫生 5 分 ③ 实训报告符合要求 10 分	
总计					

思考与练习

① 装载机有何功用？常用的装载机有哪些类型？

② 耙斗装载机是如何进行工作的？它由哪几大部分组成？

③ 铲斗装载机是如何进行工作的？它由哪几大部分组成？

④ 扒爪装载机是如何进行工作的？它由哪几大机构组成？

⑤ 选择耙斗装载机、铲斗装载机、扒爪装载机之一，编写其操作规程。

任务七 掘进机的使用与维护

教学目标

(1) 知识目标

① 掌握掘进机的作用及类型。

② 掌握部分断面掘进机的结构及工作过程。

③ 了解全断面掘进机的工作过程。

(2) 能力目标

① 能正确识读部分断面掘进机结构原理图。

② 能正确对部分断面掘进机进行操作。

③ 会编写掘进机操作规程。

(3) 职业素质

培养学生对部分断面掘进机正确使用与维护的意识。

任务描述

掘进机是一种广泛应用于煤矿巷道和多种掘进工作面的现代机器。在煤矿,掘进机具有破落煤岩、装载运输、喷雾灭尘和自动行走等功能,有的还具有支护功能。掘进机通过与配套设备的配合,能实行连续作业。作为掘进工作者应掌握掘进机的结构、分类、适用条件、基本动作等,做好掘进机的日常维护及管理工作,保证掘进机高效运行,提高巷道的施工效率。

相关知识

掘进机采用机械法直接从工作面破落煤岩,并将煤岩装入矿车或其他运输设备,实现了煤岩破碎、装载、转载等几项工序的机械一体化。不但提高了巷道掘进的速度,改善了劳动条件,减少了笨重的体力劳动,而且掘出的巷道表面平整;掘进过程比爆破法震动小,减轻巷道支护工作量;破落下来的岩石块度细小均匀,便于运输。

目前国内外研制和使用的掘进机类型很多,主要按其使用范围和结构特征进行分类。

根据掘进机所能截割煤岩的普氏系数 f 可将掘进机分为三类:

① 适用于 $f \leqslant 4$ 的煤巷,称为煤巷掘进机。

② 适用于 $f \leqslant 6$ 的煤或软岩巷道,称为半煤岩巷掘进机。

③ 适用于 $f > 6$ 的岩石巷道,称为岩巷掘进机。

按工作机构切割工作面的方式可将掘进机分为两大类:

① 部分断面巷道掘进机,主要用于掘进煤或半煤岩巷道。其工作机构的刀具作用在巷道局部断面上,一次仅能截割断面的一部分,需要工作机构多次摆动,逐次截割才能掘出所需断面,断面可以是矩形、梯形、拱形等多种形状。其工作方式灵活,适应性强,在煤矿中得到了广泛的应用。

② 全断面巷道掘进机,主要用于掘进岩石巷道。其可一次截割出所需断面,且断面形状多为圆形。目前在煤矿中应用较少,主要用于开凿涵洞和铁路隧道。

一、部分断面巷道掘进机

部分断面巷道掘进机均采用悬臂式工作机构,即在机器前端伸出的一个悬臂上装截割头,悬臂可沿水平或垂直方向作左右或上下摆动。这种方式的主要特点是,对复杂的矿山地质条件适应性较好,对掘进巷道的形状一般无限制,结构较简单。由于悬臂式工作机构的外形尺寸比掘进断面小，便于维修和更换截齿，也可以及时支护巷道。但由于悬臂较长，工作时易引起机器振动，影响机器的稳定性。

悬臂式掘进机按截割头布置方式分为纵轴式和横轴式两种。纵轴式的截割头旋转轴线与悬臂轴线重合，如图 1-76(a)所示。在悬臂摆动工作中截割头仅半边剥落煤岩，较大的煤岩反作用力有使机器倾倒的趋势，为了提高机器工作时的稳定性，一般机器的重量比较大。横轴式的截割头旋转轴线与悬臂轴线互相垂直，如图 1-76(b)所示，在工作时截齿的截割方向比较合理，碎落煤岩比较省力，排出切屑也比较方便，横轴式截割头在工作中的截割阻力易被机体自重所吸收，因此与纵轴式相比，在同样功率的条件下，横轴式掘进机的重量仅为纵轴式掘进机的 2/3 左右。但横轴式截割头的工作机构在切进工作面时必须左右移动，向上或向下截割时，也必须辅以左右移动，才能使悬臂上不装截齿的端面不接触工作面，所以不如纵轴式截割头的工作机构使用方便。

(a)

(b)

图 1-76　截割头布置方式

(a) 纵轴式；(b) 横轴式

部分断面掘进机有多种型号，EBZ200A 型掘进机是煤矿掘进综合机械化的主要设备，现以该机型为例，说明部分断面掘进机的结构和工作原理。

(一) 结构组成及工作原理

EBZ200A 型掘进机是一种悬臂纵轴式部分断面掘进机，适用于掘进 $f\leqslant 8.5$ 的煤巷、半煤岩巷及软岩巷道，一次定位截割巷道最大有效面积达 23 m^2，经济切割岩石的单向抗压强度≤85 MPa，纵向工作坡度≤±18°。与自卸车、梭车、带式输送机等配合，可实现掘进、装载、运输连续作业，构成综合机械化掘进工作面。

EBZ200A 型掘进机结构如图 1-77 所示，由截割部 1、铲板部 2、本体部 3、液压系统 4、行走部 5、电控系统 6、后支撑 7、第一输送机 8、喷雾冷却系统、润滑系统、电控系统等部分组成。

EBZ200A 型掘进机的动力传动系统如图 1-78 所示。电动机经联轴器、两级行星齿轮减速器驱动截割头旋转；弧形三齿星轮式耙装机构、第一输送机刮板、行走部履带均由液压马达驱动。

EBZ200A 型掘进机掘进巷道时，首先启动液压泵电动机，使液压泵工作，向液压系统提供压力油；其次操作行走液压马达驱动履带行走，使掘进机进入工作面；操作铲板升降液压缸将铲板降至底板，再操作耙装三齿星轮和第一输送机运转，启动后续转载设备

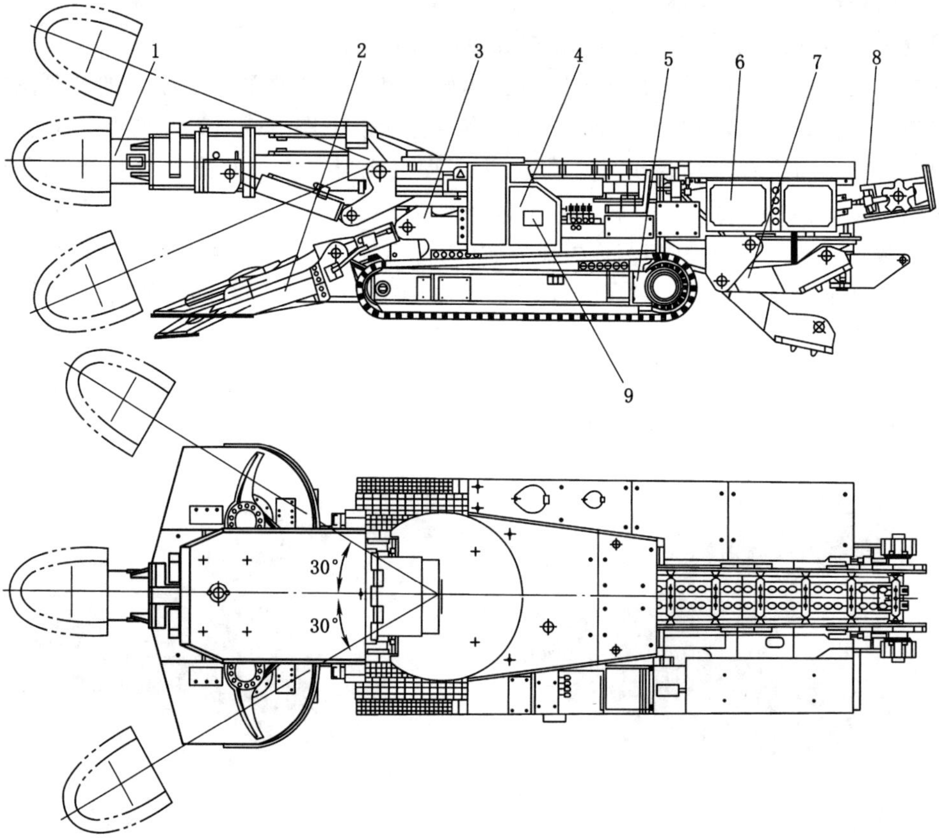

图 1-77 EBZ200A 型掘进机组成

1——截割部;2——铲板部;3——本体部;4——液压系统;5——行走部;
6——电控系统;7——后支撑;8——第一输送机;9——铭牌

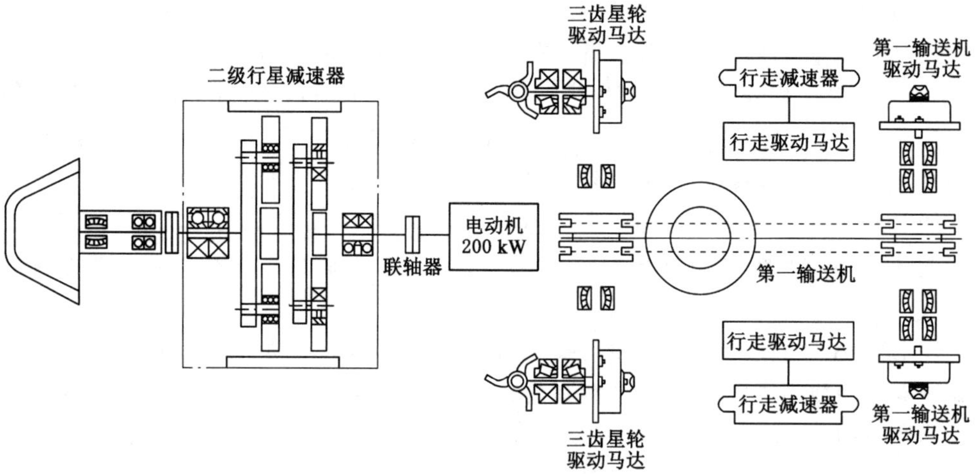

图 1-78 EBZ200A 型掘进机传动系统

（第二输送机或带式输送机）；最后启动截割头电动机驱动锥形截割头旋转，开始截割煤岩。在截割头切割煤岩过程中，操作截割头升降液压缸、回转液压缸使截割头上下左右摆动，将巷道截割成所需断面形状。截割下来的煤岩由铲板上的装载三齿星轮耙装到第一输送机上，输送到后续转载设备。掘进过程中截割头和铲板所需的推进力均由行走部提供。

（二）主要部件

1. 截割部

截割部的结构如图 1-79 所示，主要由截割头组件 1、悬臂段 2、截割减速器 3、截割电动机 7 组成。截割减速器 3 两端的法兰盘分别与悬臂段 2 和截割电动机 7 连接成一体，截割头组件 1 通过花键安装在悬臂段 2 中的传动轴上。截割电动机 7 经截割减速器 3 两级减速后，通过悬臂段 2 中的传动轴驱动截割头组件 1 旋转截割煤岩。销轴 4 与截割头升降液压缸相连接，销轴 8 与截割头回转台相连接。截割头可绕销轴 8 上下摆动，随截割头回转台左右摆动。

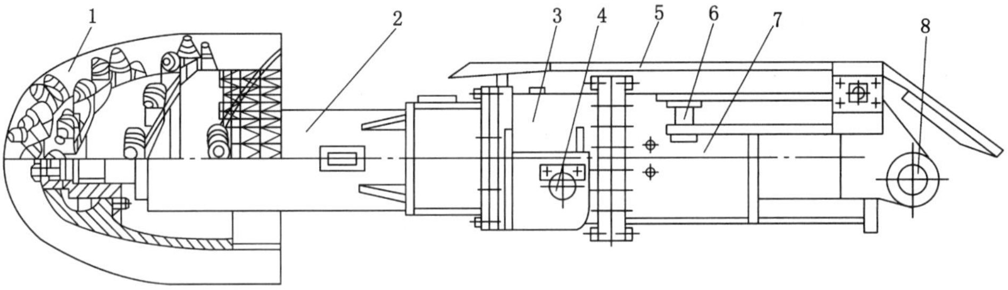

图 1-79 截割部

1——截割头组件；2——悬臂段；3——截割减速器；
4，6，8——销轴；5——盖板；7——截割电动机

2. 装运部

装运部的作用是装运破落下的煤岩，主要由装载部（铲板部）和输送部（第一输送机）组成。

铲板部的结构如图 1-80 所示，铲板部由主铲板 2、侧铲板 1、弧形三齿星轮 5 和星轮驱动装置 4 等组成。两台低速大转矩液压马达直接驱动两个弧形三齿星轮旋转，将落在铲板上的煤岩耙装入输送部（第一输送机）的机尾输送槽 8 中。铲板上有 6、7 两个耳座，耳座 6 与铲板升降液压缸连接，耳座 7 与本体部连接，在铲板升降液压缸推拉下铲板可绕耳座 7 上下摆动。

输送部位于机体中部，是中双链刮板式输送机，如图 1-81 所示。输送机分前输送槽 1 和后输送槽 3，前后输送槽用高强度螺栓 2 连接，输送机前端通过插口插入铲板部和本体部，并通过销轴连接在一起，后端通过高强度螺栓固定在本体部上。输送机通过 2 个液压马达 5 直接驱动链轮转动，带动刮板链实现物料的推运。紧链装置 4 采用丝杠螺母机构对刮板链的松紧程度进行调整，弹簧座起缓和冲击作用。

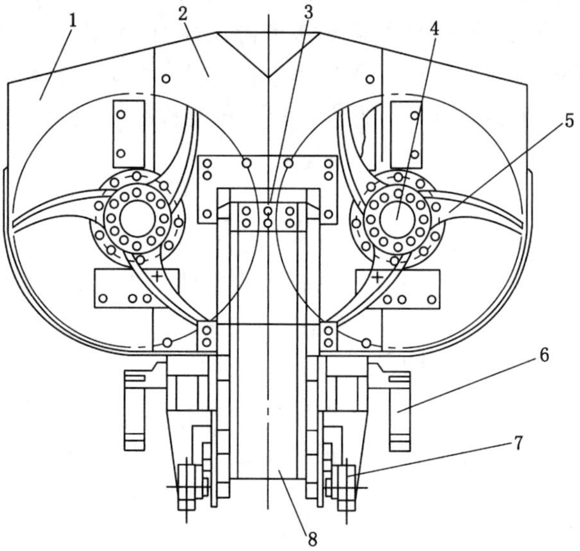

图 1-80 铲板部

1——侧铲板；2——主铲板；3——输送机尾链轮；4——星轮驱动装置；
5——弧形三齿星轮；6——铲板升降液压缸连接耳座；7——铲板支点耳座；8——输送机输送槽

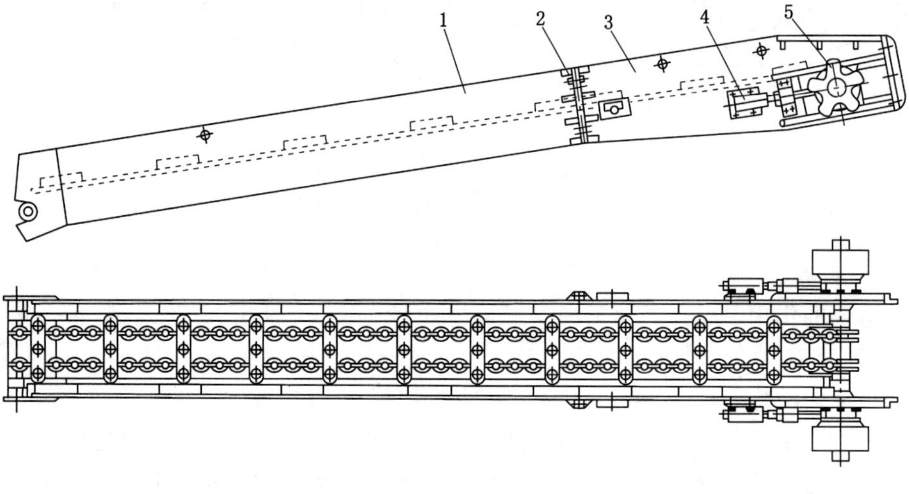

图 1-81 第一输送机结构

1——前输送槽；2——高强度螺栓；3——后输送槽；4——紧链装置；5——液压马达

3. 本体部(机架)

本体部的结构如图 1-82 所示，由回转台 4、回转轴承 7、本体架 9 等组成，本体架采用加厚钢板焊接成箱形结构。

本体部的右侧上部安装液压系统的泵站，左侧上部安装液压系统的操纵台。前部与回转台 4 为一体结构，3 处通过销轴与截割部相连，2 处和截割部升降液压缸相连接。回转台 4 通过销轴 6 安装于本体架 9 上，销轴 10 用于连接截割部回转液压缸，在截割部回

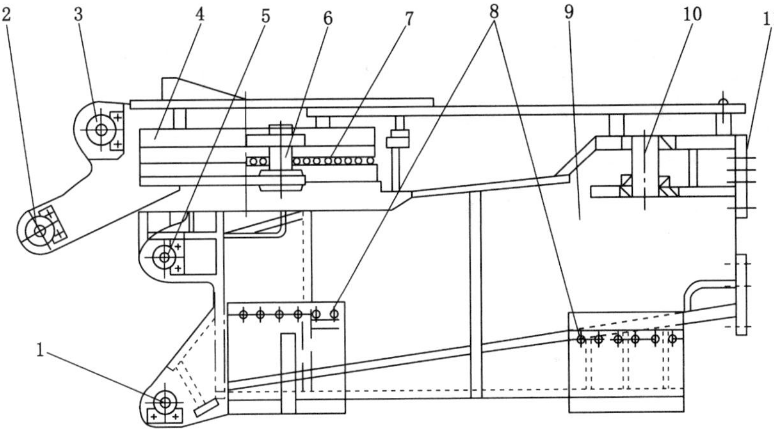

图 1-82 本体部结构

1——连接铲板部的销轴孔；2——连接截割部升降液压缸的销轴孔；3——连接截割部的销轴孔；4——回转台；5——连接铲板部升降液压缸的销轴孔；6，10——连接截割部回转液压缸的销轴；7——回转轴承；8——连接行走部的螺栓；9——本体架；11——连接后支撑部的螺栓

转液压缸推动下，回转台可绕回转轴承 7 摆动。前面下部 1 处与铲板相连，5 处通过销轴和铲板升降液压缸连接。第一输送机从本体部中间穿过。本体部左、右侧下部 8 处分别与左、右行走部履带架连接，后部 11 处连接后支撑部。

4. 行走机构

行走机构的作用是驱动掘进机前进、后退和转弯，并能在掘进作业时使机器向前推进。EBZ200A 掘进机采用履带式行走机构，如图 1-83 所示，由定量液压马达 12、行星齿轮减速器 16、驱动轮 9、履带 6、张紧轮 1、张紧液压缸 4、履带架 5 等组成。定量液压马达 12 通过行星齿轮减速器 16 及驱动轮 9 带动履带 6 行走。履带 6 的张紧程度靠张紧液压缸 4 推拉张紧轮托架 11 前后移动进行调节。张紧液压缸为单作用式，张紧轮伸出后靠卡板 10 锁定，卡板的厚度分别为 6 mm、10 mm、20 mm、50 mm，可随意组合使用。张紧液压缸、卡板均安装在履带外侧，方便实用，并均配有盖板以保证外形的美观。液压马达用螺栓 13 与行星齿轮减速器连接，用螺栓 15 与履带架连接，左、右履带架用螺栓 3 和螺栓 8 紧固在本体架的两侧。

5. 后支撑

后支撑的作用是减少截割时机体的振动，提高工作稳定性并防止机体横向滑动。其结构如图 1-84 所示。后支撑架 2 两侧分别装有升降支撑器 3，利用液压缸实现支撑。后支撑架用螺栓 1 与本体部相连，后支架 4 与第二输送机回转台 5 连接。电控箱、泵站均安装在后支架上。

（三）液压系统

液压系统由泵站、液压缸、液压马达、操纵阀及液压管路等组成。其功用是通过各操纵阀使液压缸和液压马达动作，进而控制截割头上下左右摆动、铲板升降、后支撑器升降、履带张紧、行走轮转动、第一输送机运转、星轮转动、喷雾水泵运转等。另外还为锚杆钻机提供了两个备用接口。

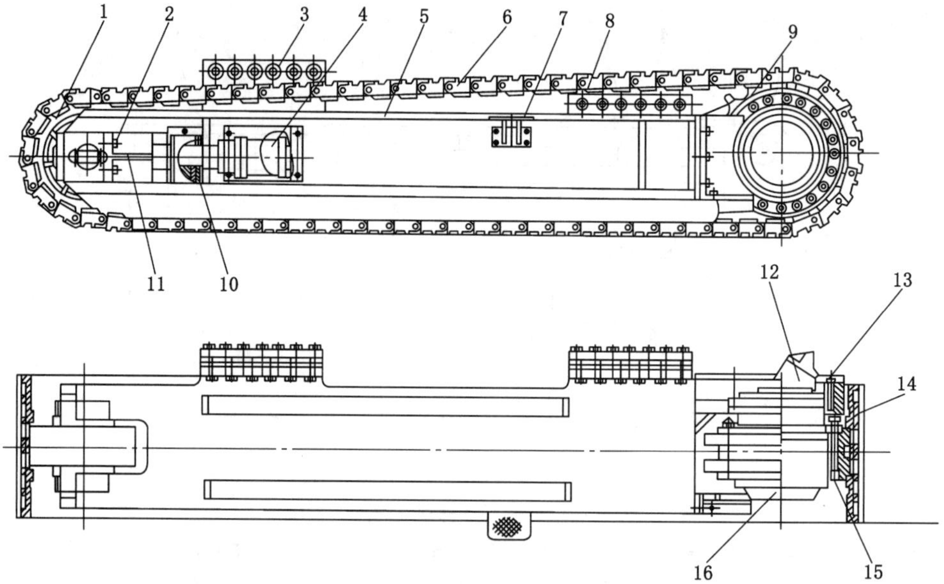

图 1-83 行走部结构

1——张紧轮；2——张紧轮架连接螺钉；3，8——螺栓；4——张紧液压缸；5——履带架；6——履带；7——脚踏板；9——驱动轮；10——卡板(组)；11——张紧轮托架；12——定量液压马达；13——液压马达连接螺栓；14，15——减速器连接螺栓；16——行星齿轮减速器

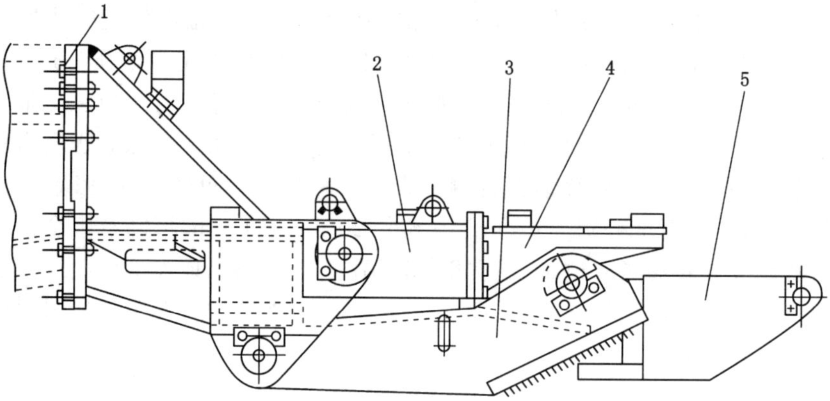

图 1-84 后支撑的结构

1——螺栓；2——后支撑架；3——升降支撑器；4——后支架；5——第二输送机回转台

液压系统由双联柱塞变量泵 1、2 供液，泵 1 输出的压力液体一路到六联阀(六个组合在一起的三位操纵阀)，另一路经减压阀到行走马达制动器。泵 2 输出的压力液体到四联阀(四个组合在一起的操纵阀)。

六联阀中的第一、第二联阀分别控制左、右行走马达的正反转及停止，第三联阀控制截割头升降和履带张紧，第四联阀控制截割头回转，第五联阀控制铲板升降，第六联阀控制后支撑升降。

四联阀中的第一联阀控制第一输送机马达运转,第二、第三联阀分别控制左右两个星轮马达运转,第四联阀控制内喷雾马达运转。

(四) 喷雾冷却系统

喷雾冷却系统的作用是利用压力水进行内、外喷雾,以清除瓦斯、煤岩粉尘,使工作环境既卫生又安全。EBZ200A 型掘进机的喷雾冷却系统如图 1-85 所示。外部供水经球形阀 1、过滤器 2 后分为两路,一路经球形阀 6 从外喷雾喷嘴喷出;另一路经减压阀 3 后进入液压系统的冷却器 4 对液压油进行冷却,然后又分两路,一路经截割电动机 5 冷却水管从洒水嘴喷出,另一路经 Y 形过滤球阀 7、喷雾水泵 8、水密封 9 进入截割头,从截割头内喷雾喷嘴喷出。喷雾水泵 8 由液压马达 10 驱动。

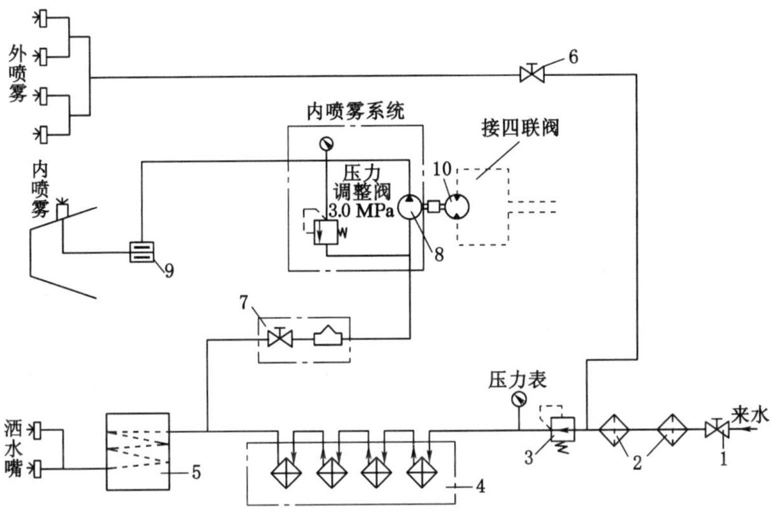

图 1-85 喷雾冷却系统

1,6——球形阀;2——过滤器;3——减压阀;4——冷却器;5——截割电动机;
7——Y 形过滤球阀;8——喷雾水泵;9——水密封;10——液压马达

(五) 润滑系统

润滑系统由三部分组成即液压系统部分、减速器和驱动部分、连接销部分。

二、部分断面掘进机的使用与维护

(一) 掘进机操作前的准备

掘进机操作前应对作业环境及机器本身进行下列检查:

1. 作业环境

① 工作面支护是否符合作业规程的规定。

② 工作面瓦斯浓度是否超限(由瓦斯检查员负责检查),当掘进机前后 20 m 内风流中瓦斯浓度超过 1%时,不得送电。

③ 工作面有无障碍。

④ 供水、供电是否正常。

⑤ 掘进设备配套是否齐全可靠。

2. 机器本身

① 各操作手把和按钮位置是否正确、灵活可靠。

② 截齿是否锐利、齐全。

③ 各零部件是否齐全、紧固、可靠。

④ 各减速器、液压缸有无缺油现象，若缺油，按规定注油。

⑤ 各油管及其连接处有无漏油现象。

⑥ 刮板链、履带链松紧程度是否适宜。

⑦ 各电缆是否吊挂不良或绷得太紧，是否有外部损伤、漏电现象。尤其要注意随机移动部分电缆不要被掘进机压住或卷入履带内。

⑧ 水管、喷雾灭尘装置是否正常。

经以上检查确认安全无误后，方可开机。

（二）掘进机的试运转

① 操作磁力启动器，向掘进机送电。

② 将各急停按钮置于解锁位置。

③ 用专用手柄将电磁开关箱上的操作开关置于“接通”位置，这时电源闭合，照明灯亮。

④ 按动蜂鸣器按钮，发出警报鸣响。

⑤ 先点动启动按钮使电动机微动，以确定其运转方向是否正确。

⑥ 电动机空载运行 3 min，观察各部声响、温度是否正确，有无卡阻或异常现象。

（三）掘进机的启动停止

启动机器时应首先鸣响警铃，确认安全后再启动机器。并按“液压泵→转载输送机→装载星轮→喷雾水→截割头→行走部”的顺序启动。

正常情况下停止机器时，应先将机器退出掘进头，然后按“截割头→行走部→装载星轮→转载输送机→液压泵→喷雾水”的顺序停止。

（四）掘进机的操作

EBZ200A 型掘进机的操作系统分为液压和电气两部分，这里只介绍液压部分。液压操作系统集中布置，司机座位前方是六联阀（阀组Ⅰ），右侧是四联阀（阀组Ⅱ），如图1-86 所示。

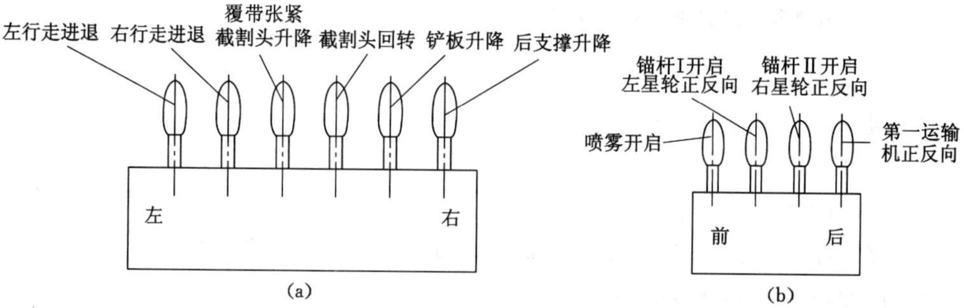

图 1-86 操作手把位置图

(a) 前端控制手柄（阀组Ⅰ）；(b) 右侧控制手柄（阀组Ⅱ）

1. 行走部

左侧手柄控制左侧履带，右侧手柄控制右侧履带。手柄向前推即前进，向后拉即后退，两个手柄同时反向推拉即转弯。

2. 截割部

升降手柄向前推，截割头上升；向后拉，截割头下降。回转手柄向前推，截割头左摆；向后拉，截割头右摆。

3. 履带张紧

履带张紧液压缸与截割头升降液压缸共用一组换向阀。张紧前，支起铲板和后支撑，使履带悬空，然后打开操纵台中的高压截止阀，将截割头升降手柄向前推，张紧液压缸开始动作。在此过程中注意履带的下垂度，其值为 30～50 mm。

操作时要缓慢推动手柄并注意观察液压缸运行速度。张紧完成后装上卡板，手柄回中位，液压缸卸荷，关闭高压截止阀。

4. 铲板部

铲板操作手柄向前推，铲板上抬，铲尖距地面最大高度可达 400 mm；手柄向后拉，铲板落下与底板相接，铲板可下卧 260 mm。

5. 后支撑

后支撑操作手柄向前推，机器抬起；向后拉，机器下降。

6. 内外喷雾

喷雾泵开动前，应将司机座右侧的喷雾来水及截割头外喷雾阀门打开，实现截割头的外喷雾。外喷雾阀门打开确认有水后将喷雾泵手柄向内拉，喷雾泵启动，实现截割头的内喷雾。喷雾泵手柄推至中间位置，喷雾泵停止，然后关闭喷雾来水及外喷雾阀门。

注意：严禁无水启动喷雾泵，否则会造成喷雾泵的损坏。严禁喷雾泵手柄外推，使喷雾泵反转。不要只使用内喷雾，而必须内、外喷雾同时使用。

7. 星轮的操作

左、右星轮的操作方式相同，控制手柄向外推，星轮反转；手柄向内拉，星轮正转；手柄置于中位，星轮停止转动。

8. 锚杆机接口的操作

左、右星轮手柄置于中位，操纵台内球阀(2 个)转至于锚杆机接通位置，待锚杆机准备就绪，将星轮控制手柄向前推，给锚杆机供液。

9. 第一输送机的操作

将手柄向外推输送机反转，向内拉输送机正转。

操作台上装有压力表(Ⅰ，Ⅱ)和压力表开关。压力表Ⅰ检测六联阀、四联阀和行走制动器的压力。通过压力表开关扳到不同位置，可以分别检测各处的液压状况。压力表Ⅱ检测喷雾水的压力。

油箱侧面装有液温、液位计，指示液压系统油温和油箱的油量。油温超过 70 ℃时，应停止掘进机工作，对液压系统及冷却水系统进行检查，待油温降低以后再开机工作。

进行顶板支护或检查，更换截齿作业时，可将截割部作为脚踏台利用。司机座前方设置了使截割电动机不能启动的安全锁紧开关，支护作业时，必须先将此开关锁紧。在此状态下，液压泵电动机还是能启动的，各换向阀也是能操纵的，因此在操作时，必须充分注意安全。

（五）日常检查维护

掘进机日常检查维护内容见表1-19。

表1-19　　掘进机日常检查维护内容

序号	检查部位	检查内容
1	截割头	① 截齿磨损、损坏情况 ② 齿座有无裂纹及磨损
2	减速器	① 有无异常振动和声响 ② 通过油位计检查油量 ③ 有无异常温升现象 ④ 紧固件有无松动
3	行走部	① 履带的张紧程度是否正常 ② 履带板有无损坏 ③ 履带销是否脱落
4	铲板部	① 星轮转动是否正常 ② 星轮磨损状况 ③ 紧固件有无松动
5	第一输送机	① 链条张紧程度是否合适 ② 刮板、链条的磨损、松动、破损情况 ③ 从动轮的回转是否正常
6	喷雾系统	① 清洗过滤器内部的脏物及堵塞的喷嘴 ② 齿轮泵工作是否正常 ③ 减压阀是否正常
7	配管类	如有漏油处，应充分紧固接头或更换O形密封圈
8	油箱油量	如油量不够，应加油
9	油箱的油温	油冷却器进口侧的水量是否充足，应保证冷却效果
10	液压泵	① 有无异常声响 ② 有无异常温升
11	液压马达	① 有无异常声响 ② 有无异常温升
12	换向阀	① 手柄操作位置是否正确 ② 有无漏油

掘进机常见故障及处理方法见表1-20。

表1-20　　掘进机常见故障及处理方法

序号	故障现象	故障原因	处理方法
1	截割头不转动	① 截割电动机过负荷 ② 过热继电器动作 ③ 截割头轴损坏 ④ 减速器内部损坏	① 减轻负荷 ② 约等3 min复位 ③ 检查内部 ④ 检查内部
2	星轮转动慢或不转动	① 压力不够 ② 马达内部损坏	① 调整泵或阀压力 ② 更换新品
3	第一输送机链条速度低或动作不良	① 压力不够 ② 马达内部损坏 ③ 输送机过负荷 ④ 链条过紧 ⑤ 链轮或铲板接口处卡有岩石	① 调整泵或阀压力 ② 更换新品 ③ 减轻负荷 ④ 重新调整张紧装置 ⑤ 清除异物

续表 1-20

序号	故障现象	故障原因	处理方法
4	履带不行走或行走不良	① 压力不够 ② 马达内部损坏 ③ 履带板内充满砂土并坚硬化 ④ 履带过紧 ⑤ 驱动轴损坏 ⑥ 行走减速器内部损坏 ⑦ 行走制动阀块损坏 ⑧ 六联阀内减压阀有故障	① 调整泵或阀压力 ② 更换新品 ③ 清除砂土 ④ 调整张紧程度 ⑤ 检查内部 ⑥ 检查内部 ⑦ 更换新品 ⑧ 检查内部
5	履带跳链	① 履带过松 ② 驱动轮齿损坏 ③ 张紧装置有故障	① 调整张紧度 ② 更换驱动轮 ③ 检查张紧装置
6	减速器有异常声响或油温升高	① 减速器内部齿轮或轴承损坏 ② 缺油	① 拆开检查 ② 加油
7	配管漏油	① 配管接头松动 ② O 形密封圈损坏 ③ 软管破损	① 紧固或更换 ② 更换 O 形密封圈 ③ 更换新品
8	液压箱的油温过高	① 液压油量不够 ② 液压油油质不良 ③ 系统压力过高 ④ 油冷却器冷却水量不足 ⑤ 油冷却器内部堵塞	① 补加油量 ② 换油 ③ 调整液压泵输出压力 ④ 调整水量 ⑤ 清理内部
9	液压泵有异常声响	① 油箱的油量不足 ② 吸油过滤器堵塞 ③ 液压泵内部损坏	① 加油 ② 清洗 ③ 检查内部或更换
10	液压系统达不到规定压力	① 液压泵内部损坏 ② 压力控制阀出现故障	① 更换 ② 检查压力控制阀内部
11	换向阀杆不动作	① 阀杆研伤，或有异物 ② 阀杆连接件过紧或损坏	① 检修 ② 调整或更换
12	换向阀动作不良	① 钢球定位弹性挡圈损坏 ② 弹簧损坏 ③ 弹簧锁紧，螺栓松动	① 分解检查更换 ② 更换弹簧 ③ 分解检查调整
13	液压缸不动作	① 油压不足 ② 换向阀动作不良 ③ 密封损坏 ④ 控制阀动作不良	① 调整系统压力 ② 检修 ③ 更换 ④ 检修控制阀内部
14	液压缸回缩	① 内部密封损坏 ② 平衡阀失灵	① 更换 ② 更换
15	没有外喷雾或压力低	① 喷嘴堵塞 ② 供水入口过滤器堵塞 ③ 供水量不足	① 清理 ② 清理 ③ 调整水量

续表 1-20

序号	故障现象	故障原因	处理方法
16	内喷雾喷不出水或不成雾状	① 喷嘴堵塞 ② 喷雾泵入口过滤器堵塞 ③ 供水量不足 ④ 减压阀动作不良 ⑤ 喷雾泵的密封损坏 ⑥ 喷雾泵内部损坏	① 清理 ② 清理 ③ 调整水量 ④ 调整或检修 ⑤ 更换 ⑥ 检修或更换

三、全断面巷道掘进机

全断面巷道掘进机主要用于开挖圆形断面的岩石巷道，因此又称之为岩石掘进机，其主要用于水利、铁路隧道、城市地下交通和矿山等工程。

（一）全断面巷道掘进机的破岩机理

部分断面巷道掘进机采用的截齿只能破碎煤或较软的岩石，用它截割中硬以上的岩石，不仅破碎效果较差，而且截齿的使用寿命极短。岩石掘进机一般采用滚压法破碎岩石，使用的刀具有盘形滚刀和球齿滚刀两类，其中盘形滚刀使用比较广泛。

盘形滚刀的结构如图 1-87 所示，主要由刀圈、刀体、轴承、心轴、密封装置等组成。刀圈 2 和刀体 5 采用过盈配合连接，通过钢球 3 和滚子 4 等组成的轴承装在心轴 1 上，使刀圈随刀体可相对于心轴转动，心轴固定在工作机构刀盘的刀座上。为防止污物进入轴承，刀体两端采用金属环进行端面密封。工作时，利用掘进机推进机构产生的推进力使滚刀的刀圈紧压在工作面上，随着刀盘的旋转，滚刀在工作面上滚动，从而实现滚压破岩。

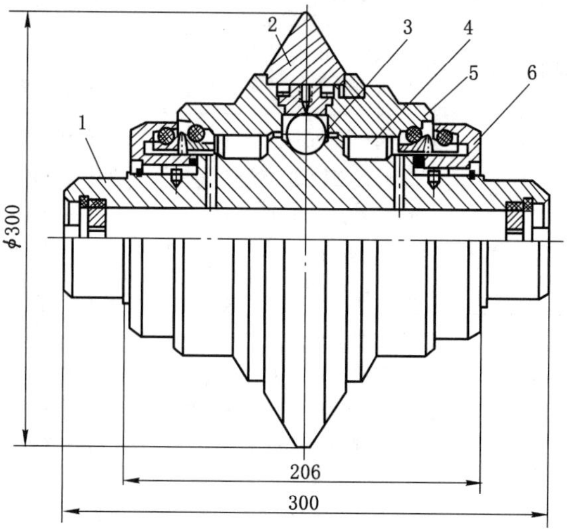

图 1-87 盘形滚刀

1——心轴；2——刀圈；3——钢球；4——滚子；5——刀体；6——端面密封环

盘形滚刀的滚压破岩原理如图 1-88 所示，当刀盘 1 转动时，安装在刀座 3 上的盘形滚刀 2 沿岩壁表面滚动，当盘形滚刀受到前进方向的推压力时，首先把刀刃前面的岩石挤碎，形成处于三向挤压状态的粉碎区 4，同时使其周围岩石内部产生裂纹，形成破碎区 5，在推压力的作用下，裂纹伸长加大，使岩石碎裂，构成小块的岩石破碎体，并同粉碎区内的岩粉一起，沿滚刀刀刃两侧面迸出。随着刀盘的转动，在工作面上形成了许多环形截槽。相邻截槽间的岩石被成片地剪碎，从而形成一圆形断面。断面的大小取决于刀盘直径。若适当布置两相邻截槽间的间距 L，保证足够的推压力，就可取得良好的破岩效果。

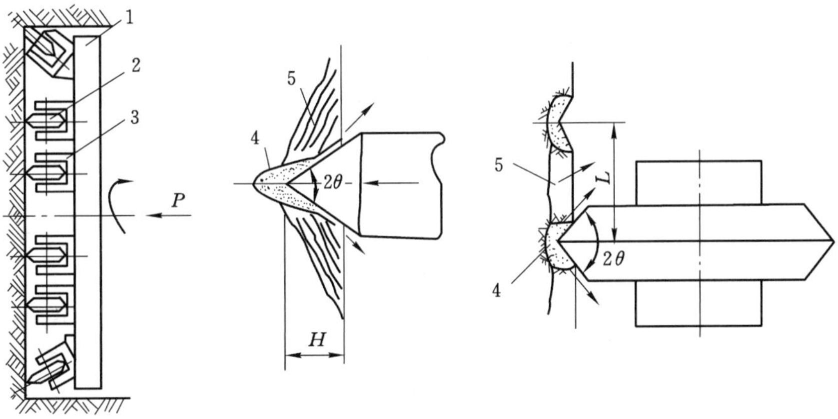

图 1-88 盘形滚刀的破岩原理

1——刀盘；2——盘形滚刀；3——刀座；4——粉碎区；5——破碎区

（二）全断面巷道掘进机的结构

全断面巷道掘进机由主机和配套系统两大部分组成，主机用于破落岩石、装载、转载；配套系统用于运渣、支护巷道、供电、供水、通风降尘以及安全保护等。目前最常用的全断面巷道掘进机是 TBM32 型和 JEA 型，现以 TBM32 型为例介绍全断面巷道掘进机的结构组成以及主要组成部分的工作原理。

TBM32 型全断面巷道掘进机的结构如图 1-89 所示。主要由刀盘 1、机头架 2、传动装置 3、推进液压缸 4、大梁 5、水平支撑机构 6、液压传动装置 7、电气设备 8、司机室 9、带式转载机 10、除尘风机 11 等组成。

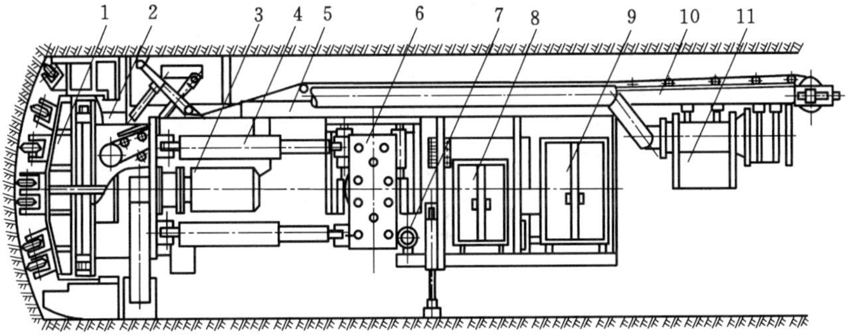

图 1-89 TBM32 型全断面巷道掘进机

1——刀盘；2——机头架；3——传动装置；4——推进液压缸；5——大梁；6——水平支撑机构；7——液压传动装置；8——电气设备；9——司机室；10——带式转载机；11——除尘风机

工作时，水平支撑机构 6 撑紧在巷道的两帮，电动机通过传动装置驱动支撑在机头架 2 上的刀盘 1 低速转动，并借助推进液压缸 4 的推力将刀盘压紧在工作面上，使滚刀在绕心轴自转的同时，随刀盘作圆周运动，实现滚压破岩。当均布在刀盘外缘的 4～12 个铲斗转至最低位置时，将碎落在底板上的岩渣装入斗内，在铲斗转至最高位置时，利用岩渣的自重将其卸入带式转载机的受料槽内，由带式转载机 10 转运至掘进机尾部，再卸入矿车或其他运输设备；推进液压缸和水平支撑液压缸配合作用可使机器实现迈步行走；安装在机头架上的导向装置可使刀盘稳定工作；利用激光指向器可及时发现机器推进方向的偏差，并用浮动支撑机构及时调向，以保证机器按预定方向向前推进；除尘风机 11 可消除破碎岩石时所产生的粉尘，还可通过供水系统从安装在刀盘表面上的喷嘴向工作面喷雾降尘。

1. 刀盘工作机构

刀盘工作机构是破岩和装渣的执行机构，其结构如图 1-90 所示。刀盘 10 是由高强度、耐磨损的锰钢板焊接成的箱形构件，刀盘前盘呈球形。在刀盘的前盘球面上按螺旋线方向安装有滚刀刀座，分别安装双刃中心滚刀 1、正滚刀 2、边滚刀 3。装渣铲斗安装在刀盘的外缘，铲斗的侧壁上分别装有一个正滚刀和一个边滚刀。刀盘通过组合轴承 6 支承在机头架上，组合轴承的内外圈分别与刀盘和机头架相连接。

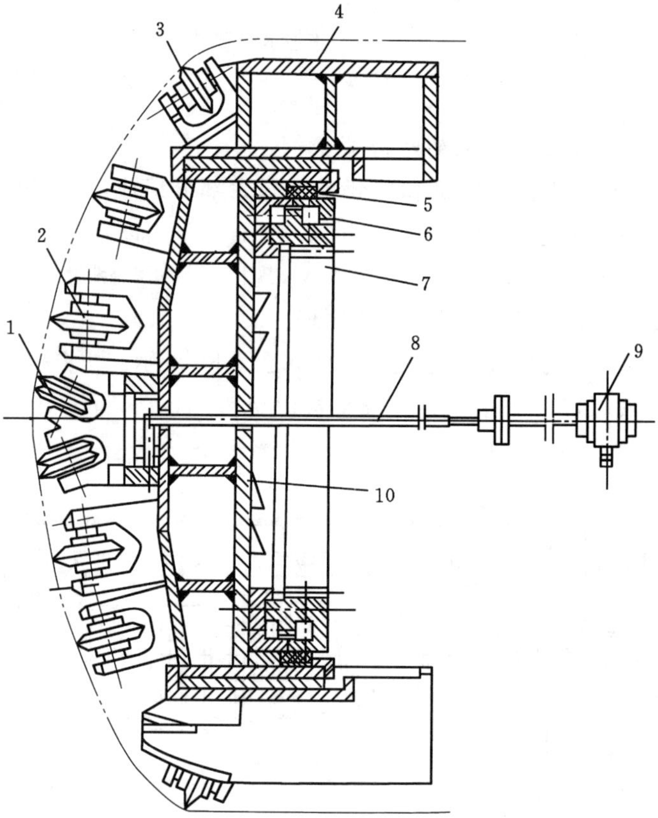

图 1-90　刀盘工作机构

1——中心滚刀；2——正滚刀；3——边滚刀；4——铲斗；5——密封圈；6——组合轴承；7——内齿圈；8——中心供水管；9——水泵；10——刀盘

盘形滚刀的结构如图 1-91 所示。盘形滚刀是破岩的工具,其质量直接影响机器的破岩能力、掘进速度、效益和机器的可靠性。因此刀具 4 是由强度高、韧性大、耐磨性能高并能承受冲击载荷的模具钢 6Cr4W2MoV 锻造的。为提高轴承的承载能力,刀圈直径较大,并采用端面密封和永久润滑,刀具磨钝后,取下卡环 6 即可将刀具卸下。

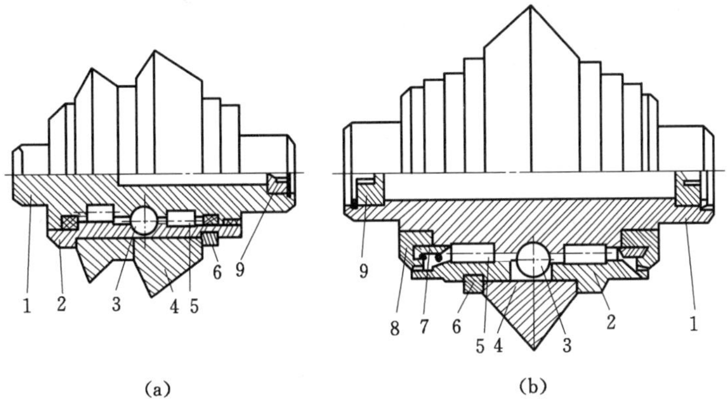

图 1-91 盘形滚刀的结构

(a) 中心双刃滚刀;(b) 正滚刀

1——心轴;2——刀体;3——钢球;4——刀具;5——滚子;6——卡环;7,8——金属密封环;9——堵头

2. 传动导向机构

传动导向机构的作用是将电动机功率经减速器传送到刀盘上,产生回转扭矩,并组成机器的前部支承,对刀盘工作起定位和稳定作用。其传动系统如图 1-92 所示,两台 125 kW 的电动机及减速器用螺栓和圆锥销固定在传动导向机构的导向壳体上,减速器为两级行星齿轮传动,其左端出轴上的外齿轮与刀盘内齿圈啮合,驱动刀盘旋转。电动机中有一台为双出轴,其右端出轴经摩擦离合器和液压马达相连,组成刀盘的点动装置,供刀盘空转和定位。利用点动装置可实现刀盘的微动,以找准刀盘入口位置,使操作者可进入刀盘前面进行检查及更换刀具。

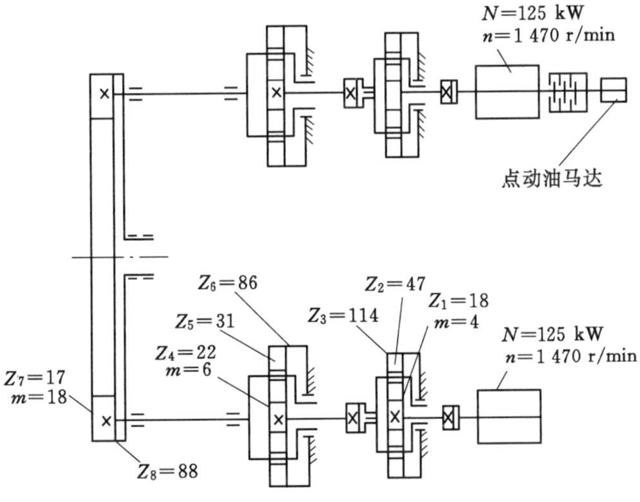

图 1-92 TBM32 型岩石掘进机刀盘的传动系统

导向机构的结构简图如图1-93所示。导向壳体9前端通过组合轴承支承刀盘，后面与掘进机大梁连接，并与下支撑板1、侧支撑板3和护顶板6构成一个圆形支撑环。导向壳体与下支撑板间用螺栓连接，形成固定支撑。当升降掘进头时，去掉螺栓，借助下液压缸2使导向壳体相对下支撑板作上下移动，即可使掘进头升降。左右侧支撑板3主要对刀盘起稳定作用，掘进过程中可以通过楔形调向液压缸11使侧支撑板做微量调整，然后用锁定液压缸4锁定，以利于司机准确操作。护顶板6主要起临时支护顶板的作用，工作时带压前移，以保证支护良好。通过护顶液压缸和四连杆机构8，可使护顶板平行升降。

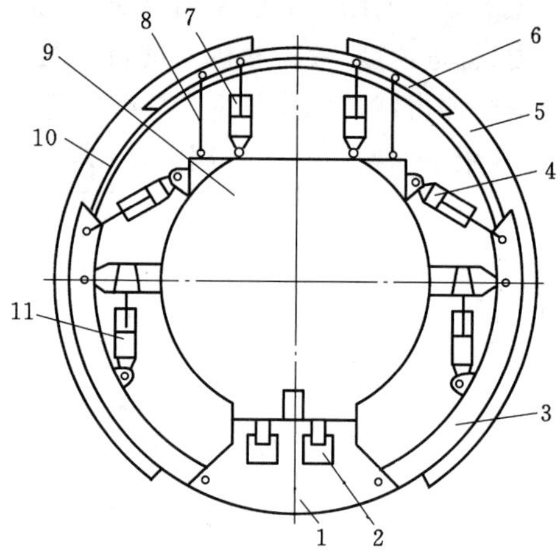

图1-93 机头导向机构

1——下支撑板；2——下液压缸；3——侧支撑板；4——锁定液压缸；5——密封橡胶板；6——护顶板；7——护顶液压缸；8——四连杆机构；9——导向壳体；10——防尘板；11——楔形调向液压缸

3. 水平支撑与推进机构

水平支撑与推进机构给刀盘工作机构所需的推进力，并使掘进机实现液压迈步行走。掘进机的支撑与推进原理如图1-94所示。水平支撑液压缸1用于把水平支撑板4撑紧在巷道两帮上，其活塞杆端与水平支撑板4间用球头铰接，以适应巷道两帮不平行和不平整的情况。鞍座2和水平支撑液压

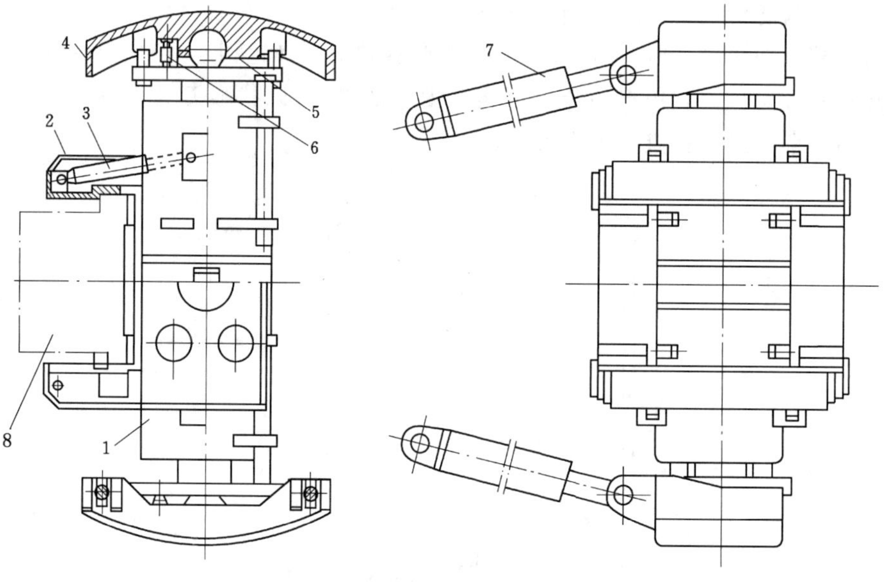

图1-94 支撑与推进原理

1——水平支撑液压缸；2——鞍座；3——斜撑液压缸；4——水平支撑板；5——球头压盖；6——复位弹簧；7——推进液压缸；8——大梁

缸 1 间通过四个斜撑液压缸 3 相连，鞍座上的导槽与大梁上的导轨相配合，使整个水平支撑机构能沿大梁作纵向移动。机器的推进由四个推进液压缸 7 完成，每个液压缸的两端分别与水平支撑板和机头架铰接。掘进机工作时，水平支撑液压缸把支撑板撑紧在巷道两帮，支承住掘进机后半部的重量。然后收缩掘进机后部的支撑液压缸，再利用推进液压缸 7 将刀盘、机头架连同大梁一起推向工作面。借助推进液压缸的推进力和刀盘的旋转，机器向前掘进，当一个推进行程结束时，将掘进机后部的支撑液压缸活塞杆伸出，支撑住机器后半部的重量，然后收缩水平支撑液压缸，再收缩推进液压缸，使水平支撑机构向前移动一个行程，完成一个迈步行走过程。不断重复上述过程，机器即以液压迈步的方式向前掘进。

4. 指向和调向

现代全断面巷道掘进机均采用激光指向装置指示掘进机的推进方向，其指向原理如图 1-95 所示。激光发射器挂在远处巷道的右上角，发出一定波长的红色激光束。用 300 mm×300 mm 有机玻璃板制成的靶标上刻有方格线条，靶标 3 固定在司机室的右上方，中央有一小孔。固定在机头架右上方的靶标 4 的背面涂有红漆，可阻止红色光线通过。若掘进机按预定方向和坡度向前推进，激光束将通过装在掘进机后部的金属板 2 和靶标 3 中央的小孔照射到靶标 4 的中心点上（预先调整好）。当激光束射着点偏离该中心点时，即指示出掘进方向发生了偏差。根据射着点的位置，可判断出掘进方向向哪边偏离及偏离量的大小。

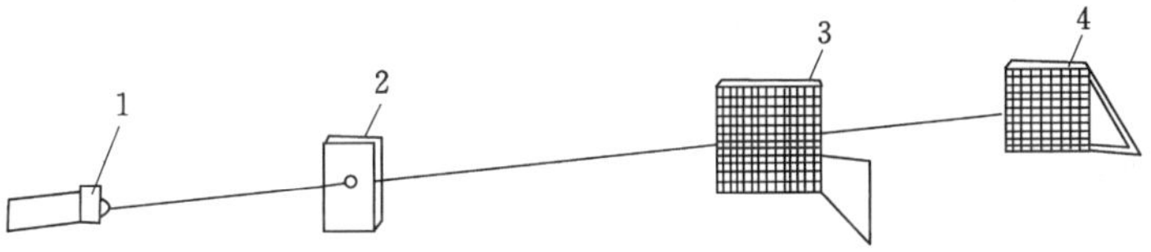

图 1-95　激光指向原理

1——发射器；2——金属板；3，4——靶标

当发现偏差后，应及时调向以保证掘进方向的准确性。掘进机的调向包括水平调向、垂直调向和纠偏调向三种操作，如图 1-96 所示。

① 水平调向：在水平支撑液压缸撑紧时，即中间活塞腔进压力油情况下，如果向其左活塞杆腔送入压力油，右活塞杆腔回油，则缸体向左移，并带动鞍座和大梁，使大梁以机头架下支撑板为支点向左转动，掘进方向向右转[图 1-96(a)]；反之则向左转弯[图 1-96(b)]。

② 垂直调向：如图 1-94 所示，在水平支撑液压缸 1 撑紧的情况下，四个斜撑液压缸 3 同时伸或缩，可使鞍座带动大梁腰部上升或下降，从而使掘进轴线向下或向上倾斜，可掘出下坡或上坡巷道。

③ 纠偏调向：机器在掘进过程中，因刀盘旋转割

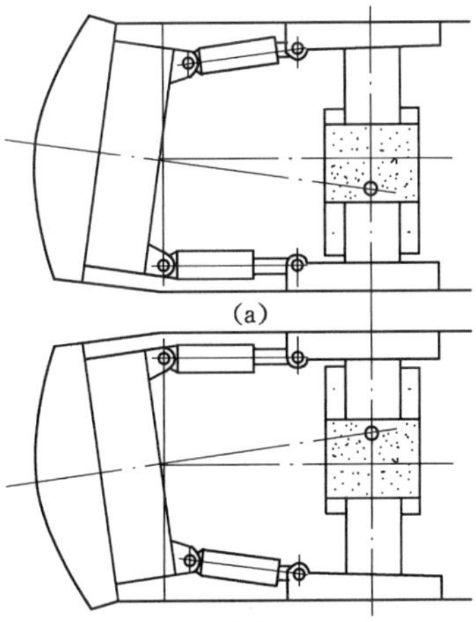

图 1-96　掘进机水平调向示意图

(a) 掘进方向右转；(b) 掘进方向左转

岩而产生的反作用扭矩常导致机器绕其纵轴线偏转。出现这种情况时，可操作左、右两侧的倾斜液压缸反向动作，使鞍座绕十字销带动大梁回转，即可纠正机器的向左或向右倾斜。

5. 配套系统

配套系统包括运渣运料系统、支护设备、供电系统、安全装置、供水系统、排水系统和通风降尘系统等。

任务实施

一、教学设备

悬臂式掘进机仿真模型一台。

二、任务实施方法

① 教师讲解具体任务及要求。

② 学生分组，结合模型机，指出掘进机的各组成部分，并说明各部分的作用、动作原理。

③ 学生分组轮流按老师的口令对模型机进行操作练习。

④ 在学生实训中指导教师可随时向学生进行提问。

⑤ 对于掘进机的使用与维护学生在顶岗实习中应进一步巩固。

三、任务考评

教师根据学生实训中的表现、答辩情况、实训报告，评定出实训成绩。

掘进机的操作评分标准见表 1-21。

表 1-21　　掘进机的操作评分标准

序号	考核内容	考核项目	分值	评分标准	得分
1	操作前检查	① 作业环境检查 ② 机器本身检查	20	① 每项 10 分 ② 错一项扣 10 分	
2	掘进机的基本动作	① 截割部的动作 ② 行走部的动作 ③ 铲板部的动作 ④ 内外喷雾操作 ⑤ 星轮的操作 ⑥ 第一输送机的操作	60	① 按老师的指令操作 ② 每项 10 分 ③ 错一项扣 10 分	
3	实训态度	① 遵守安全规程 ② 清理现场卫生 ③ 实训报告	20	① 遵守安全规程 5 分 ② 清理现场卫生 5 分 ③ 实训报告 10 分	
总计					

思考与练习

① 掘进机有何功用？它是如何分类的？

② EBZ200A 型部分断面巷道掘进机由哪几部分组成？各部分有何功用？

③ 叙述部分断面掘进机的启动与停止顺序。

④ 叙述 EBZ200A 型掘进机六联阀和四联阀各手柄的作用。

⑤ 全断面巷道掘进机是如何定义的？

⑥ 全断面巷道掘进机的主机及配套系统各有何功用？

⑦ 全断面巷道掘进机主要组成部分有哪些？

项目二　井巷掘进辅助设备

任务一　提升设备的选型

教学目标

(1) 知识目标

① 掌握提升设备的用途、组成及工作原理。

② 掌握提升设备的选择原则与要求。

③ 掌握提升设备选型计算的方法与步骤。

(2) 能力目标

① 能根据矿井条件选择或验算提升设备。

② 能利用多种渠道检索自己需要的信息。

③ 能对提升设备选型预选方案作出技术经济比较和论证。

(3) 职业素质

① 培养学生使用图书资料的能力。

② 培养学生认真、细致、严谨的态度。

任务描述

凿井提升设备主要用于提升矸石、下放材料和工具、升降人员等。立井施工中,井筒中还有各种辅助设备,如吊盘、安全梯、水泵、各种管路、电缆等,必须用相应的设备,把它们悬吊起来,并随工作面的推进而移动。立井提升和悬吊工作是立井施工中的重要环节,它关系到矿井建设的速度和经济效益。因此正确选用提升与悬吊设备是保证掘进工作面生产能力的一项重要任务。

相关知识

立井施工常分为三个阶段,由于施工的特点不同,在不同的施工阶段,所使用的提升设备也不同。

在立井施工准备阶段,主要是开凿井颈,提升距离短,提升量小。土、矸的提升,材料的下放,可使用汽车起重机或绞车完成,提升容器可用吊桶,人员的上下利用梯子。

在开凿和砌筑井筒阶段，使用提升机和吊桶提升矸石，运送材料、工具及上下人员；下放混凝土预制块、砖和料石使用下料管。在井筒开凿完毕，转入掘进井底车场和大巷时(井筒中悬吊设备已经拆除)，出矸量增加，提升矸石，升降人员、材料及设备等任务主要采用提升机和临时罐笼来完成。

立井提升设备包括提升容器、提升钢丝绳、提升机、天轮等。悬吊设备包括凿井绞车(又称稳车)，钢丝绳及天轮(导向轮)等。

开凿与砌筑井筒阶段的提升和悬吊系统如图 2-1 所示。当空吊桶 43 放到工作面后，立即摘钩，再将钩挂到已装满矸石的吊桶上，通过信号联系，通知司机开车。提升机开车后，重吊桶先以较慢速度在无导向装置的一段运行，通过下层吊盘的喇叭口 32 后，便以较高的速度在有导向绳段运行，当接近井口时减慢速度，通过封口盘 7 后在卸矸台 3 处

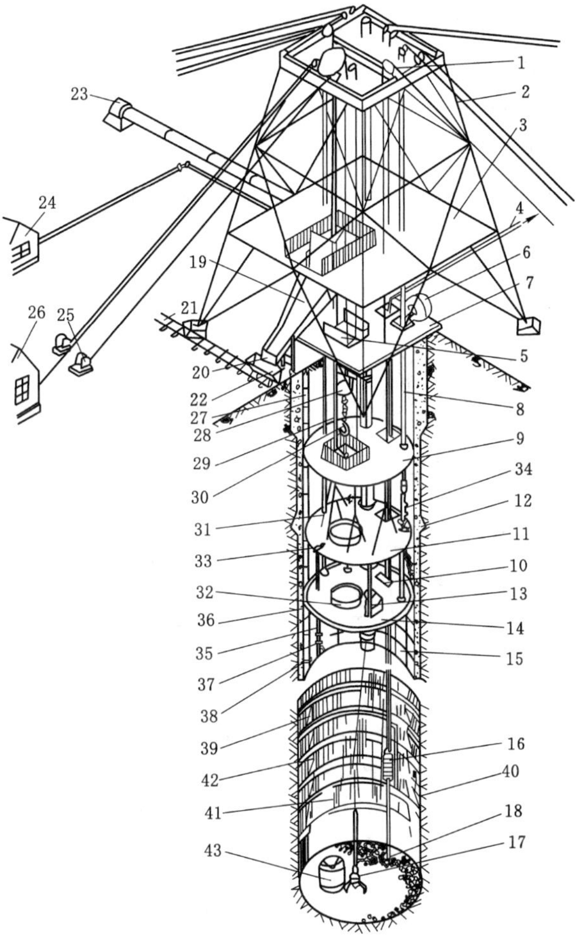

图 2-1　凿井提升与悬吊示意图

1——天轮；2——凿井井架；3——卸矸台；4——排水管；5——井盖门；6——混凝土搅拌机；7——封口盘；8——混凝土输送管；9——固定盘；10——吊桶通过口；11——吊盘上层盘；12——壁座；13——气动绞车；14——吊盘下层盘；15——金属模板；16——吊泵；17——抓岩机；18——吸水笼头；19——卸矸溜槽；20——溜槽闸门；21——临时轨道；22——矿车；23——通风机；24——空气压缩机房；25——绞车；26——提升机房；27——风筒；28——滑架保护伞；29——稳绳；30——提升钩头；31——吊盘裤衩绳；32——喇叭口；33——吊盘定位丝杠；34——输送混凝土的活节管；35——压缩空气管；36——吊盘折页；37——分风器；38——风筒卡子；39——挂钩；40——井圈；41——背板；42——撑柱；43——吊桶

卸矸。在重吊桶提升的同时，空吊桶在工作面由抓岩机17装矸，以备下次提升。这样的提升系统称为单钩提升。单钩提升需要两个吊桶，一个在工作面装载，一个在井筒中运行，以缩短提升工作的循环时间，提高提升能力。

一、提升容器

立井施工中使用的提升容器有吊桶，下料筐和临时罐笼。

(一) 吊桶

吊桶是开凿井筒阶段的主要提升容器，按结构不同分为矸石吊桶、自翻吊桶和底卸吊桶三种。

1. 矸石吊桶

矸石吊桶用于出矸、下料和运送人员，当涌水量较小而提升机功率足够时，出矸的同时可以排水。矸石吊桶的结构如图2-2所示，由桶身、桶底、桶梁、耳环和钩环组成。桶身与桶底由5～15 mm厚的钢板铆接或焊接成一体，桶梁与耳环用销轴铰接。卸矸时用固定在井架上的钩子钩住钩环7，放松提升钢丝绳，桶身即可翻倒，往外卸载。4.0 m^3、5.0 m^3 容积的吊桶，为了加强吊桶的强度，在桶梁中部加支撑杆。矸石吊桶的技术特征见表2-1。

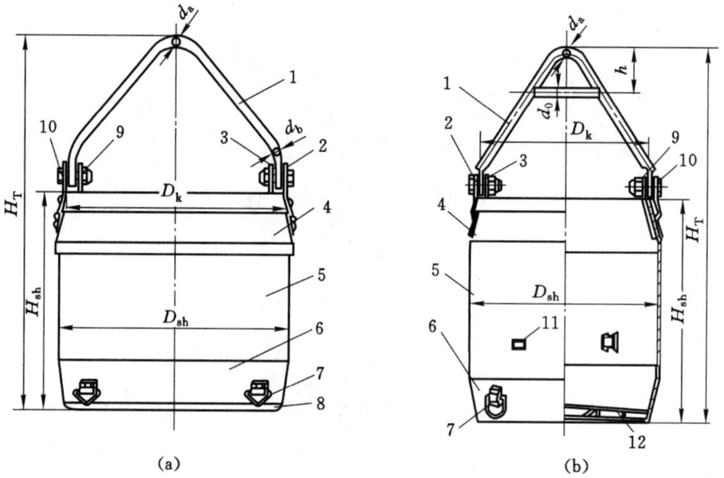

图 2-2　矸石吊桶

(a) 0.5～3 m^3矸石吊桶；(b) 4～5 m^3矸石吊桶

1——桶梁；2——外耳环；3——内耳环；4——上部桶身；5——中部桶身；6——下部桶身；7——钩环；8——桶底；9——螺母；10——销轴；11——脚蹬；12——双层桶底

表 2-1　矸石吊桶的技术特征

吊桶类型	吊桶容积 /m^3	桶体外径 D_{sh}/mm	桶口直径 D_k/mm	桶体高 H_{sh}/mm	吊桶全高 H_T/mm	桶梁直径 d_a/mm	质量 /kg
挂钩式吊桶	0.5	825	725	1 100	1 730	40	194
	1.0	1 150	1 000	1 150	2 005	55	348
	1.5	1 280	1 150	1 280	2 270	65	478
	2.0	1 450	1 320	1 300	2 430	70	601

续表 2-1

吊桶类型	吊桶容积 /m³	桶体外径 D_{sh}/mm	桶口直径 D_k/mm	桶体高 H_{sh}/mm	吊桶全高 H_T/mm	桶梁直径 d_a/mm	质量 /kg
座钩式吊桶	2.0	1 450	1 320	1 350	2 480	70	728
	3.0	1 650	1 450	1 650	2 890	80	1 049
	4.0	1 850	1 630	1 700	3 080	90	1 530
	5.0	1 850	1 630	2 100	3 480	90	1 690

如欲加大提升能力，可采用双钩提升，其提升过程基本上与单钩相同，但提升循环时间缩短，双钩提升需要三个吊桶，两个同时一上一下提升，一个在工作面装矸。

2. 自翻吊桶

自翻吊桶多用于井颈或浅井施工时提升土石、人员和物料，也可用于向井下运送混凝土。

自翻吊桶的结构如图 2-3 所示，它与矸石吊桶的区别是，桶梁在吊桶重心以下位置，用销轴 3 与桶身 5 铰接。在提升过程中，借控制卡 2 使桶身保持直立状态。卸载时，掀开控制卡，桶身 5 便绕销轴 3 自动翻转而将物料卸出。自翻吊桶的技术特征如表 2-2 所列。

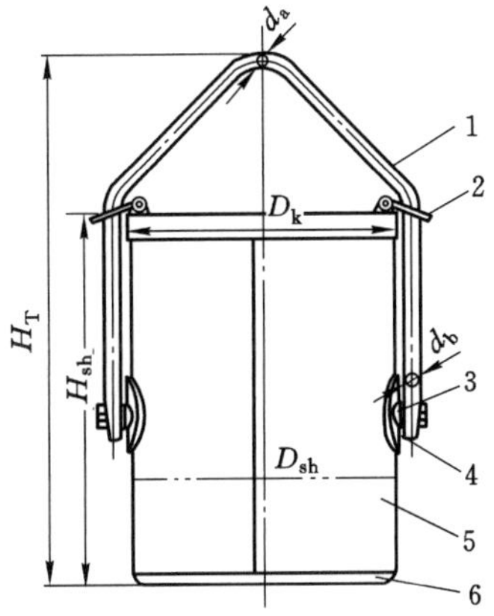

图 2-3 自翻吊桶

1——桶梁；2——控制卡；3——销轴；4——补强板；5——桶身；6——桶底

表 2-2 自翻吊桶的技术特征

吊桶型号	容积/m³	吊桶全高 H_T/mm	桶身高 H_{sh}/mm	桶身直径 D_{sh}/mm	桶口直径 D_k/mm	吊桶外缘最大尺寸/mm	桶梁直径 d_a/mm	质量/kg
0.5	0.5	1 558	1 100	810	810	965	62	221
0.75	0.75	1 725	1 200	912	912	1 064	75	301
1.0	1.0	1 853	1 275	1 012	1 012	1 178	80	383

注：自翻吊桶现在很少使用。

3. 底卸吊桶

底卸吊桶主要用于向井下运送混凝土，其结构如图 2-4 所示，它的底部设有闸门 6、操作手柄 9 可将闸门打开，以实现卸载与装运过程，用闭锁装置 10 将手柄 9 锁住，以防闸门自开。

4. 吊桶附属装置

吊桶附属装置包括钩头，滑架和缓冲器，它们的作用是将吊桶连接到提升钢丝绳上，以及使吊桶平稳而可靠地运行。

(1) 钩头和连接装置

吊桶通过钩头及连接装置与提升钢丝绳连接。连接装置用于把钩头与钢丝绳连接起来。连接装置有两种类型：一种为绳卡型，如图 2-5(a)所示，钢丝绳绕过护绳环 16 后

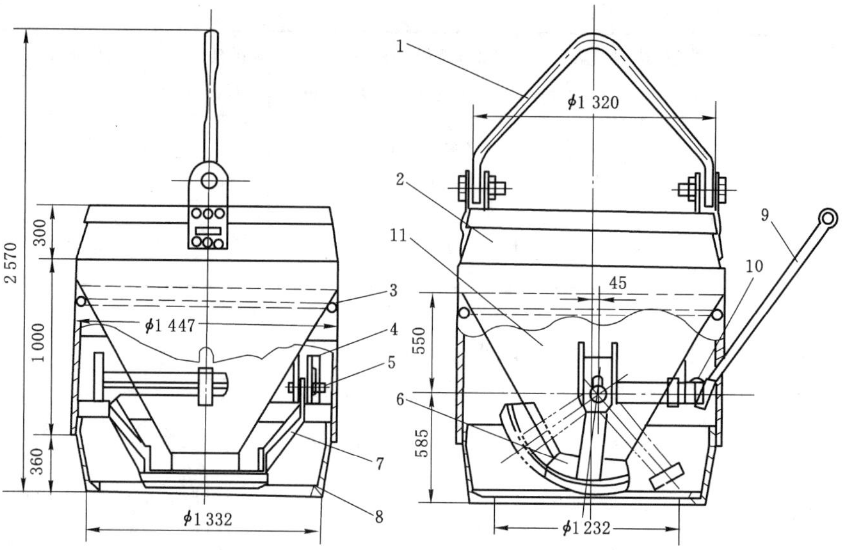

图 2-4　底卸吊桶

1——桶梁；2——桶体；3——加强圈；4——支承座；5——销轴；6——闸门；7——闸门框架；8——桶圈；9——操作手柄；10——闭锁装置；11——漏斗

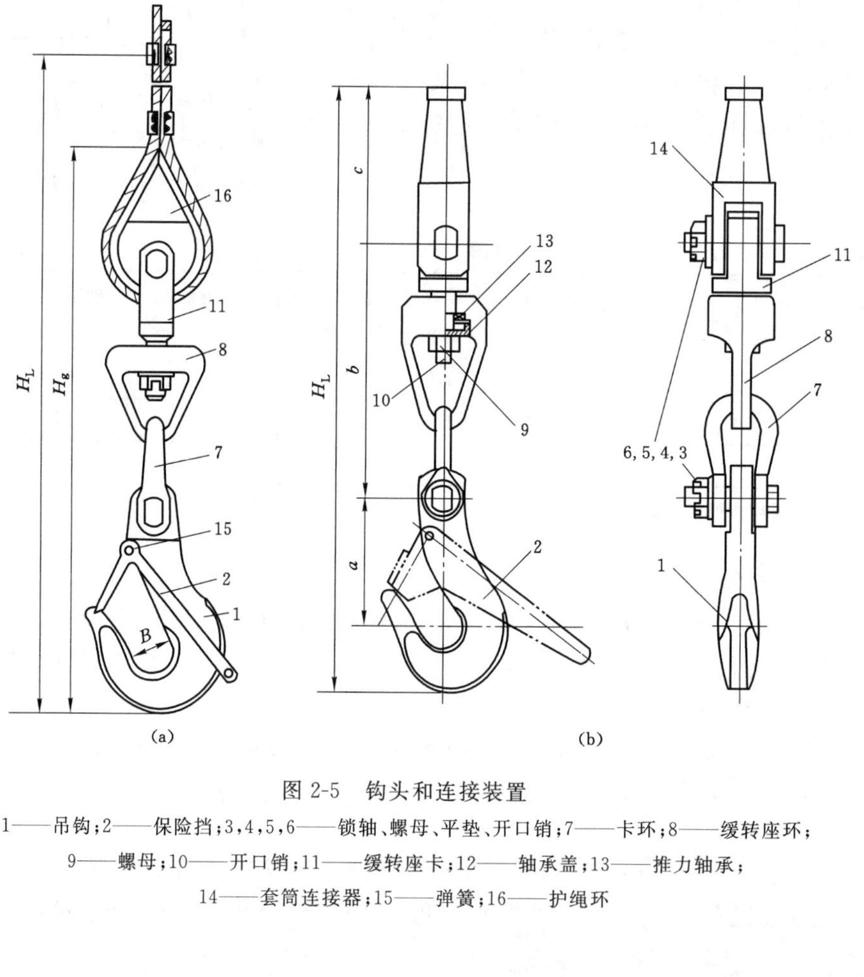

图 2-5　钩头和连接装置

1——吊钩；2——保险挡；3，4，5，6——锁轴、螺母、平垫、开口销；7——卡环；8——缓转座环；9——螺母；10——开口销；11——缓转座卡；12——轴承盖；13——推力轴承；14——套筒连接器；15——弹簧；16——护绳环

用绳卡紧固在一起。保险挡 2 用来防止吊桶桶梁脱落，缓转座环 8 和缓转座卡 11 的作用是减缓吊桶随钢丝绳回转；另一种为浇铸型，如图 2-5(b)所示，它是将提升钢丝绳的端头插入套筒连接器 14 中，用铁水浇注固定。钩头和连接装置的技术特征如表 2-3 所列。表中型号指钩头所能承受最大载荷，按吊桶规格选择。

表 2-3　　钩头和连接装置的技术特征

型号/t	连接装置高度及其他尺寸					吊钩开口直径 B	吊钩质量	总质量	轴承型号	适用吊桶/m^3
	H_g	H_L	a	b	c					
	/mm						/kg			
3.5	1 169	2 169				85		87	8 310	1.0,1.5
5.0	1 271	2 521				90		110	8 311	2.0
7.0	1 477	2 971				100	40.0	160	8 313	3.0
9.0		1 733	330	886	355	120		180	8 413	4.0
11.0		1 838	350	922	385	120	66.0	215	8 414	5.0

(2) 滑架

为了防止吊桶在运行中剧烈摆动，给其配置滑架。滑架由吊桶带动，沿导向绳运动。导向绳末端固定在吊盘上层盘上，因此滑架不能到达吊盘下方无稳绳段。滑架的结构如图 2-6 所示。矩形框架上方中心有滑套 1，提升钢丝绳从中通过，两侧上下尚有四只滑套 3，整个滑架借助它们沿导向绳运动。滑架中部是斗笠形保护伞，用以防止吊桶上方的异物掉落

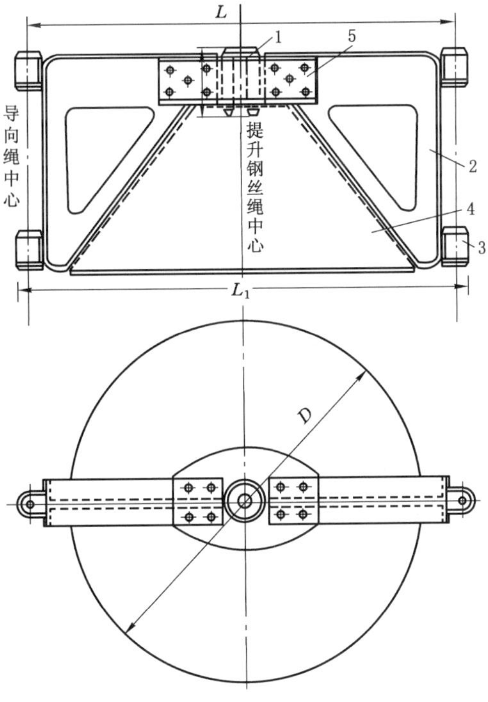

图 2-6　滑架

1,3——滑套；2——滑架体；4——保护伞；5——滑套盖

伤人。滑架的规格用跨距表示，根据吊桶的规格选用，滑架的技术特征如表 2-4 所列。

表 2-4 滑架的技术特征

滑架跨距 L/m	适用吊桶		翻矸形式	允许最大碰撞速度 /m·s^{-1}	保护伞直径 D	滑架高 h	最大宽度 L_1	高与宽之比	质量 /kg
	容积 /m^3	最大外缘直径/mm			/mm				
1.40	1.0	1 150	非自动翻矸	3.40	1 150	156	1 470	1∶2	95
1.55	1.5	1 320	自动或非自动翻矸	6.00	1 300	156	1 620	1∶2	104
1.70	2.0	1 500	自动或非自动翻矸	5.64	1 450	156	1 770	1∶2	119
1.85	3.0	1 680	自动或非自动翻矸	6.20	1 600	156	1 920	1∶2	137
2.17	4.0	1 850	自动或非自动翻矸	5.48	1 850	156	2 250	1∶2	203

（3）缓冲器

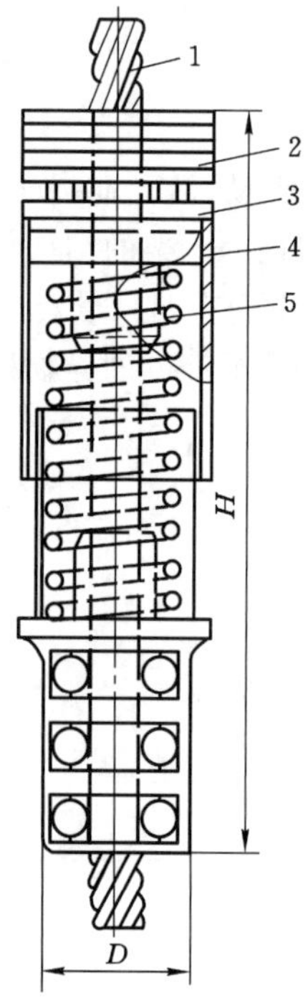

图 2-7 缓冲器
1——钢丝绳；2——胶垫；3——压盖；4——外壳；5——弹簧

当吊桶上行与滑架接触时和下放把滑架置于导向绳末端时，连接装置与滑架、滑架与导向绳固定装置间均会产生较大的冲击力，为了减缓冲击，在连接装置上方和导向绳末端装有缓冲器。缓冲器的结构如图 2-7 所示，筒形外壳 4 内有弹簧 5，压盖 3 上方装有胶垫 2。弹簧可吸收冲击能，胶垫可避免它与滑架刚性接触。缓冲器的规格用质量表示，根据滑架跨距选用，缓冲器的技术特征见表 2-5。

表 2-5 缓冲器的技术特征

外径 D/mm		全高/mm		质量/kg	
A	B	A	B	A	B
130	100	590	520	23.12	13
130	100	590	520	24.00	13
130	100	590	520	24.86	13
130	100	590	520	24.16	13.5

允许最大碰撞速度 /m·s^{-1}	保护伞滑套直径 /mm	适用滑架	
		跨距/m	质量/kg
2.0	100	1.40	95
2.0	100	1.55	104
2.0	100	1.70	119
2.0	100	1.85	137

注：A 为提升绳缓冲器，B 为稳绳缓冲器。

（二）下料筐

下料筐是立井施工期间向井下运送料石及混凝土预制块的专用容器。它的主要优点是装卸方便、迅速，能保证料石棱角的完整。其结构见图 2-8，筐底 5 可整体移开，用定位体 4 和链环 8 将其与框架 2 连接。使用时，先将框架提起，再将装好料石的筐底用平板车推到框架底下，然后放下框架把筐底罩住，再用定位体 4 使位置对准，最后用链环将框架和筐底连接起来，并用自锁板 7 闭锁，料筐下放到井底后，将筐架与筐底分开，再提起框架与空筐底连接，把空筐提到井口。下料筐可根据吊盘喇叭口 1∶3 比例的大小，参照表 2-6 所列的技术规格进行选择。

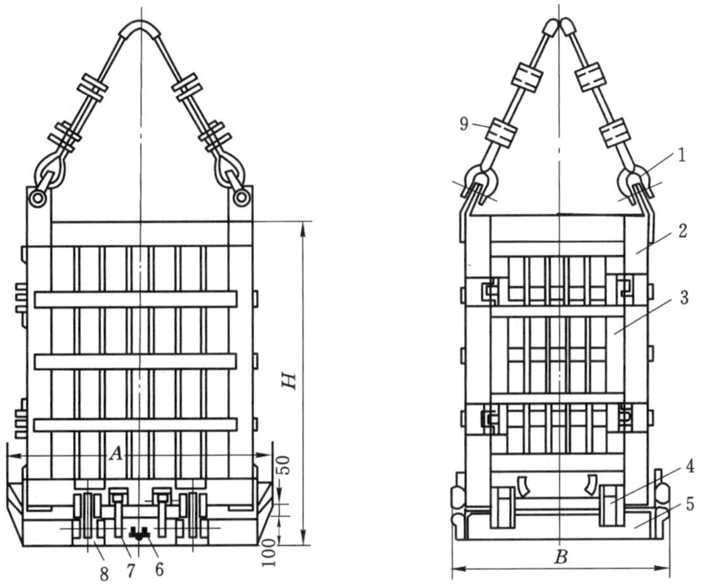

图 2-8 下料筐

1——耳环；2——框架；3——侧门；4——定位体；5——筐底；6——止动件；7——自锁板；8——链环；9——绳卡

表 2-6 下料筐的技术特征

容积 /m^3	料石(200 mm×250 mm ×200 mm)最大装载数/块	最大装载质量/kg	A	B	H	质量 /kg	备注
			/mm				
0.5	30	1 100	940	820	1 250	385	适用于 1.0 m^3 吊桶喇叭口
0.6	36	1 300	1 100	820	1 250	413	适用于 1.5 m^3 吊桶喇叭口

（三）临时罐笼

当立井施工转入井底车场和平巷施工后，出矸量增加，为增加提升能力，需将吊桶提升改为罐笼提升。临时罐笼的结构如图 2-9 所示，由底盘 1、侧体 3、顶盘 2 和悬吊装置组成。提升钢丝绳绳头绕过桃形绳环 4 后用绳卡固定在一起。绳环下部借小轴与连杆 6 连接。中部与平衡三角板 5 铰接。保险钢丝绳 7 连接在平衡三角板和侧体耳板之间。临时罐笼有单层、双层两种。临时罐笼的技术特征见表 2-7。

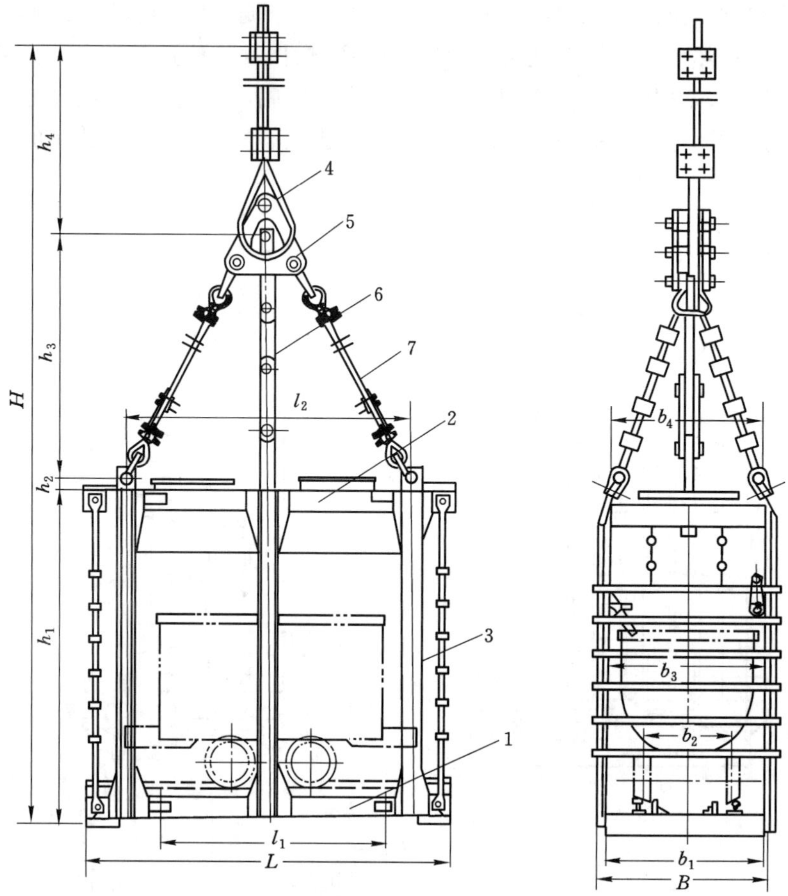

图 2-9 临时罐笼

1——底盘;2——顶盘;3——侧体;4——桃形绳环;5——平衡三角板;6——连杆;7——保险钢丝绳

表 2-7 **临时罐笼的技术特征**

临时罐笼	矿车类型	H	h_1	h_2	h_3	h_4	L	l_1	l_2	罐耳宽度 B	b_1	b_2	b_3	b_4	质量/kg
		/mm													
单层 10 kN 单车	1.1 m^3 固定车厢	5 578	2 268	128	1 562	1 620	2 550	1 570	2 000	1 160	1 088	600	1 100	1 020	1 543
单层 10 kN 双车	1.1 m^3 固定车厢	6 065	2 368	114	1 743	1 840	4 300	3 620	3 840	1 160	1 088	600	1 100	1 030	2 732
单层 15 kN 单车	1.7 m^3 固定车厢	6 207	2 716	116	1 050	2 325	2 640	1 600	1 980	1 346	1 256	600	1 240	1 106	3 500
双层 15 kN 双车	1.7 m^3 固定车厢	8 391	2 270	116	1 080	2 325	2 640	1 600	1 980	1 352	1 256	600	1 240	1 106	5 000

二、提升与悬吊钢丝绳

提升与悬吊钢丝绳是建井施工中提升运输和悬吊施工的重要设备，直接关系到矿井建设和正常施工及安全，所以钢丝绳的选择、使用和维护在建井期间得到极大的重视。

（一）钢丝绳的结构

提升钢丝绳是由一定数量的钢丝捻成股，再由若干股围绕绳芯捻成绳（见图 2-10）。

钢丝绳的钢丝为优质碳素结构钢，一般直径为 0.4～4 mm。钢丝的公称抗拉强度为 1 370 MPa、1 470 MPa、1 570 MPa、1 670 MPa、1 770 MPa、1 870 MPa。在承受相同载荷情况下，抗拉强度大的钢丝绳，其绳径可以小一些，但抗拉强度过高的钢丝绳可弯曲性差。

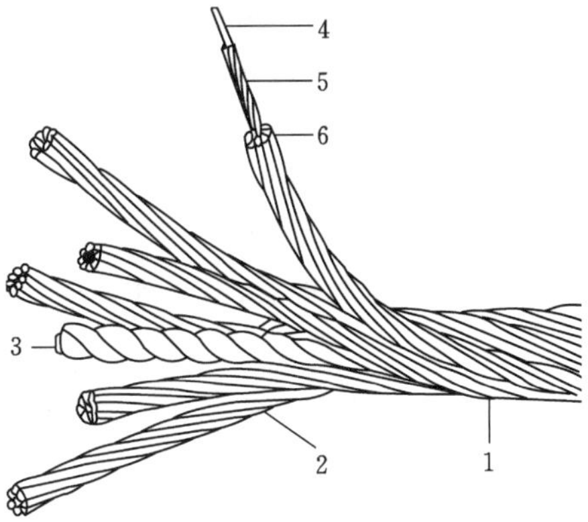

图 2-10 钢丝绳的构造

1——钢丝绳；2——绳股；3——绳芯；4——股芯；5——内层钢丝；6——外层钢丝；

为了增加钢丝绳的抗腐蚀能力，钢丝绳表面可以镀锌，称为镀锌钢丝，未镀锌的称为光面钢丝。钢丝的表面状态标记代号为：光面钢丝为 NAT；A 级镀锌钢丝为 ZAA；AB 级镀锌钢丝为 ZAB；B 级镀锌钢丝为 ZBB。A 级适用于严重腐蚀条件，AB 级适用于一般腐蚀条件，B 级适用于较轻腐蚀条件。

绳芯分金属芯和纤维芯，其作用是：支持绳股，减少股间钢丝的接触应力，从而减少钢丝的挤压和变形；钢丝绳弯曲时，允许股间或钢丝间相对移动，借以缓和其弯曲应力，并起弹性垫层作用，使钢丝绳富有弹性；储存润滑油，防止绳内钢丝锈蚀，并减少钢丝间的摩擦。绳芯的标记代号为：纤维芯（天然或合成的）为 FC；天然纤维芯为 NF；合成纤维芯为 SF；金属丝绳芯为 IWR；金属丝股芯为 IWS。

（二）钢丝绳的分类及特点

1. 按钢丝绳的捻法分类

钢丝绳按捻法分为右交互捻（ZS）、左交互捻（SZ）、右同向捻（ZZ）、左同向捻（SS）四种，如图 2-11 所示。标记代号中，第一个字母表示钢丝绳的捻向；第二个字母表示股的捻向；“Z”表示右捻向，“S”表示左捻向。

图 2-11 钢丝绳的捻法

一般选用钢丝绳捻向的原则是与钢丝绳在提升机滚筒上缠绕时的螺旋方向一致，这样绳在缠绕时就不会松动。目前国产提升机绳槽均为右螺旋，因此，提升钢丝绳应选用右捻钢丝绳。同向捻钢丝绳柔软，表面光滑，接触面积大，应力小，使用寿命长，绳有断丝时，断丝头部会翘起便于发现，所以矿井提升多用同向捻钢丝绳。但同向捻钢丝绳有较大的恢复力，稳定性较差，易打结。在斜井串车提升中需要经常摘挂钩，钢丝绳的一端成为自由端，为防止打结现象，多采用结构较稳定的交互捻钢丝绳。

2. 按钢丝在股中互相接触情况分类

① 点接触钢丝绳。股中各层钢丝捻距不等，钢丝间呈点接触状态[图 2-12(a)]。这种钢丝绳造价较低，但钢丝间接触应力大，特别是钢丝绳在绕过滚筒和天轮时，钢丝有应力集中和二次弯曲现象，所以使用寿命较短。钢丝绳 6×19 和 6×37 就属于此种。

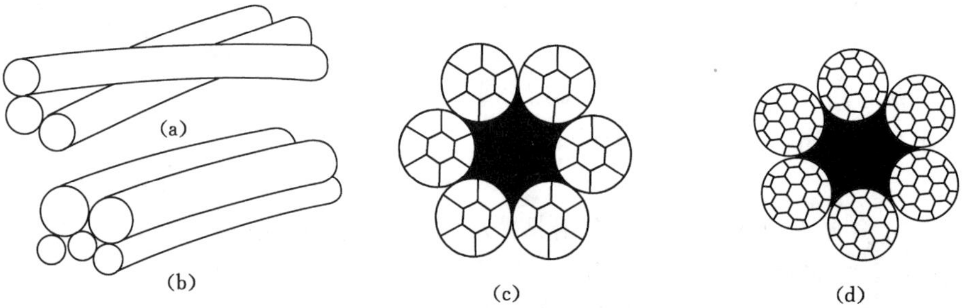

图 2-12 钢丝的接触形式

② 线接触钢丝绳。股中各层钢丝以等捻距捻制，钢丝间呈线接触状态[图 2-12(b)]。这种钢丝绳工作时应力降低，耐疲劳性能好，结构紧密，无二次弯曲现象，寿命较长。提升常用 6×19S、6×19W、6×25Fi、6×29Fi、6×26SW、6×31SW、6×36SW、6×41SW (S——西鲁式钢丝绳；W——瓦林吞式钢丝绳；Fi——填充式钢丝绳）等线接触钢丝绳。

③ 面接触钢丝绳。面接触钢丝绳是由线接触钢丝绳发展来的，它是将线接触钢丝绳股进行特殊碾压加工，使钢丝产生塑性变形而呈面接触状态，然后再捻制成绳的[图 2-12 (c)、(d)]。面接触钢丝绳具有结构紧密，表面光滑，不易变形，钢丝间接触面积大，刚性强和耐磨损等优点。

3. 按绳股断面形状分类

① 圆形股绳。绳股断面为圆形[图 2-13(a)]。这种绳易于制造，价格低，是矿井提升应用最多的一种钢丝绳。

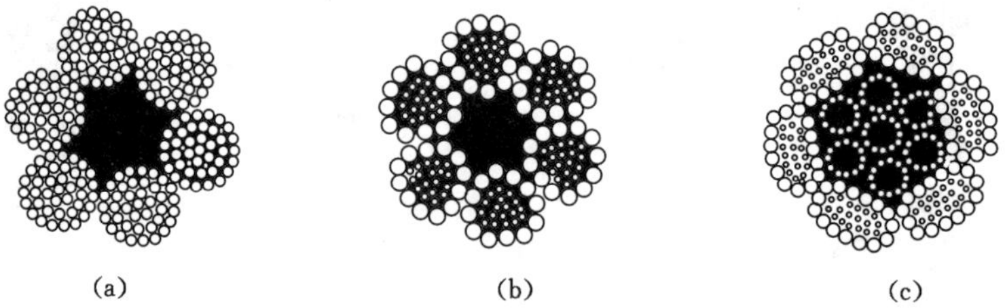

图 2-13 绳股断面

② 异形股绳。绳股断面形状有三角形和椭圆形两种,如图 2-13(b)和(c)所示。

三角股绳强度比同直径圆形股绳要高,承压面积大,外层钢丝磨损小;外层钢丝粗,排列方式好,抗挤压性能好,尤其是在多层缠绕时,过渡比较稳定;寿命比圆形股长。提升常用 6V×37S、6V×36、6V×33、6V×30、6V×43、6V×21(V——三角股绳)等。

椭圆股绳虽也有较大支撑面积和抗磨损性能好等优点,但绳的稳定性差,不适于承受较大的挤压力。这种绳股多用来与其他绳股捻制成多层不旋转钢丝绳。

另外,还有常用来做尾绳用的不旋转钢丝绳和扁钢丝绳以及做罐道用的密封钢丝绳等。

(三)钢丝绳的选择

在选择钢丝绳结构时,应考虑以下因素:

① 对于单绳缠绕式提升,一般宜选用光面右同向捻、断面形状为圆形股或三角股、接触形式为点或线接触的钢丝绳;对于矿井淋水大,水的酸碱度高,以及在出风井中,由于腐蚀严重,应选用镀锌钢丝绳。

② 在磨损严重的条件下使用的钢丝绳,如斜井提升等,应选用外层钢丝尽可能粗的钢丝绳;斜井串车提升时,宜采用交互捻钢丝绳。

③ 对于多绳摩擦提升,一般应选用镀锌、同向捻(左右捻各半)的钢丝绳,断面形状最好是三角股。

④ 罐道绳最好用半密封钢丝绳或三角股绳,表面光滑,比较耐磨。

(四)钢丝绳的技术规格及标记方法

钢丝绳的标记方法如下:

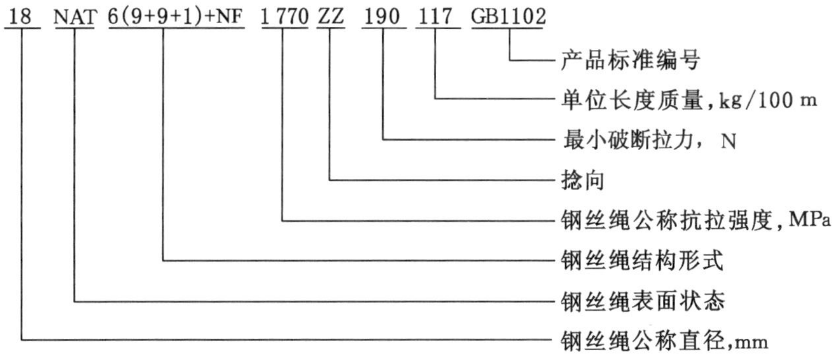

(五)钢丝绳的使用与维护

① 滚筒直径与钢丝绳直径的比值应符合规定。

② 绳槽直径必须符合有关规定的要求。

③ 严禁用布条、棉纱之类的物品捆缚在钢丝绳上作提升深度指示标记。

④ 多层缠绕时,由下层转到上层的一段绳,由于磨损严重,必须加强检查,并且每三个月移绳 1/4 圈。

⑤ 要小心运输、存放及悬挂,司机开车时要平稳启动、加速和停止,要注意观察钢丝绳在滚筒上的排列是否整齐,衬垫及木衬的磨损是否超限。

⑥ 对使用中的钢丝绳要按规定要求定期检查与涂油。

三、矿井提升机

(一) 概述

提升机是进行提升工作的主要机械，它的任务是传递动力，提升或下放容器及设备。

目前我国生产和使用的提升机可分为两大类，即单绳缠绕式和多绳摩擦式提升机。建井施工则多用单绳缠绕式提升机。单绳缠绕式提升机的工作原理是把钢丝绳的一端固定在提升机的滚筒上，另一端绕过井架天轮悬挂提升容器或设备，这样，利用滚筒转动方向不同，将钢丝绳向滚筒上缠绕或放松，以完成提升或下放容器的工作。

多绳摩擦式提升机的工作原理是，把钢丝绳(多根)搭放在摩擦轮的衬垫上，由电动机带动摩擦轮转动，通过衬垫与钢丝绳间的摩擦力带动容器进行升降作业。摩擦式提升机不适应建井施工要求，因此仅用于生产矿井中。

建井施工对提升机的要求：

① 由于提升机在某一工地的服务年限短，矿井移交时要拆迁，因此要求提升机体积小，质量轻，便于拆装搬运，提升机房一般不带地下室，以减少基建工程量。

② 建井施工单位由于资金的限制，不可能购齐各种型号的提升机，为了能在较大范围内适应不同井型的要求，提升机的适应性要强，滚筒的容绳量要大，提升能力要大。

③ 井筒施工采用双钩提升时，要求提升机具有方便、迅速、可靠的调绳装置。

目前我国使用和生产的单绳缠绕式提升机主要是圆筒形滚筒提升机。按滚筒数目不同，单绳缠绕式提升机有单滚筒及双滚筒两种。双滚筒提升机在主轴上装有两个滚筒，单滚筒提升机只有一个滚筒。下面以 JK 系列提升机为例，说明提升机的主要结构及工作原理。

(二) JK 型提升机

JK 型提升机的型号意义如下：

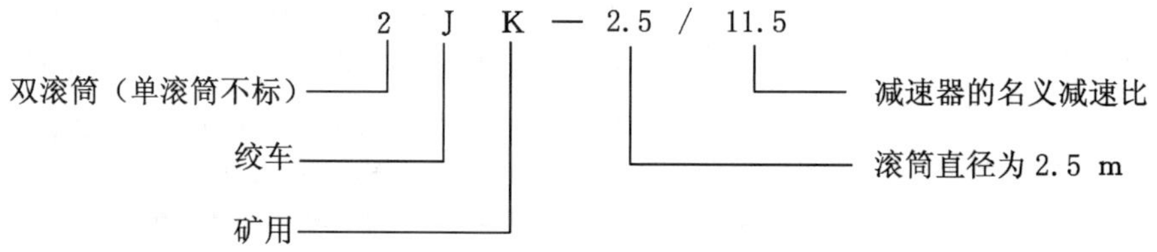

JK 型提升机的布置如图 2-14 所示。它主要由电动机、减速器、主轴装置、制动装置、深度指示器、电控系统和操纵台等组成。下面介绍主轴装置、调绳离合器、深度指示器和制动装置等几个主要组成部分。

1. 主轴装置

主轴装置是提升机的主要工作和承载部件，它包括滚筒、主轴和主轴承等，如图 2-15 所示。单绳缠绕式双滚筒提升机主轴上的两个滚筒，右滚筒用切向键固定在主轴上随轴转动或停止，称为固定滚筒，左滚筒通过调绳离合器与主轴连接(工作时)或分开(调绳时)，称为活滚筒。

制动盘 6、挡绳板 7、筒壳、轮辐及角钢等组成焊接结构的滚筒，轮辐用螺栓固定在轮毂上。筒壳用钢板卷制而成，其上用螺栓固定木衬，木衬表面用车削方法加工出绳槽，以

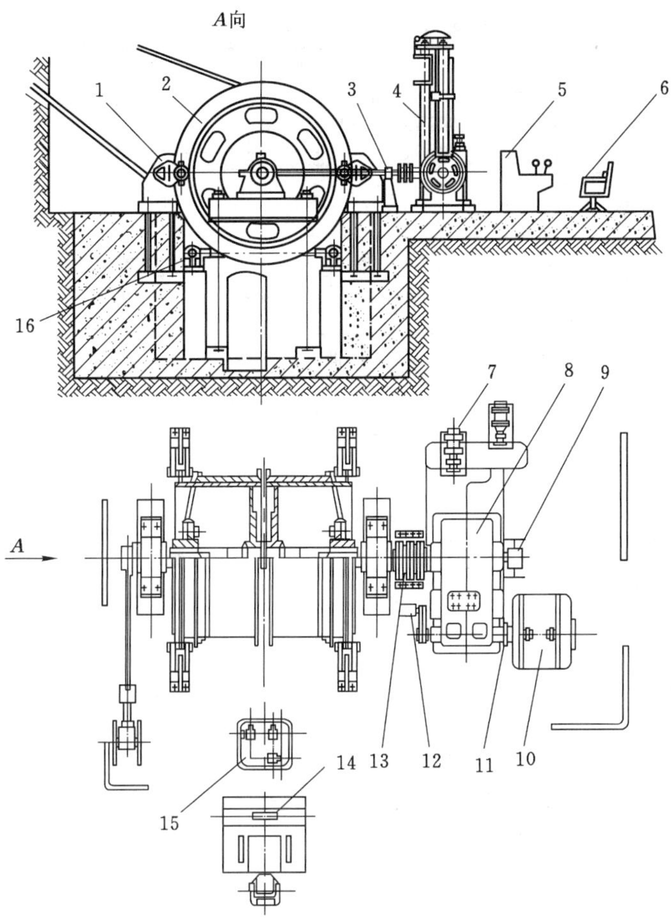

图 2-14 JK 型矿井提升机布置示意图

1——盘形制动器；2——滚筒装置；3——深度指示器传动装置；4——牌坊式深度指示器；5——司机操纵台；6——司机座椅；7——润滑油站；8——减速器；9——圆盘深度指示器传动装置；10——电动机；11——弹簧联轴器；12——测速发电机装置；13——齿轮联轴器；14——数字式深度指示器；15——液压站；16——锁紧器

便钢丝绳在绳槽中规则地排列，减少钢丝绳的磨损。

2. 调绳离合器

双滚筒提升机都装有调绳离合器。调绳离合器主要在调节绳长时使用，在双钩提升中，由于凿井工作面的推移，如不调节绳长，会造成重载容器与空载容器间的相对位置发生偏差(即当重载容器被提升到卸矸台时，而空载容器还未到达工作面)。为使两个容器能在要求的位置上工作而进行的操作称为调绳操作。对于生产矿井，当提升水平改变或钢丝绳被拉长时，也需要进行调绳操作。

调绳离合器的作用是使活滚筒与主轴连接或脱开，以便在调节绳长或更换提升水平时，两个滚筒可以作相对运动。调绳操作的步骤如下：

① 将活滚筒上的提升容器提到卸载水平停下，并用制动装置制动住。

② 利用调绳离合器将活滚筒与主轴脱开。此时主轴转动时不再传动活滚筒，因而滚筒上的提升容器位置不再变动。

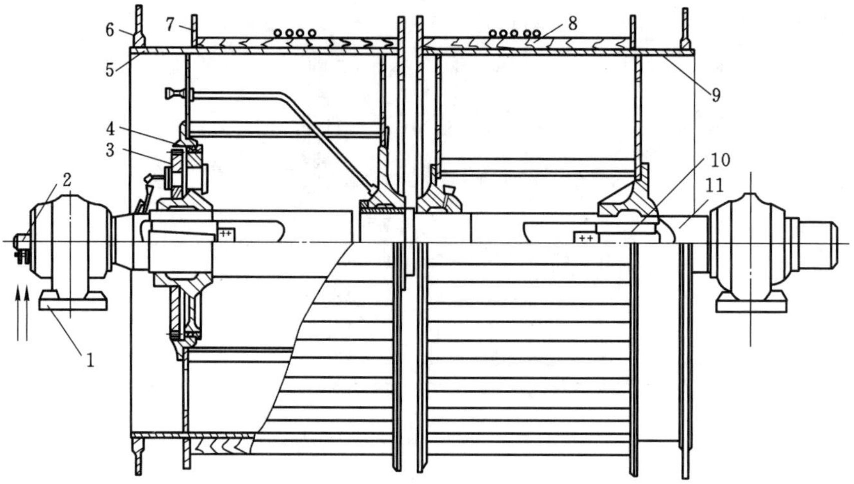

图 2-15 双滚筒提升机的主轴装置

1——轴承座;2——密封头;3——调绳离合器;4——尼龙套;5——活滚筒;6——制动盘;7——挡绳板;8——木衬;9——固定滚筒;10——切向键;11——主轴

③ 开动提升机将死滚筒上的提升容器下放到要求的位置停下。

④ 合上离合器,使活滚筒与主轴连接起来,解除对活滚筒的制动。至此,调绳操作即告完成。

调绳离合器主要有三种类型:齿轮离合器、蜗轮蜗杆离合器和摩擦离合器,应用最多的是齿轮离合器,因为调绳比较方便。

3. 制动装置

制动装置是提升机的重要组成部分,关系到提升设备的正常工作和安全运行,因此,对提升机的制动装置应给予充分的重视。

提升机的制动装置由制动器(执行机构也称闸)和传动机构组成。制动器直接作用在制动轮或制动盘上,从而产生制动力矩,按结构不同分为盘式闸和块式闸。传动机构是控制并调节制动力的装置,按传动所用能源不同分为油压、压气和弹簧等。

JK 型提升机采用油压盘闸制动器,如图 2-16 所示,靠弹簧产生的制动力抱闸,靠油压松闸。盘形闸成对使用,每一对称为一副,每台绞车可同时安装两副、四副或多副。传动机构为液压传动系统。液压系统主要由液压泵、调压装置和各种控制阀组成,其作用是不同情况下产生不同的液压力值控制盘式制动器实现提升机的各种制动。

矿井提升机制动装置的作用如下:

① 在提升机停止工作时,能可靠地闸住提升机(称为正常停车)。

② 实行工作制动。这是指在提升减速阶段或下放重物时用以控制提升机的速度以及提升终了时闸住提升机的制动。

③ 进行安全制动。即当发生紧急事故或其他意外情况时,能迅速而准确地闸住提升机。

④ 当进行调绳操作时,能闸住提升机的活滚筒,松开死滚筒。

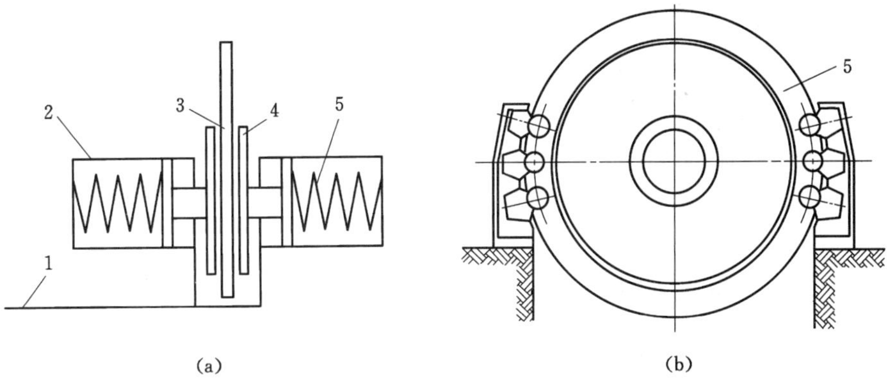

图 2-16 盘闸制动器

(a) 盘闸制动器的工作原理;(b) 盘闸制动器的布置

1——接液压站油管;2——制动液压缸;3——制动盘;4——闸瓦;5——盘形弹簧

4. 深度指示器

深度指示器是矿井提升的一个重要的检测装置,是安全运行的重要保证。它的作用是:

① 向提升机司机指示提升容器在井筒中的位置。

② 提升容器接近停车位置时自动发出减速信号,提醒司机注意减速及停车。

③ 当提升容器过卷时,自动切断安全回路,进行安全制动。

④ 在减速阶段进行过速保护。

深度指示器有牌坊式、圆盘式和数字式三种,可根据需要选用一种或两种。

牌坊式深度指示器采用机械传动,如图 2-17 所示。提升机工作时,其主轴的转动经过传动轴、联轴器等带动齿轮轴转动,齿轮轴经齿轮副 15、16、圆锥齿轮副 17 带动两个直立的丝杆以相反方向旋转,利用支柱分别限制装在丝杆上的两个梯形螺母旋转,迫使梯形螺母只能做上下相反方向的移动,从而在标尺 19 上指示出上、下两容器在井筒中的位置。机械牌坊式深度指示器的优点是指示清楚,工作可靠,便于司机手动操纵提升机;缺点是体积比较大,指示精度不高,特别是不能实现提升机的远距离控制,因为深度指示器只能安装在提升机附近。

圆盘式深度指示器由两部分组成:一部分是与减速器被动轴相连的指示器传送装置——发送自整角机,另一部分是装在司机操纵台上的圆盘式深度指示器接收装置——接收自整角机。减速器从动轴经过传动装置将主轴的旋转运动传递给发送自整角机,发送自整角机再将信号发给接收自整角机,并以发送自整角机的同样速度转动,通过齿轮带动圆盘深度指示盘上的指针转动,从而指示提升容器在井筒中的位置。圆盘式深度指示器采用同步联系的原理,结构简单,使用可靠,特别适用于自动控制和远距离控制的提升机,不太适合手动操纵的提升机。

数字式深度指示器是矿井机电一体化专用电子部件,它可方便地与可编程控制器或工业控制计算机配套使用,装在司机操纵台上,由六位数字显示器显示容器所处的位置。容器位置由“±”号及数字表示,井口停车点为±0;停车点以上为“+”,表示过卷距离,停车点以下为“-”,表示容器在井筒中的位置。深度指示器的分辨率为 0.01 m,最大指示

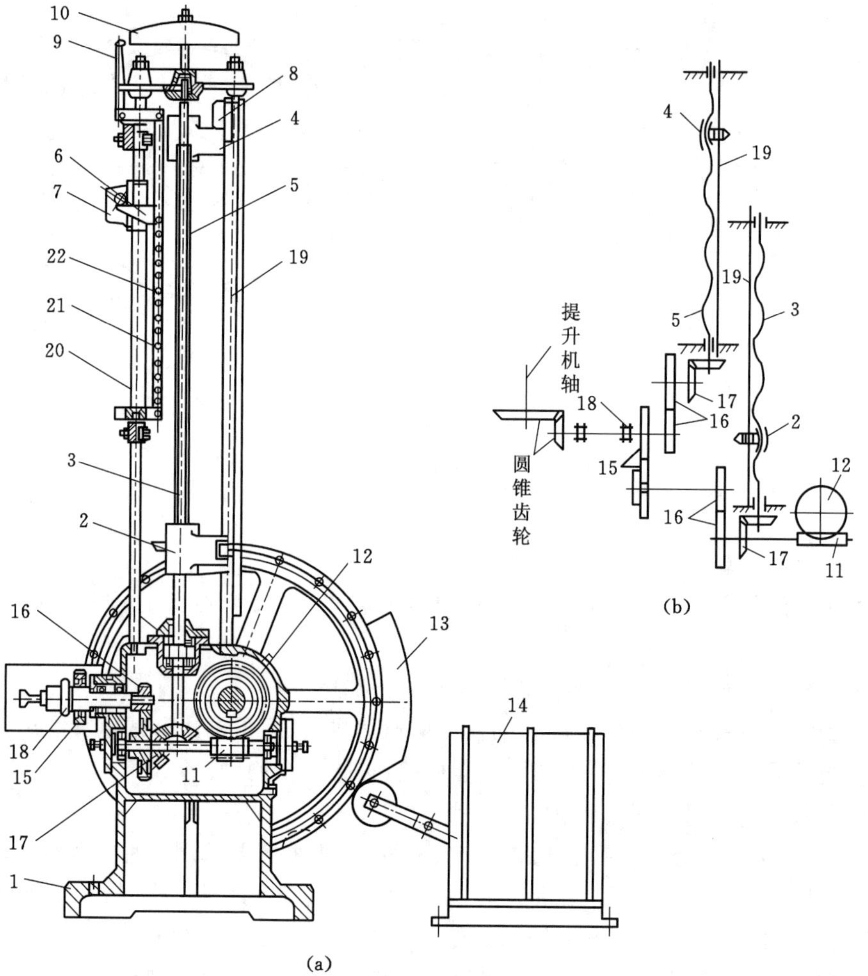

图 2-17 牌坊式深度指示器

(a) 结构图;(b) 传动系统图

1——底座;2,4——螺母;3,5——丝杠;6——撞块;7——减速开关;8——过卷开关;9——铃钟;10——铃;11——蜗杆;12——蜗轮;13——限速凸轮盘;14——限速电阻;15,16——齿轮副;17——圆锥齿轮副;18——离合器;19——标尺;20——导向轴;21——压板;22——销子孔

高度为±999.99 m。

5. 电机

电机包括主电机及微机拖动系统。主电机一般采用交流三相绕线式异步电动机,转子回路串电阻调速,可以使用单电机拖动,也可采用双电机拖动(此时减速器高速轴必须双向伸出)。

由于直流电机有非常好的调速性能,所以大型提升机拖动主电机可采用直流电动机,此时要有一套变流设备,如采用交流电动机—直流发电机组或可控硅整流器等提供直流电源。可控硅直流拖动采用低速直流电动机直接与主轴连接而取消减速器,且电动机驱动悬臂,仅用两个轴承支承主轴与电动机,大大简化了传动部分。

微机拖动是提升速度爬行阶段用一个小容量鼠笼型异步电动机(容量一般只有主电

动机容量的 5%～10%）拖动，用以获得稳定速度（约 0.6 m/s），保证准确停车，或者进行检修电气设备、验绳、缠绳、换绳、调绳等工作。微机通过蜗杆蜗轮减速器，利用气囊离合器与主电动机轴相连。微机工作时，主电动机断电。

四、凿井绞车

（一）概述

凿井绞车（又称稳车）主要用于煤矿、金属矿及非金属矿开凿竖井时悬吊吊盘、水泵、水管、注浆管、风筒、抓岩机等凿井设备。国产凿井绞车有 JZ 型和 JZM 型两类。前者为缠绕式，后者为摩擦式。它们分别有单滚筒和双滚筒两种型号。

凿井绞车主要由主轴装置、减速器、联轴器、工作制动器、安全制动器、机座和电气部分组成。JZ 型、2JZ 型凿井绞车的传动系统分别如图 2-18、图 2-19 所示。

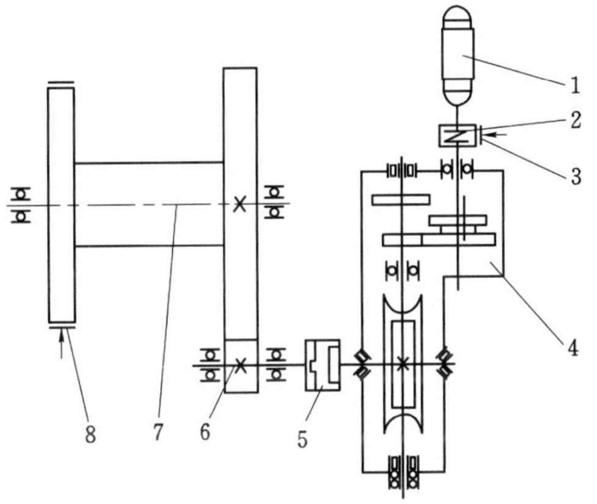

图 2-18 JZ 型凿井绞车传动系统图

1——电动机；2——弹性联轴节；

3——工作制动器；4——减速器；

5——浮动联轴器；6——中间轴；

7——主轴；8——安全制动器

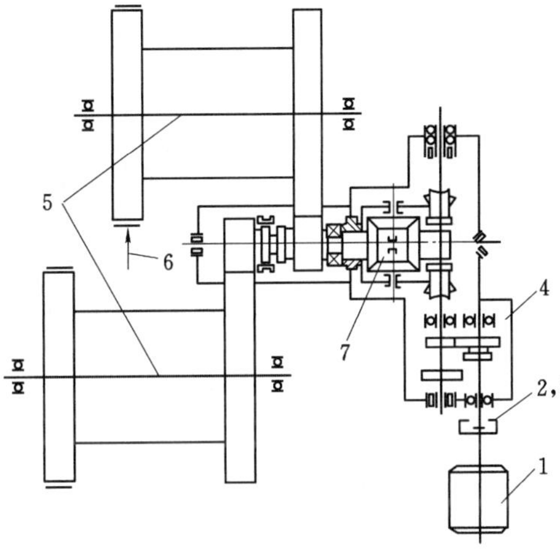

图 2-19 2JZ 型凿井绞车传动系统图

1——电动机；2——弹性联轴器；

3——工作制动闸；4——减速器；

5——主轴；6——安全制动闸；

7——差动轮

凿井作业要求凿井绞车的悬吊能力大，故凿井绞车必须有可靠的制动装置和防逆转装置。在结构上，双筒凿井绞车的两个滚筒作纵向排列，以求缩小两悬吊天轮的间距，便于天轮平台的布置。

JZ 型凿井绞车为低速绞车，有工作闸、安全闸、蜗轮减速器三套制动装置。蜗轮蜗杆机构传动比大，可自锁，起到一定制动作用。这种绞车的特点是安全可靠，容绳量大，悬吊重力大，结构紧凑，操作、运输、安装方便，一般能满足打深井、大井的需要。

JZM 型凿井绞车的悬吊能力和容绳量更大些，其传动系统见图 2-20。它有两个工作滚筒 1、9 和一个缠绳滚筒 15，工作滚筒 1、9 用以产生摩擦力带动钢丝绳，缠绳滚筒 15 把钢丝绳拉紧，从而在 1、9 上产生摩擦力。缠绳滚筒前方有一个排绳器 11，使钢丝绳在该滚筒上整齐排列而不错乱。

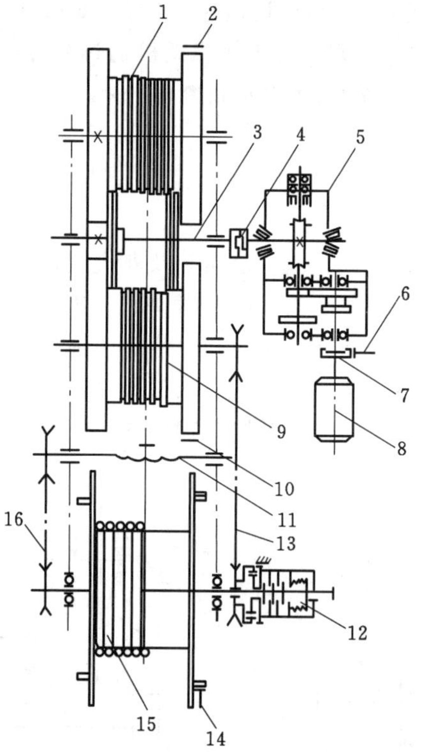

图 2-20 JZM 型摩擦式凿井绞车传动系统

1——Ⅰ号滚筒；2——Ⅰ号制动器；3——中间轴；4——浮动联轴器；5——减速器；6——工作闸；7——弹性联轴器；8——电动机；9——Ⅱ号滚筒；10——Ⅱ号制动器；11——排绳器；12——摩擦离合器；13，16——传动链；14——缠绳滚筒制动器；15——缠绳滚筒

（二）凿井绞车的选择

1. 滚筒直径 D_j 的确定

与提升机相比，凿井绞车具有提吊能力大、提升速度慢和开动次数少的特点，钢丝绳承受重复弯曲的应力小，因而大大改善了钢丝绳的疲劳条件。绞车滚筒直径 D_j 同钢丝绳直径 d_s、钢丝绳中最粗钢丝直径 δ 之比，必须满足以下关系：

$$D_j \geqslant 20d_s, \quad D_j \geqslant 300\delta \tag{2-1}$$

所选绞车滚筒标准直径应不小于计算结果中的较大值。

2. 滚筒宽度的确定

凿井绞车滚筒宽度是根据滚筒应容纳的钢丝绳长度确定的，选定型号后，一般根据容绳量大于悬吊深度的原则验算宽度。同时，滚筒宽度还必须保证使钢丝绳偏角不大于 1°30′，同时，滚筒边缘高出最外一层钢丝绳的高度，不得小于钢丝绳直径的 2.5 倍。

3. 滚筒个数的确定

选用单滚筒绞车还是双滚筒绞车，应根据悬吊方式来决定。安全梯、爆破电缆、管路等常用单绳悬吊，选用单筒绞车。压缩空气管、水管、吊盘、风筒、溜灰管等采用双绳悬吊，选用双筒绞车。如无双筒绞车可用 2 台单筒绞车代替。

4. 凿井绞车悬吊能力的确定

凿井绞车的悬吊能力指绞车能承受的最大静张力值，所选绞车的该值应满足实际的最大静拉力。在最大静拉力的终端载荷中应包括设备的重力，设备承受的物质重力，如吊泵吸排水管中的水、抓斗中的矸石、吊盘上安装的设备的重力等。

绞车钢丝绳最大静张力计算如下

$$F_j \geqslant \frac{M_z g}{n} \tag{2-2}$$

式中 F_j——绞车钢丝绳的最大静张力，N；

M_z——悬吊货载和钢丝绳自身质量之和，kg；

n——悬吊钢丝绳数，根；

g——重力加速度，取 $g=10\ m/s^2$。

五、天轮

天轮是矿井提升和悬吊设备的组成部分，提升和悬吊钢丝绳通过天轮导向，使其正确地悬垂在井筒中既定的位置上，并承受载荷。

（一）天轮的构造和分类

凿井用天轮，按用途分为提升天轮和悬吊天轮两大类，按结构分为固定式天轮和游动式天轮，固定式天轮按使用地点分为井上固定天轮和井下固定天轮。

（二）凿井提升天轮

凿井提升天轮的构造如图 2-21(a)所示，由轴承 1、轴 2 及轮体 3 组成。轮体包括轮毂、轮辐和轮缘，为整体铸钢或整体铸铁结构，用键与轴连接。

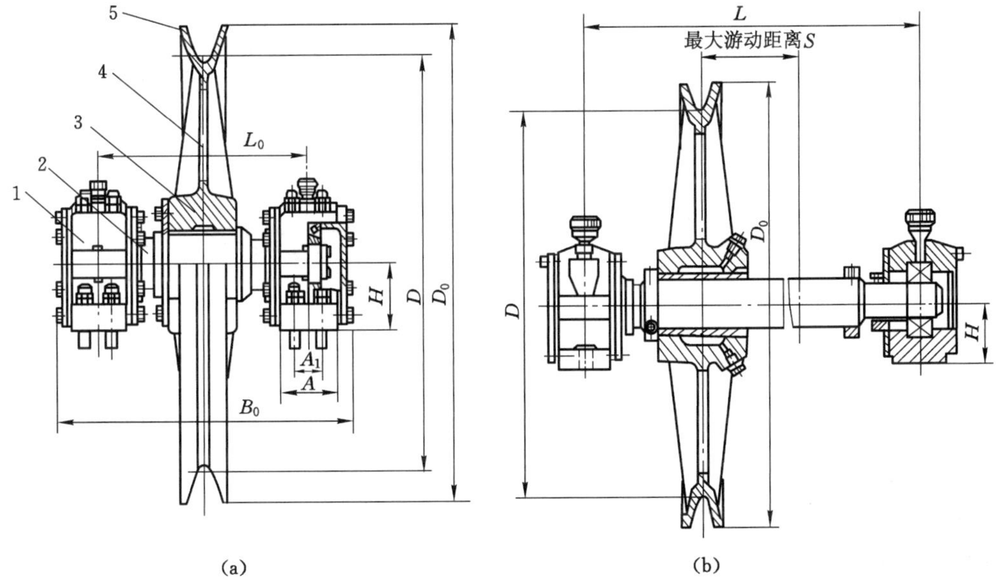

图 2-21 凿井提升天轮

(a) 凿井提升天轮；(b) 游动天轮

1——轴承；2——轴；3——轮体；4——轮辐；5——轮缘

游动天轮的结构如图 2-21(b)所示，轮体滑装在轴上，既能在轴上转动又能沿轴线左右移动。这种结构能适应斜井提升中心线不固定，内外偏角大于 1°30′的场合。

（三）凿井悬吊天轮

凿井悬吊天轮的结构如图 2-22 所示，分为单槽式和双槽式两种。单槽天轮适用于单绳悬吊，双槽天轮适用于双绳悬吊。悬吊天轮又分轻型和重型两个型号，轻型适用于浅井或作导向轮，重型适用于深井或悬吊质量较大的设备。

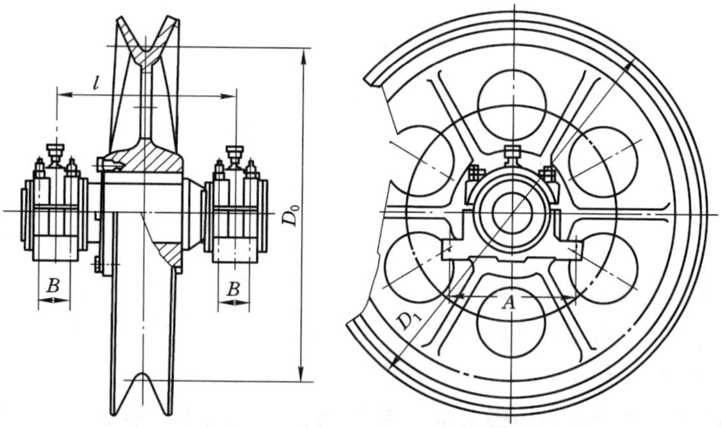

(a)

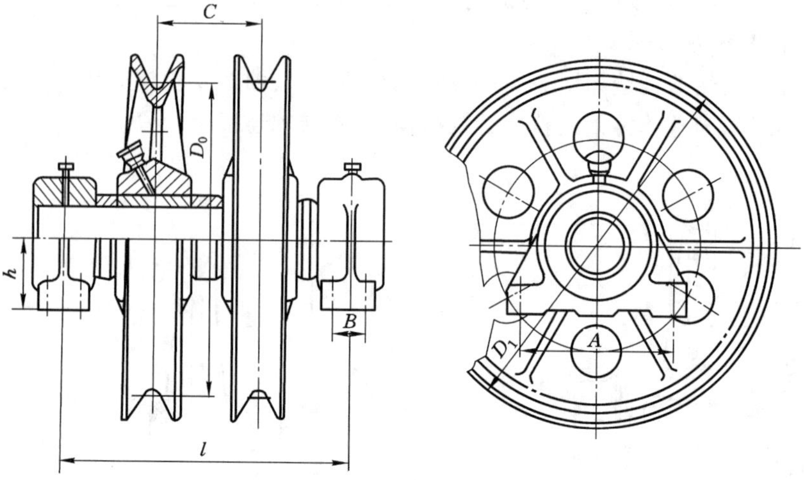

(b)

图 2-22 凿井悬吊天轮

(a) 单槽天轮；(b) 双槽天轮

（四）天轮的选择

凿井提升天轮和悬吊天轮的选择，主要是确定其直径的大小。按照规定：凿井提升用的、围抱角大于 90°的天轮的最小直径同钢丝绳直径之比不得小于 60；围抱角小于 90°的天轮，不得小于 40；使用一般股捻钢丝绳的天轮的直径同钢丝绳中最粗钢丝的直径之比，不得小于 900。悬吊水泵、吊盘、管子用的天轮直径同钢丝绳直径之比不得小于 20，同绳中最粗钢丝直径之比不得小于 300。通过天轮的钢丝绳的上表面必须低于天轮的轮缘，其高差：提升用天轮不得小于钢丝绳直径的1.5倍，悬吊用天轮不得小于1倍。

所选天轮的钢丝绳全部钢丝破断力总和或安全载荷质量或轴上的最大合力应不小于实际的相应数值。

以上天轮的技术规格见相关手册。

六、提升设备的选型计算

（一）提升方式的确定

建井提升方式对建井速度、建井效益有直接关系，在确定提升方式的过程中，应提出多个方案，经过技术经济比较后择优选用，并需充分考虑以下原则：

① 具有足够的提升能力，保证掘进速度与排矸要求相适应。

② 基建和安装时间最短，费用最低，运转维护费用低，搬迁费低且工时少。

③ 能确保安全。

常用的开凿立井的提升方式有以下几种：

1. 一套单钩提升

单钩提升不要求提升机具有调绳装置，地面卸矸和井内装矸互不干扰，因此灵活性大，但当井筒深度、提升速度和吊桶容积与一套双钩提升相同时，其提升能力低于一套双钩提升。因此，一套单钩的提升方式仅适用于井深小于250 m、井筒直径小于5 m的浅井施工。

2. 一套双钩提升

一套双钩提升较一套单钩提升能力大，电动机功率和电耗量小，但提升机的购置费用较高，调绳操作频繁，而且摘挂钩和信号工作较复杂，安装、维护费用较大。因此，在深井或井筒直径大于5 m并需要改作临时罐笼提升的浅井，可考虑选用一套双钩提升。

3. 两套单钩提升

两套单钩提升的特点是在井筒深度相同的条件下，提升能力比一套双钩提升大，而且工作可靠，机动灵活，但较双钩提升方式电耗量大，另外由于多一台提升机，使安装、拆卸及机房基建的工程量增大，运转费用增加。以两套单钩提升代替一套双钩提升，在井筒较浅和较深时都不宜采用，因为井深在200～300 m时，虽然可以提高提升能力，但设备的投资也随之增加，建井准备期相应加长，所以经济上并不合算。而井深在700 m以上时，其提升能力大的优点又变得不够明显，这是因为一次提升循环时间增加了，而休止时间和吊桶低速运行的时间仍然不变，因此也不宜采用。综合上述分析，两套单钩提升方式适用于井深400～600 m，并且应在井筒断面许可的条件下才宜采用。

4. 一套单钩加一套双钩提升

当井筒断面许可而井深大于600 m，或井筒掘砌采用平行作业施工时，为了满足对提升能力的要求，宜选用一套单钩加一套双钩的提升方式。显然，这种提升方式占用提升设备多，安装、拆卸和维修工作量大，而且管理复杂，占用人员多，所以仅在大直径、深井施工时方能充分发挥其优越性。

（二）提升容器的选择

1. 矸石吊桶的选择

(1) 根据抓岩机生产能力选择

为使抓岩机的生产能力不受提升能力的影响，应保证：一个吊桶的装岩时间 T_{zh} 不小于一次提升循环时间 T_s，即

$$T_s \leqslant T_{zh} \tag{2-3}$$

一次提升循环时间指吊桶第一次提到井口至第二次提到井口间隔的时间，它包括吊桶在井筒中的运行时间和在井底摘挂钩、井口卸矸的休止时间。一个吊桶的装岩时间可按下式计算

$$T_{zh} = \frac{3\,600 \times 0.9 \times V_T}{A_{zh}} \tag{2-4}$$

式中 0.9——吊桶装满系数；

V_T——吊桶容积，m^3；

A_{zh}——抓岩机的最大生产能力(松散体积)，多台抓岩机同时工作时，为它们的总生产能力，m^3/h。

考虑提升不均匀系数 k，则有

$$\frac{3\,600 \times 0.9 \times V_T}{A_{zh}} = kT_s$$

式中 k——提升不均匀系数，取 1.15～1.25。

由上式可求出吊桶容积 V_T，则有

$$V_T = \frac{kT_sA_{zh}}{3\,600 \times 0.9} \tag{2-5}$$

式(2-5)中的 T_s 按如下经验公式估算：

单钩提升时

$$T_s = 54 + 8\sqrt{H_{ys}} + (60 \sim 90) \tag{2-6}$$

式中 54——吊桶在无导向绳段运行的时间，s；

60～90——吊桶在工作面摘挂钩操作和卸矸台卸载的时间，s；

H_{ys}——吊桶在有导向绳段的行程，m。

其中

$$H_{ys} = H - H_{ws}$$

式中 H——提升高度，是指井筒深度 H_{sh}、井架卸矸台高度 h_z 和吊桶超出卸矸台高度 h_1 的总和，h_1 的值根据井盖门结构形式确定，一般取 1.0～1.5 m；

H_{ws}——吊桶在无导向绳段运行的距离，一般规定 $H_{ws} \leqslant 40$ m。

双钩提升时

$$T_s = 54 + 5\sqrt{H_{ys}} + (90 \sim 140) \tag{2-7}$$

式中 H_{ys}——吊桶在有导向绳段的行程，$H_{ys} = H - 2H_{ws}$，m；

90～140——吊桶在工作面摘挂钩操作和在卸矸台卸矸的时间，s。

其余符号意义同式(2-6)。

将 T_s 值代入式(2-5)计算出 V_T 后，可查相关手册选一相近而稍大的标准容积(V_{TB})吊桶。所选标准容积吊桶还要根据井筒布置的可能性检验后，才能最终确定下来。

(2) 根据井筒断面布置的可能性选用吊桶

吊桶容积的选择，也可以根据井筒断面布置来确定。因为在井筒的有限空间内，除

布置吊桶外，还需要布置许多其他设施，如压风管、风筒、吊泵、混凝土输送管、安全梯、抓岩机等。井筒内可能布置的吊桶个数可参考表 2-8。

表 2-8 井筒内可能布置的吊桶个数

井筒净直径/m	吊桶容积/m^3	吊桶个数/个
4.5	1.0	2
	1.5	1
	2.0	1
5.0	1.0	2
	1.5	1
	2.0	1
5.5	1.5	2
	2.0	1
6.0	2.0	2
	3.0	2
6.5	2.0 1.5 }	2 1 }
	3.0	2

井筒净直径/m	吊桶容积/m^3	吊桶个数/个
7.0	2.0 1.5 }	2 2 }
	3.0 1.5 }	2 1 }
7.5	2.0 2.0 }	2 2 }
	2.0 3.0 }	2 1 }
8.0	2.0 2.0 1.5 }	2 2 1 }
	3.0 1.5 }	2 2 }

注：不带括号的为一个独立方案，带括号的为一个组合方案。

(3) 根据已有的提升机选择吊桶

这是以提升机的强度为先决条件(即提升机允许的钢丝绳最大静张力、最大静张力差)来选择它能够适应的吊桶容积。计算原理、方法将在后面的提升机选择部分介绍。

2. 自翻吊桶及底卸吊桶容积的选择

自翻吊桶用于提升土、矸石时的选择方法与矸石吊桶的选择相同。如用来运送材料，应根据井下材料需要量的多少及提升机的允许强度而定。底卸式吊桶根据混凝土需要量和允许装卸时间选定。

3. 临时罐笼的选择

临时罐笼应根据井下所使用的矿车容积和最大出矸量、每班的入井人数及井筒平面布置的可能性来选择，并以下井设备的最大质量对提升机的强度进行验算。

(三) 钢丝绳的选择

1. 提升钢丝绳的选择

钢丝绳在制造时受到扭转应力的作用，在工作中除了由静载荷产生的静应力外，还会受到动应力、弯曲应力、摩擦应力以及弹性震动应力等的作用。这些应力的反复作用将造成钢丝绳的疲劳损坏。目前，还没有一种简单可行的方法计算各种应力，所以在钢丝绳的选择计算时，都是按《煤矿安全规程》的规定，按最大静载荷并考虑一定的安全系数的方法进行计算。其选择计算的步骤如下：

(1) 钢丝绳的安全系数的确定

钢丝绳的安全系数 m_a 等于实测的合格钢丝拉断力的总和 F_z(其值可查表)与其所承

受的最大静拉力 F_{zd}(包括绳端载荷和钢丝绳自重所引起的静拉力)之比。即

$$m_a = \frac{F_z}{F_{zd}} \tag{2-8}$$

《煤矿安全规程》对单绳缠绕式提升机钢丝绳的安全系数做了如下规定:

① 专为升降人员用的钢丝绳不得小于 9。

② 专为升降物料用的钢丝绳不得小于 6.5。

③ 升降人员和物料用的钢丝绳,升降人员时不得小于 9,升降物料时不得小于 7.5。

(2) 钢丝绳最大静拉力 F_{zd} 的计算

钢丝绳承受的最大静拉力 F_{zd} 是指钢丝绳悬垂段与天轮相切处 A 点承受的最大静载荷(图 2-23),它等于钢丝绳的终端载荷与钢丝绳最大悬垂长度的重力之和,即

$$F_{zd} = (m_z + qH_c)g \tag{2-9}$$

式中 F_{zd}——钢丝绳最大静载荷,N;

m_z——钢丝绳终端载荷质量,kg;

H_c——钢丝绳的最大悬垂长度,m;

q——钢丝绳每米质量,kg/m;

g——重力加速度,计算时可取 $g=9.8\ m/s^2$。

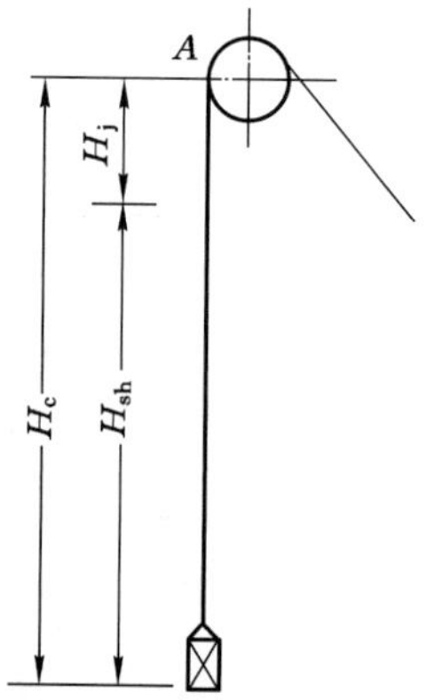

图 2-23 钢丝绳计算示意图

① 钢丝绳的终端载荷 m_z

$$m_z = m_r + m \tag{2-10}$$

式中 m_r——提升容器质量,kg;

m——提升容器一次提升物料质量,kg。

矸石吊桶提升时的容器质量,求法如下

$$m_r = m_T + m_g + m_h + m_{ch} \tag{2-11}$$

式中 m_T——吊桶的质量,kg;

m_g——钩头与连接装置的质量,kg;

m_h——滑架的质量,kg;

m_{ch}——缓冲器的质量,kg。

矸石吊桶提升时的物料质量,求法如下

$$m = 0.9V_{TB}\rho_g + 0.9\left(1 - \frac{1}{k_s}\right)V_{TB}\rho_{sh} \tag{2-12}$$

式中 0.9——吊桶的装满系数;

V_{TB}——所选标准吊桶的容积,m^3;

ρ_g——矸石松散密度,kg/m^3;

ρ_{sh}——水的密度,kg/m^3;

k_s——矸石松散系数,取 $k_s=1.8\sim2.0$。

临时罐笼提升时的容器质量,求法如下

$$m_r = m_{gl} + zm_{kc} \tag{2-13}$$

式中 m_{gl}——罐笼质量,kg;

m_{kc}——矿车质量,kg;

z——罐笼中矿车数，个。

临时罐笼提升时的物料质量，求法如下

$$m = zk_m V_k \rho_g \tag{2-14}$$

式中 V_k——矿车容积，m^3；

k_m——矿车装满系数，可取 0.9。

② 钢丝绳最大悬垂长度 H_c

$$H_c = H_{sh} + H_j \tag{2-15}$$

式中 H_{sh}——井筒深度，m；

H_j——井口水平至井架天轮平台的垂直高度，m。

在实际计算时 H_c 之值可取比计算值稍大的整数。

③ 钢丝绳每米质量 q 的计算

由于钢丝绳的重力是它最大静拉力的一部分，所以一般不通过计算钢丝绳直径来选择钢丝绳，而通过计算钢丝绳每米质量 q 来选择。钢丝绳的每米质量可用下式计算

$$q \geqslant \frac{m_z}{\dfrac{\sigma_b}{g\rho m_a} - H_c} \tag{2-16}$$

式中 m_z——钢丝绳终端荷载质量，kg；

σ_b——钢丝绳的公称抗拉强度，MPa；

m_a——提升钢丝绳的安全系数；

H_c——钢丝绳的最大悬垂长度，m；

g——重力加速度，取 $g = 9.8\ m/s^2$；

ρ——钢丝绳的平均密度，取 $\rho = 9\ 400\ kg/m^3$。

将 g、ρ 值代入式(2-16)得

$$q \geqslant \frac{m_z}{\dfrac{11\sigma_b}{m_a} - H_c} \tag{2-17}$$

由公式(2-16)或公式(2-17)算出 q 值后，根据钢丝绳的用途确定它的类型，再从该类型钢丝绳技术规格表选取与计算出来的 q 值相近且较大的标准钢丝绳。

④ 钢丝绳安全系数校核

因为所选标准钢丝绳每米的质量比计算值有所增加，使钢丝绳质量增大，所以此时钢丝绳的安全系数是否仍符合《煤矿安全规程》的规定，应按下式校核

$$m_a' = \frac{F_d}{g(m_z + q_B H_c)} \geqslant m_a \tag{2-18}$$

式中 F_d——初选钢丝绳钢丝破断拉力的总和，N；

q_B——初选钢丝绳的每米质量，kg/m。

4. 悬吊钢丝绳的选择计算

由于悬吊钢丝绳在工作时具有移动次数少、移动速度慢、工作条件好等特点，《煤矿安全规程》对悬吊钢丝绳和导向钢丝绳的安全系数规定如下：

① 悬挂吊盘、水泵、排水管、抓岩机、安全梯等用的钢丝绳，罐道绳和防撞绳都不得小于 6；

② 悬挂风筒、风管、供水管、注浆管、输料管、电缆用的钢丝绳、拉紧装置用的钢丝绳都不得小于5。

选择悬吊钢丝绳的步骤和方法与提升钢丝绳相同。计算钢丝绳的 q 值用公式(2-17),式中的终端载荷量 m_z应根据下面的公式确定,即

$$m_z = \frac{m}{n}$$

式中 m——悬吊设备的总质量(包括设备质量及其荷载质量,如水泵包括水管、管中水的质量;抓岩机包括其抓取的矸石质量,等等),kg;

n——悬吊钢丝绳的根数。

公式(2-17)中的钢丝绳最大悬垂长度 H_c在此时指井内设备最低悬吊点与钢丝绳和天轮相切点间的垂高。

此外,悬吊钢丝绳亦可根据终端荷载 m_z及钢丝绳的最大悬垂长度 H_c查表直接选取钢丝绳直径。

5. 导向钢丝绳(稳绳和罐道绳)的选择

(1) 导向钢丝绳最下端张紧力 F_x的确定

① 稳绳罐道。《矿山井巷工程施工及验收规范》规定,稳绳罐道(吊桶用导向绳)的张紧力每 100 m 不得小于 1 t,则

$$F_x = \frac{H_c g}{100} \times 10^3 \tag{2-19}$$

式中 F_x——钢丝绳最下端张紧力,N;

H_c——钢丝绳的最大悬垂长度,m。

② 钢丝绳罐道。《煤矿安全规程》规定,如果一个提升容器(罐笼或平衡锤)只有 2 根罐道绳时,每根罐道绳的刚性系数不得小于 1 000 N/m,各绳的张紧力应相等,故

$$F_{xmin}' = \frac{H_c}{100} \times 10^3 \tag{2-20}$$

式中 F_{xmin}'——钢丝绳罐道所需最小张紧力,N。

《煤矿安全规程》规定,如果每个提升容器设有 4 根罐道绳时,每根罐道绳的最小刚性系数不得小于 500 N/m,各绳张紧力之差不得小于平均张紧力的 5%。由此求出所需张紧力为

$$F_{xmin}'' = \frac{k_{min}}{4}(H - H_c)\ln\frac{H}{H - H_c} \tag{2-21}$$

式中 F_{xmin}''——钢丝绳罐道所需最小张紧力,N;

k_{min}——钢丝绳罐道最小刚性系数,$k_{min}=500$ N/m;

H——钢丝绳极限悬垂长度,m。

其中

$$H = \frac{\sigma_b}{g\rho m_a}$$

式中 σ_b——钢丝绳的公称抗拉强度,常取 $\sigma_b=1\ 670$ MPa;

ρ——钢丝绳的密度,一般取 $\rho=8\ 900 \sim 9\ 300$ kg/m^3;

g——重力加速度,取 $g=9.8$ m/s^2;

m_a——提升钢丝绳的安全系数,$m \geqslant 6$。

从 F_{xmin}' 和 F_{xmin}'' 中选取较大值作为钢丝绳最下端张紧力 F_x。

(2) 计算钢丝绳每米质量 q

$$q \geqslant \frac{F_x}{\left(\frac{11\sigma_b}{m_a} - H_c\right)g} \tag{2-22}$$

式中所有符号同前。

(3) 选择钢丝绳

根据确定的钢丝绳类型，查该类型钢丝绳技术规格表，选取与计算值相近且较大的标准钢丝绳。

(4) 安全系数校核

① 稳绳罐道

$$m_a' = \frac{F_d}{F_x + H_c qg} \geqslant 6 \tag{2-23}$$

② 钢丝绳罐道

$$m_a' = \frac{F_d}{F_{xmax} + H_c qg} \geqslant 6 \tag{2-24}$$

式中 F_{xmax}——钢丝绳下端最大张紧力，为避免钢丝绳罐道在罐笼运行中发生共振，同一提升容器中的钢丝绳罐道下端张紧力差不得小于 5%，N。

其中

$$F_{xmax} = F_{xmin}[1 + (n-1) \times 0.05]$$

式中 n——同一容器的罐道绳根数；

F_{xmin}——钢丝绳最下端最小张紧力，N。

③ 刚性系数的校核

$$k = \frac{4qg}{\ln(1+\alpha)} \geqslant 500 \tag{2-25}$$

式中 α——钢丝绳自重与张紧力的比值。

其中

$$\alpha = \frac{qH_c g}{F_x}$$

式中所有符号意义同前。

(四) 提升机的选择

建井用的提升机，应根据井筒开凿、巷道开拓、井筒安装等不同时期的提升方式及提升量进行选择。从井筒施工角度看，吊桶提升可以用单钩提升，也可用双钩提升。单钩提升时，既可选用单滚筒提升机，也可选用双滚筒提升机。从巷道施工看，由于使用临时罐笼提升，一般采用双钩提升，所以应选用双滚筒提升机。由上述分析可知，建井提升机以选用单绳缠绕式双滚筒提升机为宜，它可以满足不同时期提升方式的要求。

确定提升机型号的具体方法是：先根据滚筒直径选取提升机规格型号，然后进行滚筒宽度和强度校验。

1. 滚筒直径 D 的确定

滚筒直径的大小应以减小钢丝绳的弯曲应力，改善其疲劳受力状态为原则。《煤矿

安全规程》对凿井提升机滚筒直径做了如下规定

$$D \geqslant 60d \tag{2-26}$$

$$D \geqslant 900\delta \tag{2-27}$$

式中 D——提升机滚筒直径，mm；

d——钢丝绳直径，mm；

δ——钢丝绳中最粗钢丝的直径，mm。

根据公式(2-26)和公式(2-27)的计算结果，按其中大值在提升机规格表中选出相近而较大的标准滚筒直径 D，则初步确定了提升机的型号。

2. 校验滚筒宽度 B

滚筒宽度应容纳缠绕在滚筒表面的全部钢丝绳，这些钢丝绳由以下几部分组成：

① 等于提升高度 H 的钢丝绳长度。

② 供试验用的备用钢丝绳长度。按照规定，升降人员或升降人员和物料用的钢丝绳每半年试验一次。根据使用年限，一般取 30 m。

③ 为减少绳头在滚筒固定处的张力，按照规定，滚筒上经常留缠 3 圈摩擦圈。

④ 按照规定，在多层绳缠绕时，为避免由下层转到上层时总在同一段发生咬绳现象，每季度应错动 1/4 圈，若钢丝绳以 3 年使用期计算，则应留 3 圈错绳圈。

提升机滚筒应有的宽度(单绳缠绕式提升机)计算如下：

单层缠绕时

$$B = \left(\frac{H + 30}{\pi D} + 3\right)(d + \varepsilon) \tag{2-28}$$

式中 H——最大提升高度，m；

D——滚筒的标准直径，m；

d——钢丝绳直径，mm；

ε——钢丝绳绳圈之间的间距，一般取 2～3 mm。

多层缠绕时

$$B = \left(\frac{H + 30 + 6\pi D}{k\pi D_P}\right)(d + \varepsilon) \tag{2-29}$$

式中 k——钢丝绳在滚筒上的缠绕层数，按照规定，在建井期间准许缠绕 2 层；

D_P——平均缠绕直径，mm。

平均缠绕直径计算如下

$$D_P = D + (k - 1)\sqrt{d^2 - \left(\frac{d + \varepsilon}{2}\right)^2} \tag{2-30}$$

计算出的滚筒宽度 B，如超过了所选提升机的标准宽度，应另选宽度更大的提升机。

3. 验算提升机的强度

验算提升机的强度包括验算最大静张力 F_j 和最大静张力差 F_{jc} 两项内容。

最大静张力 F_j 是指重载容器在井底刚被提起时，提升钢丝绳悬垂段与天轮相切点的张力，是提升机主轴和滚筒承受扭矩和弯矩所允许的拉力。最大静张力差 F_{jc} 是指双钩提升系统中重载容器刚离开井底，空载容器处于井口卸载位置时，两条提升钢丝绳在它们与天轮相切点的张力差。该值不应超过提升机减速器能够承受的扭矩，即提升机规格中

所列最大静张力差。验算的目的是检验整个提升机的强度是否符合现场条件的要求，验算公式如下

$$F_j = (m + m_r + qH_c)g \leqslant F_{jr} \tag{2-31}$$

$$F_{jc} = (m + qH)g \leqslant F_{jcr} \tag{2-32}$$

式中 m——货载质量，kg；

m_r——容器质量，kg；

q——钢丝绳每米质量，kg；

H_c——钢丝绳的最大悬垂长度，m；

H——容器最大提升高度，m；

g——重力加速度，取 $g=9.80\ m/s^2$；

F_{jr}——预选提升机允许的最大静张力，N；

F_{jcr}——预选提升机允许的最大静张力差，N。

若提升机强度验算不合格，则应重选强度更高的提升机。

（五）提升电动机功率的估算

单钩提升时

$$P = \frac{(m + m_r + q_B H)}{1\ 000\eta_c} v_B$$

双钩提升时

$$P = \frac{kmv_B g}{1\ 000\eta_c}\xi \tag{2-33}$$

式中 P——提升电动机的估算功率，kW；

m——一次实际提升货载质量，kg；

m_r——容器的质量，kg；

v_B——提升机的标准速度，m/s；

η_c——减速器的传动效率，一级传动时 $\eta_c=0.92$，二级传动时 $\eta_c=0.85$；

k——矿井阻力系数，即考虑提升容器在井筒中运动时的风阻、罐道阻力及钢丝绳弯曲阻力系数，吊桶提升时 $k=1.1$，罐笼提升时 $k=1.2$；

ξ——动力系数，即考虑加、减速度及钢丝绳重力等因素影响的系数，吊桶提升时 $\xi=1.05\sim1.1$，罐笼提升时 $\xi=1.3$；

g——重力加速度，取 $g=9.8\ m/s^2$。

提升电动机的旋转速度 n_e、减速器的传动比 i、提升速度 v_B 及卷筒直径 D 有如下的关系

$$n_e = \frac{60v_B i}{\pi D} \tag{2-34}$$

所选电动机应满足式(2-33)计算的功率、提升机对电动机旋转速度及矿井电压等级三个方面的要求。需要指出的是，按以上计算选出的电动机，其转速不一定与计算出的完全相同，需要按所选电动机的转速重新计算提升机实际提升速度 v_m。

$$v_m = \frac{\pi D n_e}{60i} \tag{2-35}$$

式中 v_m——提升机实际最大提升速度，m/s；

n_e——已选出电动机的额定转数，r/min；

i——减速器的传动比。

应特别注意：由上式计算出来的 v_m 之值应符合《煤矿安全规程》对最大提升速度的要求。

七、凿井提升设备选型计算举例

有一立井井筒的深度为 240 m，井筒直径 5 m，使用Ⅰ型钢管凿井井架，井架高度为 16.242 m，卸矸台高度为 5.0 m，吊桶至卸矸台高度为 1.5 m，现采用一台中心回转式抓岩机装岩，其生产能力为 $A_{zh}=30\ m^3/h$，巷道掘进时期改用 10 kN 单车临时罐笼提升。试进行提升设备选型计算。

（一）提升方式的确定

由于井筒深度小于 250 m，井筒直径也不大，决定采用一套单钩吊桶提升，转入井底车场和平巷施工时改用 10 kN 单车临时罐笼双钩提升。

（二）提升设备的选型计算

1. 选择矸石吊桶

(1) 抓岩机的生产能力

根据已知条件，抓岩机生产能力为：$A_{zh}=30\ m^3/h$ 。

(2) 估算一次提升循环时间 T_s

提升高度 H

$$H = 240 + 5.0 + 1.5 = 246.5\ m$$

吊桶在有稳绳段的运行距离 H_{ys}

$$H_{ys} = H - h_{ws} = 246.5 - 40 = 206.5\ m$$

估算一次提升循环时间 T_s，由式(2-6)知：

$$T_s = 54 + 8\sqrt{H_{ys}} + 90 = 54 + 8\sqrt{206.5} + 90 \approx 259\ s$$

(3) 计算吊桶容积

由式(2-5)知：

$$V_T = \frac{kT_s A_{zh}}{3\ 600 \times 0.9} = \frac{1.25 \times 259 \times 30}{3\ 600 \times 0.9} \approx 2.998\ m^3$$

查表 2-1 选标准容积 $V_{TB}=3.0\ m^3$ 的吊桶，其全高为 2.89 m，质量为 1 049 kg。

(4) 选择吊桶的附属设备

查表 2-3，选用 7 t 钩头，总质量 $m_g=160$ kg，连接装置高度 1 477 mm。

查表 2-4，选用跨距 $L=1.85$ m 的滑架，总质量 $m_h=137$ kg，宽度为 1 920 mm，高宽比 1∶2，高度为 960 mm。

查表 2-5，选用总质量 $m_{ch}=24.16$ kg，全高为 590 mm 的缓冲器。

2. 提升钢丝绳的选择计算

(1) 计算钢丝绳终端载荷质量 m

吊桶提升时：

① 物料质量 m

取 $k_s=2$，$\rho_g=1\ 600\ kg/m^3$，$\rho_{sh}=1\ 000\ kg/m^3$，按式(2-12)计算为：

$$m = 0.9V_{TB}\rho_g + 0.9\left(1-\frac{1}{k_s}\right)V_{TB}\rho_{sh}$$
$$= 0.9\times 3\times 1\ 600 + 0.9\times\left(1-\frac{1}{2}\right)\times 3\times 1\ 000$$
$$= 5\ 670\ \text{kg}$$

② 容器的质量 m_r

按式(2-11)计算为：

$$m_r = m_T + m_g + m_h + m_{ch} = 1\ 049 + 160 + 137 + 24.16 = 1\ 370.16\ \text{kg}$$

③ 终端载荷质量 m_z

按式(2-10)计算有

$$m_z = m + m_r = 5\ 670 + 1\ 370.16 = 7\ 040.16\ \text{kg}$$

临时罐笼提升时，查表 2-7 知：10 kN 单车临时罐笼，矿车容积为 1.1 m^3，罐笼质量为 1 543 kg；查相关资料知，矿车质量为 592 kg，由式(2-13)知，容器质量为：

$$m_r = m_{gl} + zm_{kc} = 1\ 543 + 1\times 592 = 2\ 135\ \text{kg}$$

由式(2-14)知，物料质量为：

$$m = zk_m V_k \rho_g = 1\times 0.9\times 1.1\times 1\ 600 = 1\ 584\ \text{kg}$$

罐笼终端载荷质量为：

$$m_z = m + m_r = 1\ 584 + 2\ 135 = 3\ 719\ \text{kg}$$

由于临时罐笼提升终端载荷 m_z 比吊桶提升时小，故以吊桶提升的 m_z 作为以后计算依据。

(2) 钢丝绳最大悬垂长度 H_c

按式(2-15)计算得：

$$H_c = H_{sh} + H_j = 240 + 16.242 = 256.242\ \text{m}$$

(3) 确定钢丝绳公称抗拉强度和安全系数的取值

取钢丝绳的公称抗拉强度 $\sigma_b = 1\ 570\ \text{N/mm}^2$，先按提升物料确定安全系数，根据《煤矿安全规程》规定，升降物料时 $m_a = 7.5$，升降人员时 $m_a = 9$。

(4) 计算钢丝绳每米质量 q

按式(2-17)计算得

$$q \geqslant \frac{m_z}{\dfrac{11\sigma_b}{m_a} - H_c} = \frac{7\ 040.16}{\dfrac{11\times 1\ 570}{7.5} - 256.242} \approx 3.44\ \text{kg/m}$$

(5) 初选钢丝绳

查相关手册选用 18×7 多层股不旋转钢丝绳，其技术规格为 $q_B = 3.994$ kg/m，钢丝绳直径 $d = 32$ mm，钢丝绳的最小破断拉力为 527 300 N，钢丝的破断拉力总和为 $F_d = 527\ 300\times 1.283 \approx 676\ 525.9$ N。

(6) 校核安全系数

用吊桶提升物料时，由式(2-18)知：

$$m_a' = \frac{F_d}{g(m_z + q_B H_c)} = \frac{676\ 525.9}{9.8\times(7\ 040.16 + 3.994\times 256.242)}$$
$$\approx 8.6 > 7.5\quad \text{校验合格}$$

用吊桶提升人员时，以吊桶每次载送 12 人，每人质量为 70 kg 计算

$$m_a' = \frac{F_d}{g(m_z + q_B H_c)} = \frac{676\ 525.9}{9.8 \times (70 \times 12 + 1\ 370.16 + 3.994 \times 256.242)}$$
$$\approx 21 > 9 \quad 合格$$

罐笼提升人员：罐笼的有效载人面积由表 2-7 查出为 $2.0 \times 1.088\ m^2$。《煤矿安全规程》规定，在罐笼内每人应占有不小于 $0.18\ m^2$ 的有效面积。于是罐笼的载人数为：$\frac{2.0 \times 1.088}{0.18} \approx 12$ 人。

$$m_a' = \frac{F_d}{g(m_z + q_B H_c)} = \frac{676\ 525.9}{9.8 \times (70 \times 12 + 1\ 543 + 3.994 \times 256.242)}$$
$$\approx 20 > 9 \quad 合格$$

3. 提升机的选型

(1) 提升机型号的确定

虽然开凿井筒期间采用单钩吊桶提升方式，但考虑到转入井底车场和巷道施工时，需要改用双钩临时罐笼提升，故应选择双滚筒提升机。

(2) 滚筒直径的确定

由式(2-26)知，滚筒直径

$$D \geqslant 60d = 60 \times 32 = 1\ 920\ mm$$

查相关手册，初选 2JKZ—3/15.5 型双滚筒提升机，其滚筒直径 $D = 3\ 000$ mm，滚筒宽度 $B = 1\ 800$ mm，最大允许静张力 $F_j = 170\ 000$ N，最大允许静张力差 $F_{jc} = 140\ 000$ N，最大提升速度 4.86 m/s，电动机最大近似功率为 786 kW。

(3) 校验滚筒宽度

单层缠绕时由式(2-28)知

$$B = \left(\frac{H + 30}{\pi D} + 3\right)(d + \varepsilon) = \left(\frac{246.5 + 30}{\pi \times 3} + 3\right)(32 + 3) \approx 1\ 132\ mm < 1\ 800\ mm$$

《煤矿安全规程》允许缠绕 2 层，故滚筒宽度可满足要求。

(4) 提升机强度校验

① 最大静张力校验

单钩吊桶提升时

$$F_j = (m + m_r + q_B H_c)g = (5\ 670 + 1\ 370.16 + 3.994 \times 256.242) \times 9.8$$
$$\approx 79\ 023 < 170\ 000\ N$$

罐笼提升的绳端载荷小于吊桶，故肯定是合格的。

② 罐笼双钩提升最大静拉力差 F_{jc} 验算

$$F_{jc} = (m + q_B H)g = (0.9 \times 1.1 \times 1\ 600 + 3.994 \times 240) \times 9.8$$
$$\approx 24\ 917\ N < 140\ 000\ N \quad 合格$$

4. 估算电动机功率

$$P = \frac{(m + m_r + q_B H)g}{1\ 000\eta_C} v = \frac{(5\ 670 + 1\ 370.16 + 3.994 \times 246.6) \times 9.8}{1\ 000 \times 0.85} \times 4.86$$
$$\approx 449.67\ kW$$

估算的电动机功率远小于该型提升机电动机最大近似功率(786 kW)，故满足要求。

任务实施

一、任务实施方法

① 教师首先讲授提升设备选型计算的方法和步骤。

② 教师结合现场实际向学生提供选型计算的原始资料。

原始资料举例如下(有多组,每组参数不同):

已知某立井井筒的设计深度为230 m,井筒直径为4.5 m,井架为Ⅰ型标准凿井井架(天轮平台至井口水平高度为16.25 m),卸载平台高度为5.1 m,吊桶到卸载平台的高度为1.5 m,施工中使用1台HZ—4型抓岩机装岩,巷道掘进时期改用10 kN单车临时罐笼提升,试进行提升设备的选型计算。

③ 学生每5人1组,根据提供的原始资料进行选型计算。

④ 学生在选型过程中,指导教师巡回检查并指导,随时向学生进行提问,并解答学生的疑难问题。

⑤ 学生分组总结自己的收获。

二、任务考评

教师根据学生选型计算中的表现、答辩情况、选型作业,评定出实训成绩。

提升设备选型设计的评分标准见表2-9。

表2-9 提升设备选型设计的评分标准

序号	考核内容	考核项目	分值	评分标准	得分
1	提升方式的确定	提升方式的确定	5	正确说明确定依据5分	
2	提升容器的选择计算	矸石吊桶的选择计算	20	① 吊桶选择计算10分 ② 吊桶附属设备选择10分	
3	提升钢丝绳的选择计算	① 终端载荷质量计算 ② 最大悬垂长度计算 ③ 抗拉强度及安全系数确定 ④ 每米质量计算及钢丝绳选择 ⑤ 安全系数校核	50	① 终端载荷质量计算20分 ② 最大悬垂长度计算5分 ③ 抗拉强度及安全系数确定5分 ④ 每米质量计算及钢丝绳选择10分 ⑤ 安全系数校核10分	
4	提升机的选择计算	① 滚筒直径的计算 ② 滚筒宽度的校验 ③ 提升机强度的校验	15	每项内容5分	
5	电动功率估算	电动机功率估算	5	功率估算正确5分	
6	学习态度	① 学习纪律 ② 协作精神	5	学习纪律3分 协作精神2分	
总计					

思考与练习

① 结合图 2-1 说明立井凿井提升系统的基本组成与工作过程。
② 凿井提升中经常使用哪些提升容器？它们分别适用于什么条件？
③ 钢丝绳是如何分类的？各类钢丝绳有何特点？标准钢丝绳是如何标志的？
④ 矿用提升机有哪些类型？建井施工中多用哪种提升机？
⑤ 2JK 型提升机由哪几部分组成？
⑥ 凿装提升机在什么情况下需要进行调绳操作？
⑦ 提升机的深度指示器有何作用？
⑧ 提升容器如何进行选择？
⑨ 钢丝绳如何进行选择？
⑩ 提升机如何进行选择？

任务二　排水设备的使用与维护

教学目标

(1) 知识目标
① 掌握矿用排水设备的用途及离心式水泵的工作原理。
② 掌握离心式水泵的组成及各主要部件的结构和作用。
③ 掌握离心式水泵轴向推力的平衡方法。
④ 掌握矿用排水设备经济运行的评价指标。
(2) 能力目标
① 能正确启动及停止排水设备。
② 能正确使用拆装工具对水泵进行拆装。
(3) 职业素质
① 具有不怕脏、苦、累，勤于动手、团结协作的工作精神。
② 具有严肃认真、一丝不苟的工作态度。

任务描述

在煤矿建设和生产过程中，各种来源的水不断地涌入矿井，涌入矿井的水统称为矿水。矿水主要来源于大气降水、地表渗透水、含水层水和工作中灭尘水等。矿山排水设备的任务是将矿水及时排送至地面，保证井下工作人员、设备和矿井的安全。如果排水设备不能正常运转，将直接影响矿井的建设和井下生产安全，甚至造成淹没矿井的重大事故，因此要求矿山排水设备必须安全、可靠、经济地运行。为了使排水设备能够稳定、高效地工作，作为技术人员就要掌握离心式水泵的性能、结构及工作原理，对排水设备的启动、停止能进行正确操作,能按规定对排水设备进行日常的维护与保养,减少事故的发生。

相关知识

一、建井排水的特点及方法

(一) 建井排水的特点

建井排水设备有以下特点:

① 由于井巷穿过的岩层含水情况和渗透情况不同,工作面的涌水量经常发生变化,有时变化的幅度还比较大。同时,随井筒工作面的推进,排水高度不断加大,因此,排水设备的工作状态是经常变化的。

② 工作面的积水含泥沙量较大,要求排水设备耐磨、通畅。

③ 随着工作面的推进和爆破工作的需要,排水设备的停放位置要经常变动,以便它移动灵活。

(二) 立井井筒施工期间的排水方法

立井井筒施工排水方法按使用的设备不同分为气动潜水泵—吊桶排水、吊泵排水和卧式多级泵排水。

1. 气动潜水泵—吊桶排水

当井筒涌水量不大($<6\ m^3/h$)时,用气动潜水泵将工作面积水排入吊桶,充满矸石空隙,水随同矸石提至地面排出,如图 2-24 所示。这种方法设备简单,占用的空间小,有利于井筒布置。但是,其排水量受提升能力所限,只有在满足以下三个条件时才能采用。

① 井筒涌水量不大,积水淹没岩面的高度不超过 0.1 m,否则工作面的工作将受到影响。

② 潜水泵应能够在吊桶装矸的同时把吊桶注满水。

③ 吊桶的排水能力应能在排矸期间把爆破前后不排水期间的积水排尽。

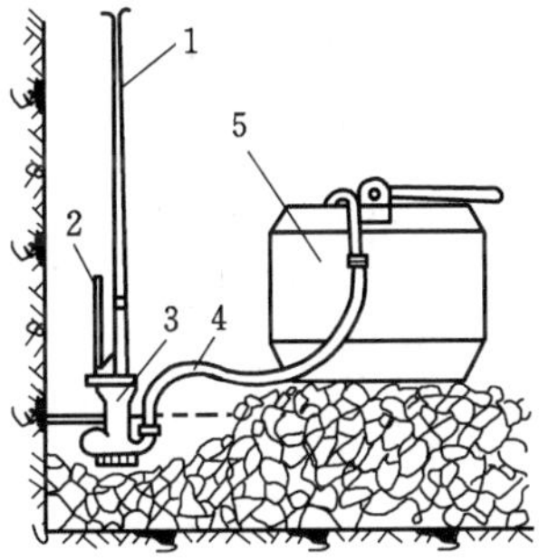

图 2-24 气动潜水泵—吊桶排水
1——进气管;2——排气管;
3——气动潜水泵;4——排水管;
5——吊桶

根据吊桶排矸情况计算吊桶的排水能力,即

$$Q=\frac{nVkk_2'}{k_3} \tag{2-36}$$

式中 Q——吊桶的排水能力,m^3/h;

n——吊桶每小时的提升次数,次/h;

k——吊桶的装满系数,一般取 0.9;

V——吊桶的容积,m^3;

k_2'——吊桶内矸石的孔隙率,一般取 0.45~0.70;

k_3——考虑吊桶提人、运送材料时不能排水的提升不均衡系数,一般取 1.1～1.25。

爆破前后,工作面必需的排水量 Q' 的计算如下

$$Q' = \frac{t_0 + t_2}{t_2 - t_2'} Q'' \tag{2-37}$$

式中 Q'——爆破前后,工作面必需的排水量,m^3/h;

t_0——装岩开始前不排水的时间(包括提人、爆破、通风、安全检查、下人、下设备和装岩准备等时间),一般为 1～1.25 h;

t_2——每循环装岩时间,h;

t_2'——从开始装岩至用吊桶排水间不排水的时间,h,如装岩开始时水已没过矸石面,则 $t_2' = 0$;

Q''——工作面的最大涌水量,m^3/h,按积水淹没岩石的高度不超 0.1 m 计算。

工作面的最大涌水量计算如下

$$Q'' \leqslant \frac{S(k_2 l\eta + 0.1)}{t_0} \tag{2-38}$$

式中 k_2——工作面矸石的孔隙率,一般取 0.3～0.45;

l——炮眼深度,m;

S——井筒掘进断面,m^2;

η——炮眼利用率,一般取 0.80～0.85。

吊桶排水能力必须满足的条件如下

$$Q \geqslant Q' \tag{2-39}$$

气动潜水泵的流量 Q 按泵在吊桶装矸的同时把吊桶装满的计算如下

$$Q \geqslant k_2 P \tag{2-40}$$

式中 P——抓岩机的生产率,m^3/h。

工作面涌水量大,用气动潜水泵—吊桶排水法不能满足排水能力要求时,应采用吊泵或卧式多级水泵排水。

2. 吊泵排水

如图 2-25 所示,水泵由凿井绞车悬吊在井筒中,通过水管把涌水直接排至地面。

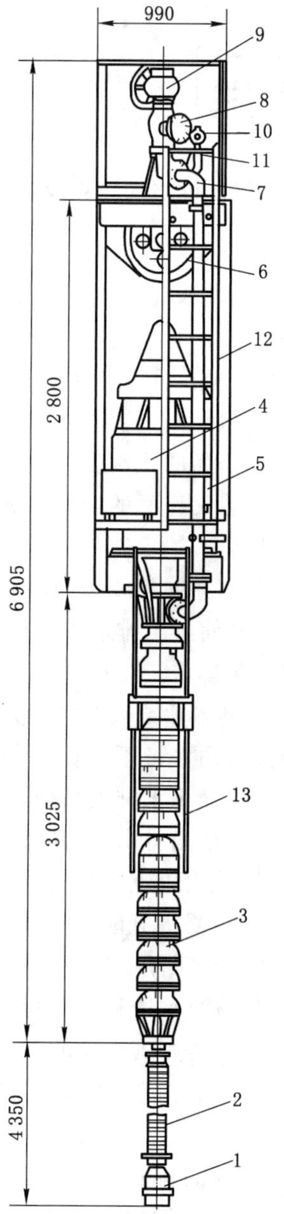

图 2-25 吊泵

1——底阀及滤水器;2——吸水管;3——水泵机体;4——电动机;5——框架;6——滑轮;7——排水管;8——逆止阀;9——闸门;10——小闸门;11——灌水旁路管;12——上段梯子;13——下段梯子

3. 卧式多级水泵排水

如图 2-26 所示，卧式多级水泵装于吊盘上，随吊盘移动，通过水管把涌水直接排至地面。

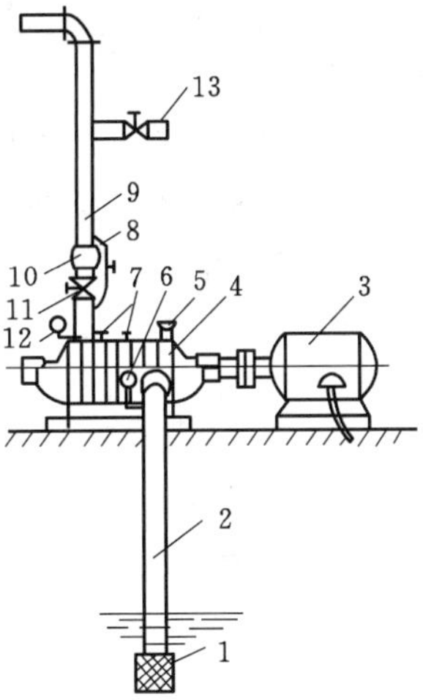

图 2-26 卧式多级水泵

1——滤水器；2——吸水管；3——电动机；4——水泵；5——灌水漏斗；6——真空表；7——放气闸；8——旁通管；9——排水管；10——逆止阀；11——闸阀；12——压力表；13——放水管

（三）水泵的类型

矿井排水多采用离心式水泵，分类情况如下：

1. 按串联叶轮的数量分类

① 单级泵：泵轴上只有一个叶轮。

② 多级泵：泵轴上有两个或两个以上相互串联的叶轮。多级泵的扬程等于一个叶轮产生的扬程与串联叶轮数的乘积。

2. 按泵轴的位置分类

① 立式泵：泵的轴线与水平面垂直，如吊泵等。

② 卧式泵：泵的轴线与水平面平行。

3. 按叶轮进水口数目分类

① 单吸泵：叶轮上只有一个进水口。

② 双吸泵：叶轮两侧都有进水口。

二、水泵的工作原理与性能参数

（一）离心式水泵的工作原理

图 2-27 是单吸单级离心式水泵的结构简图。

水泵启动前，先向泵内灌满水，然后启动电动机。当电动机带动叶轮按图示方向旋转时，叶轮中的水在离心力的作用下被甩向螺旋形泵壳，在泵壳内水的动能转变为压力能，而后通过排水管排出，此时叶轮中形成负压，吸水管中的水在大气压力作用下进入叶轮再被甩入泵壳，吸水管中的水又流入叶轮，形成连续的流动，达到了排水的目的。

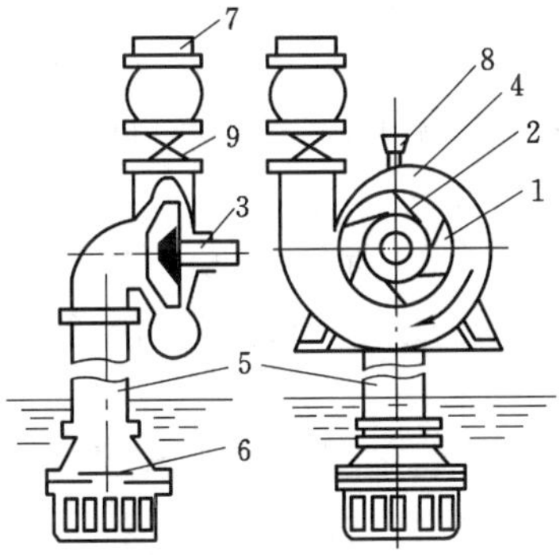

图 2-27 单吸单级离心式水泵的结构

1——叶轮；2——叶片；3——泵轴；4——外壳；5——吸水管；6——带底阀的滤水器；7——排水管；8——引水漏斗；9——闸阀

（二）离心式水泵的性能参数

(1) 流量(Q)：单位时间内水泵所排出水的体积，单位为 m^3/s、m^3/h。

(2) 扬程(H):单位重力的水通过水泵所获得的能量,单位为 m。即高度为 h 的水柱底面上的压力。

(3) 功率:水泵的功率有轴功率和有效功率之分。

① 轴功率(P):原动机传递给水泵轴的功率,即水泵的输入功率,单位为 kW。

② 有效功率(P_x):单位时间内水自水泵所获得的能量,表达式为

$$P_x = \frac{\gamma QH}{1\ 000} \tag{2-41}$$

式中 P_x——泵的有效功率,kW;

γ——泵内液体的重度,N/m³;

Q——水泵的流量,m³/s;

H——水泵的扬程,m。

(4) 效率(η):水泵的有效功率与轴功率的比值,表达式为

$$\eta = \frac{P_x}{P} = \frac{\gamma QH}{1\ 000P} \tag{2-42}$$

(5) 转速(n):水泵叶轮每分钟的转数,单位为 r/min。

(6) 必需汽蚀余量$(\mathrm{NPSH})_r$:在保证水泵不发生汽蚀的情况下,泵在吸入口处,单位重量液体所具有的超过汽蚀压力的富余能量,单位为 m。

所谓汽蚀是指水泵运转时,如果水泵中的最低压力区(在叶轮入口处)的压力小于该处水温下的饱和蒸汽压力时,水就在该处汽化形成气泡,气泡随水一起流向叶轮的高压区(水压从叶片入口起沿半径方向逐渐增高),气泡又凝结成水,由于气泡的体积突然缩小而形成空洞,空洞周围的水以高速冲向空洞中心,从而产生巨大的水力冲击。当气泡连续不断地产生时,就形成高频水力冲击,使金属表面因疲劳而破坏。此外,水在汽化时溶于水中的有害气体析出,也会造成对金属的腐蚀,这种现象称为水泵的汽蚀现象。

汽蚀现象严重时,短时间内即可使叶轮损坏报废。水泵发生汽蚀时,出现噪声和振动,水泵的扬程和流量迅速下降,因此不允许水泵在汽蚀状态下工作。

对于老型水泵一般用允许吸上真空度(H_s)表示水泵的抗汽蚀能力。允许吸上真空度是指在保证水泵不发生汽蚀的情况下,水泵吸水口所允许的真空度,单位为 m。

(三) 离心式水泵的性能曲线

离心式水泵的性能曲线如图 2-28 所示,它由厂家提供,是在额定转速下,对泵的扬程、流量、功率和效率进行实测或通过模型泵实验而换算出来的单级泵的性能特性。主要包括以下四条曲线。

① 扬程特性曲线(H—Q):扬程特性曲线代表流量和扬程之间的关系。从图 2-28 中可以看出,当流量为“0”时,扬程最大,这时的扬程叫初始扬程(或零扬程),用 H_0 表示。随着流量的增加,扬程逐渐降低。

② 轴功率特性曲线(P—Q):轴功率特性曲线代表流量和轴功率之间的关系。从图中可以看出,轴功率随流量的增加逐渐增大。流量为“0”时,轴功率最小,所以水泵应在调节闸阀全部关闭时启动,这样可以降低电机启动电流,便于电机启动。

③ 效率特性曲线(η—Q):水泵的效率曲线类似于抛物线状,中间高,两边低。因为,水泵在额定流量下的冲击损失最小,效率最高。大于或小于额定流量,其冲击损失都会

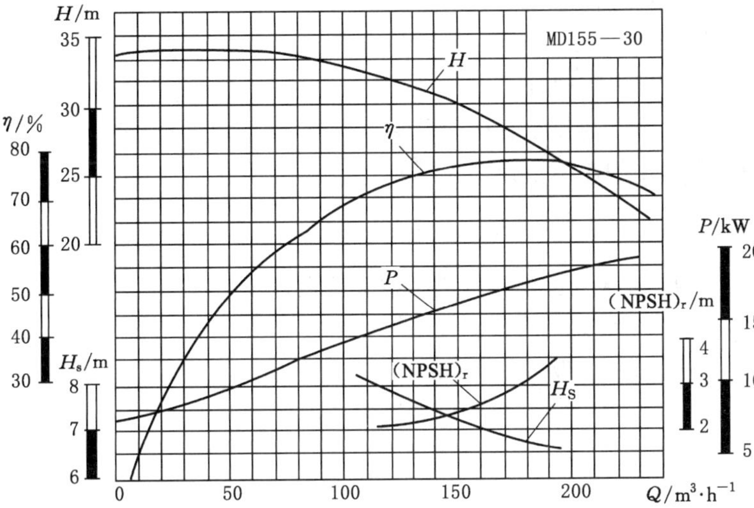

图 2-28　MD155—30 型水泵的性能曲线

增大，效率降低。

④ 必需汽蚀余量曲线[$(NPSH)_r$—Q]或允许吸上真空度曲线(H_s—Q)：必需汽蚀余量曲线反映了水泵的抗汽蚀能力。随着流量的增加，必需汽蚀余量逐渐增大，水泵抗汽蚀能力下降。对于老型号的水泵一般使用允许吸上真空度曲线(H_s—Q)，它表示水泵入口处的真空度和流量之间的关系。

目前矿用水泵大多数是多级泵，在实际应用中，需要把单级泵标准性能曲线换算成多级泵的性能曲线。方法是把纵坐标上扬程及功率值乘以级数，而效率、允许吸上真空度和必需汽蚀余量曲线的纵、横坐标值不变。

三、排水管路特性

(一) 管路特性方程式

水泵排水时水所经过的水管(包括吸水管和排水管)称为排水管路。水泵通过管路排水所需的实际扬程与通过管路的流量的关系称为管路特性。水从水泵获得的能量，不仅用于水的位置提高，而且还用于克服管路中的各种阻力。因此，水泵的工作状况不仅与水泵本身的性能有关，而且也与排水管路的配置情况有关。图 2-29 是单台水泵与一趟排水管路组合工作时的排水系统示意图。设水泵的吸水高度(泵吸水口轴心线距吸水水面的垂高)为 H_X，排水高度(泵排水管出口轴心线距水泵轴线间垂高)为 H_P，而两者之和称为测量(或测地)高度，并用 H_C 表示，则 $H_C = H_X + H_P$。水在管路中流动所需要的总能量，可由下式表示

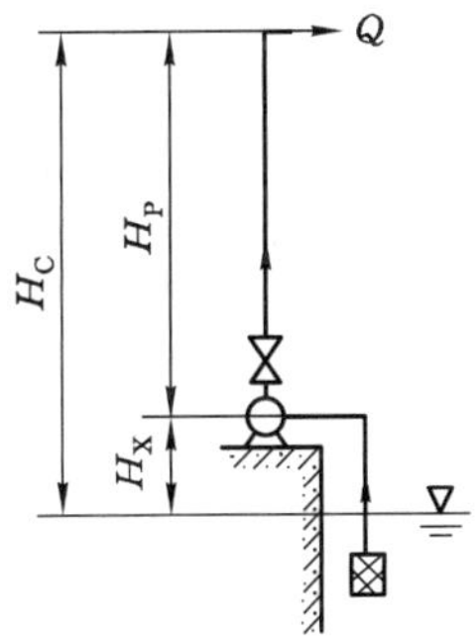

图 2-29　水泵在管路上的工作示意图

$$H = H_C + \frac{v_P^2}{2g} + (h_X + h_P) \tag{2-43}$$

式中 H——水泵的扬程，m；

H_C——测量高度，m；

v_P——排水管出口流速，m/s；

h_X+h_P——吸水管与排水管中的总阻力损失，m。

吸水管与排水管中的总阻力损失计算如下

$$h_X + h_P = (\sum \xi_X + \lambda_X \frac{L_X}{d_X}) \frac{v_X^2}{2g} + (\sum \xi_P + \lambda_P \frac{L_P}{d_P}) \frac{v_P^2}{2g} \tag{2-44}$$

式中 λ_X, λ_P——吸、排水管路的沿程阻力损失系数；

L_X, L_P——吸、排水管路的长度，m；

d_X, d_P——吸、排水管路的内径，m；

ξ_X, ξ_P——吸、排水管路的局部阻力损失系数；

v_X, v_P——吸、排水管路中水的流速，m/s。

将 h_X+h_P 代入式(2-43)中，整理后得

$$H = H_C + RQ^2 \tag{2-45}$$

式中 R——管路阻力系数，s^2/m^5。

式(2-45)称为排水管路特性方程式。

管路阻力系数表达式如下

$$R = \frac{8}{\pi^2 g}\left[\sum \xi_X \frac{1}{d_X^4} + \frac{\lambda_X L_X}{d_X^5} + (\sum \xi_P + 1)\frac{1}{d_P^4} + \frac{\lambda_P L_P}{d_P^5}\right] \tag{2-46}$$

将排水管路所需扬程和流量的关系用一条曲线表示，即成为管路特性曲线，如图 2-30 所示。曲线上的每一点均代表不同流量下所需水泵提供的扬程。

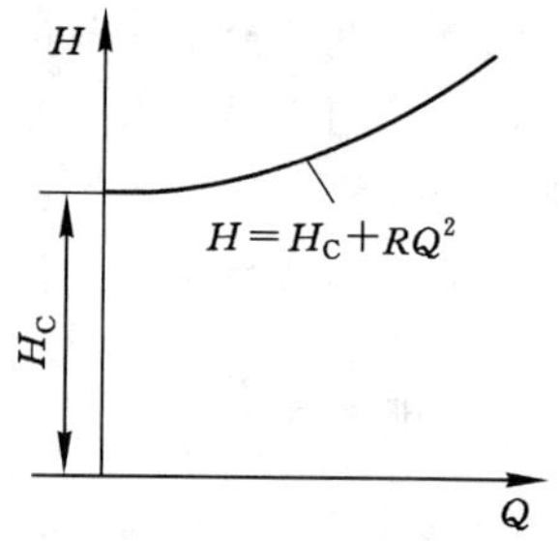

图 2-30 排水管路特性曲线

（二）水泵的工况点

1. 工况点

将排水管路特性曲线与水泵的扬程特性曲线用相同比例绘制在同一坐标上，两条曲线的交点 M，即为水泵的工况点。如图 2-31 所示，M 点表示水泵在流量为 Q_M 的条件下，向该管路系统提供的扬程为 H_M。过 M 点向横坐标引垂线与水泵的功率、效率、必需汽蚀余量三条曲线相交，其交点的纵坐标值分别为水泵运转工况下对应的轴功率 P_M、效率 η_M 和必需汽蚀余量$(NPSH)_{rM}$的参数值。

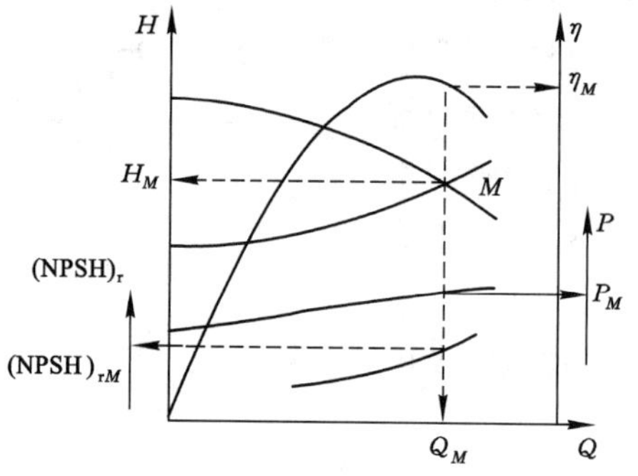

图 2-31 水泵的工况点

2. 水泵正常工作条件

要保证排水设备安全、可靠、经济地工作，水泵必须满足下列条件：

(1) 稳定工作条件

稳定工作是指水泵在运转中工况点是单值的，不能出现无交点或多个交点的情况。对于初始扬程为 H_0 的水泵，满足稳定工作的条件是

$$H_C \leqslant (0.9 \sim 0.95)H_0 \tag{2-47}$$

(2) 经济工作条件

经济工作是指水泵在不汽蚀的条件下，运转工况效率为水泵最大效率的 85%～90% 的情况，即

$$\eta_M = (0.85 \sim 0.9)\eta_{max} \tag{2-48}$$

满足稳定工作和经济工作条件的区域称为工业利用区。水泵工况点应在工业利用区内流量偏大的区段。

(3) 不发生汽蚀条件

为保证水泵正常工作，水泵工况点 M 所对应的允许吸上真空度应大于 M 点所对应的水泵入口处的真空度，即实际装置的汽蚀余量应大于水泵允许的汽蚀余量。

四、多级离心式水泵的构造

建井排水采用的水泵为卧式多级离心式水泵和吊泵。

(一) 矿用卧式多级离心式水泵的结构

目前矿用水泵主要型号为 D、MD、DG、DS、DF 等型号。水泵型号标记说明如下，其他型号的含义见表 2-10。

D 280 —43 × 3

- 3 —— 水泵级数
- 43 —— 水泵的单级额定扬程，m
- 280 —— 水泵的额定流量，m^3/h
- D —— 单吸多级分段式清水泵

表 2-10　　部分离心泵型号的意义

字母	意义	字母	意义
D	分段式多级泵	KD	中开式多级泵
DG	分段式多级锅炉给水泵	QJ	井用潜水泵
DL	立轴多级泵	S	单级双吸式离心泵
DS	首级用双吸叶轮的分段式多级泵	M	耐磨泵
F	耐腐蚀泵	WG	高扬程横轴污水泵

图 2-32 是卧式、单吸、多级、分段式离心式水泵的结构图。这类泵的结构特点是：泵轴线与水平面平行，进水口为水平方向，出水口为垂直方向；外壳垂直于轴线分成段（靠拉紧螺栓连接成一体），泵的转动部分由轴、叶轮、平衡盘等组成，它们通过装在泵两端的两个滚柱轴承支承。轴两端的进水段和出水段外侧有填料装置，用软材料密封以防漏气、漏水。在吸水侧填料箱内还装有水封环，加强密封防止漏气。泵通过弹性联轴器由电动机直接驱动，从传动端看去，泵顺时针方向旋转。

下面对煤矿常用的 D 型离心式水泵的部件及其作用进行介绍。

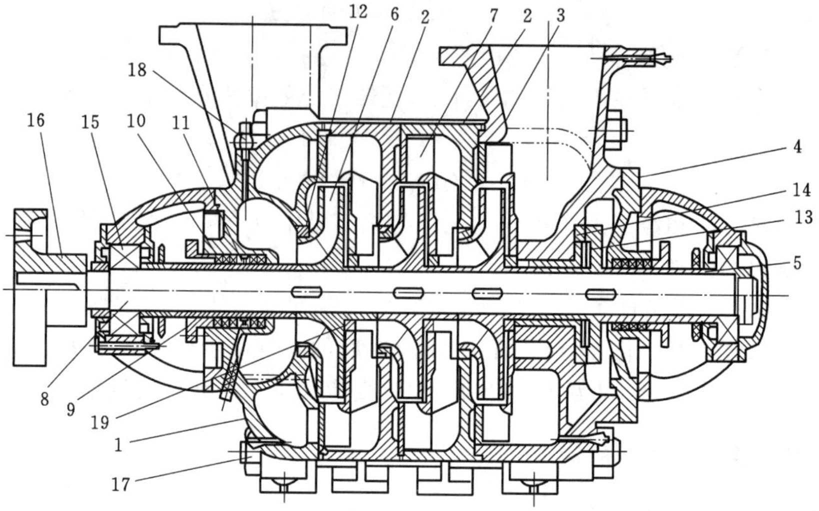

图 2-32 D280—43×3 型水泵的结构图

1——进水段;2——中段;3——出水段;4——尾盖;5——轴套;6——叶轮;7——导叶;8——泵轴;9——填料压盖;10——填料;11——水封环;12——大口环;13——平衡盘;14——平衡环;15——轴承;16——联轴器;17——拉紧螺栓;18——放气栓;19——小口环

1. 进水段

多级泵进水段的内腔一般制成圆环形,其主要作用是接收由吸水管来的水,通过它将水以最小的损失引向叶轮的入口。进水段的材质一般是球墨铸铁。

2. 叶轮(水轮)

叶轮是传递和转换能量的重要部件,叶轮随轴旋转就把轴上的机械能传递给水,使水泵能够将一定流量的水输送到要求的地点。

叶轮可分为闭式和开式两种形式,图 2-33(a)是闭式叶轮,它由前、后轮盘及夹在两盘之间的弯曲叶片所组成。这种叶轮由于流道封闭,因此泄漏小,效率高。清水泵一般采用这种叶轮,其材质一般是合金铸铁或合金球墨铸铁,排送酸性矿水时采用铬钢、玻璃钢等耐酸材料。图 2-33(b)是开式叶轮,由于没有前轮盘,所以不易堵塞,便于输送泥浆或含有较多固体颗粒的液体。泥浆泵一般采用这种叶轮。

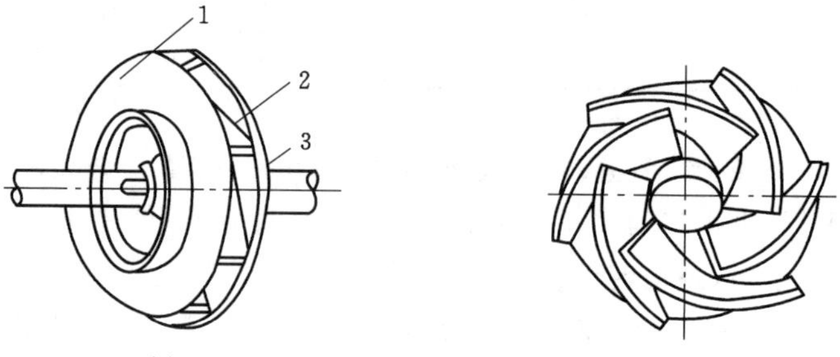

(a) (b)

图 2-33 叶轮

(a) 闭式叶轮;(b) 开式叶轮

1——前轮盘;2——叶片;3——后轮盘

3. 中段

在多级泵中，为了把前一级叶轮流出的水引导到下级叶轮的入口，在级间装有中段，如图 2-34 所示。

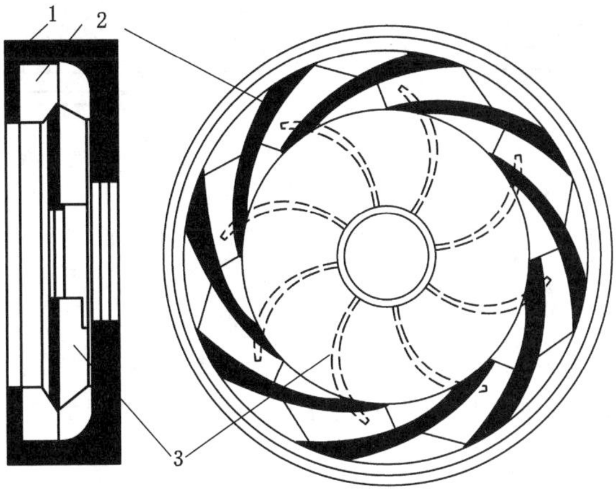

图 2-34 D 型泵中段

1——泵壳；2——导水叶片；3——返水叶片

中段由泵壳 1、导水叶片 2 和返水叶片 3 组成。导水叶片均布在叶轮出口周围，其弯曲的方向与叶轮叶片相反，这样可顺应水离开叶轮时的流动方向，以便减小冲击损失。同时导水叶片组成的流道面积逐渐加大，使水流速度减小，因而将部分动能转换成压力能，提高了水泵的效率。返水叶片在导水叶片的背面，它的每一条流道的入口分别与导水流道相接。它把从导水叶片流出的水以最小损失引向下一个叶轮的入口。中段材质一般是铸铁。

4. 密封装置

水泵的转动与固定部件之间，由于有相对运动，因此存在一定的间隙，为了减少水在流经这些间隙时产生串流、环流或泄漏，在这些部位装有密封装置。密封装置包括密封环(俗称口环)和填料箱。

密封环的作用是防止水在叶轮的高低压区间串流，其结构如图 2-35 所示。大口环 1 防止叶轮前轮盘外腔的高压水向叶轮入口低压区回流。小口环 3 防止多级泵中水流不经过导水叶片而直接从前一级叶轮的后侧串流入后一级叶轮。

在泵轴伸出泵壳处设有填料箱，填料箱分为吸水侧和排水侧两种。图 2-36 是吸水侧填料箱的结构，它由软填料 6、水封环 5 和填料压盖 1 等组成。把第一级叶轮出口的水引进水封环里，利用其水压阻止外界空气进入水泵吸口，确保水泵吸口的真空度，同时还起到润滑和冷却的作用。水封环是金属制品。软质填料则用油浸棉纱编制而成。排水侧的填料箱中没有水封环，而是把最后一级叶轮出口的高压水引来进行水封。

填料压盖压紧填料的程度要适当：过紧，泵轴转动困难，引起填料箱发热，增加电动机的负荷；过松，会引起漏气和漏水。适当的松紧度应以由填料箱滴水而不成线为宜。密封环为易损件，应定期检查和更换，以提高密封效果。

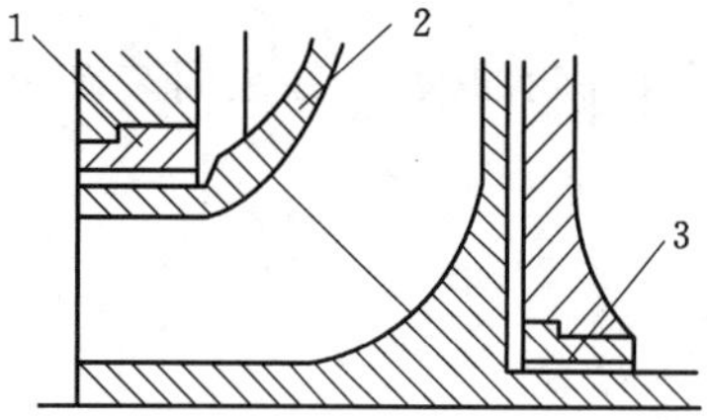

图 2-35 密封环

1——大口环；2——叶轮；

3——小口环

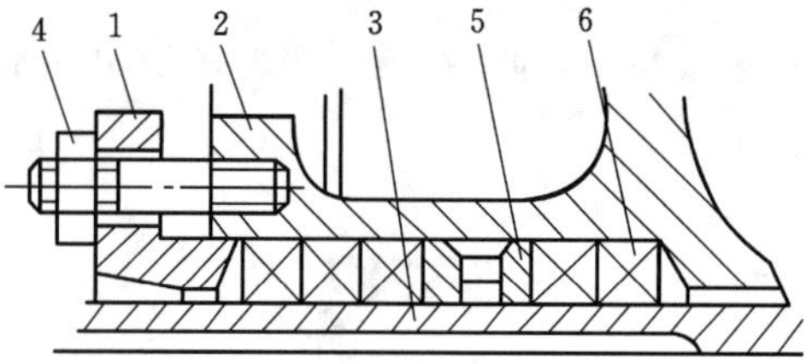

图 2-36 吸水侧填料箱

1——填料压盖；2——进水段；3——轴套；

4——压盖螺栓；5——水封环；6——软填料

5. 出水段

出水段位于最后一级叶轮的后面，其内腔为一螺旋形，其作用是在流道中将水的一部分动能转换为压力能，将水引向水泵的排水口。出水段材质为铸铁。

6. 平衡盘装置

多级泵的叶轮大多数是单吸式。从叶轮流出的高压水会通过叶轮与泵壳之间的空隙流到叶轮的前、后轮盘处，并作用在叶轮的前、后轮盘面上，如图 2-37 所示，由于前、后轮盘面的面积不等，所以作用在后盘上的总压力比前盘面大，因而对整个叶轮产生一个指向吸水侧的推力，此力称为轴向推力。单级泵因只有一个叶轮，因此轴向推力较小，而多级泵的轴向推力很大，它使所有转动部分一起向吸水侧移动，引起各叶轮的前轮盘面和泵壳发生摩擦，造成严重磨损，降低水泵的效率，甚至不能运转。为了提高水泵的寿命和工作效率，必须将轴向推力加以平衡。

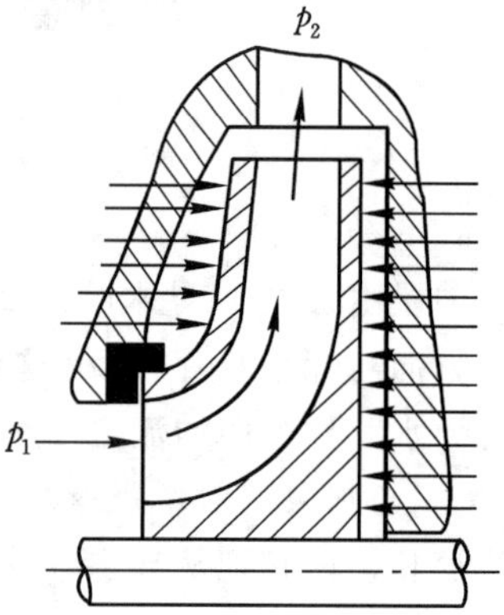

图 2-37 轴向推力的产生

对大型多级泵，由于轴向推力较大，一般采用平衡盘装置来平衡轴向推力。图 2-38(a)是平衡盘的结构图，它装在最末一级叶轮的后面，用键固定在轴上，与泵轴和叶轮组成一体，如图 2-38(b)所示。在泵体上安装有平衡环 4，平衡盘 5 与平衡环 4 间形成平衡

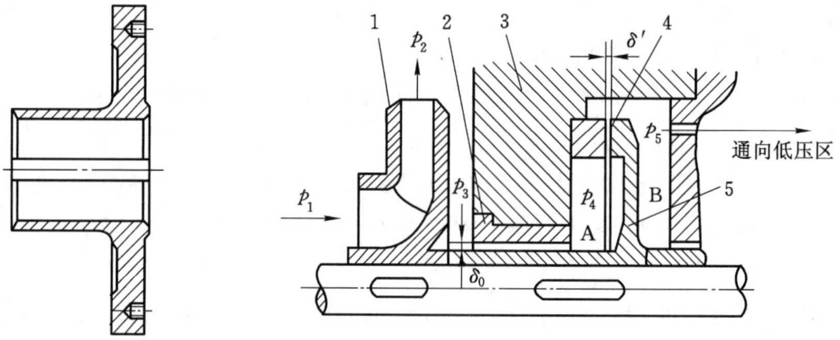

(a)　(b)

图 2-38 平衡盘装置平衡轴向推力

(a) 平衡盘结构；(b) 平衡轴向推力原理

1——叶轮；2——支承环；3——泵体；4——平衡环；5——平衡盘

室 A。由最后一级叶轮 1 流出来的高压水，经径向间隙（轴隙）δ_0 进入平衡室 A，在平衡盘上产生与轴向推力方向相反的平衡力（平衡盘右侧与低压区相通），抵消轴向推力。当平衡力与轴向推力平衡时，水泵的转动部分不发生串动。若平衡力小于轴向推力，平衡盘朝吸水侧移动，平衡室出口间隙（盘隙）δ' 减小，平衡室内压力升高，平衡力增大，将平衡盘推向右侧，直至与轴向推力平衡时为止。若平衡力大于轴向推力，平衡盘向出水侧移动，盘隙 δ' 增大，平衡力减小时平衡盘向吸水侧移动，直到平衡力与轴向推力平衡时为止。

（二）凿井吊泵

目前国产吊泵有 NBD 型、DL 型和 DGL 型等，吊泵的工作原理与卧式离心泵相同。图 2-39 是 80DGL50 型吊泵结构图，它的叶轮是闭式结构。采用平衡鼓平衡轴向推力。

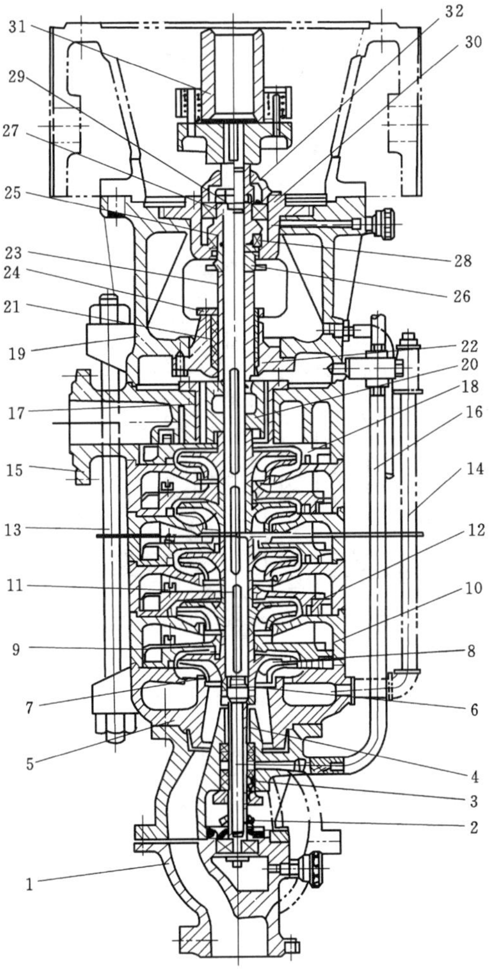

图 2-39　80DGL50 型吊泵结构图

1——下轴承体；2——下挡水套；3——下填料室；4——护轴套；5——进水段；6——轴套螺母；7——密封环；8——叶轮；9——导叶套；10——中段；11——轴；12——导叶；13——拉紧螺栓；14——回水管；15——出水段；16——水封管；17——平衡套；18——出水段导叶；19——轴承体；20——平衡鼓；21——填料；22——填料室；23——轴套；24——填料压盖；25——轴承套；26——挡水套；27——滚珠轴承；28——推力球轴承；29——挡套螺母；30——轴承盒；31——联轴器；32——轴承压盖

如图 2-40 所示,平衡鼓安装在最后一级叶轮上面用键与泵轴连接,随轴转动。平衡鼓的下侧与最后一级叶轮的排水口相通(此处是高压区域),而其上侧通过回水管与水泵进口(低压区域)相通。平衡鼓外是平衡套,鼓与套间有空隙,把平衡鼓上、下两侧沟通。平衡鼓因为下侧压力大于上侧压力,其压力差是一个与轴向推力方向相反、大小相等的力,使泵轴上的轴向推力得以平衡。

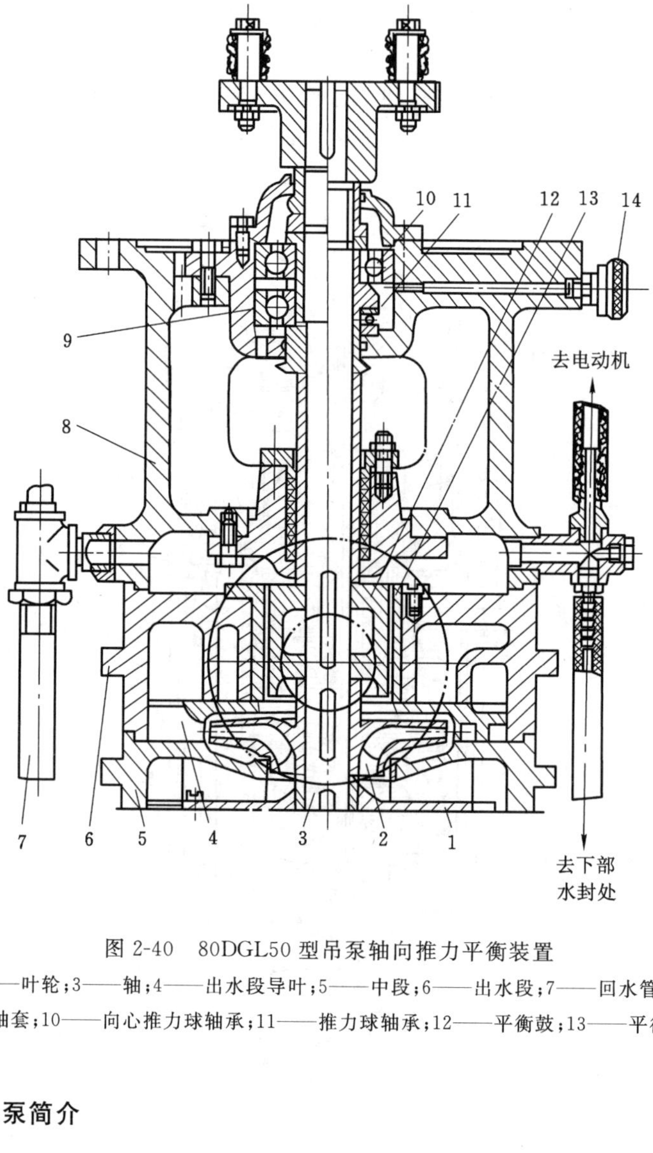

图 2-40 80DGL50 型吊泵轴向推力平衡装置

1——导叶;2——叶轮;3——轴;4——出水段导叶;5——中段;6——出水段;7——回水管;8——轴承体;9——向心推力球轴套;10——向心推力球轴承;11——推力球轴承;12——平衡鼓;13——平衡套;14——黄油环

五、其他水泵简介

(一) 单吸单级离心式水泵

单吸单级离心式水泵体积小,结构简单,重量轻,属低扬程小流量泵。煤矿常用作地面空气压缩机的冷却水泵、日用水泵,配防爆电动机可作为井下移动式排水设备及其他辅助排水设备。

目前常用的有 IS 型系列产品,其结构如图 2-41 所示。该泵主要由泵体、叶轮、泵盖、主轴、密封环、悬架轴承、轴套等组成。该泵泵脚与泵体铸为一体,轴承置于悬臂安装在泵体上的悬架11内。因此,整台泵的质量主要由泵体承受(支架13起辅助支承作用)。

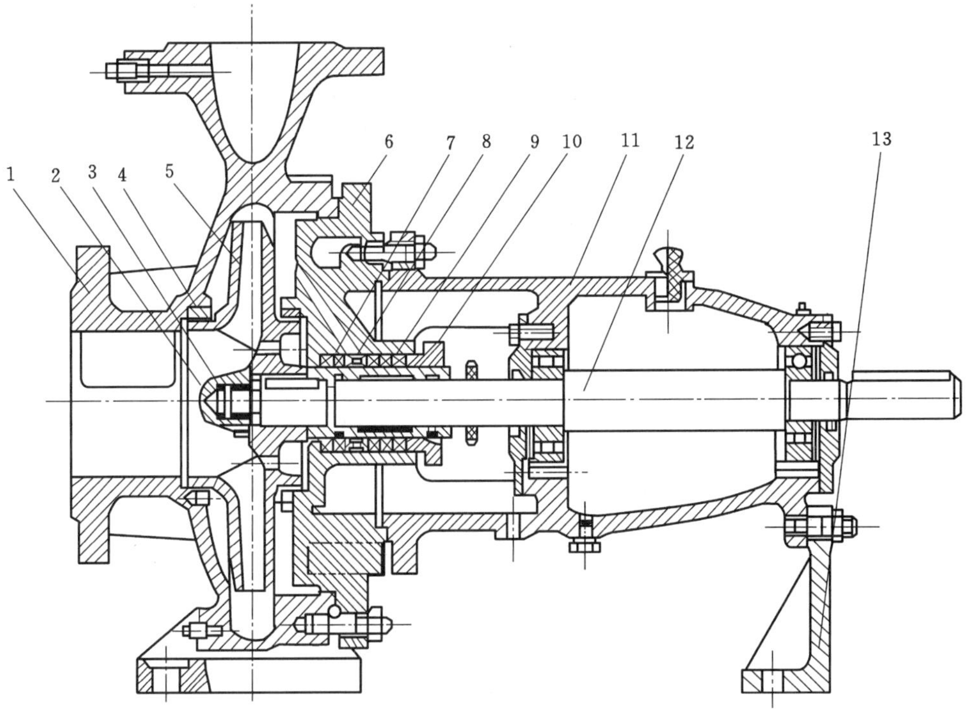

图 2-41　IS型单级单吸离心式水泵

1——泵体;2——叶轮螺母;3——止动垫圈;4——密封环;5——叶轮;6——泵盖;7——轴套;
8——填料环;9——填料;10——填料压盖;11——悬架;12——泵轴;13——支架

该泵采用平衡孔法平衡轴向推力,其原理为在叶轮后盘上,小于叶轮吸水口直径的某个圆周上开数个平衡孔,如图2-42所示。由于密封环1的作用,E腔的压力与进水口相同,使前后盘受力大致相同。这种方法简单,但漏损量大,水泵效率降低。

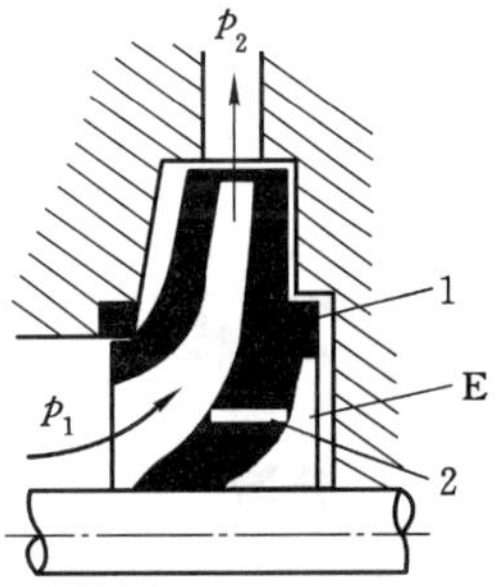

图 2-42　平衡孔法平衡轴向推力

1——密封环;2——平衡孔

泵的密封为填料密封(图2-41),由填料压盖10、填料环8和填料9等组成,防止进气或漏水。在轴通过填料环的部位装有轴套7以保护轴不被磨损。轴套和轴之间装有O形密封圈,目的同样是防止进气和漏水。泵的传动形式为通过加长弹性耦合器与电动机相连。从原动机方向看,泵一般为顺时针方向旋转。

此系列泵吸水口直径为20~50 mm,流量为6.3~100 m^3/h,扬程为5~125 m,配带功率为0.55~90 kW。

(二) 气动潜水泵

气动潜水泵是一种潜入水中以压缩空气为动力的水泵。这类水泵体积小,重量较轻,便于移动,适用于涌水量不大的立井、巷道等掘进工作面排水之用。气动潜水泵的叶轮工作时浸没在水中,因此启动前不必灌引水,使用时也不必考虑吸水高度问题。由于潜水泵的动力是压缩空气，故在使用中没有触电的危险，较为安全。

国产的气动潜水泵主要有 FWB、FQW 等类型。气动潜水泵的结构如图 2-43 所示，它主要由气动马达和水泵两部分组成。其工作原理为压缩空气从 B 孔进入叶片马达，推动叶片 6 带动整个转子转动，废气通过排气阀 9 排出。由于叶轮 3 由键固定在泵轴上，因此随轴转动，矿水通过过滤器 1 进入泵内由叶轮 3 给水增加能量后从右侧排水口排出。

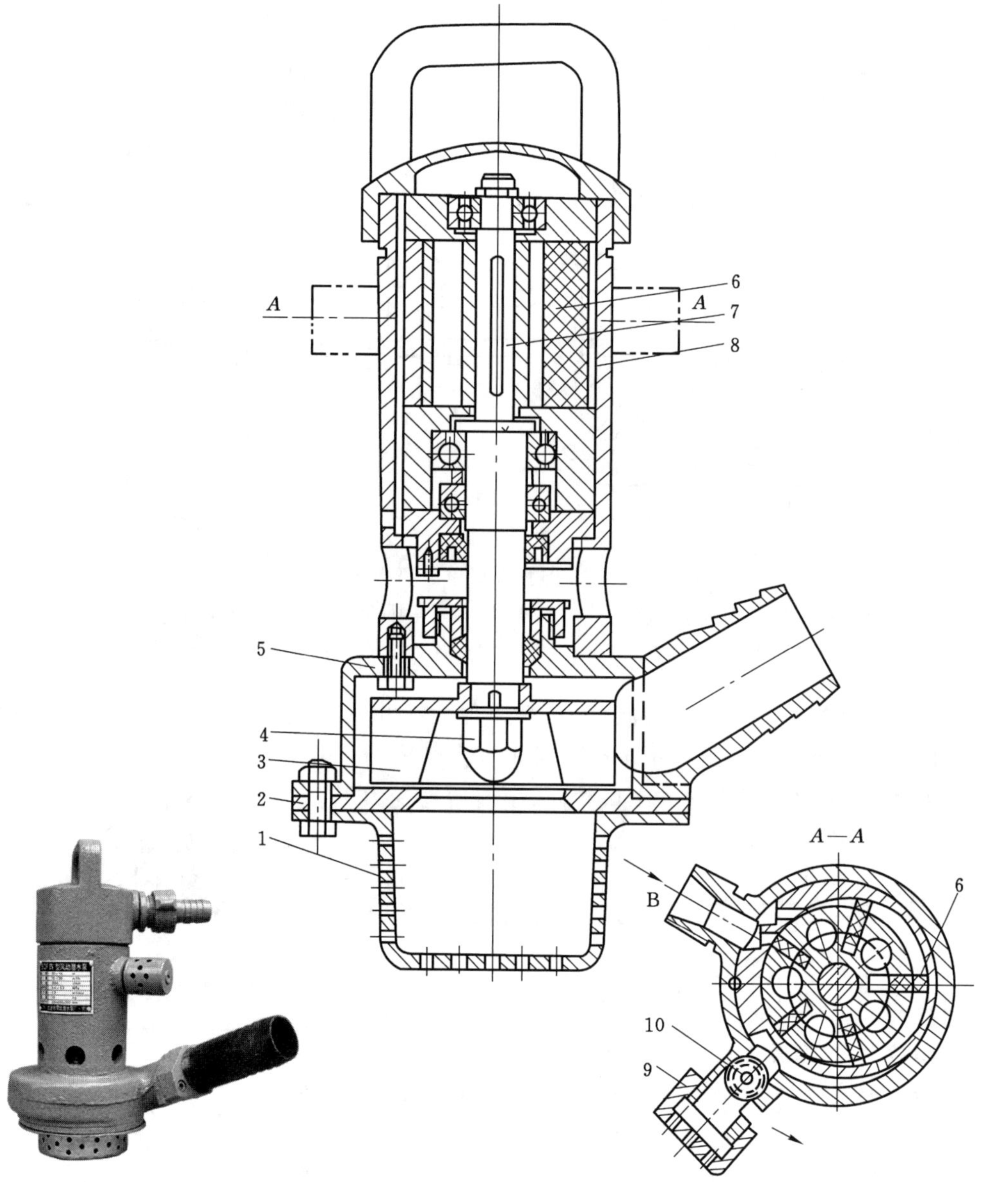

(a) (b)

图 2-43 气动潜水泵

(a) 外观图；(b) 结构剖视图

1——过滤器；2——泵盖；3——叶轮；4——叶轮螺母；5——泵体；
6——马达叶片；7——转子轴；8——壳体；9——排气阀；10——钢球

气动潜水泵使用时应注意以下几点：

① 新泵使用前，必须在地面试运转一次。开泵 10 min 左右，检查运转是否正常，上水量是否符合要求。

② 进气橡胶软管内径不得小于规定数值，工作气压不应低于 0.5 MPa，否则会造成启动困难。

③ 安装供气管时，要先将管内和接头处的杂质吹净。气源要干燥、清洁，不允许杂质进入马达，避免造成零件磨损或将转子卡住。

④ 气动潜水泵转速较高，靠气水冷却，切勿长时间空载运转，以免内部零件发热烧损。

⑤ 气动潜水泵如需长期存放，应拆开清洗，涂油封存，以防内部零件锈蚀。

（三）喷射泵

图 2-44 是喷射泵工作原理示意图，它主要由喷嘴 1、高压水管 2、进水管 3、混合室 4、喉部 5 和扩压管 6 等组成。喷射泵的工作原理是，当高压水从喷嘴 1 射出时，具有很高的流速，从而产生卷吸现象，此时喷嘴出口周围形成负压，于是水窝中的积水在大气压力作用下，经进水管 3 进入混合室 4 进行能量传递，经喉部 5 变成稳定流，后经扩压管 6 排出。

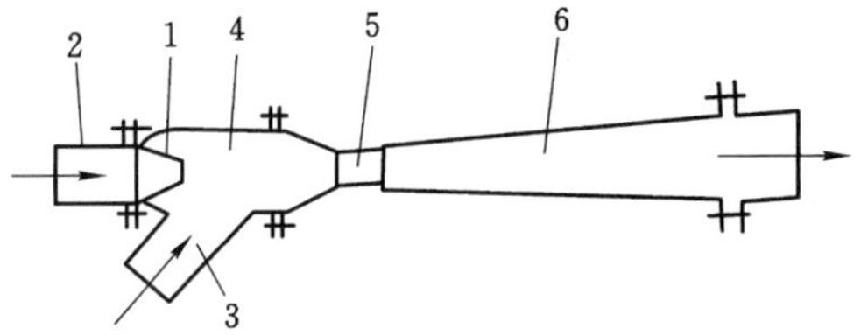

图 2-44 喷射泵工作原理示意图

1——喷嘴；2——高压水管；3——进水管；4——混合室；5——喉部；6——扩压管

喷射泵结构简单，制作容易，水泵本身没有运动部件，工作可靠，可以排出含有大量泥沙的矿水，适合井巷施工排水。但其效率低，一般只有 20%～30%，因此只能用于涌水量小、短时运转的场合。

六、排水设备的选型计算

（一）选型的原始资料和任务

1. 选型的原始资料

① 井口地面标高及井筒深度。

② 井筒的正常涌水量和最大涌水量。

③ 矿水的重度、水温、化学性质（pH 值）及其是否易在管壁形成污垢层。

2. 选型的任务

① 选择水泵。

② 选择管路及附件。

③ 电动机功率验算。

（二）选型计算的步骤和方法

1. 选择水泵

（1）水泵流量的计算如下

井下固定式排水设备的计算如下

$$Q=\frac{24kQ_{ky}}{T_1} \tag{2-49}$$

式中 Q——水泵计算流量，m^3/h；

k——涌水量不均衡系数，一般为 1.3～1.5；

Q_{ky}——矿井平均涌水量，m^3/h；

T_1——水泵每昼夜排水时间，按照规定为 20 h。

井筒工作面移动式排水设备的计算如下

$$Q=\frac{kQ_{ky}(t_1+t_2+t_3)-Sl\eta k_1k_2}{t_3} \tag{2-50}$$

式中 t_1——爆破前将水泵提离工作面的时间，一般为 0.25～0.5 h；

t_2——工作面通风及下放水泵的时间，一般为 0.5～0.7 h；

t_3——排除 t_1+t_2 井筒工作面所聚集水量的时间，h；

k_1——岩石松散系数，一般为 1.4～1.8；

k_2——矸石的孔隙率，一般为 0.3～0.45；

η——炮眼利用率，一般取 0.8～0.85；

l——炮眼深度，m；

S——井筒掘进断面面积，m^2。

(2) 水泵所需扬程的计算

水泵所需扬程近似计算为

$$H=\frac{H_C}{\eta_g} \tag{2-51}$$

式中 H——水泵所需扬程，m；

H_C——排水测量高度，m；

η_g——管道效率，一般为 0.85～0.95。

(3) 选择水泵

依计算的水泵流量 Q 和水泵所需扬程 H，以及矿水的化学性质(若 pH 值小于 5 时，应选耐酸泵)，在泵产品样本中选择能够满足排水要求的水泵。水泵的级数为

$$i=\frac{H}{H_i} \tag{2-52}$$

式中 H_i——所选水泵的单级扬程，m。

2. 选择管路

(1) 管子内径的计算

当管路的流量确定后，流速和管径是相互对应的，选择的管径小，流速大，阻力损失大，电耗大，但投资少；选择的管径大，流速小，阻力损失小，电耗小，但投资多。综合以上两方面的因素，采用经济流速法计算排水管径，其表达式为

$$d_P=0.0188\sqrt{\frac{Q}{v_P}} \tag{2-53}$$

式中 d_P——所选的排水管内径，m；

Q——通过管路的流量，即预选的水泵的流量，m^3/h；

v_P ——经济流速，一般可取 $v_P=1.5\sim2.2$ m/s。

为降低流速，减少阻力损失，提高水泵的吸水性能，通常选择吸水管径比排水管径大 25 mm，则吸水管内径为

$$d_X = d_P + 25 \times 10^{-3} \tag{2-54}$$

式中 d_X——吸水管内径，m。

(2) 管材及壁厚的选择

管材的选择主要根据管中水的压力而定，它与排水高度和管中阻力有关。一般情况下，立井排水管路高度小于 200 m 时，采用焊接钢管，超过 200 m 时，采用热轧无缝钢管。

管壁厚度的选择，当井深小于 400 m 时，选用标准管径中最薄一级的，当井深大于 400 m 时，应通过计算确定。必需的管壁厚度为

$$\delta = 0.5d_B\left(\sqrt{\frac{\sigma_s+0.4p}{\sigma_s-1.3p}}-1\right)+c \tag{2-55}$$

式中 δ——预选的标准壁厚，cm；

c——附加厚度，铸铁管 $c=0.7\sim0.9$ cm，焊接钢管 $c=0.2$ cm，无缝钢管 $c=0.1\sim0.2$ cm；

d_B——所选的标准管内径，cm；

σ_s——材料许用应力，铸铁管 $\sigma_s=20$ MPa，焊接钢管 $\sigma_s=60$ MPa，无缝钢管 $\sigma_s=80$ MPa；

p——排水管内液体压力，$p=0.011H_C$（H_C 为排水测量高度），MPa；

根据上式计算的值，查相关管件技术规格表，从中挑选等于或略大的标准管壁厚度的水管。

根据选定的管径选择同直径的管道附件，包括底阀、弯管、异径接头、逆止阀等，组成完整的吸、排水管路。

3. 电动机功率的验算

水泵已由生产厂家配备了电动机，仅需对其功率进行验算即可，验算如下

$$P_d = \frac{k\gamma QH}{1\,000 \times 3\,600\eta\eta_C} \tag{2-56}$$

式中 P_d——所需电动机功率，kW；

γ——水的重度，立井涌水可取 10 200 N/m^3；

Q——水泵流量，m^3/h；

H——水泵扬程，m；

η——水泵的效率；

η_C——传动效率，$\eta_C=1$；

k——电动机备用系数：$Q=20$ m^3/h 时，$k=1.5$；$Q=20\sim80$ m^3/h 时，$k=1.3\sim1.2$；$Q=80\sim300$ m^3/h 时，$k=1.2\sim1.15$；$Q>300$ m^3/h 时，$k=1.1$。

当 P_d 不大于配套电动机功率时，即为符合要求。

例 某矿施工的立井井筒深度 500 m，井筒掘进断面积为 24.6 m^2，含水最多岩层的正常涌水量为 30 m^3/h，岩层为砂岩，涌水 pH>5，炮眼深度为 1.5 m，掘进循环时间为 6 h，试选择排水设备。

(1) 选择水泵

① 水泵流量的计算

已知 $t_1+t_2+t_3=6$ h，取 $t_1=t_2=0.5$ h，则 $t_3=5$ h，又取 $k=1.5$、$\eta=0.85$、$k_1=1.6$、$k_2=0.4$，则有

$$Q=\frac{kQ_e(t_1+t_2+t_3)-Sl\eta k_1k_2}{t_3}$$

$$=\frac{1.5\times30\times6-24.6\times1.5\times0.85\times1.6\times0.4}{5}$$

$$\approx 50\ \mathrm{m^3/h}$$

② 水泵扬程的计算

所需水泵的扬程为

$$H=\frac{H_C}{\eta_g}=\frac{500}{0.9}\approx 555.56\ \mathrm{m}$$

③ 选择水泵

根据以上计算的水泵流量 Q 和扬程 H，及矿水的化学性质，查水泵产品目录，选择80DGL—75×8 的吊泵。该水泵的扬程范围为 583～656 m，额定流量为 55 $\mathrm{m^3/h}$，额定扬程为 607 m，效率为 61.6%，吸程为 7.5 m，电机功率为 250 kW。

(2) 选择管路

① 计算管子内径

排水管内径，取 $v_P=2.0$ m/s。

$$d_p=0.018\,8\sqrt{\frac{Q}{v_P}}=0.018\,8\sqrt{\frac{55}{2}}\approx 0.099\ \mathrm{m}$$

计算吸水管内径

$$d_x=d_p+25\times10^{-3}=0.099+0.025=0.124\ \mathrm{m}$$

② 管材及壁厚的选择

因井深为 500 m，采用热轧无缝钢管，其许用应力 $\sigma_s=80$ MPa，取附加厚度 $C=0.1$ cm，查相关手册知，满足此范围的标准管外径为 $D_B=108$ mm，预选管壁厚 4.5 mm，则排水管内径 $d_B=99$ mm $=9.9$ cm，排水管内液体压力 $p=0.011Hc=0.011\times500=5.5$ MPa，则必需的管壁厚度为

$$\delta=0.5d_B\left(\sqrt{\frac{\sigma_s+0.4p}{\sigma_s-1.3p}}-1\right)+c$$

$$=0.5\times9.9\left(\sqrt{\frac{80+0.4\times5.5}{80-1.3\times5.5}}-1\right)+0.1$$

$$\approx 0.41\ \mathrm{cm}$$

计算的管壁厚度 $\delta=0.41$ cm<0.45 cm，所选的排水管满足要求。

吸水管选用内径不小于 0.124 m 的橡胶软管。

③ 电动机功率的验算

水泵已由生产厂家配备了电动机，仅需对其功率进行验算。

$$P_d=\frac{k\gamma QH}{1\,000\times3\,600\eta\eta_C}=\frac{1.25\times10\,200\times55\times607}{1\,000\times3\,600\times0.616\times1}\approx 191.95\ \mathrm{kW}$$

水泵配套电动机功率为 250 kW，大于计算值，符合要求。

七、排水设备的使用与维护

（一）离心式水泵的操作

1. 离心式水泵的启动

① 启动水泵前，应先清除机组附近所有妨碍运转的物件，检查基础螺栓及所有连接部分的紧固情况；检查填料压盖的松紧程度；检查轴承并加足润滑油，然后用手转动泵轴，判明有无卡阻现象。

② 关闭排水管上的闸阀，向泵腔和吸水管内灌注引水并排尽腔内空气，此时方可启动水泵。

③ 当水泵达到额定转速后，再逐渐将闸阀打开，使水泵进入正常运转。

2. 运行中的注意事项

① 水泵工作过程中水泵司机不得擅自离开工作岗位，应不断监视各仪表读数。

② 注意电压、电流的变化。当电流超过额定电流，电压超过额定电压的±5%时，应停止水泵，检查原因，进行处理。

③ 检查各部轴承温度是否超限（滑动轴承不得超过 65 ℃，滚动轴承不得超过 75 ℃）；检查电动机温度是否超过铭牌规定值；检查轴承润滑情况是否良好（油量是否合适，油环转动是否灵活）。

④ 检查各部螺栓及防松装置是否完整齐全，有无松动。

⑤ 注意各部音响及振动情况，特别注意有无汽蚀产生的噪声。

⑥ 检查填料密封情况、填料箱温度和平衡装置回水管的水量是否正常。

⑦ 注意观察压力表、真空表；检查底阀或滤水器埋入水面深度是否符合要求。

⑧ 按时填写运行记录。

3. 离心式水泵的停泵

停泵时，将排水管上的调节闸阀关闭，关闭电机；泵停止后，关闭真空表和压力表。有吸入阀的水泵，应在泵停稳后关闭吸入阀。

紧急停泵时，不需进行上述步骤，而直接停止电机。

（二）离心式水泵的拆装

1. 拆卸前的准备工作及注意事项

拆卸与装配前，应准备好地点、拆卸与装配工具、清洗材料（如煤油、汽油、棉布、棉纱、刮刀等）、支撑中段的木楔、装配用润滑脂、保护油等。如拆装运行用水泵，首先要拆去妨碍拆卸的附属管路，放掉泵壳内的水，拆开联轴器，移去电动机等。拆卸时，一定要注意保管好零件，应分类放置，不能乱丢、乱放，以免零件损坏和丢失。

2. 拆卸顺序

① 拆去联轴器、回水管、水封管等。

② 拆去出水侧轴承端盖上的螺栓和出水段、尾盖、轴承体三个部件之间的连接螺栓，卸下轴承部件。

③ 拧下轴上圆螺母并依次卸下轴承内圈、轴承压盖和挡圈后，卸下填料体（包括填料压盖、填料环、填料等）；

④ 依次卸下轴上的O形密封圈、轴套、平衡盘和键后，卸下出水段、末导叶、平衡环套等。

⑤ 卸下末级叶轮和键后，卸下中段、导叶，按此依次卸下各级叶轮、中段和导叶，直到卸下第一级叶轮为止。

⑥ 拧下进水段和轴承体的连接螺母和轴承压盖上的螺栓后，卸下进水段侧轴承部件。

⑦ 将轴从进水段中抽出，拧下轴上固定螺母，依次将轴承内圈、O形密封圈、轴套等卸下。

3. 清洗和检查

① 用煤油清洗全部零件，在空气中干燥或用布擦干。

② 检查全部零件的磨损情况，对不能确保正常运行的零件应更换新的。

③ 检查泵轴是否有灰尘或生锈，用千分表检查轴的直线度。

④ 当密封间隙超过推荐值的50%时，应更换密封元件。

4. 装配顺序及注意事项

泵的装配顺序可按拆卸顺序反向进行，装配时应注意以下几点：

① 应保护好零件的加工精度和表面粗糙度，不允许有划伤、碰伤等现象，紧固螺钉和螺栓时应受力均匀。

② 叶轮出口流道与导叶进口流道的对中性是依据各零件的轴向尺寸来保证，流道对中性的好坏直接影响泵的性能，故泵的尺寸不能随意调整。

③ 泵装配完毕后，在未装填料前，用手转动泵转子，检查转子转动的灵活性，轴向窜动量是否达规定要求。

④ 检查合格后压入填料，并注意填料环在填料腔中的相对位置。

（三）排水设备的维护

为保持排水设备的安全经济运行，排水设备必须经常进行维护、检修。

定期检查泵的性能（如流量、扬程、振动等），并作好记录，按记录数据去分析泵是否正常工作，是否需要维修，或确定要维修的部位。

主排泵的维护检修分为小修、中修和大修。中修间隔时间一般为6个月，大修一般为12个月。雨雪季节煤矿井下的涌水量最大，水泵的中修、大修一般在雨雪季节前进行，包括备用水泵的检修。

除中修、大修外，下面的维护是经常的：检查水泵底座、泵、电机是否紧固；检查仪表、引线的状况；检查管路是否泄漏、松动或有无其他形式的损坏；检查填料及压紧情况，压盖太紧会影响填料寿命；如需维修应立即进行检修。轴承润滑油一般每工作1 000～1 500 h应更换1次，或按厂家规定进行更换。

水泵的维修应根据矿井的具体情况，总结经验，得到更换零部件、中修、大修的可靠间隔时间，制定出维修制度，并严格按照维修制度进行维护、检修，确保排水设备高效稳定工作，保证生产安全、正常进行。

任务实施

一、教学设备及工具

① 设备:D 型水泵 10 台(2 台用于操作运行,8 台用于拆装),门式起重机 1 台。

② 工具:百分表、手锤、铜棒、扳手、錾子、锉刀、螺丝刀等常用工具。

③ 材料:砂布、棉纱、机油、煤油、盘根等。

二、任务实施方法

① 指导教师集中讲解排水设备的启动、停止步骤,水泵的拆装顺序及方法,操作安全及注意事项等。

② 学生 5 人 1 组,按步骤启动、停止排水设备。

③ 学生 5 人 1 组,就位按步骤拆卸水泵。

④ 学生拆装过程中要记清各部分的位置、安装顺序及连接关系。

⑤ 拆开后,搞清各部件的内部结构及工作原理。

⑥ 指导教师巡回检查并指导,随时向学生进行提问。

⑦ 拆开后对机件进行清洗,然后涂以润滑油,并按拆卸反向安装水泵。

⑧ 清理场地,将拆装工具放回原位。

三、任务考评

教师根据学生实训中的表现、答辩情况、实训报告,评定出实训成绩。

水泵运行操作的评分标准见表 2-11,水泵拆装的评分标准见表 2-12。

表 2-11　　　水泵运行操作的评分标准

序号	考核内容	考核项目	分值	评分标准	得分
1	排水设备的组成及作用	① 排水设备的作用 ② 排水设备的组成	20	① 排水设备的作用 5 分 ② 排水设备的组成 15 分	
2	水泵运行操作	① 启动前的检查 ② 启动水泵操作 ③ 停止水泵操作	30	每项内容 10 分	
3	离心式水泵的性能参数及其调节	① 铭牌上性能参数的含义 ② 参数调节	30	① 铭牌上性能参数的含义 20 分 ② 参数调节 10 分	
4	实训态度	① 遵守安全规程 ② 清理现场卫生 ③ 实训报告	20	① 遵守安全规程 5 分 ② 清理现场卫生 5 分 ③ 实训报告符合要求 10 分	
总计					

表 2-12 水泵拆装的评分标准

序号	考核内容	考核项目	分值	评分标准	得分
1	D型水泵的结构	① 转动部分结构及部件 ② 固定部分结构及部件 ③ 密封部分结构及部件	30	每项10分	
2	D型水泵的拆装	① 水泵的拆卸 ② 水泵的清洗 ③ 水泵的安装	30	每项10分	
3	拆装工具及仪器的使用	① 拆装工具的使用 ② 仪器仪表的使用	20	每项10分	
4	实训态度	① 遵守安全规程 ② 清理现场卫生 ③ 按时上交实训报告	20	① 遵守安全规程5分 ② 清理现场卫生5分 ② 实训报告符合要求10分	
总计					

思考与练习

① 建井期间排水有哪些特点和方法？它们适用的条件是什么？

② 离心式水泵有哪些类型？工作原理是怎样的？

③ 表达离心式水泵工作性能的主要参数有哪些？它们的意义和单位是什么？

④ 已知某吊泵的流量为46 m^3/h，扬程为534 m，轴功率为107 kW，矿井水的重度为10 200 N/m^3。试求其有效功率及效率。

⑤ 什么是离心式水泵的性能特性曲线？它包括哪些内容？

⑥ 管路特性方程式的能量意义是什么？试用图形表示之。

⑦ 什么是水泵工况？水泵铭牌上标记的是什么工况参数？

⑧ 水泵正常工作的条件是什么？

⑨ 某泵零流量时的扬程为270 m，最大效率为0.77，在一测量高度为205 m的排水管路中运转。今测得水泵的运转工况流量为187 m^3/h，扬程为222.5 m，轴功率为169 kW，试问是否满足稳定和经济工作条件？

⑩ D型离心式水泵是由哪些主要部件组成的？各部件的作用是什么？

⑪ 试述气动潜水泵及喷射泵的工作原理和适用条件。

⑫ 如何对水泵进行使用和维护？

任务三 通风设备的使用与维护

教学目标

(1) 知识目标

① 掌握矿井通风设备的功用、通风机的类型及工作原理。

② 掌握常用通风机的主要结构及其反风方法。

(2) 能力目标

① 会计算通风机的性能参数,能看懂通风机的性能曲线。

② 能对矿井通风设备进行正确启动、停止操作及维护。

(3) 职业素质

培养学生按规程操作的岗位意识。

任务描述

矿井通风设备包括通风机、电气设备、扩散器及反风装置等。在矿井建设及生产过程中,一些有毒、有害、可燃及爆炸性气体,以及地热会大量涌出,对井下工作人员的身体健康和矿井的安全生产带来严重影响。矿井通风设备的作用就是向井下输送新鲜空气,稀释和排除井下有毒、有害气体,调节井下所需的风量、温度和湿度,改善劳动条件,保证井下安全生产。如果通风设备不能正常运转,将直接影响井下生产的进行,甚至造成瓦斯爆炸、煤尘爆炸等重大安全事故。因此学习和掌握通风设备的作用,通风机的工作原理、性能和结构,对正确使用与维护通风设备是非常必要的。

相关知识

一、通风机的分类、工作原理及性能参数

(一) 通风机的分类

通风机按服务范围,可分为主通风机和局部通风机。主通风机是负责全矿井或某一区域通风任务的风机,局部通风机是负责掘进工作面或加强采煤工作面通风用的风机。

按气体在叶轮内部流动方向,通风机可分为离心式通风机和轴流式通风机。离心式通风机是气体沿轴向进入叶轮,在叶轮内转为径向流出;轴流式通风机是气体沿轴向进入叶轮,经叶轮后仍沿轴向流出。

(二) 通风机的工作原理

1. 离心式通风机的工作原理

图 2-45 为离心式通风机示意图,当叶轮 1 旋转时,叶片间的空气在叶片的作用下,随叶轮转动,在离心力作用下由叶轮中心流向外缘,脱离叶轮后汇集于螺线形机壳 4 内,经扩散器 6 排出;与此同时,叶轮入口处形成负压,外部空气在大气压力的作用下,经进风口 3 进入叶轮,这样通风机内就形成了连续的风流。

2. 轴流式通风机的工作原理

图 2-46 为轴流式通风机示意图,当电动机驱动叶轮 1 旋转时,叶轮上的叶片推动空气质点作圆周运动,同时又迫使空气质点沿轴向流动,经整流器 7、扩散器 8 排出风机。此时,在叶轮入口处形成负压,外部空气在大气压力作用下,经集风器 5 进入叶轮,形成连续风流。

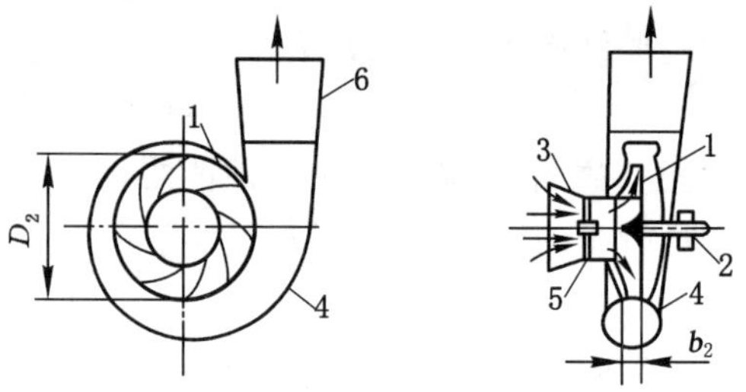

图 2-45 离心式通风机简图

1——叶轮；2——轴；3——进风口；4——机壳；5——前导器；6——扩散器

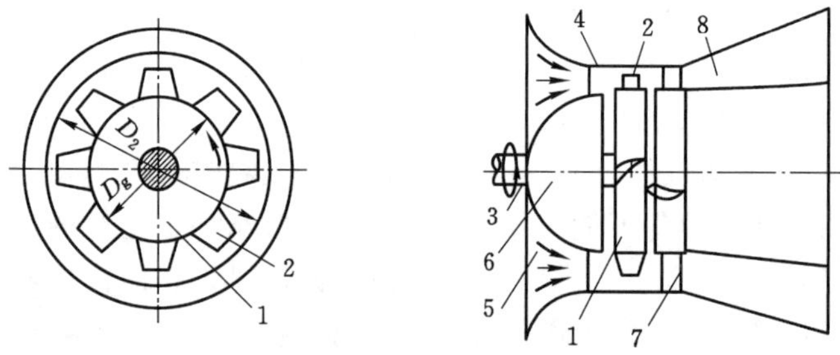

图 2-46 轴流式通风机示意图

1——叶轮；2——叶片；3——轴；4——外壳；5——集风器；6——流线体；7——整流器；8——扩散器

（三）通风机的性能参数

1. 风量(流量)

通风机在单位时间内排出的气体体积，称为风量(流量)。用符号 Q 表示，单位为 m^3/s、m^3/min、m^3/h。

2. 风压

通风机的风压分为静压、动压和全压。

① 静压：是指单位体积的气体流过通风机后所获得的压力能(或势能)。用符号 H_j 表示，单位为 Pa。

② 动压：是指单位体积的气体流过通风机后所获得的动能。用符号 H_d 表示，单位为 Pa。

③ 全压：是指单位体积的气体流过通风机后所获得的总能量。用符号 H 表示，单位为 Pa。

$$H = H_j + H_d \tag{2-57}$$

3. 功率

① 轴功率：是指电动机传递给通风机轴的功率，即通风机的输入功率。用符号 P 表示，单位为 kW。

② 有效功率：是指单位时间内气体从通风机获得的能量，即通风机的输出功率。用符号 P_X 表示，单位为 kW。

$$P_X = \frac{QH}{1\ 000} \tag{2-58}$$

式中 P_X——通风机的有效功率，kW；

Q——通风机的风量，m^3/s；

H——通风机的全压，Pa。

4. 效率

① 全效率：是指通风机的有效功率与轴功率之比（又称为全压效率）。用符号 η 表示。

$$\eta=\frac{P_X}{P}=\frac{QH}{1\,000P} \tag{2-59}$$

② 静效率：是指在式（2-59）中如果用静压 H_j 代替全压 H，则所得的效率称为静效率。用符号 η_j 表示。

5. 转速

通风机叶轮每分钟转过的转数，用符号 n 表示，单位为 r/min。

二、通风机的特性曲线

当通风机在额定转速下运行时通过实验绘制出反映通风机的风量、风压、轴功率和效率等性能参数之间变化规律的曲线，叫做通风机的特性曲线，它是研究和选择通风机的重要依据，当通风机的转速改变时，则其各性能参数、性能曲线也将发生变化，每台通风机按其转速均可绘出若干组性能曲线。

（一）离心式通风机的特性曲线

离心式通风机的工作原理与离心式水泵基本相同，其区别仅在于前者的工作介质是空气，后者是水。因此离心式通风机的特性曲线与水泵相似，它也有反映通风机风压与风量之间关系的风压曲线，反映功率与风量之间关系的功率曲线，反映效率与风量之间关系的效率曲线，如图 2-47 所示，这是一台通风机反映自身特性的个体特性曲线。对于同一类型或同一系列通风机来说，它们具有相同的共性，反映其共同特性的曲线称为类型特性曲线。同类型的通风机在相似工况下其风量系数 $\overline{Q}$、风压系数 $\overline{H}$、功率系数 $\overline{P}$ 分别相等。一个风量系数 $\overline{Q}$ 对应一个风压系数 $\overline{H}$ 和功率系数 $\overline{P}$。以风量系数 $\overline{Q}$ 为横坐标，以风压系数 $\overline{H}$ 和功率系数 $\overline{P}$ 为纵坐标，就可作出类型特性曲线。下面介绍离心式通风机的类型特性曲线。

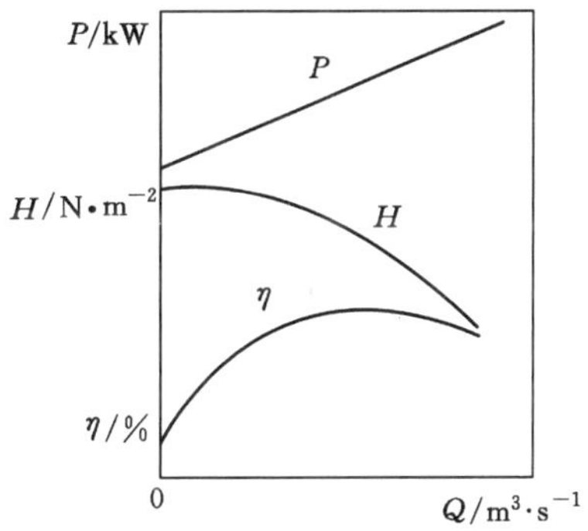

图 2-47 离心式通风机的特性曲线

1. 类型系数

风压系数

$$\overline{H}=\frac{H}{\rho u_2^2} \tag{2-60}$$

流量系数

$$\overline{Q}=\frac{Q}{\frac{\pi}{4}D_2^2u_2} \tag{2-61}$$

功率系数

$$\overline{P}=\frac{P}{\frac{\pi}{4}\rho D_2^2u_2^3} \tag{2-62}$$

式中 H——通风机的风压，N/m^2；

ρ——空气的密度，kg/m^3；

u_2——叶轮外圆周速度，m/s；

D_2——叶轮直径，m。

2. 类型特性曲线

绘制类型特性曲线，可将实际个体曲线上各点的 H、Q、P 值分别代入式(2-60)、式(2-61)、式(2-62)中，按任一单个机器的有关参数计算出 $\overline{H}$、$\overline{Q}$ 和 $\overline{P}$ 值，将其标入类型系数坐标图上，即得到该类型通风机的类型特性曲线，如图 2-48 所示。

（二）轴流式通风机的性能曲线

轴流式通风机的风量风压曲线与叶片在轮毂上安装的角度有关，每个安装角度对应着一条曲线。图 2-49 仅给出其中一条。从性能曲线可以看出：在轴流式通风机的风压曲线上有一凸凹段，一般在曲线峰值左侧的一段谷状曲线是不能利用的，因为在这段曲线上通风机运转不稳定。

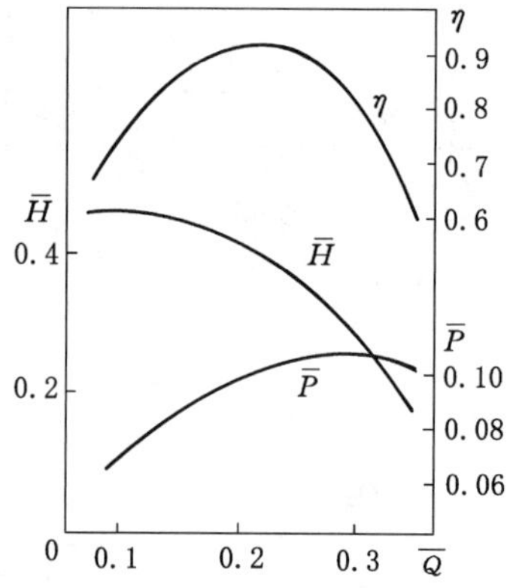

图 2-48 离心式通风机类型的特性曲线

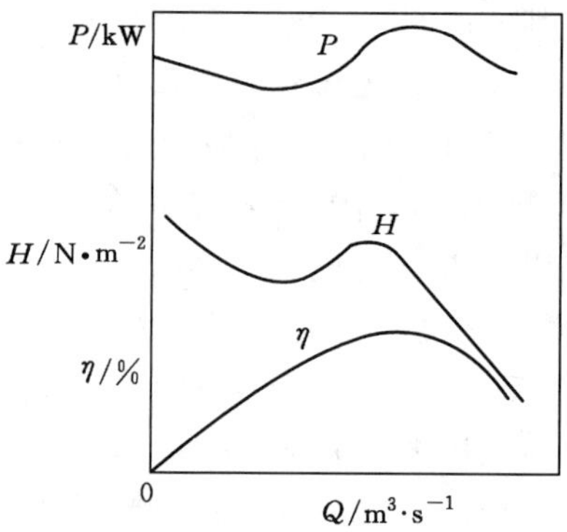

图 2-49 轴流式通风机的性能曲线

轴流式通风机的功率曲线也与叶片安装角度有关。曲线上也有凸凹段，并且，当风量为零时，功率不是最小，因此轴流式通风机启动时不能关闭调节器闸门。轴流式通风机的效率曲线为抛物线，随着风量增加，效率也提高。最大效率点在风压较高的区域。通常，生产厂家给出的轴流式通风机风压曲线均是静压曲线。

三、通风机在网路中的工作分析

通风机是和通风网路联合起来进行工作的，通风机的工作状况，不仅取决于通风机本身，而且也取决于通风网路状况，即网路的长度、断面积的大小及网路的配置等。下面对抽出式矿井通风机的工作进行分析。

（一）通风机在网路中的工作分析

图 2-50 为通风系统简化后，通风机在网路中的工作示意图。在通风网路上取三个断

面，进风井入口断面Ⅰ—Ⅰ，通风机入口断面Ⅱ—Ⅱ和出口断面Ⅲ—Ⅲ，根据能量守恒定律经推导可得出下式

$$H = h + \frac{\rho}{2}v_3^2 \tag{2-63}$$

式中 H——通风机产生的全压，N/m^2；

h——通风网路阻力，N/m^2；

ρ——空气的密度，kg/m^3；

v_3——空气在Ⅲ—Ⅲ断面的平均流速，m/s。

风机产生的风压，一部分用于克服通风网路的阻力 h，这部分称为静压 H_j；另一部分以速度能的形式$\frac{\rho}{2}v_3^2$ 损耗在大气中，这部分称为动压 H_d。通风机产生的全压 H 为

$$H = H_j + H_d$$

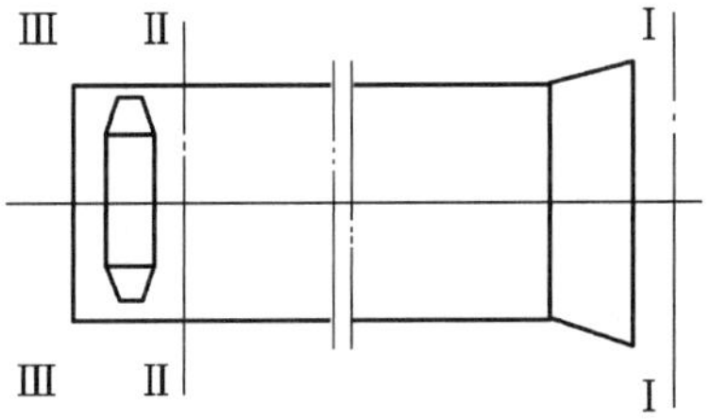

图 2-50 通风机在网路中的工作示意图

（二）通风网路的特性曲线

通风网路的阻力包括沿程阻力和局部阻力，所以有如下表达式

$$H_j = (\lambda \frac{l}{d} + \sum \xi) \frac{\rho}{2S^2}Q^2 = R_jQ^2 \tag{2-64}$$

$$H = H_j + H_d = R_jQ^2 + \frac{\rho}{2S_3^2}Q^2 = (R_j + \frac{\rho}{2S_3^2})Q^2 = RQ^2 \tag{2-65}$$

式中 R_j——通风网路的静阻力系数，$N \cdot s^2/m^8$；

R——通风网路的全阻力系数，$N \cdot s^2/m^8$。

式(2-64)和式(2-65)分别为通风网路的静阻力特性方程和全阻力特性方程，将它们绘制在 H_j—Q 和 H—Q 坐标图上，即为通风网路静阻力特性曲线和全阻力特性曲线，如图 2-51 所示。

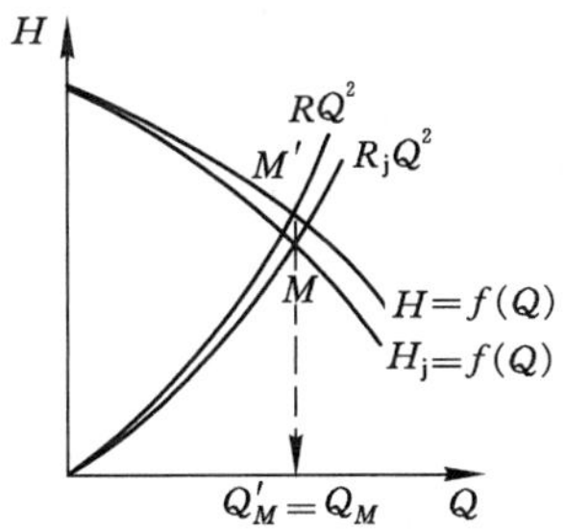

图 2-51 通风机的特性曲线及工况点

（三）通风机的工况点与工业利用区

1. 通风机的工况点

把通风网路特性曲线与风机特性曲线按同一比例绘制在同一坐标图上，所得的交点，称为通风机的工况点，如图 2-51 所示。在确定通风机的工况点时，若通风机产品说明书给出的是全压特性曲线，则应按式(2-65)绘制全阻力特性曲线，求出工况点 M'；若厂家提供的是静压特性曲线，则应按式(2-64)绘制静阻力特性曲线，求出工况点 M。两工况点的风量相等，纵坐标之差即为通风机的动压。

工况点对应的参数称为工况参数，这些参数除有通风机的风量 Q_M、风压 H_M（或 H_{jM}）外，还有轴功率 P_M 和效率 η_M。

2. 通风机的工业利用区

通风机的工业利用区是为保证通风机的稳定性和经济性而划定的。

通风机稳定工作条件是：通风机的工况静压不得超过通风机最大静压的 90%，即 $H_{jM} \leqslant 0.9H_{jmax}$。

通风机经济工作条件是：工况点的静效率应大于或等于通风机最大静效率的 0.8 倍，最小不低于 0.6。即 $\eta_{jM} \geqslant 0.8\eta_{jmax}$ 且 $\eta_{jM} \geqslant 0.6$。

通风机特性曲线上，既满足稳定性又满足经济性要求的范围，称为通风机的工业利用区。

通风机的工业利用区见图 2-52 和图 2-53。

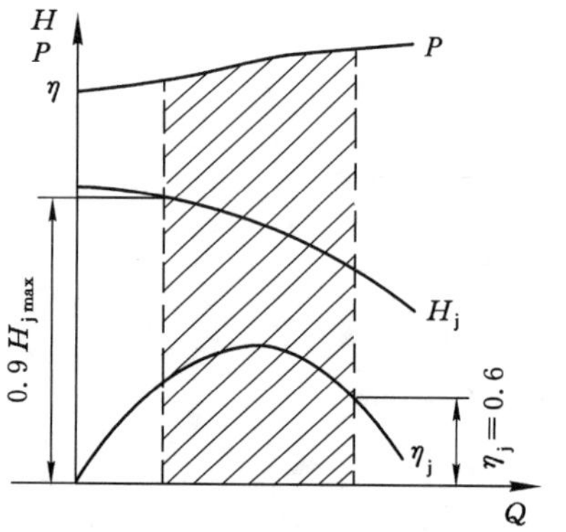

图 2-52 离心式通风机的工业利用区

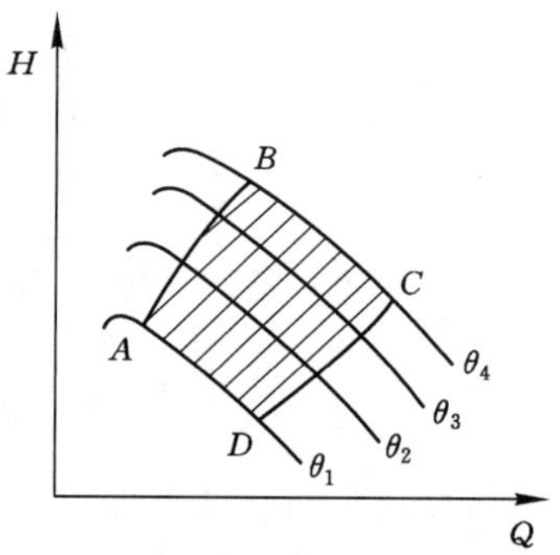

图 2-53 轴流式通风机的工业利用区

四、通风机的构造

（一）离心式通风机的构造

矿用离心式通风机主要有 4—72—11 型、G4—73 型和 K4—73 型，前两者多用于中、小型矿井，后者常用于大型矿井。

1. 4—72—11 型通风机的构造

如图 2-54 所示，该通风机由叶轮、机壳、进风口和传动部分等组成。

叶轮是由 10 个后弯机翼型叶片、双曲线型前盘和平板型后盘组成。叶轮由优质锰钢制成，并经静平衡和动平衡校正，运转平稳、高效，最高全压效率可达 91%。

机壳有两种形式，机号为№ 2.8～12 的通风机的机壳焊接为整体结构，不能拆开。机号为№ 16 和№ 20 的通风机的机壳为三开式结构，即上下部分可分开、上半部分又可左右分开，各部分之间用螺栓连接，便于拆卸与维修。

出风口位置用角度表示，机号为№ 2.8～12 的通风机的出风口，厂家均制成一种形式，使用时可安装成任何需要的位置。机号为№ 16 和№ 20 两种通风机的出风口的位置有 0°（出风口在轴的下方，水平向外）、90°（出风口垂直向上）、180°（出风口在轴的上方，水平向外）三种位置，不能调整。

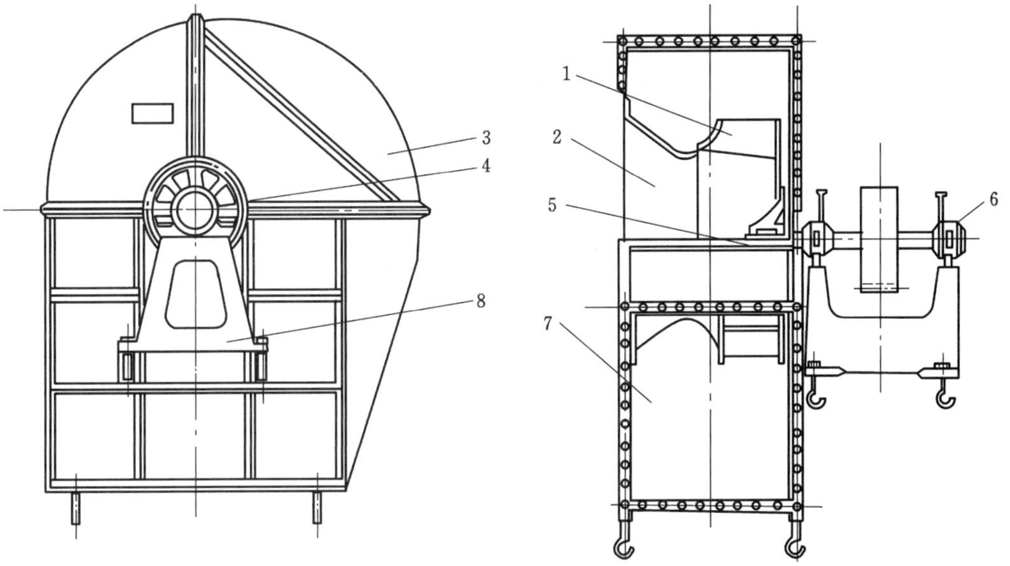

图 2-54 4—72—11№ 16 和 4—72—11№ 20 型离心式通风机的结构图

1——叶轮；2——进风口；3——机壳；4——胶带轮；5——轴；6——轴承；7——出风口；8——轴承座

进风口为整体结构，为锥弧形。这种进风口可使空气顺利地进入叶轮，阻力损失小，通风机效率高。

传动部分由轴、轴承和胶带轮等组成。机号为№ 16 和№ 20 的通风机为矿井常用的两种，采用 B 式传动，即悬臂支承，胶带传动，胶带轮在两轴承中间。轴承装有温度计，用黄油润滑。该通风机的旋向有“右旋”和“左旋” 两种。从电动机一侧正视叶轮，按顺时针方向旋转的叫“右旋”，以“右”表示，按逆时针方向旋转的叫“左旋”，以“左”表示。

通风机型号意义，以 4—72—11 № 20B 右 90°为例说明：

4 —72— 1 1 №20 B 右90°

90°——出风口方向
右——右旋
B——传动方式为 B 式
20——叶轮直径为 20 dm(2 000 mm)
№ ——机号前冠用符号
1——设计序号
1——叶轮为单侧进风
72——通风机的比转数为 72
4——通风机最高效率点全压系数为 0.4

4—72—11 型通风机的特性曲线如图 2-55 所示。

2. G4—73—11 型离心式通风机

图 2-56 所示为 G4—73—11 型离心式通风机的结构，是为锅炉通风而设计的，主要由叶轮、机壳、进风口、前导器和传动部分组成。

叶轮由 12 个后弯机翼型叶片、弧锥形前盘和平板形后盘组成，并经静、动平衡校正，

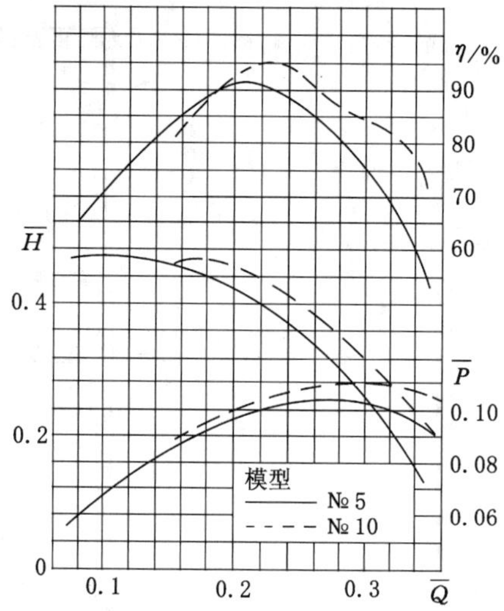

图 2-55 4—72—11 型通风机的类型特性曲线

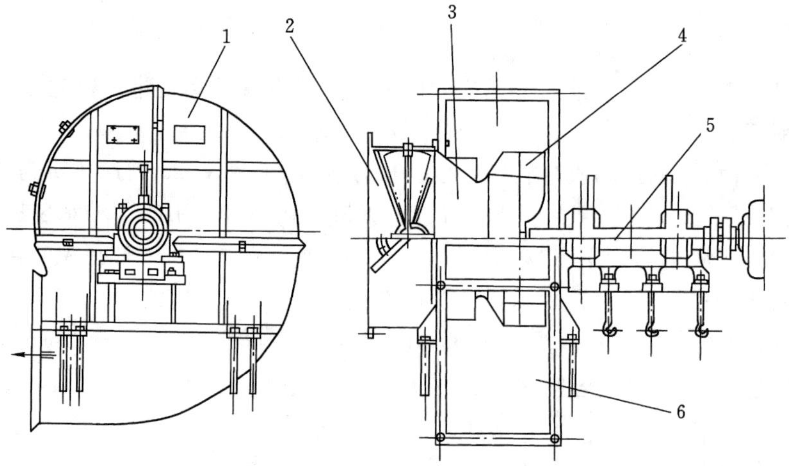

图 2-56 G4—73—11 型离心式通风机的结构

1——机壳；2——前导器；3——进风口；4——叶轮；5——轴；6——出风口

运转平稳，噪声低，全压效率高达 93%。机壳用普通钢板制成，机号№ 8～12 的通风机为整体焊接形式，机号№ 14～16 的通风机为二开式，机号№ 18～29.5 的通风机为三开式。

进风口为锥弧形，与 4—72—11 型相同，用螺栓固定在通风机入口侧。在进风口前面装有前导器，前导器上的叶片可在 0°(全开)到 90°(全闭)范围内进行调整，以达到调节通风机的风压和风量的目的。

传动部分由轴、轴承、联轴器等组成。传动方式为 D 式，即弹性联轴器传动，传动效率较高。

G4—73—11 型通风机的特性曲线如图 2-57 所示。

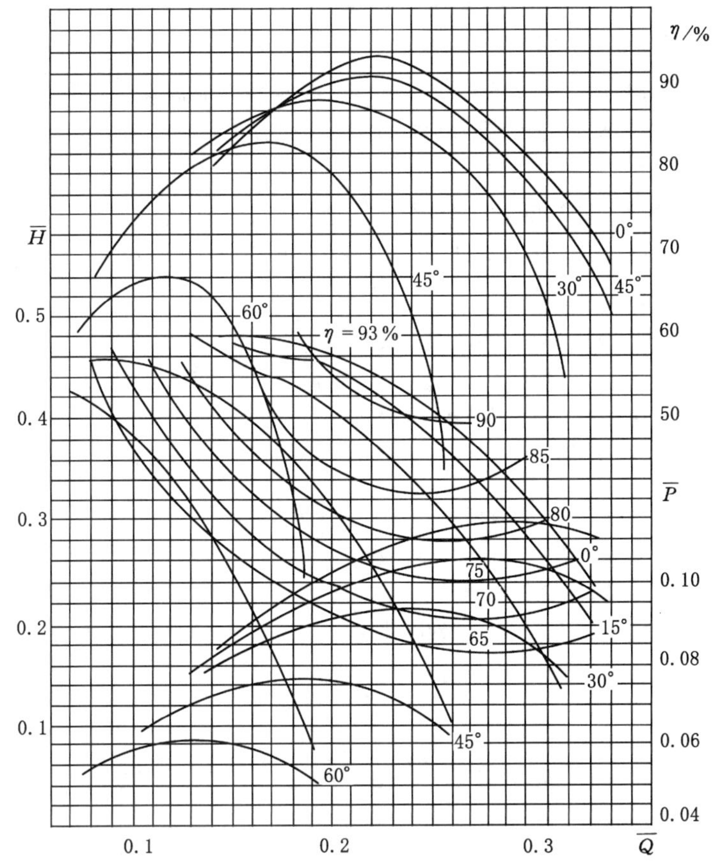

图 2-57 G4—73—11 型通风机(前导器)的类型特性曲线

3. K4—73—01 型离心式通风机简介

K4—73—01 型离心式通风机是大型矿用通风机,双侧进风,如图 2-58 所示,有 № 25、№ 28、№ 32、№ 38 四个机号。叶轮由前盘、中盘和中盘两侧的各 12 个后弯机翼型叶片组成,并焊接成整体;传动轴为实心短轴,两端用滚动轴承支承,轴两端均可与电动机连接;机壳上部用钢板焊接而成,下部由混凝土制成;进风口为收敛式流线型,并制成三开式,便于拆装。该通风机具有强度高,运转平稳,高效等特点。

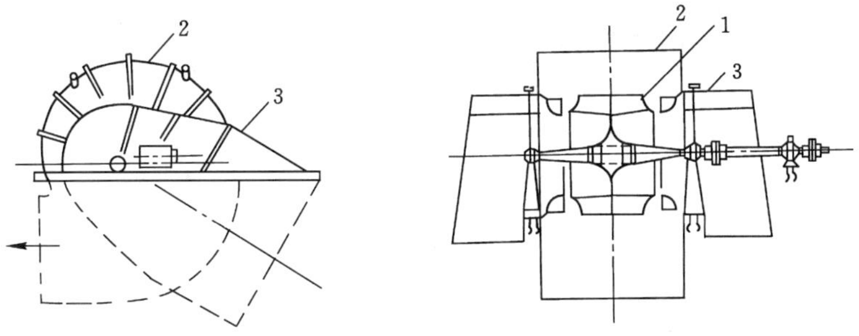

图 2-58 K4—73—01 型离心式通风机结构图

1——叶轮;2——外壳;3——进风口

（二）轴流式通风机的构造

1. 轴流式通风机的主要组成

轴流式通风机主要由叶轮、进风口、导叶、传动部分和扩散器等组成。

进风口由集流器和疏流罩组成，其作用是把空气沿轴向均匀地导入叶轮，以减小气流的冲击损失。

叶轮由轮毂和叶片组成，叶片多制成机翼型扭曲状，以减小气流在叶轮内的径向流动和环流。叶轮是通风机的重要部件，用于对空气做功，提高空气的动能和势能，叶轮的结构对通风机的性能有很大影响。

导叶也叫整流器。装在第一级叶轮前面的导叶叫前导叶，装在一、二级叶轮之间的导叶叫中导叶，装在最后一级叶轮后面的导叶叫后导叶。导叶的作用是调整通过叶轮前后的气流流动方向，减小气流流动损失，提高通风机效率。

扩散器有筒形和锥形两种结构，扩散器过流断面是逐渐扩大的，因此气流流速逐渐降低，可使一部分动压转变为静压，提高通风机的静效率。

2. 常用的轴流式通风机

(1) 2K60 型轴流式通风机

2K60 型轴流式通风机是一种高效率、低噪声、可反转反风的通风机。该通风机的结构如图 2-59 所示。

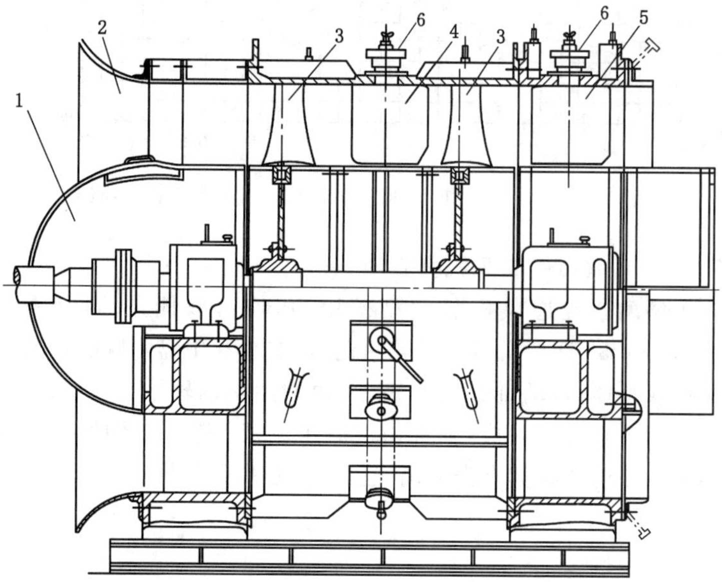

图 2-59　2K60 型轴流式通风机结构图

1——疏流罩；2——集流器；3——叶轮；4——中导叶；5——后导叶；6——绳轮

该通风机为两级叶轮，每个叶轮上可安装 14 个机翼形扭曲叶片，通过减少气流在叶轮内的径向流动减小损失。叶片安装角可在 15°～45°范围内调节，叶片数可以装成两级叶轮均为 14 片或 7 片，也可装成一级 14 片，二级 7 片。

为满足反风需要，该通风机还装有手动制动闸和导叶调整装置。需要停止电动机反转反风时，制动闸可使叶轮迅速停止转动，以缩短反风操作时间。反风时，需要改变导叶角度，以满足反风要求。该通风机的反风量满足《煤矿安全规程》对反风量不小于正常供风量 40%的要求。

2K60 型轴流式通风机有№ 18、№ 24、№ 28、№ 32 四个机号，最高静效率可达 84%。现以 2K60—4№ 28 型为例说明通风机的型号意义：

2 K 60—4 № 28

- 28——通风机叶轮直径 28 dm(2 800 mm)
- № ——机号前冠用符号
- 4——设计序号
- 60——通风机轮毂直径与叶轮直径比的 100 倍
- K——矿用通风机
- 2——两级叶轮

2K60 型通风机的两级叶轮叶片数均为 14 的其特性曲线如图 2-60 所示。

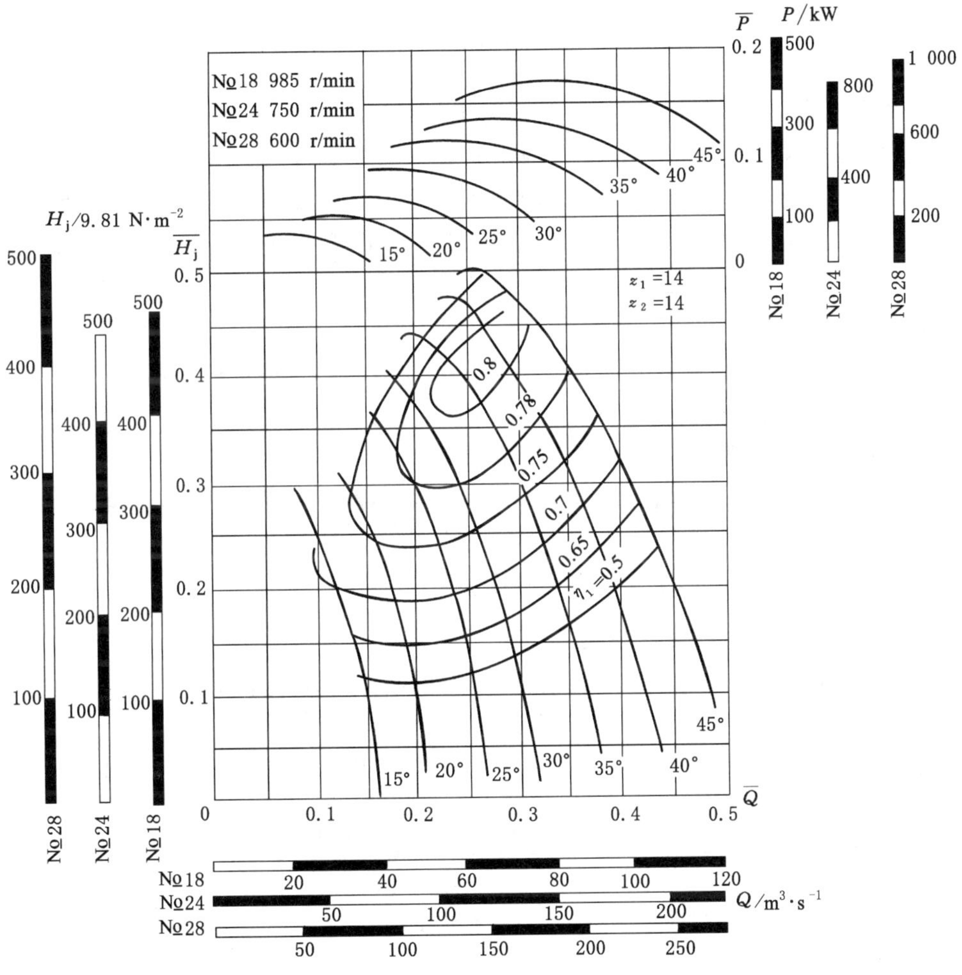

图 2-60 2K60 型通风机($z_1=z_2=14$)的特性曲线

(2) FBCDZ 系列双叶轮对旋式轴流式通风机

FBCDZ 对旋系列防爆轴流式通风机，是根据大、中型矿井通风网路参数设计的。该风机结构如图 2-61 所示，主要由集流器、一级风机、二级风机、扩散器等部件组成，并可根据用户需要装配扩散塔和消音装置。该通风机由两台隔爆型电动机分别驱动两组工作叶轮完成通风工作。

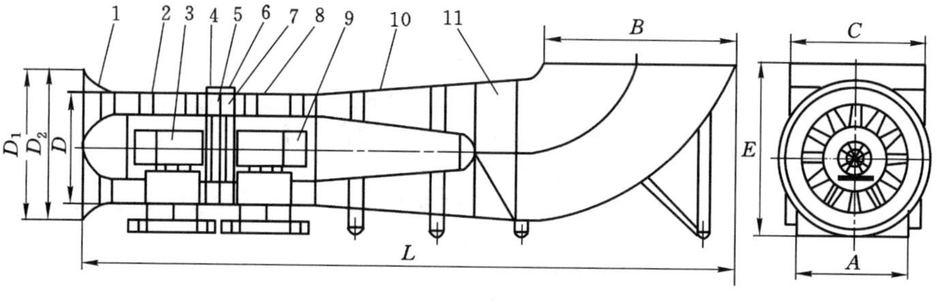

图 2-61 FBCDZ 系列通风机结构图

1——集流器；2——前主体风筒；3——一级电动机；4——一级中间筒；5——一级叶轮；6——二级中间筒；7——二级叶轮；8——后主体风筒；9——二级电动机；10——扩散器；11——扩散塔

隔爆电机装在主体风筒内，并采用电动机与通风机工作叶轮直联传动方式，传动效率较高。从轴端看都为顺时针旋转，两工作叶轮相对安装，机翼型叶片型线扭曲相反，旋转方向相反，气流方向相同。与两台同型号的单级轴流式通风机串联通风相比，风量可增加 20%，风压可增加 45%；与单级风机相比，风量可增加 40%～70%，风压可增加 100%～190%，对中、高风阻的矿井增压更为显著，因此适应通风阻力较大的大、中型矿井。

FBCDZ 系列通风机叶片安装角可根据矿井前后期所需风量进行调整，使工况点始终保持在高效区，也可根据矿井前后期需要，采用单级或两级运转；该系列通风机驼峰区狭窄，风压平稳，气流喘振小，噪声低，应用范围广，效率高，最高静压效率可达 84.4%。

该型通风机可采用电动机直接反转反风，不需要建反风系统，反风量可达正常风量的 60%，满足《煤矿安全规程》对反风量不小于正常供风量 40%的要求。

以 FBCDZ54—6—№ 24 为例说明型号意义。

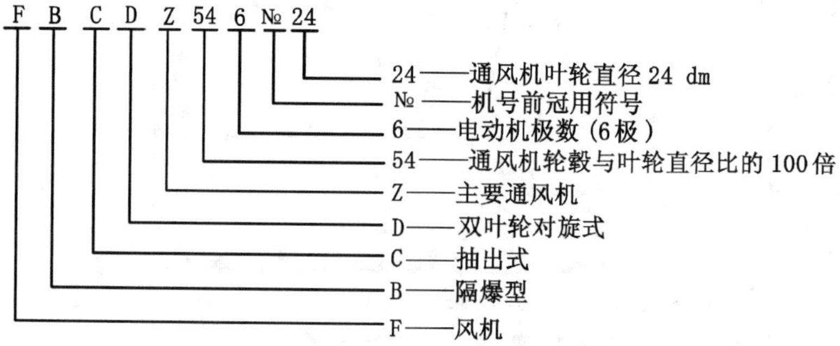

五、通风机的反风

反风是改变风流的流动方向，使风流向相反的方向流动。对于抽出式矿井是将风流变为压入式。其目的是当进风口附近、井筒或井底车场附近发生火灾或瓦斯、煤尘爆炸时，必须立即改变风流方向，以防火灾向井下蔓延以及有毒、有害气体进入工作面，危及井下工作人员的生命安全。

《煤矿安全规程》规定，生产矿井主要通风机必须装有反风设施，并能在 10 min 内改变巷道中的风流方向；当风流方向改变后，主要通风机的供风量不应小于正常供风量的 40%。

矿井通风机有多种反风方式，这里主要介绍离心式通风机的反风道反风与轴流式通风机的反转反风方式。

（一）离心式通风机的反风

图 2-62 所示为两台 K4—73—01 型通风机反风布置图。图中通风机 8 工作、通风机 13 备用。反风时倒机风门 3 落下，关闭分风道 2，水平反风进风门 4 拉起，使通风机入口与大气相通，将反风门 9 由反风道位置调到扩散器位置，关闭扩散器，使通风机出口与反风道 6 相通，同时反风道风门 5 拉起，使反风道与主风道 1 相通。新鲜空气由反风进风门 4、进风硐 7，进入通风机 8，通过通风机出口进入反风道 6、经主风道 1 被压入矿井，实现反风。正常通风风流按图中实线箭头所示，反风风流按图中虚线箭头所示。

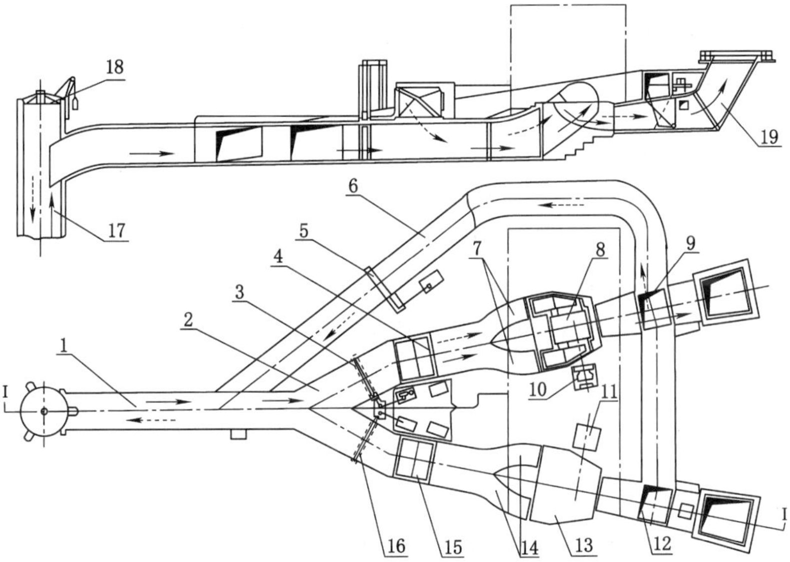

图 2-62　K4—73—01 型通风机反风布置图

1——主风道；2——分风道；3，16——倒机风门；4，15——反风进风门；
5——反风道风门；6——反风道；7，14——进风硐；8，13——通风机；9，12——反风门；
10，11——电动机；17——回风井；18——防爆盖；19——扩散器

（二）轴流式通风机的反转反风

反转反风是通过改变通风机叶轮的旋转方向来改变风流方向。这种方法只限于可反转反风的轴流式通风机。目前，我国生产的 2K60 型、2K56 型、FBCZ 系列与 FBCDZ 系列都能满足《煤矿安全规程》对反风的要求。

2K60 型反风时，先切断电源，刹车制动，利用传动装置使中、后导叶转动 150°，改变电源相位使电动机与通风机反转，完成反风。2K56 型不需转动中、后导叶，反转反风

即可。

FBCZ 系列与 FBCDZ 系列通风机改变电源相位，使电动机与通风机反转，即可进行反风。

此外，轴流式通风机的反风方式还有“反风道反风法”和“无反风道反风法”等。“反风道反风法”需要建反风系统，机房占地面积大，工程量大，反风时操作较复杂，使用中风门易漏风等。“无反风道反风法”是两台轴流式通风机用一个引风道，反风时，利用分风门使一台通风机与引风道隔断，并打开反风侧门，使通风机入口与大气相通，关闭反风门，即关闭扩散器，工作通风机的风流通过另一台通风机进入井下，实现反风。这种方法，反风操作复杂，反风阻力较大。

六、矿井通风设备的选型与计算

（一）按个体特性曲线选择轴流式通风机

1. 通风机风量计算

$$Q = kQ_k \tag{2-66}$$

式中 Q——通风机必须产生的风量，m^3/s；

Q_k——矿井所需风量，m^3/s；

k——通风设备的漏风系数，当风井不作提升时，$k=1.1\sim1.5$；兼作箕斗井时，$k=1.15\sim1.20$；作罐笼井时，$k=1.25\sim1.30$。

2. 风机风压计算

$$H_{jmax} = h_{max} + \Delta h \tag{2-67}$$

$$H_{jmin} = h_{min} + \Delta h \tag{2-68}$$

式中 H_{jmax}，H_{jmin}——轴流式通风机必须产生的最大静压和最小静压，N/m^2；

h_{max}，h_{min}——矿井最大负压和最小负压，N/m^2；

Δh——通风设备阻力，一般取 100～200 N/m^2，若井筒保暖采用无通风机式空气加热装置还应计入该装置的阻力，如果装置有消声器还应该另加 50～80 N/m^2。

3. 预选通风机

根据 H_{jmax}、H_{jmin} 和 Q，从通风机产品样本中预选出较为合适的通风机。如同时有几种通风机都能满足要求，则应作方案比较。

4. 通风网路的特性方程

按 H_{jmax}、H_{jmin} 和 Q 求出最大网路阻力损失系数 R_{jmax} 和最小网路阻力损失系数 R_{jmin} 为

$$R_{jmax} = \frac{H_{jmax}}{Q^2} \tag{2-69}$$

$$R_{jmin} = \frac{H_{jmin}}{Q^2} \tag{2-70}$$

由 R_{jmax} 和 R_{jmin}，可以确定出矿井开采末期与初期的网路特性曲线方程分别为：

末期

$$H_{jmax} = R_{jmax}Q^2 \tag{2-71}$$

初期

$$H_{\mathrm{jmin}} = R_{\mathrm{jmin}} Q^2 \tag{2-72}$$

5. 确定通风机工况点

把式(2-71)、式(2-72)所表示的通风网路的曲线绘制在所选择通风机的特性曲线上，如图 2-63 所示，找出工况点，即通风机静压特性曲线与网路静阻力特性曲线的交点[交点所对应的风量应不小于式(2-66)所计算出的风量]，并查出通风机末期工况 A 点及初期工况 B 点的工况参数。

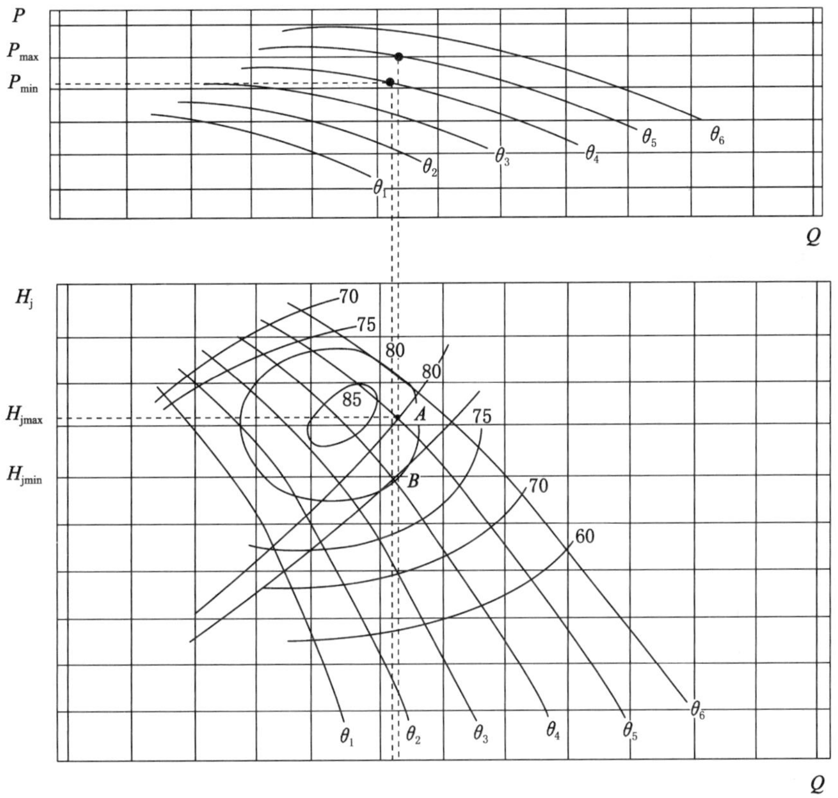

图 2-63 轴流式通风机工况点

6. 功率

通风机轴功率在性能曲线上查取。初期用 $P_{\min}$ 表示，末期用 $P_{\max}$ 表示。

开采初期和末期，电动机的输出功率为(单位 kW)：

初期

$$P_{\mathrm{dmin}}' = \frac{P_{\min}}{\eta_{\mathrm{c}}} \tag{2-73}$$

末期

$$P_{\mathrm{dmax}}'' = \frac{P_{\max}}{\eta_{\mathrm{c}}} \tag{2-74}$$

式中 η_c—— 传动效率，$\eta_c=0.98$。

如自行配用电机，电机容量按以下确定：

当 $P_{dmin}'<0.6P_{dmax}''$ 时，说明在通风机的整个服务年限内，轴功率变化较大，若采用一台大容量的电动机，则长期不能满载运行。为了改善功率因数，可选取两台不同的电动机，但初装电动机的服务年限不得少于 10 年。其初期和末期的电动机容量可分别按下式计算：

初期

$$P_{dmin}=(1.1\sim1.2)\sqrt{P_{dmin}'P_{dmax}''} \tag{2-75}$$

末期

$$P_{dmax}=(1.1\sim1.2)P_{dmax}'' \tag{2-76}$$

式中 1.1～1.2——考虑预计通风阻力不精确的备用系数。

当 $P_{dmin}'>0.6P_{dmax}''$ 时，说明通风机在整个服务年限内的轴功率变化不大，可按式(2-75)选用一台电动机。

当选用同步电动机时，无论何种情况，电动机容量均按式(2-76)确定。

7. 年耗电量的计算

通风机的平均年耗电量按下式计算(单位 kW·h/a)

$$E=\frac{P_{dmin}'+P_{dmax}''}{2\eta_d\eta_w}\times24\times365 \tag{2-77}$$

式中 η_d——电动机效率，可取 0.9 或从电动机产品样本上查取；

η_w——电网效率，一般取 0.95。

8. 吨煤通风耗电量计算(单位 kW·h/t)

$$E_{dm}=\frac{E}{A} \tag{2-78}$$

式中 A——矿井年产量，t/a。

(二) 按类型特性曲线选择离心式通风机

1. 通风机风量计算

参照式(2-66)进行计算。

2. 通风机风压计算

国产离心式通风机，厂家一般不供应扩散器，而产品样本上提供的是全压特性曲线，所以在选型设计中应考虑增设扩散器后的损失。因此，离心式通风机必须产生的最大全压和最小全压为

$$H_{max}=h_{max}+\Delta h+h_{qz}=1.05(h_{max}+\Delta h), \tag{2-79}$$

$$H_{min}=h_{min}+\Delta h+h_{qz}=1.05(h_{min}+\Delta h) \tag{2-80}$$

式中 h_{max}，h_{min}——矿井最大负压和最小负压，N/m^2；

Δh——通风设备阻力，一般取 100～200 N/m^2，若井筒保暖采用无风机式空气加热装置还应计入该装置的阻力，若装置有消声器还应另加 50～80 N/m^2；

h_{qz}——阻力损失，设计合理的扩散器的阻力损失一般为通风机全压的 5%左右。

3. 确定叶轮的外圆周速度

根据上述计算的通风机的风量 Q 和风压 H_{max}、H_{min}，在通风机资料中选择较为合适

的通风机。

通风机叶轮的外圆周速度为(单位 m/s)

$$u=\sqrt{\frac{H_{\max}}{\rho\,\overline{H}_M}} \tag{2-81}$$

式中 $\overline{H}_M$ ——所选类型通风机在最高效率时的全压系数,可由类型曲线查取。

4. 确定通风机叶轮直径

通风机叶轮直径为(单位 m)

$$D'=\sqrt{\frac{4Q}{\pi u\,\overline{Q}_M}} \tag{2-82}$$

式中 $\overline{Q}_M$ ——所选类型通风机在最高效率时的风量系数,可由类型特性曲线查取。

按计算的通风机叶轮直径 D' 选择标准直径的通风机。

5. 通风网路的特性方程

由于使用的是通风机的类型特性曲线,故需先求得无因次网路特性曲线,然后才能求得工况点。

按通风网路特性曲线方程式有

$$H_{\max}=R_{\max}Q^2 \tag{2-83}$$

$$\frac{H_{\max}}{\rho u^2}\rho u^2=R_{\max}\frac{Q^2}{\left(\frac{\pi}{4}D^2u\right)^2}\left(\frac{\pi}{4}D^2u\right)^2 \tag{2-84}$$

$$\overline{H}_{\max}=R_{\max}\left(\frac{\pi}{4}\right)^2\frac{D^4}{\rho}\overline{Q}^2 \tag{2-85}$$

令

$$\overline{R}_{\max}=R_{\max}\left(\frac{\pi}{4}\right)^2\frac{D^4}{\rho}$$

则

$$\overline{H}_{\max}=\overline{R}_{\max}\overline{Q}^2 \tag{2-86}$$

式中 $\overline{H}_{\max}$ ——对应于通风机必须产生的最大全压 $H_{\max}$ 下的风压系数;

$\overline{R}_{\max}$ ——对应于最大网路阻力损失系数 $R_{\max}$ 下的无因次阻力系数;

$\overline{Q}$ ——通风机的风量系数。

同理可得

$$\overline{H}_{\min}=\overline{R}_{\min}\overline{Q}^2 \tag{2-87}$$

式中 $\overline{H}_{\min}$ ——对应于通风机必须产生的最小全压 $H_{\min}$ 下的风压系数;

$\overline{R}_{\min}$ ——对应于最小网路阻力损失系数 $R_{\min}$ 下的无因次阻力系数,显然有

$$\overline{R}_{\min}=R_{\min}\left(\frac{\pi}{4}\right)^2\frac{D^4}{\rho} \tag{2-88}$$

式(2-86)、式(2-87)分别为最大网路阻力和最小网路阻力的无因次网路特性曲线方程式。

6. 通风机工况点确定

用描点作图法将式(2-86)、式(2-87)表示的网路特性曲线绘制在通风机的类型特性

曲线图上，如图 2-64 所示，所得的两交点（分别用 A、B 表示）即为通风机的无因次工况点，并查出对应的工况参数。

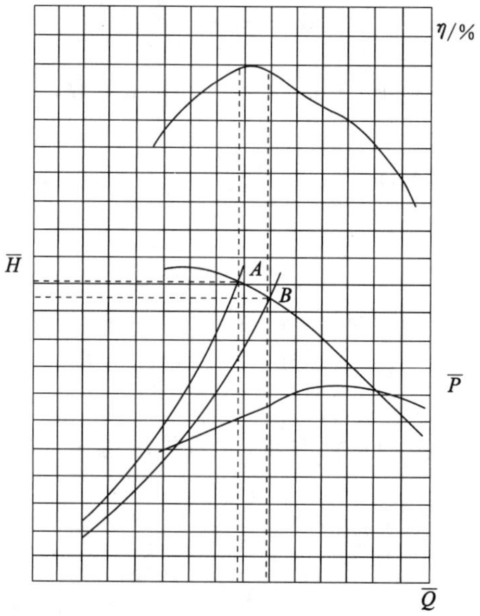

图 2-64 离心式通风机无因次工况点

7. 通风机转速的计算

为了提高离心式通风机运行的经济性，应使用改变转速法来调节通风机的工况，因此，必须计算出对应于最大全压与最小全压下的工况点的转速。

对应于工况点 A 的叶轮外圆周速度为（单位 m/s）

$$u_A = \sqrt{\frac{H_{\max}}{\rho \overline{H}_A}} \tag{2-89}$$

式中 $\overline{H}_A$—— 最大全压时，通风机无因次工况点 A 的风压系数。

按式(2-89)所求得的叶轮外圆周速度 u_A 应小于所选取通风机最大允许速度 u_y 的 0.9 倍。

对应于工况点 A 的通风机转速为（单位 r/min）

$$n_A = \frac{60u_A}{\pi D} \tag{2-90}$$

对应于工况点 B 的叶轮外圆周速度为

$$u_B = \sqrt{\frac{H_{\min}}{\rho \overline{H}_B}} \tag{2-91}$$

式中 $\overline{H}_B$ ——最小全压时，通风机无因次工况点 B 的风压系数。

对应于工况点 B 的通风机转速为

$$n_B = \frac{60u_B}{\pi D} \tag{2-92}$$

8. 功率的计算

对应于工况点 A 和 B 的通风机轴功率分别为（单位 kW）：

A 点

$$P_{max} = \frac{H_{max}''Q''}{1\ 000\eta''} \tag{2-93}$$

B 点

$$P_{min} = \frac{H_{min}'Q'}{1\ 000\eta'} \tag{2-94}$$

式中 η'',η'——开采末期和初期工况点 A 和 B 所对应的效率。

H_{max}'',H_{min}'—— 开采末期和初期工况点 A 和 B 所对应的全压,N/m²;其计算公式为:

$$H_{max}'' = \overline{H}_A \rho u_A^2$$

$$H_{min}' = \overline{H}_B \rho u_B^2$$

Q'',Q'—— 开采末期和初期工况点 A 和 B 所对应的风量,m³/s;其计算公式为:

$$Q'' = \bar{Q}_A \frac{\pi}{4} D^2 u_A$$

$$Q' = \bar{Q}_B \frac{\pi}{4} D^2 u_B$$

$\bar{Q}_A$,$\bar{Q}_B$——开采末期和初期工况点 A 和 B 所对应的风量系数。

对应于末期工况点 A 和初期工况点 B 的电动机输出功率分别为:

A 点

$$P_{dmax}'' = \frac{P_{max}}{\eta_c} = \frac{H_{max}''Q''}{1\ 000\eta''\eta_c} \tag{2-95}$$

B 点

$$P_{dmin}' = \frac{P_{min}}{\eta_c} = \frac{H_{min}'Q'}{1\ 000\eta'\eta_c} \tag{2-96}$$

式中 η_c—— 传动效率。用联轴器直联时,$\eta_c = 0.98$;用三角胶带传动时,$\eta_c = 0.95$。

电动机容量按前述原则确定,即按式(2-75)、式(2-76)进行计算。

9. 年耗电量的计算

通风机年耗电量按式(2-77)计算。

10. 吨煤通风耗电量计算

吨煤通风耗电量按式(2-78)计算。

七、通风设备的使用与维护

(一) 通风机的启动与停止

在选择通风机的启动工况时(即选择启动方式),应尽量选在功率最低处并尽量避免出现不稳定现象。为此,对于风压特性曲线没有不稳定段的离心式通风机,因流量为零时功率最小,故应在闸门完全关闭的情况下进行启动。对于风压特性曲线上有不稳定段的轴流式通风机,若由于不稳定而产生的风压波动量不大时,也可选择功率最低点为启动工况,此时闸门应半开,流量约为正常流量的 30%～40%;若不稳定时风压波动太大,也允许在全开闸门情况下启动,启动工况应落在稳定区域内。停止操作为启动操作逆过程。

离心式通风机试运转时,在运转了 8～10 min 后,即便未发现什么问题,也应暂时停运，然后进行第二次启动。此时要将闸门逐渐开启，让通风机带负荷运转约半小时，再将闸门完全打开，使其在额定负荷下运转 45 min，然后停机。待将所有零件重新检查一遍后，又重新投入运转 8 h，再停机检查。确认无问题后，即可正式投入运转。

轴流式通风机在试运转时，应首先将叶片安装角调整为零度，试运转 2 h 后，如一切正常，即将叶片安装角调整到需要的角度上，再试运转 2 h，如情况良好，即可正式投入运转。

（二）通风机日常维护的注意事项

① 只有在设备完全正常的情况下才能运转。

② 加强机器在运转期间的外部检查，注意机体有无漏风和不正常振动。

③ 每隔 10～20 min 检查一次电动机和通风机的轴承温度，电动机和励磁机的温度，以及 U 形压差计、电流表、功率因数表的读数。

④ 定期检查轴承内的润滑油量，轴承的磨损情况，叶片有无弯曲和断裂以及叶片的紧固程度。

⑤ 机壳内部和叶轮上的灰尘，应每季清扫一次，以防锈蚀。对轴流式通风机，为了防止支撑叶片的螺杆日久锈蚀，在螺帽四周应涂石墨油脂。

⑥ 在检查机壳内部时，应严防工具和杂物掉入。

⑦ 注意检查胶带的松紧程度或联轴器的连接螺丝，必要时应进行调整或更换。

⑧ 按规定时间检查风门及其传动装置是否灵活。

⑨ 在处理电气设备的故障时，必须首先断开检查地点的电源；清扫电动机尤其绕组时更应注意。

⑩ 露在外面的机械传动部分和电气裸露部分，要加装保护罩或遮拦。

⑪ 备用通风机和电动机，必须经常处于完好状态，并保证能在 10 min 内启动。

任务实施

一、教学设备

矿井模拟通风系统一套。

二、任务实施方法

① 指导教师集中讲解通风设备的启动、停止步骤及安全注意事项。

② 学生分组观察矿井通风模拟系统，搞清模拟系统的各组成部分，风流按预定线路流动时各风门的开闭。

③ 分组依次轮流按步骤操作通风设备，包括通风机的启动、风量和风压调节、通风机反风操作和通风机停止。

④ 本组同学在操作的同时，其他同学注意观察并记录各仪器仪表读数。

⑤ 教师巡回检查，随时向学生进行提问。

三、任务考评

教师根据学生实训中的表现、答辩情况、实训报告，评定出实训成绩。

通风设备操作的评分标准见表 2-13。

表 2-13　　通风设备操作的评分标准

序号	考核内容	考核项目	分值	评分标准	得分
1	通风设备的组成及作用	① 通风设备的作用 ② 通风设备的组成	20	每项内容 10 分	
2	通风设备的操作	① 启动前的检查 ② 通风机试运转 ③ 启动通风机 ④ 风量风压调节 ⑤ 反风操作 ⑥ 停止通风机	60	每项内容 10 分	
3	实训态度	① 遵守安全规程 ② 清理现场卫生 ③ 实训报告	20	① 遵守安全规程 5 分 ② 清理现场卫生 5 分 ③ 实训报告符合要求 10 分	
总计					

思考与练习

① 试述通风机的功用、分类及其工作原理。

② 通风机有哪些性能参数？各参数的意义及其单位如何？

③ 离心式通风机由哪几大部分组成？

④ 轴流式通风机由哪几大部分组成？各部分有何作用？

⑤ 为什么要进行反风？《煤矿安全规程》对反风有何要求？

⑥ 为什么轴流式通风机应在闸门全开或半开的情况下启动，而离心式风机要在闸门关闭的情况下启动？

⑦ 有一通风机全压为 1 962 Pa，风量为 240 m^3/h，效率为 80%，试问轴功率是多少？

任务四　空气压缩设备的使用

教学目标

(1) 知识目标

① 掌握空气压缩设备的功用及组成。

② 掌握活塞式空气压缩机的工作原理、组成结构及系统流程。

③ 掌握螺杆式空气压缩机的工作原理、主要部件作用及系统流程。

(2) 能力目标

① 能正确叙述活塞式及螺杆式空气压缩机的工作原理及系统流程。

② 能正确启动与停止空气压缩设备。

(3) 职业素质

培养学生按规程操作的安全意识。

任务描述

空气压缩设备是一种用来压缩和输送气体的机械设备,是将原动机的机械能转化为气体压力能的机械,简称为空压机,广泛应用于采矿、建筑、石油、化工等行业。目前建井施工中使用的气动设备和机具主要有:气动抓岩机、气动绞车、气动凿岩机、风镐、锚喷机、锻钎机等等。

用压缩空气作动力比用电作动力有如下优点:不产生火花,避免了电火花引起瓦斯爆炸的可能性;不怕超负荷,在负载多变、湿度大、温度高、灰尘多的环境中能很好地工作;风动机械排出的空气还有助于改善井下的通风状况;以压缩空气为动力源的风动工具,结构简单,操作简便,工作安全可靠。但由于压缩空气是二次能源,所以设备运行费用高、不经济,设备效率低,因此在使用压气设备时,合理选型,正确使用,作好定期维修,提高设备效率、节省电能是十分重要的。

相关知识

一、压气设备的组成

图 2-65 是压气系统示意图。压气设备包括以下四部分:

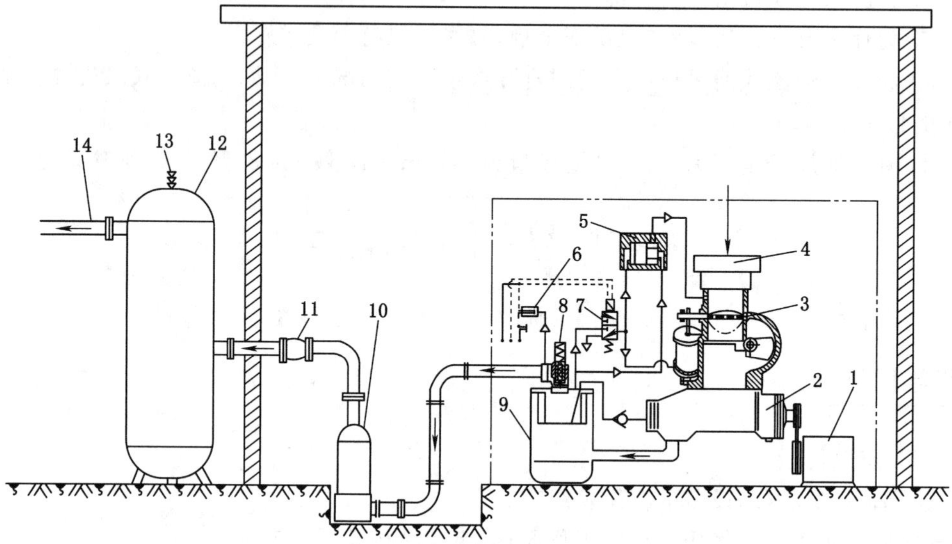

图 2-65 矿山压气系统示意图

1——电动机;2——空气压缩机;3——进气阀;4——空气过滤器;5——放空阀;6——压差计;7——电磁阀;8——压力维持阀;9——油气桶;10——冷却器;11——逆止阀;12——风包;13——安全阀;14——压气管

① 空气压缩机：是产生压缩空气的装置，除机器本身外，还包括排气量及压力调节装置、润滑系统等。

② 拖动装置：空气压缩机一般采用电动机拖动，包括电动机及电控设备。

③ 附属装置：包括风包、空气过滤器、冷却水系统。

④ 压缩空气管网：包括管路、管路附件及油水分离器。

二、空压机的分类及主要参数

（一）空压机的分类

空压机按其工作原理及结构分类情况如下：

- 空压机
  - 速度型
    - 轴流式
    - 离心式
    - 混流式
  - 容积型
    - 回转式
      - 滑片式
      - 螺杆式
      - 转子式
    - 往复式
      - 膜式
      - 活塞式

空压机按排气压力高低分为：低压（排气压力≤1.0 MPa），中压（1.0 MPa＜排气压力≤10 MPa），高压（10 MPa＜排气压力≤100 MPa）。

空压机按排气量大小分为：小型（1 m^3/min＜排气量≤10 m^3/min），中型（10 m^3/min＜排气量≤100 m^3/min），大型（排气量＞100 m^3/min）。

空压机按冷却方式分为：水冷式（通水冷却），风冷式（空气冷却）。

空压机按压缩级数分为：单级（空气在机内经过一次压缩即排出），多级（空气经过二次或多次压缩以后才排出）。

矿山最常用的是螺杆式和活塞式空压机。

（二）空压机的主要参数

1. 排气量

排气量是指空压机最末一级排气端在单位时间内所排出的气体体积，然后再换算到第一级的进气压力和温度时的气体体积值，排气量的常用单位为 m^3/min。

2. 排气压力

排气压力是指空压机末级排出空气的相对压力，即表压力，单位为 MPa。

3. 轴功率

轴功率是指原动机传递给空压机轴的功率，单位为 kW。

4. 比功率

比功率是指在一定的排气压力下，压缩 1 m^3 空气所消耗的功率，即轴功率与排气量之比。比功率是评价工作条件相同，介质相同的空压机的经济性优劣的重要指标。

5. 压缩比

压缩比是空压机的排气压力与吸气压力之比。

6. 转速

转速是指空压机轴每分钟转过的转数，单位为 r/min。

三、活塞式空压机

(一) 活塞式空压机的工作原理

如图 2-66 所示，当电动机通过曲轴、连杆、十字头带动活塞从气缸的左端向右端移动时，气缸左腔容积逐渐增大，压力逐渐减小而产生部分真空，外界空气推开吸气阀 7 进入气缸开始吸气，随着活塞的右移空气将充满气缸，这个过程叫做吸气过程。当活塞反向运动的瞬间吸气阀 7 自动关闭，气缸左腔的空气被封闭，随着活塞的左移，气缸容积逐渐减小，空气被压缩而压力提高，这个过程叫做压缩过程。当空气压力增大到一定值时，打开排气阀 8 进行排气，活塞继续移至左端点时，排气完毕。活塞再次右移时，缸内残留的压缩空气开始膨胀，直到吸气阀重新打开为止。活塞在气缸中往复运动一次，空压机便完成了一个工作循环，即吸气、压缩、排气、膨胀四个工作过程。活塞式空压机是利用往复运动的活塞与气缸壁面构成的容积变化进行工作的，所以属于容积式空压机。

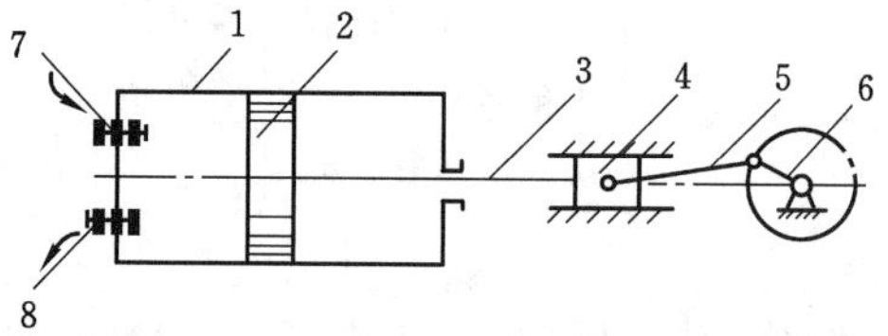

图 2-66 活塞式空压机的工作原理示意图

1——气缸；2——活塞；3——活塞杆；4——十字头；5——连杆；6——曲轴；7——吸气阀；8——排气阀

(二) L 型空压机的结构

我国煤矿使用的活塞式空压机，以 L 型最为常见。图 2-67 是 4L—20/8 型空压机的外形图。其型号意义如下：

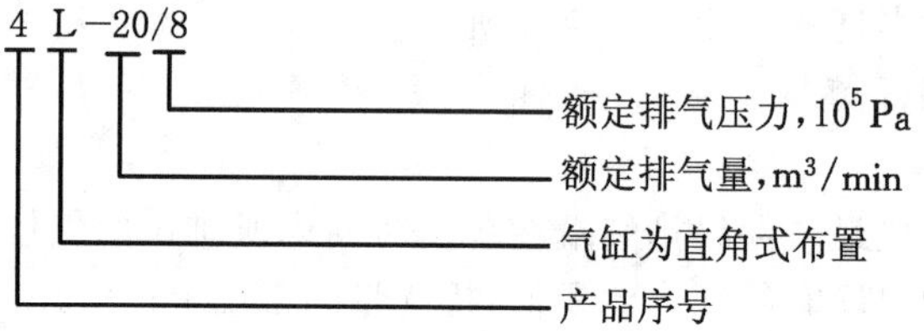

L 型空压机是两级、双缸、复动、水冷、固定式空压机，它由以下六大部分组成：

① 压缩机构：由气缸、吸气阀、排气阀和活塞等部件组成。

② 传动机构：由胶带轮、曲轴、连杆、十字头和轴承等部件组成。

③ 润滑机构：由齿轮油泵、注油器和滤油器等装置组成。

④ 冷却机构：由冷却水管、气缸冷却水套、中间冷却器、后冷却器和润滑油冷却器等装置组成。

⑤ 调节机构：由减荷阀、压力调节器等部件组成。

⑥ 安全保护装置：由安全阀、油压继电器、断水开关和释压阀等组成。

以上六部分中，压缩机构和传动机构的零部件及填料装置为主要零部件，其他为附属设备。

图 2-67 4L—20/8 型空压机的外形图

（三）L 型空压机的系统流程

1. 压气流程

图 2-68 所示为矿用活塞式 4L 型空压机的构造示意图。从该图可以看出，该空压机的压气流程是：自由空气→滤风器 12→减荷阀 11→一级吸气阀→一级气缸→一级排气阀→中间冷却器 15→二级吸气阀→二级气缸→二级排气阀→储气罐 19。

2. 动力的传递流程

空压机的动力来自于电动机，动力的传递流程是：电动机 21→三角胶带轮 1→曲轴 2→连杆→十字头→活塞杆→活塞。

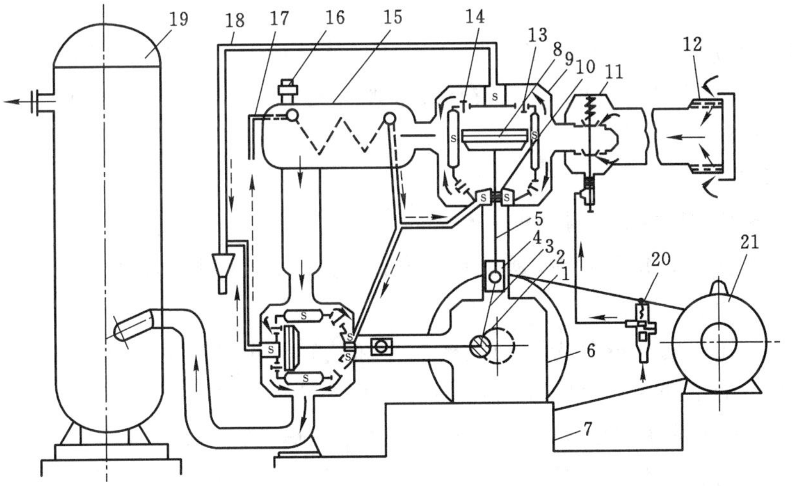

图 2-68 矿用活塞式 4L 型空压机的构造示意图

S——冷却水串通处；→气流方向；--→冷却水流方向

1——三角胶带轮；2——曲轴；3——连杆；4——十字头；5——活塞杆；6——机身；7——底座；8——活塞；9——气缸；10——填料；11——减荷阀；12——空气过滤器；13——吸气阀；14——排气阀；15——中间冷却器；16——安全阀；17——进水管；18——出水管；19——储气罐(风包)；20——压力调节器；21——电动机

3. 空压机的冷却系统

空压机冷却的目的:一是降低压气温度,保证设备正常运转;二是降低功率消耗,增大排气量,提高空压机效率;三是分离出压气中的油和水,提高压气质量,避免管路冬季冻结等不良后果产生。

空压机的冷却系统由冷却水泵站,冷、热水池,冷却塔,管路和空压机的冷却机构等组成,如图 2-69 所示。实线表示冷水流动路线,虚线表示热水流动路线。

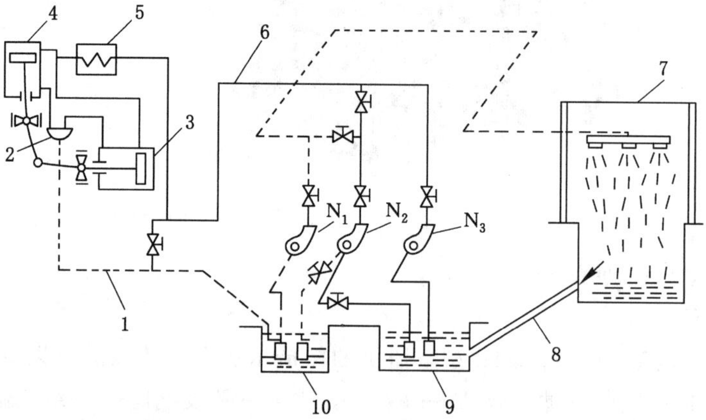

图 2-69 空压机冷却系统示意图

1——回水管;2——回水漏斗;3——二级气缸;4——一级气缸;5——中间冷却器;6——冷却水总进水管;7——冷却塔;8——水沟;9——冷水池;10——热水池;N_1——热水泵;N_2——备用泵;N_3——冷水泵

冷却流程为:冷水池 9→冷水泵 N_3→冷却水总进水管 6→中间冷却器 5→同时进入二级、一级气缸 3、4 的水套→回水漏斗 2→回水管 1→热水池 10→热水泵 N_1→冷却塔 7→水沟 8→冷水池 9。

4. 润滑系统

在空压机中,零件相互滑动的部位(如活塞环与气缸壁,填料与活塞杆等)都必须要注润滑油。以便达到减轻磨损,延长零件寿命;减少功耗,提高效率;降低摩擦表面温度等目的。

活塞式空压机的润滑分为传动机构润滑和气缸润滑两个独立系统。两个润滑系统所使用的润滑油不同,用于气缸的润滑油一般用 HS—13 号和 HS—19 号压缩机油,传动机构的润滑油一般采用 HJ—30 号、HJ—40 号和 HJ—50 号等机械油。

传动机构的润滑系统如图 2-70 所示,润滑流程为:油液→机身油池 13→粗过滤器 1→润滑油冷却器 7→齿轮液压泵 3→滤油器 6→曲轴中心油孔→曲拐→连杆大头瓦 8→十字头销 9、11 的配合面→十字头滑轨 10、12→机身油池 13。

润滑油在齿轮液压泵 3 中通常被加压到$(1.47\sim2.5)\times10^5$ Pa。油压的大小是通过油压调节器调节的,由压力表 4 指示其数值。曲轴两端的主轴承 15 是利用机身铸孔流出来的油进行润滑的。

气缸的润滑系统如图 2-71 所示,它靠注油器注入润滑油。注油器实际上相当于一个

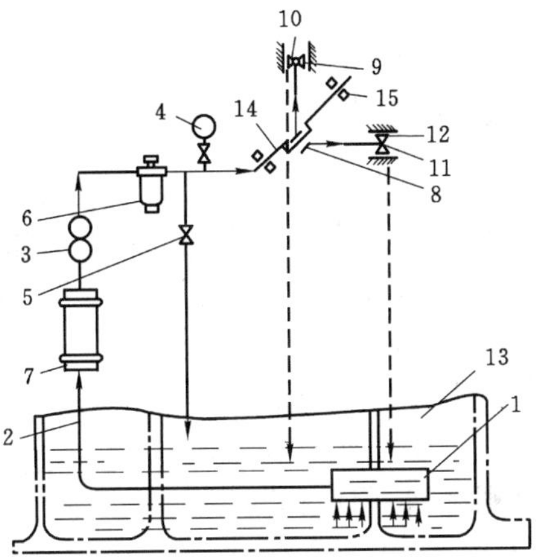

图 2-70 传动机构的润滑系统

1——粗过滤器；2——油管；3——齿轮泵；4——压力表；5——油压调节器；6——滤油器；7——润滑油冷却器；8——连杆大头瓦；9——立缸十字头销；10——立缸十字头滑轨；11——卧缸十字头销；12——卧缸十字头滑轨；13——机身油池；14——曲轴；15——曲轴主轴承

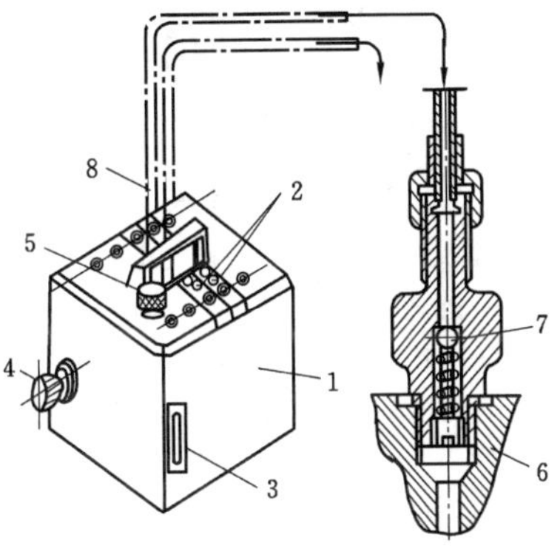

图 2-71 气缸的润滑系统

1——注油器；2——调节螺钉；3——油位指示器；4——手动注油轮；5——加油口；6——气缸；7——逆止阀；8——油管

单柱塞泵，它由曲轴经蜗轮蜗杆减速后带动运转，产生的压力油经油管送到活塞、气缸等部位进行润滑。在气缸的注油孔处，一般都装有逆止阀，以防止油管破裂时发生气缸内压气反冲，并便于空压机在不停转时更换注油器。

5. L 型空压机的附属装置

(1) 空气过滤器

空气过滤器的作用是清除吸入空气内含有的灰尘和杂质。它安装在空压机的进气管道上。L 型空压机的空气过滤器为金属过滤器。

(2) 风包

风包的主要作用是缓和空压机内排出气流的周期性脉动，以稳定输气管道中的压力，分离空气中的油和水，并储存一定数量的压气。风包是用普通碳素钢板焊接成的密封容器。

(3) 安全阀

安全阀是保护装置。通常一级安全阀装在中间冷却器上，二级安全阀装在风包上。当各级空气压力超过安全阀的整定压力时，它就自动开启，把一些压气泄入大气，使系统中的压力降为正常的工作压力。

安全阀的结构如图 2-72 所示。正常情况下阀芯在弹簧力作用下紧压在阀座上，安全阀关闭。当空气压力超过规定值时，弹簧 6 被压缩，阀芯 4 抬起，压气经过阀座 2 及孔口 3 排入大气。安全阀的动作压力可用调节螺钉 7 调整。

四、螺杆式空压机

（一）螺杆式空压机的结构及原理

螺杆式空压机属于容积型回转式空压机。其结构如图 2-73 所示，主要由机壳 1，联轴器 4，增速齿轮 5、6，主、副转子 2、3 等组成。该空压机的进气腔 7 位于机壳的上侧，排气腔 8 位于下侧，一对高精密度主（阳）转子 2、副（阴）转子 3，水平且平行装于机壳内部，主转子有五个齿，而副转子有六个齿。齿形均呈螺旋状，因此称为螺杆。主、副转子两端分别由轴承支承定位。

该空压机由电动机通过弹性联轴器 4 带动转动，经过一对高精度增速齿轮 5、6 将转速提高，达到设计转速，而后带动空压机的主转子 2 转动，由于主、副转子相互啮合，副转子便随主转子一同旋转。其工作原理如图 2-74 所示。

吸气过程：当转子转到主、副转子的齿沟与进气腔相连通时，齿沟空间开始增大，外界空气开始向主、副转子的齿沟空间充气。随着转子转动，齿沟空间不断增大，空气不断充入，当两转子转到该齿外径螺旋线与机壳形成的密封区时，两个齿沟间容积增大到最大，空气充满了整个齿沟，此时齿沟间的空气即被封闭，进气停止。该过程为进气过程，见图 2-74(a)。

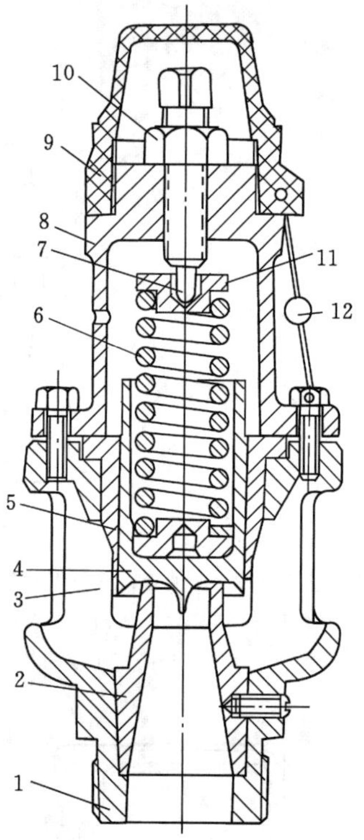

图 2-72 安全阀

1——阀体；2——阀座；3——排气孔；4——阀芯；5——阀套；6——弹簧；7——调节螺钉；8——弹簧套筒；9——阀盖；10——螺母；11——弹簧座；12——铅封

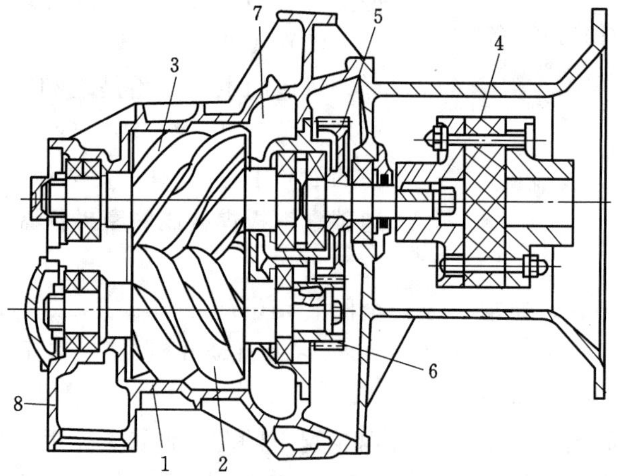

图 2-73 螺杆式空压机

1——机壳；2——主转子；3——副转子；4——联轴器；5，6——增速齿轮；7——进气腔；8——排气腔

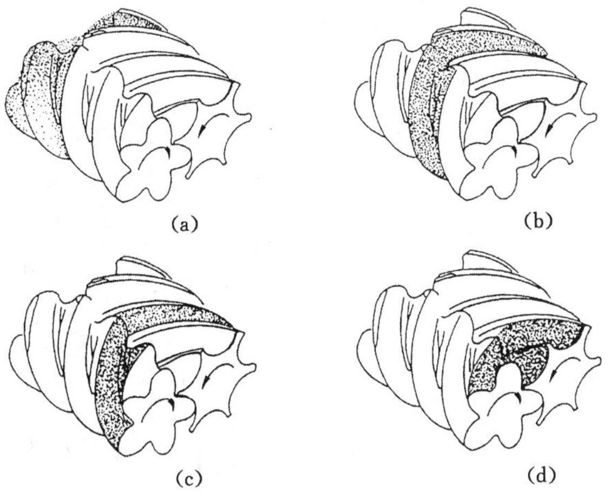

图 2-74　螺杆式空压机的工作原理示意图

封闭压缩及喷油过程:主副两转子在吸气终了时,空气在齿沟内被密封,此时为封闭过程,见图 2-74(b)。两转子继续转动,由于主、副转子齿的互相侵入,主、副转子齿间封闭容积渐渐减少,齿沟内之气体逐渐被压缩,压力提高,直到该齿间容积与排气口相连通为止。此过程为压缩过程,而压缩的同时润滑油亦因压力差的作用而喷入压缩室内与空气混合,见图 2-74(c)。

排气过程:当主、副转子的封闭容积转到与机壳排气腔相通时(此时压缩气体之压力最高),被压缩的气体开始排出,直至两转子的齿间容积为零,即完成排气过程。

随着转子的继续回转,上述过程重复进行,开始吸气过程,由此开始一个新的压缩循环。

螺杆式空压机具有零件少,结构紧凑,体积小,运转平稳,寿命长,操作方便,维护管理简单等优点;但转子型线复杂,加工工艺要求较高,故适用于中低压及中小排气量的压缩机。

(二) 螺杆式空压机的系统流程

螺杆式空压机的系统流程如图 2-75 所示。

1. 压气流程

自由空气→空气过滤器 4→进气阀 5→主压缩室压缩,并与润滑油混合→油气桶 7→油细分离器 8→压力维持阀 9→后部冷却器 10→水分离器 11→使用系统。

2. 气路中各组件功能

(1) 空气过滤器

空气过滤器 4 为一干式纸质过滤器,其主要功能是过滤空气中的尘埃。空气过滤器上装一压差开关 26,当空气过滤器压差增到压差开关设定值时,压差开关动作,空气过滤器压差指示灯亮,表示空气过滤器必须清洁或更换,但压缩机仍继续运转。清除过滤器的方法是取下过滤器,使用低压的空气从空气过滤器内向外吹除尘埃。

(2) 进气阀

进气阀 5 为蝶式结构,并自带有单摆式止回阀。其作用是调节空压机的进气量,使进气量与耗气量相适应,以减少能量消耗,并可使空压机空载启动。

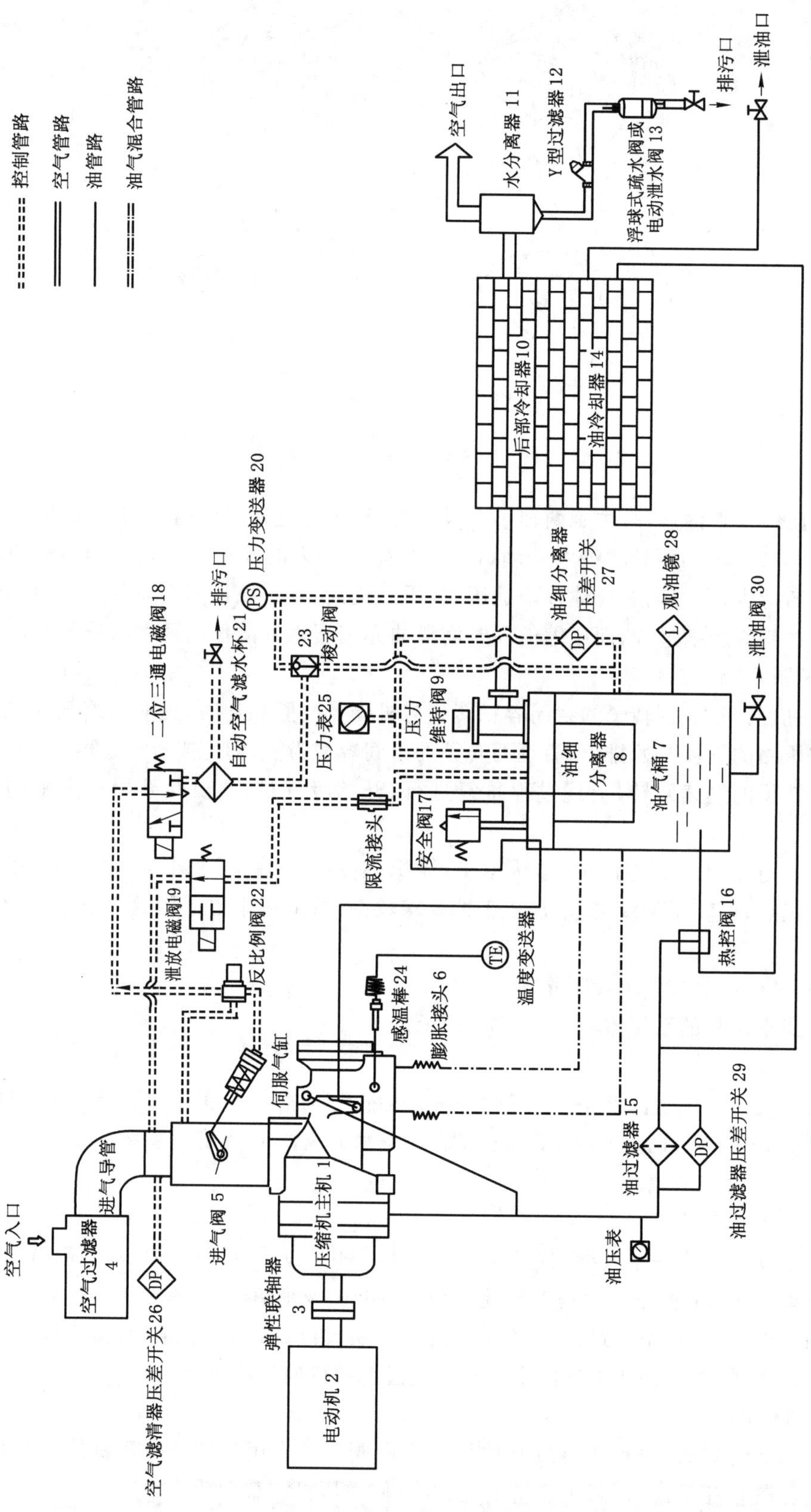

图 2-75 螺杆式空压机的系统流程

压缩机启动时，进气阀阀片关闭，确保不带负荷启动。空压机重负荷运转时，二位三通电磁阀 18 电磁铁通电打开，由油细分离器 8 过来的压气通过电磁阀 18 和反比例阀 22 进入进气阀的伺服气缸，推动伺服气缸的阀杆外伸，带动进气蝶阀，使之全开，以达重负荷运转。

当系统压力因用气量减少而升高，达到反比例阀 22 的设定压力时，反比例阀 22 动作，减少控制空气输出量，使进气阀伺服气缸阀杆推力减小，在弹簧力作用下，阀杆回缩，当弹簧力与气缸的气体推力平衡时，阀杆即处于半开状态，此时，与阀杆相连的进气阀片也处于半开状态，进气量即减小至与系统用气量相平衡，此为容量调整过程。

若系统用气量减少甚多，压力上升速度超过容量调节的反应能力，则控制器发出卸载命令，使电磁阀 18 失电关闭，阀杆在弹簧作用下，回到气缸的底部，进气阀片处于全关状态，同时泄放电磁阀 19 也失电，空压机系统内的压力经由泄放电磁阀 19 排空，主机处于无负荷运转。当系统压力下降至设定值时，压力开关再重新动作，使电磁阀 18 得电，恢复重负荷运转。

按下 OFF 键关机时，主机会延时约 15 s，卸载完毕后停机。

(3) 感温棒

在失水、失油、水量不足等情况下，均有可能导致排气温度过高，感温棒 24 把温度变化量传输到启动盘的温度变送器，经温度变送器传输到控制器，当排气温度达到温度设定值（100 ℃）时，则控制器发出停机指令，压缩机停止运转。由数码显示板上，可读出空压机排气口气体温度。

(4) 膨胀接头

膨胀接头 6 用于消除管路因热膨胀产生的内应力及机组的振动。

(5) 油气桶

油气桶 7 用于储存润滑油，并分离压气中的油和水。油气桶的体侧装有观油镜 28，重车时润滑油的油位应在观油镜的高、低油位线之间。桶下装有泄油阀 30，每次启动前应略为扭开泄油阀以排除油气桶内沉淀的凝结水。桶侧有加油孔，用于加油。由于油气桶截面大，使进入油气桶的压缩空气流速减小，油滴在此分离，这为第一段除油。

(6) 安全阀

当压力开关调节不当或失灵而使油气桶内的压力比设定排气压力高出 0.1 MPa 以上时，安全阀 17 就会自动打开，使压力降至设定排气压力以下，起到保护油气桶及系统的作用。

(7) 泄放电磁阀

泄放电磁阀 19 为二通常开电磁阀，当停机或空车时，此阀即打开，排出油气桶内的压力，以确保压缩机再次运行时能在无负载的情况下启动或空负荷运转。

(8) 压力维持阀

压力维持阀 9 位于油气桶上方的油细分离器 8 的出口处，压力维持阀的功能为：启动时优先建立起润滑油所需的循环压力，确保机体的润滑；压力超过设定值（如 0.45 MPa）之后方能开启，可控制流过油细分离器的空气流速最大值（体积流量与压力成反比），除确保油细分离效果之外，并可保护油细分离器免因压差太大而受损。

(9) 后部冷却器 10

若为风冷式，用冷却通风机将冷空气吹入冷却器来冷却压缩空气。风冷式的空压机对环境温度条件较敏感，冷却器应放置在环境通风条件良好处。

若为水冷式，则使用管壳式冷却器来冷却压缩空气。水冷式空压机对环境温度条件不太敏感，且较易控制其排气温度。但若冷却水水质太差，应对冷却水进行处理，否则冷却器易结垢阻塞；若水呈酸性则必须用特殊铜材质的冷却器，以免冷却器被腐蚀。

(10) 水分离器

水分离器 11 用来除去因空气冷却之后所冷凝出来的水分、油滴及杂质等。压缩空气经过水分离器之后，即可直接送至对压缩空气品质要求不太高的各使用部门。

(11) Y 型过滤器

Y 型过滤器 12 用于过滤冷凝水中杂质等，保证电动泄水阀 13 排水通道畅通。

(12) 浮球式疏水阀或电动泄水阀

浮球式疏水阀或电动泄水阀 13 可自动排出水分离器内所集聚的冷凝水。

3. 润滑油流程

喷油流程：润滑油自油气桶 7 压入油冷却器 14，冷却后的油液经过滤器 15 滤除各种杂质，然后分作两路：一路到达压缩机主机 1 下端，喷入压缩室，冷却压缩空气；另一路到达压缩机主机的两端，润滑轴承组及传动齿轮。而后，各部润滑油均聚集于压缩室底部随压缩空气排出。与油混合的压缩空气进入油气桶 7，分离出大部分油液，其余的含油雾的空气再经过油细分离器 8 滤去所余油液，此后压气经压力维持阀 9 进入后部冷却器 10 冷却，再经过水分离器 11，即可送至使用系统。

4. 油路上各组件功能

(1) 油冷却器

油冷却器 14 也有风冷与水冷两种方式。为了保证冷却效果，风冷式冷却器的翅片表面必须保持干净，若环境状况不佳，翅片表面受灰尘覆盖影响冷却效果时，应用低压的压缩空气将翅片表面的灰尘吹掉，若无法吹干净，则必须以溶剂来清洗；管壳式冷却器结垢后，应以特殊药水浸泡，且以机械方式将堵塞在管内的结垢清除干净，否则排气温度会过高而致跳机。

(2) 油过滤器

油过滤器 15 是一种纸质过滤器，其功能仍是除去油中的杂质，对轴承及转子起保护作用。如果油过滤器压差指示灯亮，表示过滤器阻塞，必须更换。若不及时更换，可能导致进油量不足，使排气温度过高跳机，同时也因油量不足影响轴承寿命。

(3) 油细分离器

油细分离器 8 的滤芯由多层细密的玻璃纤维制成，压缩空气中所含的雾状油气经过油细分离器后几乎可被完全滤除。正常情况下，润滑油的油品及周围环境的污染程度对油细分离器寿命影响甚大，如果环境污染严重，可在油细分离器加装空气过滤器；至于润滑油的选择，必须采用指定的螺杆式空压机高级冷却液。

油细分离器所滤的油液集中于底部中央的小圆凹槽内，再由一回油管回流至机体轴承端，可避免已被过滤的润滑油再随空气排出。

(4) 热控阀

油冷却器前端有一热控阀 16，其功能是维持排气温度在压力露点温度以上。刚开机时，润滑油温度低，此时热控阀的旁通油道开启，油则不经过油冷却器而直接进入机体内。若油温升高到 67 ℃以上，则阀慢慢打开，到 72 ℃时全开，此时油会全部经过油冷却器再进入机体内。

5. 冷却系统

(1) 风冷式机型

冷空气经由一轴流式通风机吹入，吹过冷却器的散热翅片，与压缩空气及润滑油进行热交换，达到冷却效果。此冷却系统的最高允许环境温度为 40 ℃，若环境温度超过 40 ℃，则系统即有跳机的可能。

(2) 水冷式机型

冷却水的水温设计基准为 32 ℃，所以冷却水质必须符合一般工业用水标准，若水质差则冷却水塔必须定期加软化剂，防止冷却器结垢，影响冷却器的冷却效果及寿命。冬季时，环境温度在 0 ℃以下地区，机组停机后，必须将冷却器中的冷却水排放干净，以免冷却器被冻裂。

五、矿山空气压缩设备的选型

矿山压气设备应保证在整个服务期限内，能供给用气量最多、输送距离最远的风动工具以足够风量和压力的压缩空气，同时保证设备运行经济合理。

(一) 选型设计必须具备的资料

① 井巷中同时使用的风动工具的台数、型号、使用地点和距离。

② 机修厂及井口同时使用的风动机械的型号及数量。

③ 空压机设置地点到最远用风地点的距离及所处标高。

(二) 选型设计的主要任务

① 选择空压机的型号和确定所需的台数。

② 选择电动机、电控设备和附属装置。

③ 确定压气管道。

由于我国的空压机是成套产品，因此空压机一经选定，则电动机、电控设备和附属装置也就随机配套供应。所以，下面只介绍空压机选择计算的方法和步骤。

(三) 选型计算的方法和步骤

1. 确定供气量

空压机站必需的供气量应满足所有风动工具工作时的耗气量。由于风动工具一般都是间歇性工作，这将使耗气量减少，但在风动工具日久磨损后，以及沿途泄漏又会使耗气量增加，因此在确定风动工具的总耗气量时，必须考虑这些因素的影响。空压机站必需的供气量(单位 m^3/min)可按下式计算

$$Q = \alpha_1 \alpha_2 \alpha_3 \sum n_i q_i k_i \qquad (2\text{-}97)$$

式中 α_1 ——沿管路全长的漏风系数，它与管路的连接方法、接头数量、衬垫种类、管道直径和管内压力大小有关，在设计时，一般依管路的长度进行估算，α_1 的值可按表 2-14 选取；

α_2 ——机械磨损使压气消耗量增加的系数，$\alpha_2 = 1.1 \sim 1.15$；

α_3 ——海拔高度修正系数，其值见表 2-15；

n_i ——同型号风动工具的同时使用台数；

q_i ——每台风动工具的耗气量，m^3/min；

k_i ——同型号风动工具的同时使用系数，其值见表 2-16。

表 2-14　沿管路全长的漏风系数

管路全长/km	<1	1～2	>2
α_1	1.1	1.15	1.2

表 2-15　海拔高度修正系数

海拔高度/km	500	600	700	800	900	1 000	1 100	1 200	1 300	1 400	1 500
α_3	1.05	1.06	1.07	1.08	1.09	1.10	1.11	1.12	1.13	1.14	1.15

表 2-16　风动工具的同时使用系数

同型号风动工具的同时使用系数	≤10	11～30	31～60	>60
k_i	1.00～0.85	0.84～0.75	0.74～0.65	0.65

2. 计算空压机的供气压力

空压机的出口压力，除了应保证工作地点的压力比风动工具的工作压力大 0.981×10^5 N/m^2 外，尚需考虑管路的最大压力损失 $\sum\Delta p_i$。因此，空压机必需的出口压力（单位 N/m^2）应按下式计算

$$p = p_g + \sum\Delta p_i + 0.981\times10^5 \tag{2-98}$$

式中 p ——空压机的出口压力，N/m^2；

p_g ——风动工具中所需最大的额定压力，N/m^2；

$\sum\Delta p_i$ ——压气管路中，最远一趟管路的压力损失之和，可按每千米管路损失 $(0.3\sim0.6)\times10^5$ N/m^2 进行估算；

0.981×10^5 ——考虑到橡胶软管、旧管和上、下山的影响而增加的压力值，N/m^2。

3. 选择空压机的型号和台数

空压机站一般设于地面，站内空压机的台数一般不超过 5 台。在低瓦斯矿井中，送气距离较远时，也可在井下主要运输巷道附近新鲜风流通过的地方，设置空压机站，每台空压机能力一般不大于 20 m^3/min，数量一般不超过 3 台，空压机和风包必须分别装设在两个硐室内。

为便于维修和管理，应尽可能选用同一型号、同一厂家的产品。备用空压机一般为 1 台，备用风量为总供风量的 20%～50%。如果选用不同型号的空压机时，除其备用量应按最大 1 台检修外，其余各台的总供气量仍按照能满足所需耗气量的原则来确定。

根据计算的空压机站必需的排气量 Q 和出口压力 p，从空压机技术规格表中选择空压机，在决定选用何种型号及相应台数时，应进行技术经济比较。

4. 计算压气管路直径

根据管路布置和备用气点的耗气量，确定出通过每一段管路的流量 Q_i(m^3/min)后，再按下式计算各段管路的直径 d_i'

$$d_i' = 20\sqrt{Q_i} \tag{2-99}$$

式中 d_i'——某段管子的计算直径，mm；

Q_i——通过该段管子的流量，m^3/min。

压气管路一般选用钢管，所以在求得 d_i' 后，可查相关手册，选取标准管径 d_i。

5. 最后确定空压机的出口压力

按式(2-99)计算并初步确定了管径后，还要计算压气管网中各趟管路的压力损失 $\sum \Delta p_i$，从中找出 $\sum \Delta p_{max}$，并将 $\sum \Delta p_{max}$ 代入式(2-98)中，以最后确定空压机的出口压力 p。

通常，输送距离最远，用气又最多的一路，其压力损失也最大。

各段管路的压力损失可按下式计算

$$\Delta p_i = 10^{-6}\frac{L_i'}{d_i^5} \times Q_i^{1.85} \tag{2-100}$$

式中 L_i'——某管段的计算长度(包括局部损失的当量长度的15%在内)，$L_i' = 1.15L_i$，m；

L_i——某段管路的实际长度，m；

d_i——某段管路的标准管径，m；

Q_i——通过某段管路的压气量，m^3/min。

若最后确定的 p 大于空压机的工作压力，则应适当增大管径，减少管路附件和泄漏，尽量使管路按最短路线布置。

六、活塞式空压机的启动、运转和停车

(一) 开车前的准备

① 进行外部检查，检查各零部件完好程度及螺栓的紧固程度。

② 检查电源电压是否正常。

③ 检查三角胶带的松紧程度及联轴器的连接情况是否正常。

④ 检查空压机安全防护罩安装是否牢靠，电气设备接地是否良好。

⑤ 检查超温、超压、断油、断水保护装置是否灵敏可靠，各指示仪表是否齐全，指示是否正确。

⑥ 检查机身油位及注油器油位是否正常。

⑦ 检查控制电器和空压机电动机手柄是否在启动位置。

⑧ 用手摇泵将润滑油注入气缸、十字头、轴承及曲轴轴瓦等处。

⑨ 开启冷却水泵，检查回水漏斗处是否有充足的水流过，水质是否洁净，水压是否符合规定。

若以上检查无问题后方可接通电源开机运行。

(二) 开机运行

1. 启动(或操作)辅助设施

① 关闭减荷阀(或打开吸气阀),使空压机空载启动。

② 打开空压机与风包间排气管道上的闸阀。

2. 启动电动机

(1) 点动电动机开关,注意电动机转向是否正确,察听空压机运动部件有无异常声响。

(2) 电动机运转正常后,逐渐打开减荷阀,使空压机进入正常运转。

(3) 空压机正常运行后,应定期巡回检查(一般为每小时一次)。如发现不正常现象,应及时汇报处理,巡回检查主要内容如下:

① 各发热部位温升情况,并记录在运行日志内。

② 检查并记录各检测点风压、油压、水压、电压、电流等数值。

③ 电动机、空压机运行情况,各部分有无异响或非正常振动。

④ 注油器、压力调节器工作情况。

⑤ 冷却系统、供油系统、排气系统工作情况,应无严重漏水、漏油、漏气现象,各安全保护和自动控制装置动作灵敏可靠。

⑥ 空压机每工作 2 h,将中间冷却器、后冷却器内的油水排放一次,每班将风包内油水排放一次。

(三) 停车

① 关闭减荷阀,使空压机进入空转,切断电源,停车(紧急停车时,直接切断电源)。

② 逐渐关闭冷却水进水阀,停止冷却水泵。冬季应将冷却水放出,以免冻裂机器。

③ 放出末级排气管内压气。停车 10 天以上,应向各摩擦表面注入足够的润滑油。

七、螺杆式空压机的启动、运行和停车

(一) 开车前检查

① 油气桶泄水:慢慢打开油气桶之泄油阀,将停机时的凝结水排出,直到有润滑油流出时立刻将阀门关闭。

② 检查油位:油位应在油位计的上下限中间。

(二) 螺杆式空压机的启动

① 接通电源,打开供气阀门。

② 按下主机"启动"按钮,主机运行、通风机运行指示灯亮,空压机呈星形启动,8 s 后自动切换成三角运行。

③ 机组启动过程完成,空压机空载运行 5 s 后自动进入加载运行状态,加载指示灯亮。

④ 检查各处有无漏油漏气现象。

(三) 机组工作运行阶段

① 运行中定期观看指示面板显示的各种信息,如排气压力、排气温度及各项指示灯状况,油位等是否正常。

② 检查机组冷凝液是否能自动排出。

③ 做好工作运行记录,经常检查排气压力、排气温度,如有反常现象应及时分析查找

原因。

（四）停机

① 按下“停止”按钮后，空压机自动卸载约 20 s 后停机。若按下“停止”按钮前空压机已空载运行达 20 s，接到停机指令后立即停机。

② 紧急停机：当出现各种紧急情况时，按紧急停机按钮，机组立即停机。

以上操作步骤是对风冷式螺杆式空压机而言，若是水冷式，则应在开机前先开启冷却水，停机后再断开冷却水。

任务实施

一、教学设备

4L—20/8 型空压机一台，螺杆式空压机一台。

二、任务实施方法

① 指导教师集中讲解空压机的启动、停止步骤及安全注意事项。

② 学生分组观察 4L—20/8 型空压机和螺杆式空压机，搞清空压机的各组成部分及系统流程。

③ 学生分组依次轮流按步骤操作空压机。

④ 本组同学在操作的同时，其他同学注意观察并记录各仪器仪表读数。

⑤ 教师随时向学生进行提问。

三、任务考评

任务考评内容及评分标准见表 2-17。

表 2-17　空压机操作的评分标准

序号	考核内容	考核项目	分值	评分标准	得分
1	活塞式空压机的工作原理及系统流程	① 工作原理 ② 压气流程 ③ 动力传递流程 ④ 冷却系统流程 ⑤ 润滑系统流程	25	每项 5 分	
2	螺杆式空压机的工作原理及系统流程	① 工作原理 ② 压气流程 ③ 润滑系统流程	15	每项 5 分	
3	活塞式空压机的操作	① 开机前准备 ② 开机运行 ③ 停机	24	每项 8 分	

续表 2-17

序号	考核内容	考核项目	分值	评分标准	得分
4	螺杆式空压机的操作	① 开机前准备 ② 开机运行 ③ 停机	24	每项 8 分	
5	学习态度	① 遵守安全规程 ② 文明操作	12	每项 6 分	
总计					

思考与练习

① 空压机在煤矿机械中为什么能得到广泛应用?
② 建井压气设备主要由哪几部分组成?
③ 煤矿最常用的是哪种类型的空压机?
④ 活塞式空压机是如何进行工作的?
⑤ 试述 L 型活塞式空压机的压气流程、动力传动流程、冷却系统、润滑系统。
⑥ 试述螺杆式空压机的工作原理。
⑦ 试述螺杆式空压机的压气流程、润滑油流程。
⑧ 如何对活塞式空压机进行操作?
⑨ 如何对螺杆式空压机进行操作?

项目三　机械化采煤设备

任务一　采煤机的使用与维护

教学目标

(1) 知识目标

① 掌握采煤机的作用、机械化采煤类型及采煤工作过程。

② 掌握滚筒式采煤机的组成及各部分的作用。

(2) 能力目标

① 会对滚筒式采煤机进行启动、牵引、停机操作。

② 会编写采煤机安全操作规程。

(3) 职业素质

培养学生熟悉工作环境、熟悉采煤设备、具有岗位意识。

任务描述

采煤工作面的采煤工序主要有落煤、装煤、工作面运煤、顶板支护和采空区处理五项工序。采煤机负责完成落煤和装煤两项工序，因此采煤机是工作面的主要设备。正确地使用和维护采煤机是保证工作面安全生产，提高工作效率和设备使用寿命的必要条件。所以，使用者应严格按照规定正确地使用和维护采煤机。采煤机的使用包括启动操作、牵引操作和停机操作，为了正确地掌握采煤机的操作方法，必须掌握采煤机的结构、工作原理、性能，并具有正确使用和维护保养设备的基本知识与技能。

相关知识

一、采煤机概述

采煤机是机械化采煤工作面的主要设备之一。机械化采煤始于 20 世纪 40 年代。40 年代初期，英国、原苏联相继生产了采煤机，德国生产了刨煤机，使工作面落煤、装煤实现了机械化。50 年代初，英国、原联邦德国相继生产了滚筒式采煤机、可弯曲刮板输送机和单体液压支柱，从而大大推进了采煤机械化技术的发展。从 20 世纪 60 年代至今，采煤机共经历了四代,即固定滚筒采煤机、单摇臂滚筒采煤机、双摇臂滚筒采煤机和电牵引采煤机。

目前电牵引采煤机已是国际主导机型,它效率高、产量大、可靠性高、故障率低(仅为液压牵引采煤机的 1/5)。电牵引采煤机不仅可实现采煤机要求的工作特性,又容易实现监测和自动控制,同时又可以克服液压牵引采煤机加工精度要求高、工作液体易被污染、维修较困难以及工作可靠性较差和传动效率较低等缺点,还便于实现工况参数显示和故障显示。因此电牵引采煤机将逐步替代液压牵引采煤机。

采煤机械化的发展方向:不断完善各类采煤设备,使之达到高产、高效、安全、经济;向遥控及自动控制方向发展,逐步过渡到无人工作面采煤;提高单机的可靠性,并使之系列化、标准化和通用化;研制厚、薄及急倾斜等难采煤层的机械化设备;解决端头支护技术,研制工作面巷道与工作面端部连接处的设备等,进一步提高工作面产量和安全性。

(一) 机械化工作面类型及工作过程

按照机械化程度及采煤机配套设备情况,分为普通机械化采煤和综合机械化采煤工作面。

1. 普通机械化采煤工作面

利用采煤机(或刨煤机)来落煤和装煤,配备可弯曲刮板输送机在工作面运煤、用单体液压支柱或金属摩擦支柱与金属铰接顶梁支护顶板的采煤方法称为普通机械化采煤,简称普采。普采方法使工作面采煤过程中的落煤、装煤、运煤实现了机械化,但支护顶板要靠人工作业。

普采工作面设备布置如图 3-1 所示。单滚筒采煤机 5(也可为双滚筒)骑在工作面刮板输送机 3 上。当滚筒直径接近采高时,采煤机沿工作面全长截割一次,工作面就推进一个截深。若采高较大或煤质黏顶,特别是顶板不太稳定时,采煤机首先沿工作面倾斜向上移动,把靠近顶板的煤采落并装入输送机,裸露的岩石顶板,用单体液压支柱 6 和中部支护顶梁 4 及时支护。采煤机采完顶煤后,再返回下行采底部余煤,并把落在底板上的煤装入输送机。采煤采过 8～10 m 后千斤顶把输送机推移至新的煤壁,推移步距等于采煤机滚筒截割深度(一般为 0.6～1.0 m)。同时拆除采空区后排支柱和铰接顶梁,让顶板岩石冒落,实现回柱放顶。沿工作面全长的这一工作过程为一个工作循环。

单滚筒采煤机只有一个滚筒,由于输送机机头和机尾的限制,采煤机不可能采到工作面端头,因此,在工作面两端需要预先用人工采出一定长度的“缺口”。一般上缺口长度为 10 m 左右,下缺口长度为 7～8 m。

普采方式的优点是工作面设备投资比较少,但由于要用人力挂顶梁、架设和回收支柱,所以生产效率低、安全性差。

2. 综合机械化采煤工作面

综合机械化采煤简称综采。综采是利用大功率双滚筒采煤机进行落煤和装煤,配备大能力的可弯曲刮板输送机在工作面运煤,自移式液压支架支护顶板,在运输平巷内还有转载机和可伸缩带式输送机等配套设备,使采煤过程的 5 个工序全部实现机械化。采煤时,各设备相互配合和协调动作,实现连续作业,达到高产、高效、安全、经济的生产效果。

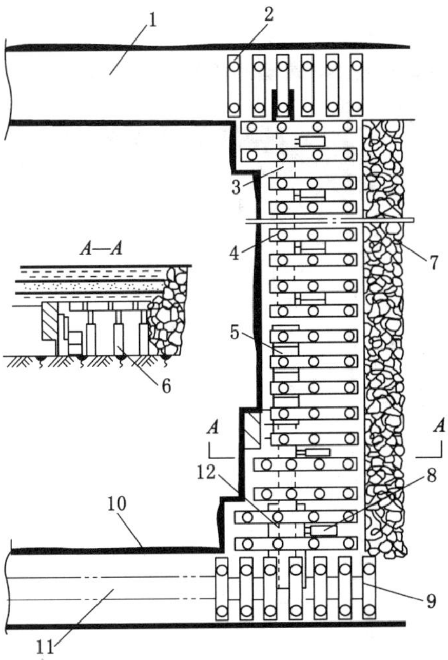

图 3-1 普通机械化采煤工作面布置图

1——回风巷；2，9——端头支护顶梁；3——刮板输送机；4——中部支护顶梁；5——单滚筒采煤机；6——单体液压支柱；7——采空区；8——推移千斤顶；10——煤壁；11——可伸缩带式输送机；12——刮板输送机机头部

综采工作面设备布置如图 3-2 所示。双滚筒采煤机 12、可弯曲刮板输送机 13 和液压支架 11 组成综采工作面的主要设备。端头支架 10、16 和锚固支架 9、17 支护工作面两端头的空间，便于输送材料、设备和人员出入。锚固支架还用来固定并推移输送机机头和机尾。平巷转载机 8 一端与工作面刮板输送机连接，另一端抬起与可伸缩带式输送机 6 搭接，这样工作面的煤由刮板输送机转载到机身较高的可伸缩带式输送机上并运到煤仓 1 里。乳化液泵站 4 用来为液压支架和其他液压设备提供压力液。设备列车 3 用来安装和移动乳化液泵站 4、配电箱 5、集中控制台 7、移动变电站 2 等平巷设备。喷雾泵站 14 为采煤机提供喷雾冷却用的压力水。液压安全绞车 15 用于当煤层倾角较大时防止采煤机断链下滑。集中控制台 7 用于控制工作面刮板输送机、平巷转载机和带式输送机，以及通讯等。

综合机械化采煤工艺循环过程如下：采煤机自工作面一端开始向另一端采煤，随着采煤机的前移，紧接着移动液压支架，及时支护顶板；在采煤机后面的一定距离处，推移工作面刮板输送机。当采煤机移动到工作面另一端时，各工序也都相应地完成，实现了一个完整的采煤循环过程。

（二）滚筒式采煤机的分类及工作参数

1. 分类

国内外滚筒采煤机的种类很多，分类方法也各不相同，各种类型的采煤机分类方式及其特点、适用范围见表 3-1。

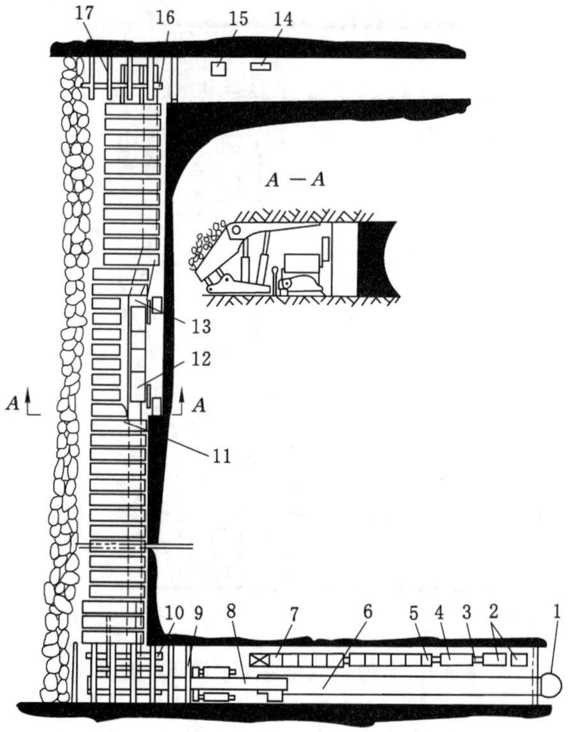

图 3-2 综合机械化采煤工作面的机械配套情况

1——煤仓;2——移动变电站;3——设备列车;4——乳化液泵站;5——配电箱;6——可伸缩带式输送机;7——集中控制台;8——转载机;9,17——锚固支架;10,16——端头支架;11——液压支架;12——双滚筒采煤机;13——刮板输送机;14——喷雾泵站;15——液压安全绞车

表 3-1 各种类型采煤机的分类方法

分类方法	采煤机类型	特点及适用范围
按滚筒数	单滚筒采煤机	吨位小,结构简单,可在煤层起伏不大的条件下工作
	双滚筒采煤机	调高范围大,适应性强,效率高,可在各种煤层地质条件下工作
按煤层厚度	厚煤层采煤机	机身高,调高范围大
	中厚煤层采煤机	调高范围大
	薄煤层采煤机	机身矮
按控顶距	普通机身宽度采煤机	满足一般控顶距要求,适于一般顶板条件
	窄机身采煤机	满足特殊的控顶距要求,适于破碎顶板条件
按调高方式	摇臂调高式采煤机	调高范围大,卧底量大,装煤效果好,适于各种煤层条件
	机头摇臂整体调高采煤机	机身短,稳定性好,适于煤层起伏小或薄煤层、顶板不好等特殊地质条件

续表 3-1

分类方法	采煤机类型	特点及适用范围
按机身设置方式	骑溜式采煤机	装煤效果好,适于各种中厚以上煤层地质条件,有些薄煤层中也可使用
	爬地板式采煤机	适于各种薄和极薄煤层地质条件
按牵引控制方式	机械牵引控制式采煤机	操作简便,维护检修方便,适应性强
	液压牵引控制式采煤机	操作简单,可靠,具有多种功能,适应各种地质条件
	电牵引控制式采煤机	控制操作简便,吨位小,传动效率高,适应各种地质条件
按牵引方式	锚链(钢丝绳)牵引采煤机	吨位小,可供一般中、小型矿井使用
	无链牵引采煤机	安全,结构简单,维护检修方便,适应煤层倾角为 0°～40°
按牵引机构设置方式	内牵引采煤机	机构紧凑,安全,自护力强
	外牵引采煤机	维修和操作方便,机器本身体积小

2. 工作参数

(1) 采高

采煤机的实际开采高度称为采高。采高对确定采煤机整体结构有决定性影响,它既规定了采煤机适用的煤层厚度,又是与支护设备配套的一个重要参数。

双滚筒采煤机的采高范围主要决定于滚筒的直径,其次与机身高度、摇臂长度及其摆角范围等有关。为满足采高的要求,在选用采煤机时要合理选择滚筒直径和机身高度。

(2) 截深

采煤机截割机构(如滚筒)每次切入煤体内的深度称为截深。它决定工作面每次推进的步距,是决定采煤机装机功率和生产率的重要因素,也是支护设备配套的一个重要参数。

截深与煤层厚度、煤质软硬、顶板岩性以及支架移架步距有关。

滚筒采煤机的截深一般小于 1 m,多数采用 0.6 m,大功率采煤机可取 0.75 m 左右。

(3) 截割速度

滚筒上截齿齿尖的圆周切线速度,称为截割速度。截割速度决定于截割部传动比、滚筒直径和滚筒转速,对采煤机的功率消耗、装煤效果、煤的块度和煤尘大小等有直接影响。为了减少滚筒截割时产生的细煤和粉尘,增加大块煤,应降低滚筒转速。

(4) 牵引速度

采煤机截煤时,牵引速度越高,单位时间内的产煤量越大,但电动机的负荷和牵引力也相应增大。因此,牵引速度应是无级的,能随截割阻力的变化自动调速。

(5) 牵引力

牵引力是牵引部的另一个重要参数,是由负载决定的。

(6) 装机功率

装机功率是指采煤机的电动机的总功率。采煤机的电动机功率主要消耗于截煤,牵引只占有 10%～20%。由于滚筒截煤和装煤过程牵涉许多因素,很难用理论的办法确定采煤机的装机功率。

二、滚筒采煤机

（一）滚筒采煤机的主要组成

普通机械化采煤工作面大多采用摇臂调高的单滚筒采煤机或双滚筒采煤机，而综合机械化采煤工作面均采用双滚筒采煤机。

滚筒采煤机一般由电动机、截割部、牵引部以及附属装置等四大部分组成。

图 3-3 为双滚筒采煤机的组成示意图。电动机 1 是滚筒采煤机的动力部分，用于驱动截割部和牵引部工作。牵引部 4 通过其主动链轮与固定在工作面输送机两端的牵引链 3 相啮合，使采煤机沿工作面左右移动，因此，牵引部是采煤机的行走机构。左、右截割部减速箱 5 将电动机的动力经齿轮减速后传给摇臂 8 的齿轮，驱动螺旋滚筒 6 旋转，把煤由煤层中截落并装入刮板输送机。大功率的双滚筒采煤机装有两台电动机，一台驱动牵引部和一个截割部，另一台驱动另一截割部。为了提高螺旋滚筒的装煤效果，截割部装有弧形挡板 7。在工作中弧形挡板总是位于滚筒后面，因而当采煤机改变牵引方向时，需将两个弧形挡板绕滚筒轴线翻转 180°。采煤机的电动机、截割部和牵引部组成一个整体，用螺栓固定在底托架 12 上，并通过底托架下部的四个滑靴 9 骑在刮板输送机溜槽上。在底托架与溜槽之间具有足够的空间，以便输送机上的煤流从采煤机底托架下顺利通过。采煤机靠采空区一侧的两个滑靴套在溜槽的导向管上，以防采煤机运行中掉道。在底托架上装有摇臂调高液压缸 11，用它来带动摇臂摆动，以调节滚筒的高度。有的采煤机在底托架上靠采空区一侧还装有机身调斜液压缸 10，用它调整机身沿煤层走向方向的倾斜度，以适应底板沿走向的起伏变化。

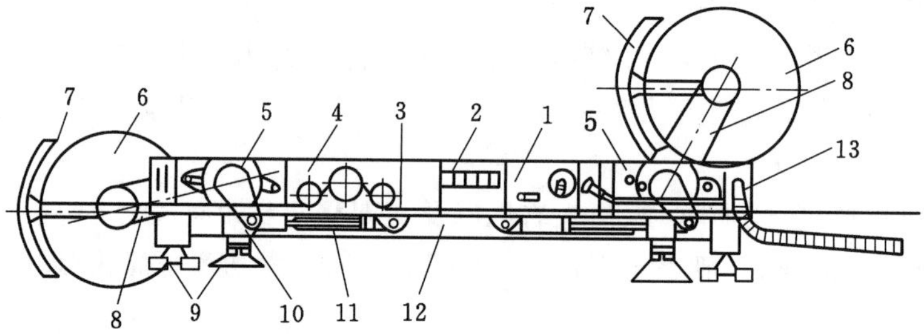

图 3-3 双滚筒采煤机的组成

1——电动机；2——电气控制箱；3——牵引链；4——牵引部；5——截割部减速箱；6——螺旋滚筒；7——弧形挡板；8——摇臂；9——滑靴；10——机身调斜液压缸；11——摇臂调高液压缸；12——底托架；13——拖缆装置

（二）截割部

截割部的作用是传递动力，并进行落煤和装煤。截割部主要由螺旋滚筒、摇臂、截割部减速箱和弧形挡板等部分组成。

1. 螺旋滚筒

螺旋滚筒是采煤机的工作机构，如图 3-4 所示，它由截齿 1、齿座 2、螺旋叶片 4、轮毂 5、端盘 6 等组成。当采煤机沿工作面移动时，滚筒旋转而采煤。

(1) 截齿的排列

截齿装在滚筒的螺旋叶片顶端和端盘周边上，按一定次序排列。为使截煤过程中端盘表面与煤壁间形成一定间隙，避免端盘与煤壁接触，增加截煤阻力，端盘上的齿大都向煤壁方向偏斜成不同的角度，但也有个别齿向采空区侧偏斜。为了区别截齿的偏斜方向，向煤壁偏斜的角度前冠以“＋”号，向采空区侧偏斜的角度前冠以“－”号，而不偏斜的齿则称为0°齿。螺旋叶片上的齿一般都是0°安装的。

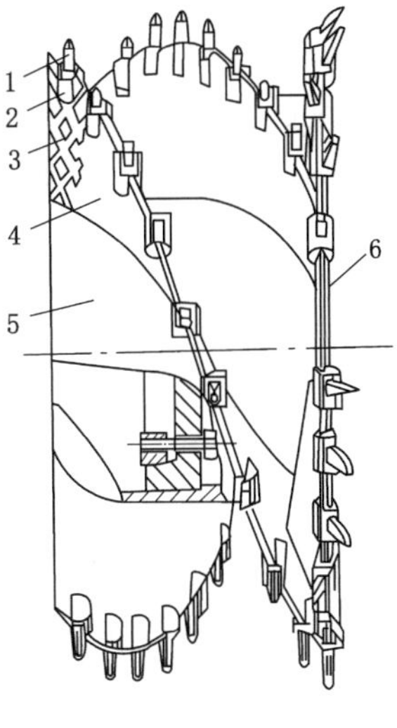

图 3-4 螺旋滚筒结构

1——截齿；2——齿座；3——堆焊耐磨层；4——螺旋叶片；5——轮毂；6——端盘

图 3-5 为截齿的一种排列图。它相当于把滚筒表面展开所看到的截齿排列情况。图的全长为滚筒周长，标以 360°，其宽度为滚筒截深。图中小圆圈中心表示截齿安装位置，横线表示截齿的截割路线，称为截线。两条相邻截线之间的距离，称为截距。从图中可以看到螺旋叶片上的截齿均安装成 0°，每条截线上有 2 个截齿，11 条截线共 22 个截齿，螺旋叶片上的截距均为 50 mm，为等截距截齿排列。端盘上的截齿，安装成 0°、＋6°、＋11°、＋16°、＋21°和＋25°，除＋6°与＋11°各 1 个截齿外，＋16°，＋21°和＋25°都是 2 个截齿。端盘上的截距较小，只有 10 mm。最边缘＋25°的截齿紧靠新形成的煤壁，负荷最大，最易变形和磨损，寿命最短，它对保护滚筒和端盘具有重要作用，故一般在这样一条截线上和相邻的截线上多装些截齿，以减轻这一截线上截齿的负荷。

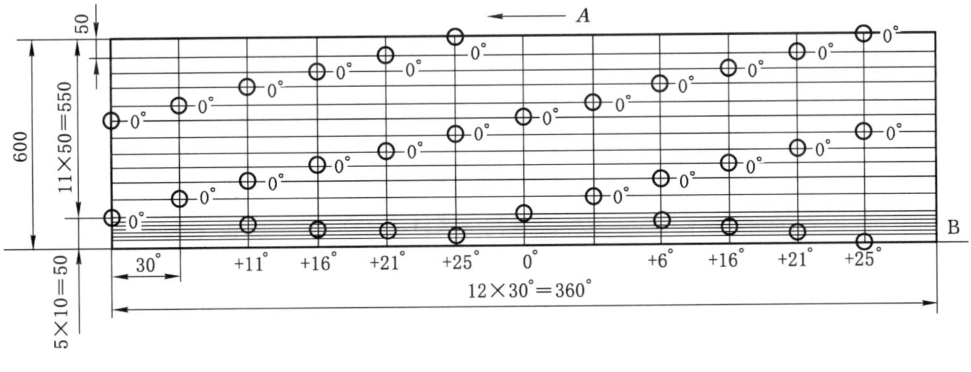

图 3-5 截齿排列

A——滚筒旋转方向；B——煤壁

(2) 截齿

截齿是采煤机直接截煤的刀具，主要有扁形和锥形两种形式，对截齿的要求是强度高、耐磨性好、几何形状合理、固定牢靠、拆装方便。

扁形截齿使用较多，它沿滚筒径向安装，又称径向截齿，如图 3-6 所示，刀体 2 断面呈矩形，用优质合金钢制造，刀头 1 经热处理并镶嵌碳化钨硬质合金。扁形截齿的固定方法有多种。图 3-6(a)中，销钉 4 和橡胶套 5 装在齿座侧孔内，装入截齿时靠刀体下端斜面将销钉压回，对位后销钉被橡胶套弹回至刀体窝内而将截齿固定；图 3-6(b)中，销钉 4 和橡胶套 5 装在齿座 3 中，用卡环 6 挡住横销并防止橡胶套转动，装入时刀体 2 下端斜面将销子压回，靠销子卡住刀体上缺口实现固定。扁形截齿强度高，截割性能好，可截割不同硬度和韧性的煤，适应性好。

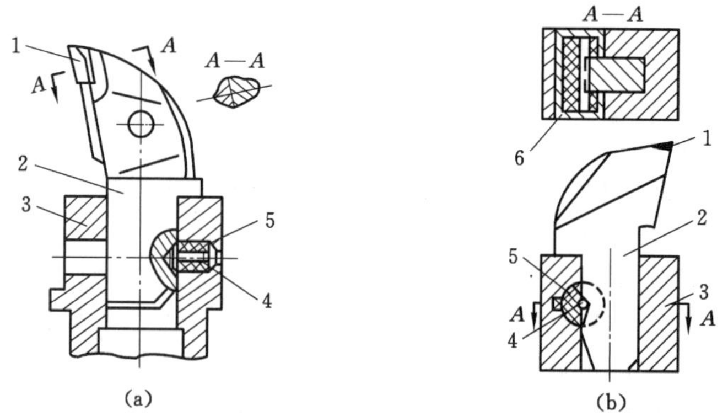

图 3-6 扁形截齿及其固定

1——硬质合金刀头；2——刀体；3——齿座；4——销钉；5——橡胶套；6——卡环

锥形截齿是沿着滚筒切向安装的，又称切向截齿，如图 3-7 所示。截齿的下部刀体为圆柱形，上部为圆锥形，刀尖 1 上镶嵌圆锥形硬质合金，并在表面堆焊碳化钨合金层。镐形截齿的固定比较简单，将截齿插入齿座 4 后只要在其尾端环形槽内装入弹簧圈 5 即可。镐形截齿主要依靠齿尖的尖劈作用楔入煤体而将煤破碎，所以特别适用于脆性大、裂隙多的松软煤层。

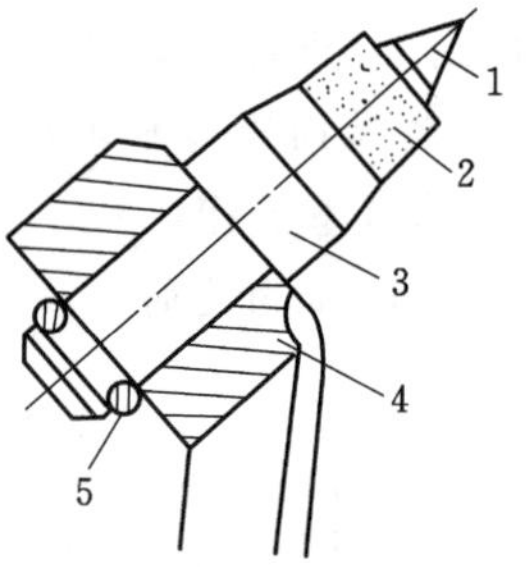

图 3-7 锥形截齿及其固定

1——硬质合金刀尖；
2——碳化钨合金层；3——刀体；
4——齿座；5——弹簧圈

(3) 滚筒的转向

螺旋滚筒的旋转方向影响采煤机的装煤能力、运行稳定性及司机操作安全。对于单滚筒采煤机，由于滚筒位于机身靠下平巷一端(图 3-8)，因此滚筒采取向内回转，这样在采煤机向上牵引切割顶部煤时，摇臂不会阻碍装煤，向下牵引截割底部煤时，滚筒上方自由空间较大，有利于增加煤的块度、降低能耗。为了使螺旋滚筒适应工作面装煤的要求，右工作面必须使用左螺旋滚筒，左工作面必须使用右螺旋滚筒。

对于双滚筒采煤机，两个滚筒采取相悖的旋转方向，如图 3-9 所示。为向输送机推运煤，滚筒的旋转方向必须与其叶片的螺旋方向一致，即左滚筒为左螺旋，右滚筒为右螺旋。

2. 截割部减速箱与摇臂

截割部减速箱与摇臂是截割部的传动装置，它们将电动机的动力经减速后传递给螺旋滚筒，以满足滚筒的转速及扭矩的需要，同时满足滚筒调高的要求，使滚筒保持适当的工作位置。

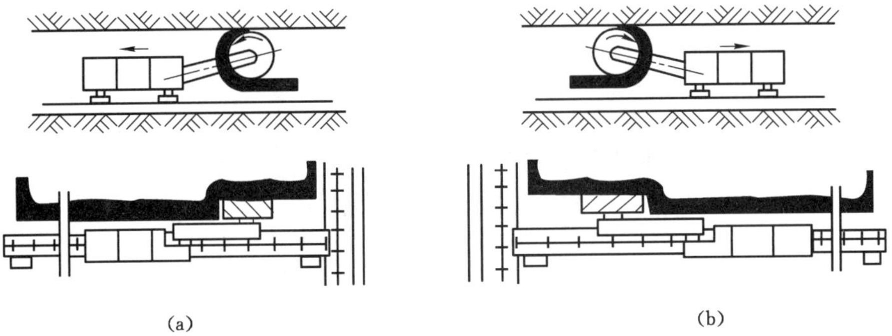

图 3-8 单滚筒采煤机的滚筒转动方向和螺旋方向
(a) 右工作面;(b) 左工作面

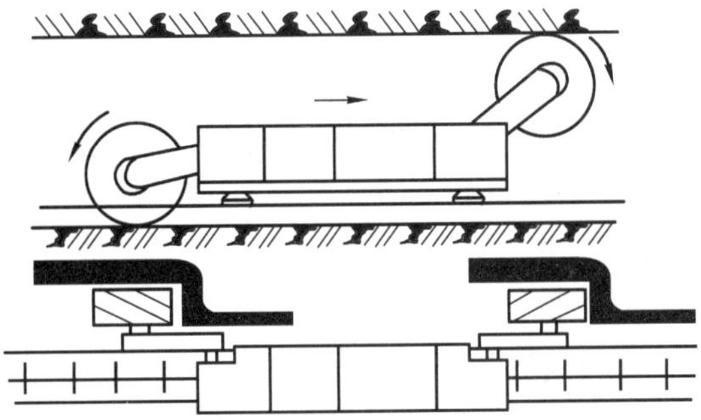

图 3-9 双滚筒采煤机的滚筒转动方向和螺旋方向

常见的圆锥—圆柱齿轮传动系统和圆锥—圆柱—行星齿轮传动系统分别如图 3-10 和图 3-11 所示。圆锥—圆柱齿轮传动采用四级减速,第一级为圆锥齿轮传动,后三级均为圆柱齿轮传动,前二级布置在固定减速箱中,后二级布置在摇臂中。圆锥—圆柱—行星齿轮传动系统采用三级减速,第一级为圆锥齿轮传动,布置在固定减速箱中,第二级为圆柱齿轮传动,第三级为行星齿轮传动,它们均布置在摇臂中。

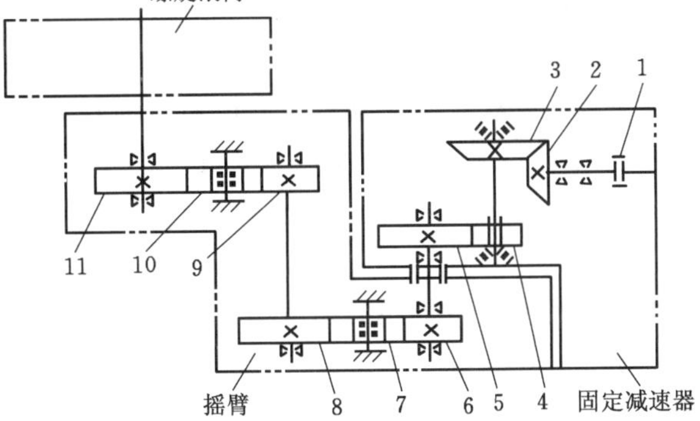

图 3-10 圆锥—圆柱齿轮传动系统
1——离合器;2,3——圆锥齿轮;4,5,6,8,9,11——圆柱齿轮;7,10——惰轮

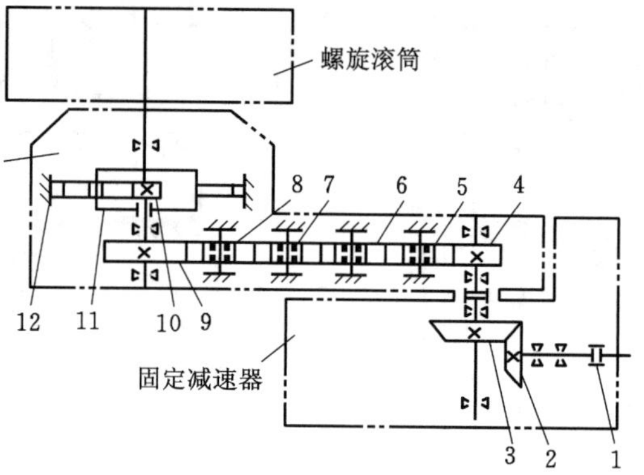

图 3-11 圆锥—圆柱—行星齿轮传动系统

1——离合器；2,3——圆锥齿轮；4,9,10——圆柱齿轮；5,6,7,8——惰轮；11——系杆；12——内齿轮

截割部传动装置具有如下特点：

① 由于采煤机的电动机转速在 1 460～1 475 r/min 之间，而滚筒转速在 20～50 r/min之间，因此一般采用 3～5 级齿轮减速。

② 通常采煤机的电动机轴线与滚筒轴线垂直，因此传动装置高速级总装有一对圆锥齿轮。

③ 为扩大调高范围，需加长摇臂，其内常装有若干个惰轮。

④ 为了在调动和检修采煤机时，实现滚筒与电动机脱离，必须在传动系统的高速轴上设置离合器。

⑤ 为了适应不同的煤质，有的采煤机滚筒有两种或三种转速，因此截割部减速箱设置了变速齿轮机构或换速齿轮。

⑥ 为了减小结构尺寸，减少传动级数，最后一级可采用行星齿轮传动。

⑦ 截割部承受的冲击载荷较大，为避免传动零件受损，在一些采煤机截割部中设有专门的安全保险销。

截割部摇臂依靠调高液压缸的作用力实现滚筒调高，采用润滑油泵供油方式润滑齿轮和轴承，来改善摇臂的润滑条件，提高润滑效果。

3. 弧形挡板

弧形挡板由弧形板、臂架及固定套组成。弧形板通过臂架及固定套装在摇臂机壳上，呈自由浮动状态，可绕滚筒向前或向后翻转。采煤机工作时，弧形挡板位于滚筒后面，它与螺旋滚筒配合将落下的煤装入刮板输送机中。

（三）牵引部

牵引部的作用是使采煤机沿工作面运行以实现采煤或调动作业。它包括牵引机构和牵引部传动装置两部分。

1. 牵引机构

牵引机构是直接移动机器的装置，有链牵引机构和无链牵引机构两种类型。

(1) 链牵引机构

链牵引机构包括牵引链、链轮、链接头和紧链装置。如图 3-12 所示，牵引部减速器输出轴上安装驱动链轮 1,牵引链 3 绕过驱动链轮 1 和导向链轮 2 后,两端沿工作面拉直并通过张紧装置 4 分别固定在刮板输送机的机头和机尾上。驱动链轮转动后,依靠它与牵引链间的啮合作用,迫使采煤机机身在溜槽上沿工作面移动。

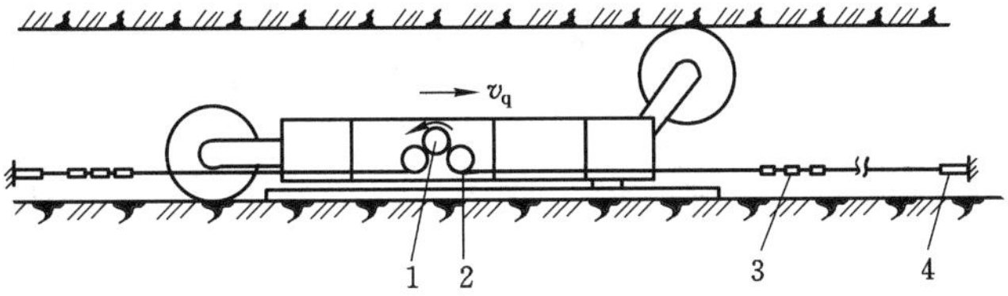

图 3-12　牵引机构

1——驱动链轮;2——导向链轮;3——牵引链;4——张紧装置

牵引链是用 23MnCrNiMo 优质钢制成的高强度的圆环链。圆环链中的链环一平一立,交错相接。如图 3-13 所示,它与链轮啮合时,平环卧在链轮的齿间槽内,立环嵌入齿部立槽,链轮转动时,依靠轮齿的圆弧侧面将作用力传递到牵引链上,而牵引链对齿的反作用力则形成采煤机的牵引力。

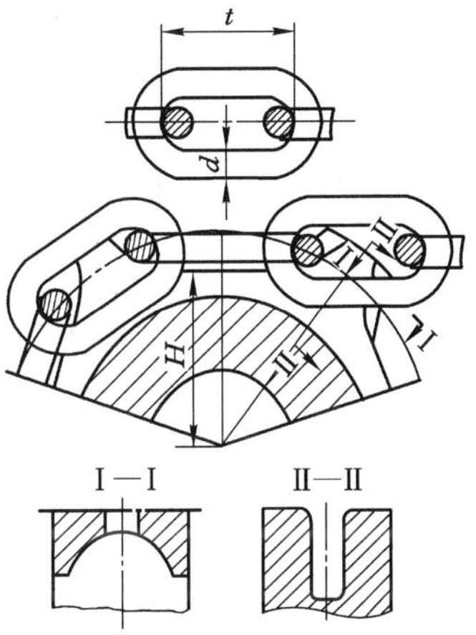

图 3-13　圆环链与链轮啮合情况

圆环链(图 3-13)的规格用棒料直径 d 和环节距 t 表示,如 $\phi22\times86$ 的圆环链,说明棒料直径为 22 mm,节距为 86 mm。由于制造和使用上的原因,牵引链做成由奇数个链环组成的长度适当的链段,使用时将这些链段用链接头连接成需要的长度。

牵引链沿工作面布置,两端常用张紧装置固定在刮板输送机的机头和机尾架上,使牵引链具有适度的张紧力,提高采煤机工作的可靠性。常用的张紧装置有液压张紧装置和弹簧张紧装置。液压张紧装置的工作原理如图 3-14 所示。牵引链 1 经导向滑轮 2 后固定在紧链液压缸 3 的缸体上,紧链液压缸的缸体固定在输送机机头(机尾)上,其活塞杆端部安装滑轮。从乳化液泵站过来的乳化液经减压阀 5、单向阀 6 向液压缸活塞腔供液,并由安全阀 7 限定活塞腔内的最大压力,由此控制牵引链松边和紧边的拉力值。

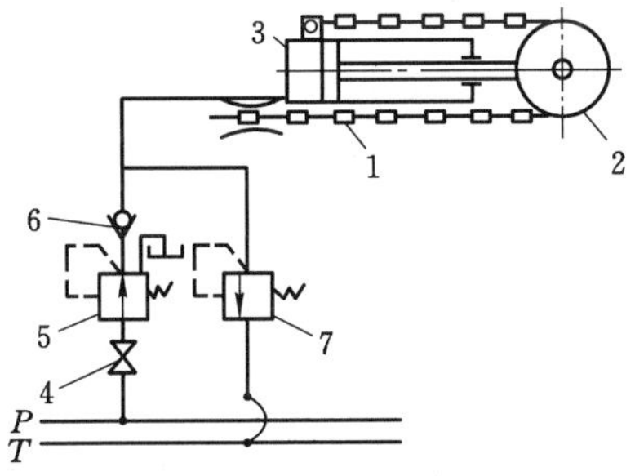

图 3-14　液压张紧装置

1——牵引链;2——导向滑轮;3——紧链液压缸;4——截止阀;5——减压阀;6——单向阀;7——安全阀

(2) 无链牵引机构

无链牵引机构依靠采煤机上的驱动轮与固定在输送机溜槽上的齿轨相啮合来实现采煤机的牵引。它主要用于大功率和大倾角的采煤机。目前使用较普遍的无链牵引机构主要有以下几种:

齿轮—销轨型:如图 3-15 所示,该机构由采煤机牵引部减速器输出轴的驱动齿轮 1 经中间齿轨轮 2 与铺设在输送机上的圆柱销排式齿轨 3(即销轨)相啮合实现采煤机的无链牵引。

销轨是由数个 ϕ55 mm 的圆柱销按一定的间距与两侧厚钢板焊接成节段,一个个节段连接起来组成的。每节销轨的长度是输送机中部槽长度的一半,销轨接口与溜槽接口相互错开,并用销轴固定在槽帮的销轨座内,如图 3-16 所示。MXA—300 型采煤机采用两套这种牵引机构。

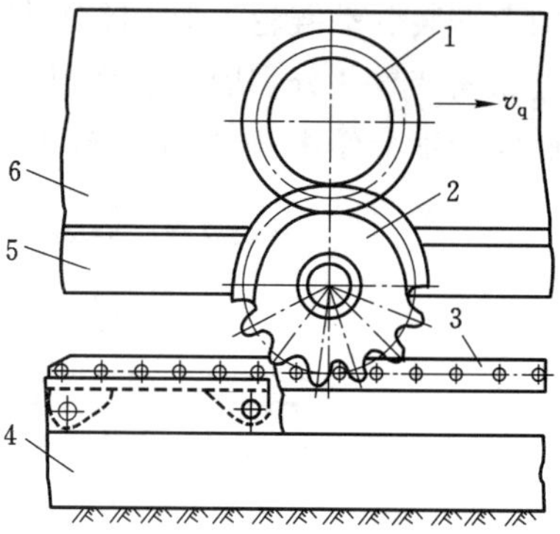

图 3-15 齿轮—销轨型无链牵引机构

1——驱动齿轮;2——齿轨轮;3——圆柱销排式齿轨;4——输送机溜槽;5——底托架;6——液压牵引部

销轮—齿轨型:如图 3-17 所示,该机构由装在牵引部传动箱 2、5 输出轴上的销轮 1、4 与安装在输送机槽帮上的齿条式齿轨相啮合来实现采煤机的移动。销轮是由两块相对的圆板中间沿圆周均布焊接的 5 根圆柱销组合而成的。每节齿轨的长度与溜槽长度相同,用螺栓固定在溜槽采空区一侧。牵引部主泵经两个液压马达分别驱动牵引传动箱,因此,这种牵引机构的牵引力大,可用于大倾角煤层工作。MG—300 型和 AM—500 型采煤机均采用这种无链牵引机构。

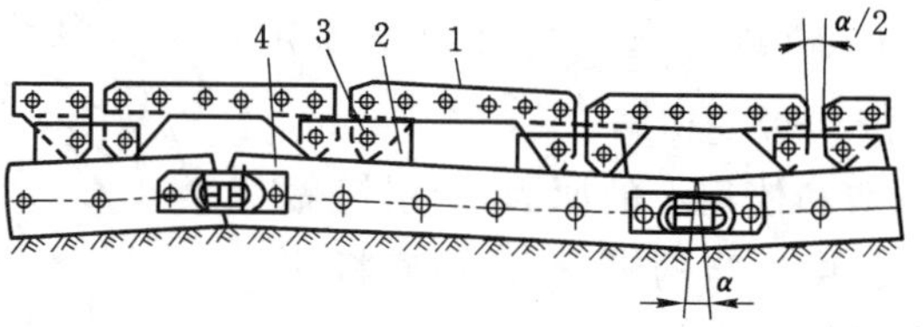

图 3-16 销轨

1——销轨;2——销轨座;3——销轴;4——输送机溜槽

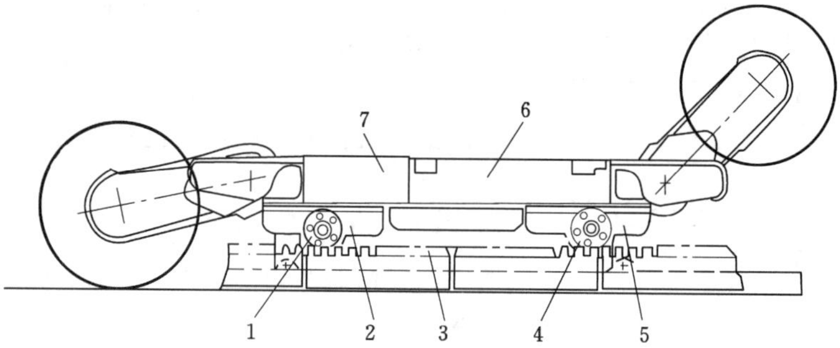

图 3-17 销轮—齿轨型无链牵引机构

1,4——驱动销轮;2,5——牵引部传动箱;3——齿条式齿轨;6——牵引部泵箱;7——电动机

链轮—链轨型:如图 3-18 所示,采煤机的牵引是由牵引部传动装置 1 的驱动链轮 2 与铺设在输送机采空区侧挡板 5 内的圆环链 3 相啮合而实现的。与链轮同轴的导向滚轮 6 支撑在链轨架 4 上,以实现采煤机的导向。底托架 7 两侧用卡板卡在输送机相应槽内定位。此种牵引机构因采用了挠性好的圆环链为齿轨,使得输送机溜槽在垂直面内偏

转 6°，水平面内偏转 1.5°仍能正常啮合，因此这种牵引机构适合在底板起伏大并有断层的煤层条件下工作。EDW300 L 型采煤机就采用了此种牵引机构。

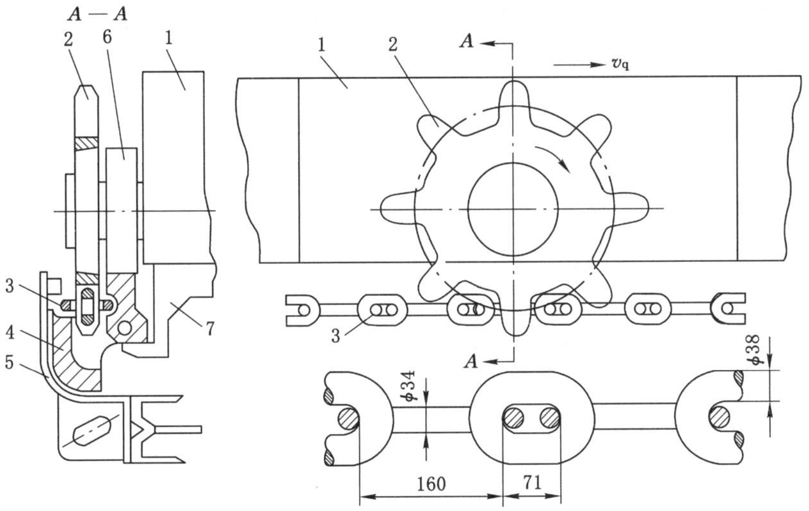

图 3-18 链轮—链轨型无链牵引机构

1——传动装置；2——驱动链轮；3——圆环链；4——链轨架；5——侧挡板；6——导向滚轮；7——底托架

无链牵引的优点如下：

① 采煤机移动平稳、振动小，故障率低，消除了断链事故，增大了安全性，延长了机器的使用寿命。

② 能够采用多级牵引，使牵引力提高到 400～600 kN。在有可靠的防滑制动器的情况下，可在大倾角(最大达 54°)条件下工作。

③ 牵引机构的传动损失小，牵引力的利用率高。

但是，无链牵引机构对输送机的弯曲和起伏不平比较敏感；对煤层地质条件的变化适应性较差；此外，无链牵引使机道宽度增加，所以要求液压支架的控顶能力较强。

2. 牵引部传动装置

牵引部传动装置的功用是将电动机输出的动力经减速后传递给牵引机构使采煤机获得牵引。按传动形式可分为机械牵引、液压牵引和电牵引三种。

(1) 机械牵引

机械牵引是全部采用机械传动，利用齿轮变挡实现分级调速，尚需液压控制系统完成操纵、控制和保护等功能，此种牵引结构复杂，目前已很少使用。

(2) 液压牵引

液压牵引是利用液压传动使牵引部的驱动轮获得动力而进行的牵引。这种牵引易实现无级调速、控制和保护，并能随负载变化自动调节牵引速度，因此应用广泛。

液压牵引一般采用变量泵—定量马达的容积调速系统，如图 3-19 所示。该系统中的液压泵为双向变量泵，即该泵吸、排液方向可以互换，泵的流量自身可调节；马达为双向定量马达，即马达的进、回液方向可互换，流量自身无法调节。工作时，变量液压泵 1 排出的压力液直接进入液压马达 2，使液压马达旋转，驱动采煤机的牵引机构运动。液压马达的回液又直接返回液压泵的吸液口，这样工作液在液压泵和液压马达之间不断循环流动。为了补偿因泄漏造成的容积损失，系统必须设置辅助液压泵3，负责向变量液压泵1供液。由于主回路中的液流不经过油箱而在系统中循环，因此，液温就会不断上升。为了解决液热问题，系统中一般都要设置一液动换向阀5，使液压马达回液中的一小部分经低压溢流阀6（背压阀）和冷却器7流回油箱，系统由此减少的液体则由辅助液压泵3进行补充。为了保证热交换能正常进行，与辅助液压泵并联的低压溢流阀4的调定压力应略高于背压阀。溢流阀8是限制系统最高压力的高压安全阀。

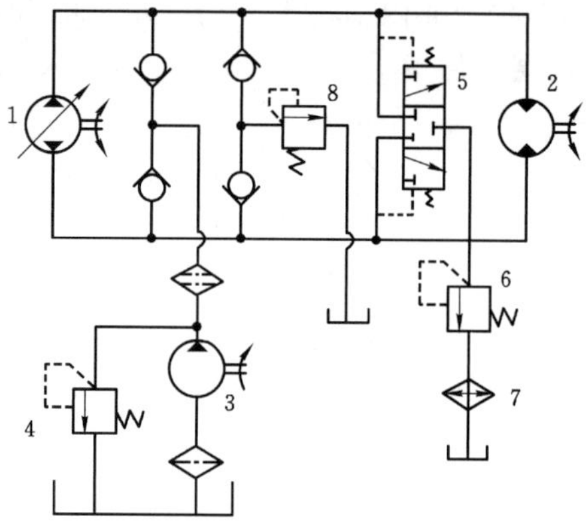

图 3-19 液压牵引
1——变量液压泵；2——液压马达；
3——辅助液压泵；4，6——低压溢流阀；
5——液动换向阀；7——冷却器；8——溢流阀

在该系统中通过改变液压泵的流量来改变进入液压马达的流量，进而改变马达的转速调节牵引速度；改变液压泵的供液方向来改变马达的转向，从而使牵引方向发生改变。该系统为闭式循环系统。

（3）电牵引

电牵引是新一代采煤机采用的牵引调速方式，有晶闸管直流电动机调速、大功率晶体管变频变流电动机调速和电控交—直—交调压调频的交流电动机调速三种。电牵引不仅克服了液压牵引时工作介质易被污染及受温度变化影响大的缺点，而且具有寿命长、效率高，维修工作量小，易实现各种保护、监控和显示，以及使采煤机结构简单、机身长度小等优点，因此成为采煤机的发展方向。

电牵引传动装置如图3-20所示。它是由直流电动机（或交流电动机）经齿轮减速后驱动牵引齿轮（或销轮）在销轨（或齿条）上滚动，从而带驱动采煤机行走。改变电动机的转速即可实现采煤机的调速，改变电动机的转向即可实现采煤机的换向。同时很容易实现对采煤机的自动调速和超载保护。

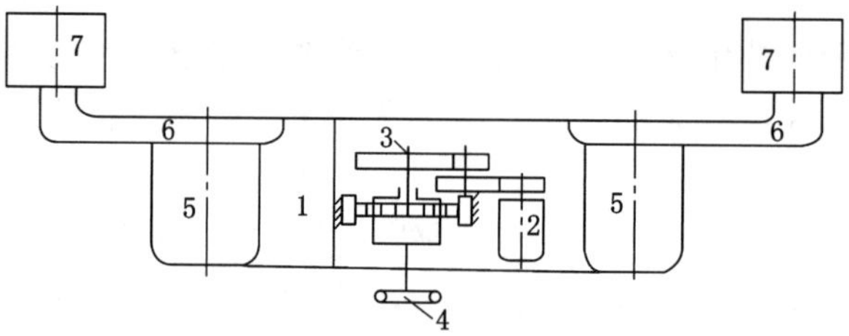

图 3-20 电牵引采煤机示意图
1——控制箱；2——直流电动机；3——齿轮减速箱；4——驱动轮；
5——交流电动机；6——摇臂；7——滚筒

（四）采煤机的辅助装置

采煤机的辅助装置包括底托架、喷雾降尘装置、防滑装置和电缆拖移装置等。

1. 底托架

底托架是采煤机的机架，将电动机、牵引部和截割部用螺栓固定在底托架上组成一个整体，并利用铰接在底托架下面的四个滑靴在刮板输送机上滑行。采煤机底托架一般用铸钢制成，结构坚固，自重大，使采煤机重心低、运行平稳。

2. 喷雾降尘装置

喷雾降尘装置通过喷雾泵站向喷雾冷却系统供给一定压力和流量的水流实现采煤工作面的喷雾降尘，同时使电动机、牵引部降温冷却，保证良好的工作环境。

喷雾冷却系统中的压力水通过喷嘴极度扩散达到雾化程度，形成将粉尘源与外界隔离的水幕。雾化水拦截飞扬的粉尘，使其降落达到降尘效果，同时还可冲淡瓦斯、冷却截齿、湿润煤层以及防止截割火花。

采煤机采用的喷雾降尘方式有内喷雾和外喷雾两种。内喷雾是喷嘴装在滚筒的叶片上，将水从滚筒内向截齿喷射；外喷雾是喷嘴装在采煤机机身上或相对固定的位置，将水从滚筒外向滚筒及煤层喷射。

图 3-21 所示为一采煤机典型的喷雾冷却系统，由喷雾泵站沿平巷管路、工作面拖移软管引入的水经截止阀 8、过滤器 9 及水分配器 10 分配成四路：1 路经左截割部 1 到左滚筒和挡煤板实现内喷雾；2 路经牵引部 2 的冷却器 3 到左截割部外喷雾；3 路经右截割部 6 到右滚筒和挡煤板实现内喷雾；4 路经电动机 5 的冷却水套到右截割部外喷雾。

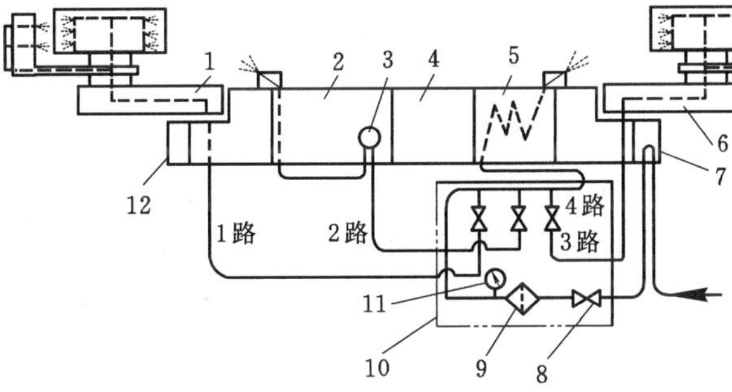

图 3-21 喷雾冷却系统

1——左截割部；2——牵引部；3——冷却器；4——中间箱；5——电动机；6——右截割部；7——电缆接线箱；8——截止阀；9——过滤器；10——水分配器；11——压力表；12——电控箱

3. 防滑装置

当工作面倾角大于机器自滑坡度时，为避免机器行走机构意外损坏或机器停车无制动保护时机器失速下滑造成人身和设备重大事故，必须采取防滑装置。常用的防滑装置有插杆式、抱闸式、安全绞车式和制动器式 4 种形式。

(1) 插杆式

如图 3-22 所示，在采煤机底托架下安装有一防滑杆 1，端部指向工作面运输巷。操纵手把 2 控制防滑杆抬起或放下。下行采煤时防滑杆抬起，滚筒切入煤壁可阻止采煤机下滑；上行采煤时防滑杆放下，若采煤机下滑，防滑杆即插入输送机刮板链中，阻止其下滑。此时，必须迅速停止输送机，终止采煤机下滑。这种装置仅适用于中、小型采煤机。

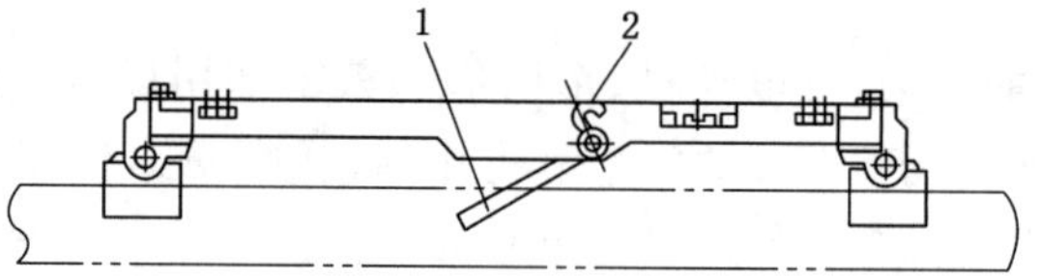

图 3-22 防滑杆
1——防滑杆；2——操纵手把

(2) 抱闸式

抱闸式防滑装置如图 3-23 所示，它安装在采煤机底托架倾斜方向下端，通过套装在刮板输送机导向管 1 上的一对闸块 2 实现抱闸制动。采煤机下行时，闸块松开，不影响运行；采煤机上行时，防滑液压缸使闸块紧贴导向管 1，但不影响正常运行。若采煤机下滑，在下滑力的作用下两个闸块紧紧抱住导向管，起到防滑作用。

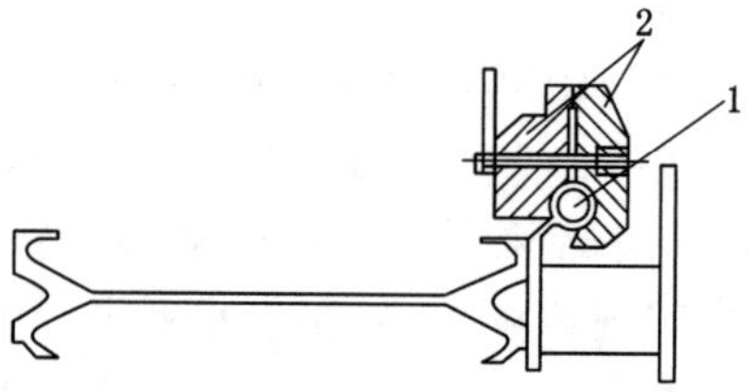

图 3-23 抱闸式防滑装置
1——输送机导向管；2——闸块

(3) 安全绞车式

安全绞车是一种液压传动的滚筒式小绞车，安装在工作面回风巷内，绞车钢丝绳的放出端固定在采煤机上，绞车以采煤机行走的同步速度收放钢丝绳。当采煤机下滑时使绞车立即制动，于是采煤机被钢丝绳牵制住从而停止下滑。这种防滑形式在中、小型滚筒采煤机上使用较多。

(4) 制动器式

在无链牵引的采煤机中，可用设在牵引部液压马达输出轴上的液压制动器代替液压安全绞车。当两套行走驱动装置中有一套意外损坏时，另一套由制动器制动。这种防滑装置主要用于大功率滚筒采煤机中，如 MXA—300 型采煤机。

4. 电缆拖移装置

采煤机上下采煤时需要收放电缆和水管，相当于工作面长度一半的动力电缆和水管要被拖拉，为避免它们在拖移中承受拉力而损坏，通常将电缆和水管夹持在电缆拖移链中，放在电缆槽中，由采煤机一起拖动。

三、采煤机的使用与维护

(一) 采煤机的下井与安装

采煤机下井前，应在地面进行安装和试运转，其目的是检查部件数量是否齐全，安装连接关系是否准确，机器的操作手把是否灵活，各部分的动作是否正确，性能参数是否符合要求，以及设备间配套关系是否正确，以便把隐患尽量在下井之前予以解决。经井上检查及试运转正常后，即可向井下运送。

1. 井下运输注意事项

① 采煤机下井时，如果提升、运输条件许可，应尽量整体下井。不能整体下井，应尽可能分解成较大的完整部件，以减少运输及井下安装工作量，并根据井下工作面方向和机器的安装顺序，确定各部件下井顺序，以便井下安装。

② 下井前所有容腔的油液应全部放净，所有的外露孔口或拆开的管接头必须密封，外露的结合面、耦合器及凸起易碰坏的操作手柄都必须采取保护措施。采煤机的调高液压缸以及一些管路等必须加以临时固定和保护，以防在起吊、井下运输时损坏；并防止污物浸入设备内部。

③ 采煤机井下运输时，较大、较重的部件，能装入矿车的可用矿车运送，如主机架、摇臂等用平板车运送，平板车尺寸要适合井下巷道运输条件。

④ 用平板车运输时要找正重心，为达到平稳，可以将设备用长螺杆紧固在平板车上。

⑤ 用平板车运输时，装物的平板车上不许站人，运送人员应坐在列车后的乘人车内，并应有信号与列车司机联系。

⑥ 搬装、运输过程中，应避免剧烈振动、撞击，以免损坏设备。

⑦ 起吊工具，如钢丝绳、绳爪、吊钩、连接环要紧固可靠，经外观检查合格后方可使用。

⑧ 对起吊装置，其起吊能力的安全系数应不小于 5；对推曳装置，其推曳能力的安全系数应不小于 2。

2. 装车顺序

装车顺序是指零部件装车的先后排列程序，它是由现场安装地点和井下运输条件来确定的。零部件进入安装地点的先后程序一般是右滚筒、右摇臂、右截割部减速箱、底托架、行走部、电动机、左截割部减速箱、左摇臂、左滚筒及护板等。

3. 井下安装

(1) 采煤机的井下安装是在工作面输送机上进行的。为保证起重时安装地点的支架能承受采煤机的重量，因此要用横梁加固支架，同时要有足够的长度和大约 2.5 m 的宽度空间。

(2) 在采煤机安装前，液压支架和输送机应先安装好，但输送机的尾部待采煤机部件吊入输送机的机道后才能安装。

(3) 各部件的运输顺序如下：

① 先将底托架安装到工作面输送机上。

② 将牵引部和电动机放到底托架的正确位置上，然后用螺栓与底托架固定。

③ 将左、右截割部减速器对接到牵引部和电动机上，并用螺栓固定好。

采煤机安装好后，加注液压油和润滑油(脂)，并进行试运转，试运转正常后，即可正式投产。投产前，应将机器各部的油放掉更换新油，并清理或更换滤芯。

(二) 采煤机的使用与维护

为充分发挥采煤机的效能及延长使用寿命，保证其正常运转和安全生产，必须加强采煤机的维护和检修。对设备的维修保养工作应坚持“四检”制度，即班检、日检、周检和月检。把工作任务落实到人，实行包机制。“四检”内容如下：

1. 班检

① 检查处理外观卫生，确保各部清洁，无浮煤、积水、杂物。

② 检查各种信号、仪表，确保信号清晰、仪表显示灵敏可靠。

③ 检查各部连接件是否齐全、牢固，特别要注意各部对口、盖板、滑靴及防爆电气设备的连接与紧固情况。

④ 检查牵引链、连接环及张紧装置，其连接固定是否可靠，有无扭结、咬伤、变形及断裂现象，液压张紧装置供液压力是否适宜，安全阀动作值整定是否合理。

⑤ 检查导向管、齿轨、销轨（销排）连接固定是否可靠，发现松动、断裂或其他异常现象和损坏等，应及时更换处理。

⑥ 检查截齿是否齐全、锋利，齿座是否完整、连接是否牢固，及时补充、更换短缺、损坏的截齿。

⑦ 检查各操作手柄、按钮是否齐全、灵活、可靠。

⑧ 检查电缆、电缆夹及电缆拖移装置是否可靠，有无扭曲、挤压、损坏等现象，电缆不许在槽外拖移（用电缆车的普采面除外）。

⑨ 检查液压与冷却喷雾装置压力、流量是否符合规定，有无泄漏，雾化情况是否良好。

⑩ 检查急停、闭锁、防滑装置与制动器动作是否灵活，工作是否可靠。

⑪ 倾听各部运转声音是否正常，发现异常要查明原因，并进行处理。

2. 日检

① 进行班检各项内容，处理班检处理不了的问题。

② 按润滑图表和卡片要求，检查各腔室油量，对有关润滑点补充相应的润滑油脂。

③ 检查处理各渗漏部位。

④ 检查供水系统零部件是否齐全，有无泄漏、堵塞，发现问题及时处理。

⑤ 检查滚筒端盘、叶片有无裂纹、严重磨损及齿座短缺、损坏等现象，发现严重问题时应及时更换。

⑥ 检查电气保护整定情况，搞好电气试验（与电工配合）。

⑦ 检查电动机与各传动部位的温度情况，如发现温度过高，应及时查明原因并进行处理。

3. 周检

① 进行日检各项内容，处理日检难以处理的问题。

② 检查各部油位、油质情况，必要时进行油质化验。

③ 检查处理对口、滑靴、支撑架、机身等部位相互间的连接情况和滚筒连接螺栓的松动情况并及时紧固。

④ 检查牵引链链环节距伸长量，发现伸长量达到或超过原节距的 3% 时，应及时更换。

⑤ 检查过滤器，必要时进行清洗或更换。

⑥ 检查电控箱，确保腔室内干燥、清洁、无杂物，接线不松动，符合防爆与完好标准。

⑦ 检查电缆有无破损，接线、出线符合规定。

⑧ 检查接地设施是否符合《煤矿安全规程》的规定。

4. 月检

① 进行周检各项内容，处理周检难以处理的问题。

② 处理漏油，取油样检验。

③ 检查电动机绝缘、密封、润滑情况，必要时补充锂基润滑脂。

(三) 采煤机的安全操作

采煤机的操作过程通常分为三步。一是按照规定要求对采煤机各有关部分进行检查；二是按照规定顺序开动采煤机并进行各项操作；三是按顺序使采煤机停止运转。

1. 开机前的检查

① 司机开机前必须对工作面进行全面检查，如对顶板支护情况，煤层变化情况及顶底板起伏情况进行检查，注意观察采煤机周围有无障碍、杂物及人员，注意工作面输送机运行及挪移情况。

② 设备检查。各手把、按钮应灵活可靠，并处于“零”位和“停止”位；牵引链无扭结现象，齿轨无断裂现象并连接可靠，紧链装置及其安全阀能正常工作；各部连接螺栓应齐全、牢固；滚筒截齿应齐全、锐利；电缆及拖缆装置、水管和油管、冷却系统和喷雾系统、水压和水量都完好或正常；液压油和润滑油(脂)的油量和油质应符合规定要求，各过滤器都无堵塞现象；工作面信号系统正常。

检查若发现问题要及时处理好。

③ 每班工作前，应脱开滚筒和牵引轮，在停止供水的情况下，空运转 10～15 min，使油温升至 40 ℃左右后，再正常开机。空运转及正常开机时，注意观察滚筒及各部状况，倾听运转声音，观察液压系统和冷却喷雾系统有无渗漏，压力值是否正常，雾化情况是否良好。

2. 运行操作

(1) 检查工作结束后，发出信号通知运输系统由外向里按顺序逐台启动输送机。

(2) 待工作面输送机启动后，方可按下列顺序启动采煤机：

① 合上电动机隔离开关；

② 点动启动按钮，待电动机即将停止转动时，合上截割部离合器；

③ 打开供采煤机冷却喷雾用水的截止阀；

④ 发出采煤机启动预警信号，并注意机器周围有无人员及障碍物；

⑤ 按动启动按钮，观察滚筒转动方向是否正确；

⑥ 根据采煤机的工作方向和采高，操作调高按钮或手柄，升降摇臂和翻转挡煤板。

(3) 牵引速度要由小到大逐渐增大，并根据顶底板及煤层构造情况随时调整采煤机的牵引速度。

(4) 顶底板不好时要采取措施，不准强行截割或甩下不管。对硫化铁、夹矸、断层空巷等要提前处理好。

(5) 随时注意采煤机各部的温度、压力、声音及运行情况，发现异常时要及时检查并处理好，否则不许继续开机。

(6) 大块煤、矸石及其他物料不许拉入采煤机底托架内。

(7) 电缆、水管不得受拉和挤压，不准拖在电缆槽或电缆车外。

(8) 不准在电动机开动的情况下，操纵滚筒离合器。

(9) 运转过程中，注意观察冷却喷雾水的压力、流量及雾化情况，不符合要求的情况下不得开机割煤。

(10) 不准频繁启动电动机(处理故障时除外)。

3. 停机操作

停机分为正常停机和紧急停机两种情况。

(1) 正常停机

正常停机的操作原则是先停牵引，后停电动机。具体操作顺序如下：

① 将牵引调整手把调到零位(或将开关阀手把调回零位，电动机恒功率开关回零位)，停止牵引。

② 待截割滚筒内余煤排净后，即可用电动机控制旋钮停止电动机。

③ 把离合器及其操作手把调回零位，关闭进水截止阀。

④ 司机离机或长时间停机时，要将两个截割滚筒放到底板上，打开左、右截割部离合器；将隔离开关调到零位；关闭供水总截止阀。

(2) 紧急停机操作

一般情况下不允许操作急停开关或停止按钮，遇到下列情况之一时可以紧急停车：

① 采煤机负荷过大，电动机闷车。

② 采煤机附近片帮冒顶，危及安全。

③ 出现人身或其他重大事故。

④ 采煤机自身发生异常时，如内部发生异响、拖缆装置卡住或出槽、采煤机落道等。

4. 操作注意事项

① 未经培训的人员不得开机。

② 禁止采煤机带负荷启动和频繁启动。

③ 一般情况下不允许用隔离开关或断路器断电停机(紧急情况除外)。

④ 喷雾系统工作不正常时不准割煤。

⑤ 截割滚筒上的截齿应无缺损。

⑥ 严禁滚筒截割支架顶梁和输送机铲煤板等物体。

⑦ 采煤机运行时，随时注意电缆的拖移状况，防止损坏电缆。

⑧ 在电动机即将停转时才能操作离合器。

⑨ 煤层倾角大于10°时应设防滑装置，大于16°时应设液压防滑安全绞车(无链牵引按有关产品说明书执行)。

⑩ 检查滚筒、更换截齿或滚筒附近有人时，必须打开截割部离合器。

⑪ 开机前必须发出信号或高声喊话，确认机旁无人时方准开机。

⑫ 翻转挡煤板时要正确操作，避免其变形。

⑬ 不允许输送机上的大块异物带动采煤机强迫运行，一旦发现，应立即排除。

⑭ 随时调节调高、调斜装置，避免工作面出现弯曲和台阶。

任务实施

一、设备

双滚筒采煤机一台。

二、实施步骤

① 教师讲授采煤机的使用维护等内容。

② 学生对模拟工作面采煤机进行整体参观，搞清采煤机的主要组成和结构，对采煤机在工作面的工作方式，有一个整体的感性认识。

③ 学生分组轮流依次按步骤操作采煤机。

④ 学生在实训过程中教师要加强指导，并可随时向学生进行提问。

三、任务考评

教师根据学生实训中的表现、答辩情况、实训报告，评定出实训成绩。

采煤机操作的评分标准见表 3-2。

表 3-2　　采煤机操作的评分标准

序号	考核内容	考核项目	分值	评分标准	得分
1	操作前检查	① 作业环境检查 ② 采煤机检查	20	每项 10 分	
2	采煤机启动	① 打开喷雾水 ② 合上隔离开关 ③ 点动电动机 ④ 合上离合器 ⑤ 启动电动机	20	每项 4 分	
3	采煤机行走	① 观察前方情况，发出信号 ② 按给定方向行走 ③ 调速 ④ 换向	20	每项 5 分	
4	升降滚筒	① 观察滚筒高度 ② 操作调高换向阀升降滚筒	10	每项 5 分	
5	采煤机停止	① 减速、采煤机停止牵引 ② 停止电动机 ③ 断开离合器、隔离开关 ④ 关闭喷雾水阀	20	每项 5 分	
6	实训态度	① 遵守安全规程 ② 清理现场卫生	10	每项 5 分	
总计					

思考与练习

① 采煤机的主要功用是什么？常用的采煤机械有哪些？

② 什么叫普采和综采？普采和综采工作面主要配套设备各有哪些？

③ 滚筒的主要参数有哪些？

④ 滚筒式采煤机主要由哪几部分组成？各部分有何作用？

⑤ 截齿分几种类型？它们的固定方式是怎样的？

⑥ 单、双滚筒采煤机，滚筒旋向有何规定？

⑦ 采煤机在什么情况下应采取防滑措施？防滑装置有哪几种类型？

⑧ 采煤机“四检”制度的内容有哪些？

⑨ 采煤机操作分哪几步？如何操作？

任务二　液压支护设备的使用与维护

教学目标

(1) 知识目标

① 掌握支护设备的用途、类型。

② 掌握液压支柱的类型及工作原理。

③ 掌握液压支架的结构、各组成部分的作用及液压支架的工作原理。

(2) 能力目标

① 会对液压支架进行操作。

② 会编写液压支架安全操作规程。

(3) 职业素质

培养学生熟悉液压支架的工作环境、树立安全操作的岗位意识。

任务描述

支护设备用于支撑工作面顶板，阻挡顶板冒落的岩石窜入作业空间，以保证工作面内机器和人员安全。

工作面使用的支护设备主要有金属摩擦支柱、单体液压支柱和自移式液压支架，它们与采煤机和工作面输送机分别组成普采、高档普采和综采设备。

单体液压支柱和自移式液压支架为液压支护设备。液压支护设备具有支撑能力大，支护性能好，架设移动速度快和安全可靠等优点。正确使用与维护液压支护设备可提高采煤工作面产量、减轻劳动强度，降低生产成本，实现安全生产，要想正确使用与维护支护设备，必须掌握支护设备的结构、工作原理及操作方法与维护等内容。

相关知识

一、单体液压支柱和铰接顶梁

(一) 单体液压支柱

单体液压支柱按供液方式不同,分为内注式和外注式两类。内注式单体液压支柱用液压油作为工作介质,靠人工摇动支柱自身的手摇泵,升起活柱,获得初撑力。外注式单体液压支柱用乳化液作为工作介质,靠设在平巷中的泵站供给高压液体,升起活柱,获得初撑力。内注式单体液压支柱结构复杂,质量大,支撑升柱速度慢,故不如外注式单体液压支柱使用普遍。

1. 外注式单体液压支柱

DZ 型外注式单体液压支柱的结构如图 3-24 所示,主要由顶盖 3、三用阀 1、活柱 4、缸体 5、复位弹簧 6、活塞 7、底座 8 等组成。

外注式单体液压支柱工作原理分为升柱初撑、承载溢流、卸载回柱等过程。

(1) 升柱初撑

如图 3-24 所示,升柱时,将注液枪 10 插入支柱三用阀 1 的注液孔中,然后操作注液枪手把 9,从乳化液泵站来的压力液体经供液管 11、注液枪 10 将三用阀中的单向阀打开,进入支柱下腔,活柱 4 升起。当顶盖 3 顶紧顶板时,松开注液枪手把,拔出注液枪。这时支柱内腔的压力为泵站压力,支柱给予顶板的支撑力为初撑力。

(2) 承载溢流

当顶板压力超过三用阀中安全阀限定的支柱工作阻力时,安全阀打开,液体外溢,支柱内腔压力随之降低,支柱回缩。当支柱所承受的载荷低于额定工作阻力时,安全阀关闭,腔内液体停止外溢。上述现象在支柱支护过程中重复出现。因此,支柱的载荷始终保持在额定工作阻力附近。

(3) 卸载回柱

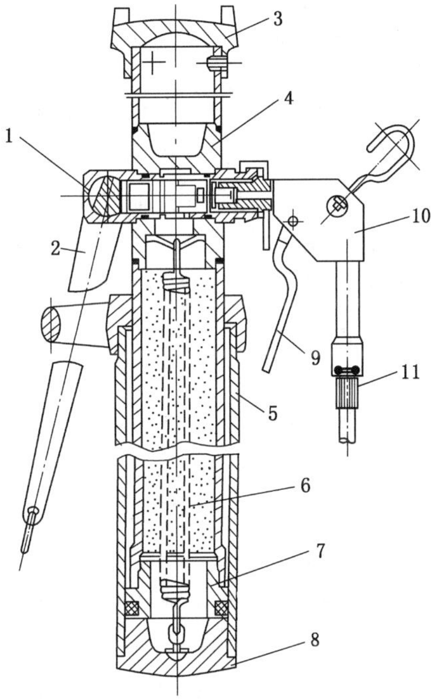

图 3-24 外注式单体液压支柱

1——三用阀;2——卸载手柄;3——顶盖;4——活柱;5——缸体;6——复位弹簧;7——活塞;8——底座;9——注液枪手把;10——注液枪;11——泵站供液管

回柱时,将卸载手柄 2 插入三用阀的左阀体的孔中,转动卸载手柄,打开三用阀中的卸载阀。柱内的高压液体就由卸载阀排到柱外采空区内,不予收回。活柱在活柱自重和复位弹簧 6 的作用下回缩,完成降柱过程。

三用阀包括注液单向阀、安全阀和卸载阀,它们分别承担支柱的注液升柱、过载保护和卸载降柱三种职能,其结构如图 3-25 所示。注液单向阀由单向阀体 2、单向阀阀垫 3、钢球 4、单向阀弹簧 5 等组成。进液时，压力液体打开此阀，液体经连接螺杆 8 上的中心孔及径向孔 a 和右阀体上的径向孔 c 进入支柱的活塞腔内，作用于活塞上，顶起活柱。

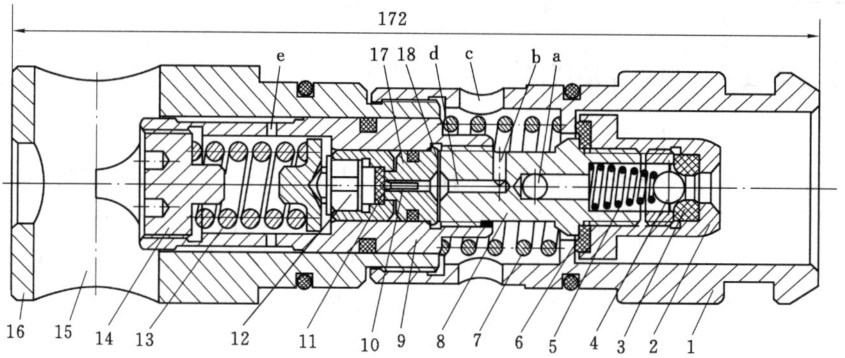

图 3-25 三用阀

1——右阀体；2——单向阀体；3——单向阀阀垫；4——钢球；5——单向阀弹簧；6——卸载阀垫；7——卸载阀弹簧；8——连接螺杆；9——安全阀套；10——安全阀针；11——安全阀垫；12——六角导向块；13——安全阀弹簧；14——调压螺钉；15——卸载手把安装孔；16——左阀体；17——阀座；18——滤网

安全阀为平面密封式，由安全阀针 10、安全阀垫 11、阀座 17、导向块 12、安全阀弹簧 13 等组成；工作过程中，若活柱内腔液体压力超过弹簧 13 的调定压力，活柱内腔液体通过 c 孔和连接螺杆中部径向孔 b 及轴向孔 d 和阀座 17 中心孔而作用在阀针 10 和其左边的六角导向块 12 上，并推动六角导向块压缩弹簧 13 左移，阀座 17 与阀垫 11 相互脱开形成环状间隙，原来流至阀垫前的压力液体经此缝隙以及六角导向块与其外阀套之间的间隙流入左边的弹簧腔，再经径向孔 e 流出。此时，活柱腔内的压力降低。当压力降至安全阀的调定压力时，安全阀又重新关闭，支柱继续承载。

卸载阀是由右阀体 1、卸载阀垫 6、卸载阀弹簧 7、连接螺杆 8、安全阀套 9 等组成。通常情况下，受卸载阀弹簧 7 的作用，卸载阀垫 6 与右阀体内的凸肩接触形成密封，该阀不起卸载作用。卸载时，将卸载手柄插入三用阀的左阀体的安装孔 15 中，扳动卸载手柄，安全阀套 9 右移，压缩卸载阀弹簧 7，同时连接螺杆跟随右移，使卸载阀垫 6 与右阀体 1 内的台阶脱开，于是活柱下腔内的高压液体从此间隙中排出，支柱下降。

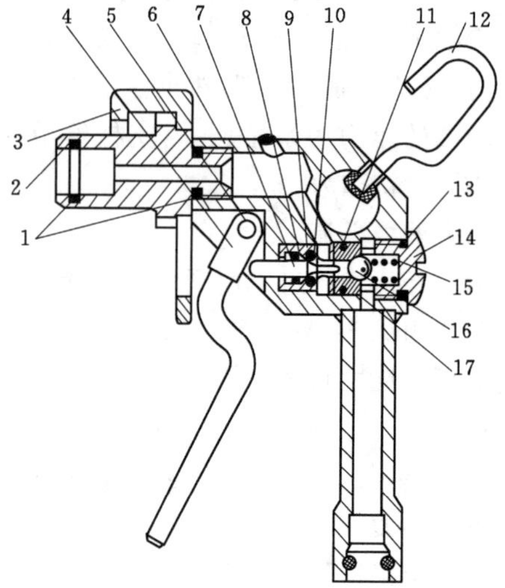

图 3-26 注液枪结构

1,8,11,13——O 形密封圈；2——注液管；3——锁紧套；4——手把；5——柱销；6——枪体；7——顶杆；9——隔离套；10——防挤圈；12——挂钩；14——压紧螺钉；15——弹簧；16——单向阀阀芯；17——单向阀阀座

注液枪是向支柱供液的工具，如图 3-26 所示，其主要由注液管 2、锁紧套 3、手把 4、枪体 6、顶杆 7、隔离套 9、压紧螺钉 14、弹簧 15、单向阀阀芯 16、单向阀阀座 17 等组成。注液升柱时，将注液管 2 插入三用阀的阀体中，挂

好锁紧套 3，扳动手把 4，顶杆 7 右移而推开单向阀阀芯 16，胶管中高压液体经注液枪单向阀阀座 17、注液管 2 进入三用阀，顶开三用阀中单向阀进入支柱，迫使支柱上升。松开手把 4，单向阀阀芯 16 在弹簧 15 的作用下复位，关闭单向阀、截断供液通路。与此同时，注液管中残存的高压液体，使顶杆 7 复位。这部分液体经隔离套 9 与顶杆间隙溢出，达到注液枪卸载的目的。从三用阀阀体上摘下锁紧套 3，取下注液枪即完成支柱过程。

外注式单体液压支柱结构简单、维修方便、初撑力可靠、升柱速度快、工作行程大、重量较轻，但需要有一套泵站和管路系统，环节多，灵活性差；由于乳化液排出后不再复用，所以工作介质消耗量大；在底板较软、遇水膨胀时不便使用。

2. 内注式单体液压支柱

内注式单体液压支柱是利用支柱内的手摇泵注液升柱的。NDZ 型单体液压支柱的结构如图 3-27 所示。它主要由活柱 5、缸体 6、手把体 4、活塞 8 和泵活塞 10 等组成。内注式单体液压支柱的动作包括升柱、初撑、承载和回柱四个过程，其动作原理如下。

(1) 升柱

取下顶盖 1 和通气阀 2，向活柱的空腔 A 中注入液压油。装上阀 2 和顶盖 1，立起支柱，通气阀 2 靠自重打开，使 A 腔与大气相通。将手摇把套入曲柄 14 方头上，上下摇动，通过曲柄滑块 13，迫使柱塞 7 外的泵活塞 10 作上下运动，当泵活塞 10 向上移动时，B 腔增大产生负压，A 腔内的工作液经活柱 5 与泵活塞 10 间空隙被吸入 B 腔。当泵活塞 10 向下移动时，B 腔容积减小压力增加，其内的大部分油液经进液阀 16 和单向阀 17 进入 C 腔，使活塞 8 连同活柱 5 一起升起，直到顶盖 1 与顶板接触。

(2) 初撑

顶盖 1 与顶板接触后，继续摇动手把，C 腔内液压力快速升高，当泵活塞向上运动时，A 腔内的油液继续流入 B 腔，并通过进液阀 16 和活塞 8 上环形槽充满泵套 11 和连接头 12 之间的空隙；当泵活塞向下运动时，由于 C 腔内油压较高，而 B 腔内的油液虽经泵活塞压缩，但压力仍较低，打不开单向阀 17，只能经泵活塞上两个阻尼孔和泵活塞与活柱筒间的空隙返流到 A 腔，以减轻操作力，与此同时，连接头 12 内腔的油液受到压缩后经活塞 8 上环形槽返回，将进液阀 16 关闭，此高压油经单向阀 17 压入 C 腔，使 C 腔内油液不断升高，连续摇动手把，直到摇不动或者感觉到费劲时，支柱就获得了规定的初撑力，完成了初撑过程。

(3) 承载

初撑后，随着顶板下沉，作用在支柱上的载荷逐渐增大。当载荷增大到支柱的额定工作阻力时，工作腔的油压即达到工作压力，此时安全阀开启，作用在安全阀垫 20 上的油压使六角导向套 19 作轴向右移，压缩安全阀弹簧 18，C 腔内的高压油经安全阀垫 20 与阀座 21 间的间隙和小孔又流回到 A 腔，支柱均匀下缩。当工作腔内油压降到额定工作压力以下，即支柱载荷小于额定工作阻力时，在安全阀弹簧 18 的作用下，安全阀关闭，这时工作腔内的油液停止向 A 腔回流，活柱不再下缩。在整个工作过程中，上述现象反复出现，使支柱始终处于恒阻状态。从而达到有效管理顶板的目的。

(4) 回柱

扳动手把 22，带动凸轮 23 转动，使安全阀沿轴向左移，压缩弹簧 15，打开卸载阀，这时工作腔 C 内的液压油经芯管 24、阀体 26 与卸载阀垫 25 的间隙和三用阀体上的径向孔

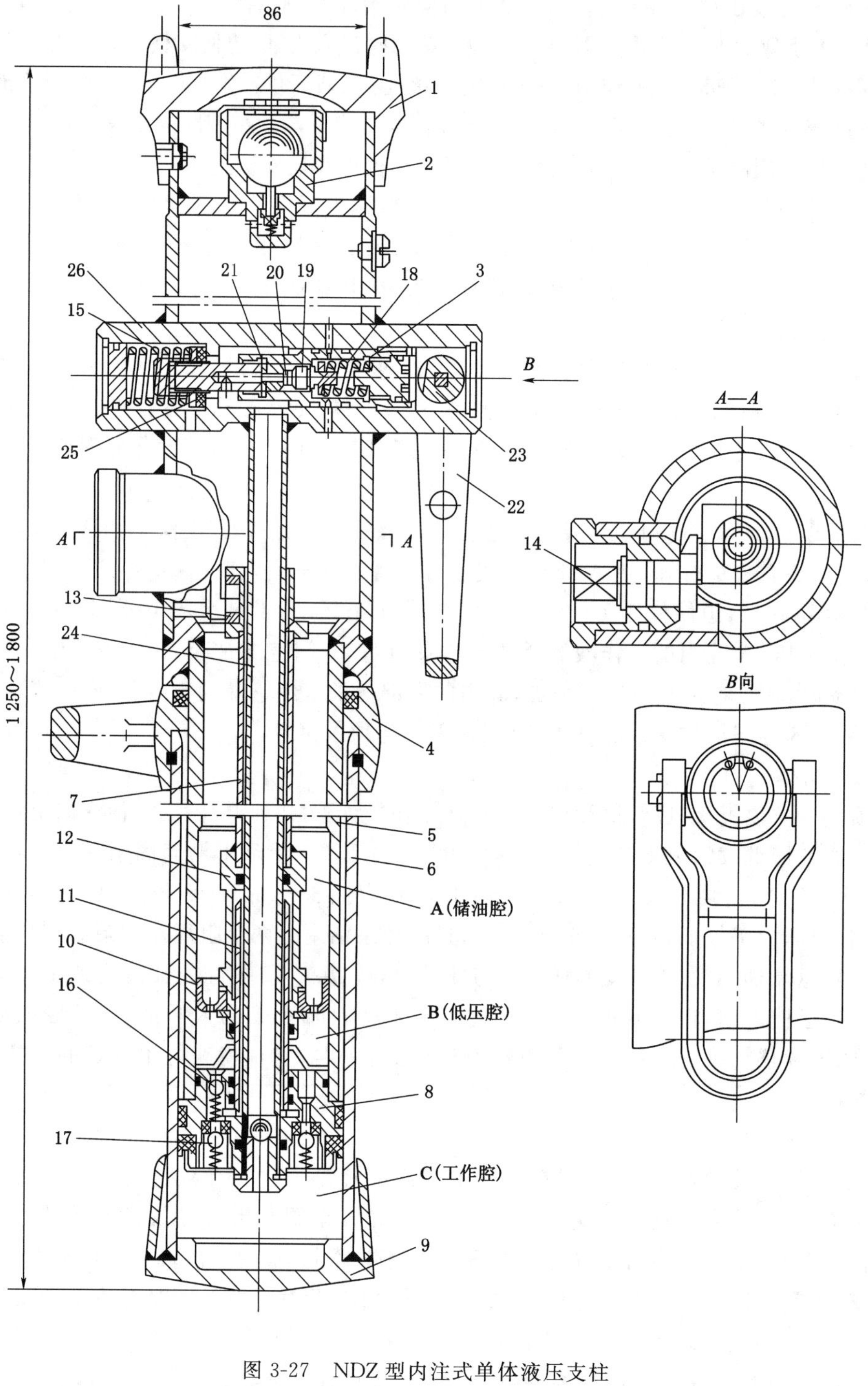

图 3-27 NDZ 型内注式单体液压支柱

1——顶盖；2——通气阀；3——溢流阀；4——手把体；5——活柱；6——缸体；7——柱塞；8——活塞；9——缸底；10——泵活塞；11——泵套；12——连接头；13——曲柄滑块；14——曲柄；15——卸载阀弹簧；16——进液阀；17——单向阀；18——安全阀弹簧；19——六角导向套；20——安全阀垫；21——阀座；22——卸载手把；23——凸轮；24——芯管；25——卸载阀垫；26——阀体

流回 A 腔。这时活柱在自重作用下快速下降，而 A 腔内的气体经通气阀 2 排出柱外，完成了回柱过程。在顶板条件不好的情况下，可采取远距离回柱，即用较长的铁钩钩住卸载环，或把手把系上绳子后插入卸载环，操作者站在远离支柱的安全地点拉动铁勾或绳子，即可实现远距离回柱。撤下支柱后倾斜放置，通气阀自动关闭，油液不会外流。

内柱式单体液压支柱无外管道，使用灵活，且油量消耗少。但其结构复杂、成本高、重量大、维修困难、升柱速度慢。因此，内柱式单体液压支柱的用量较少，只是用于不便于使用外注式单体液压支柱的地方，例如工作面底板较软，遇水膨胀和无高压泵站，需要临时支护的场合。

3. 铰接顶梁

金属摩擦支柱和单体液压支柱都必须与铰接顶梁配合才能有效地用于顶板支护。目前我国广泛使用的铰接顶梁为 HDJA 型。它与单体支柱配合用于 1.1～2.5 m 厚的缓倾斜煤层的顶板支护。

HDJA 型铰接顶梁的结构如图 3-28 所示，它由梁身 1、楔子 2、销子 3、接头 4、夹口 5、定位块 6 和耳子 7 组成。梁身 1 的断面为箱形结构，它是用扁钢组焊而成的。

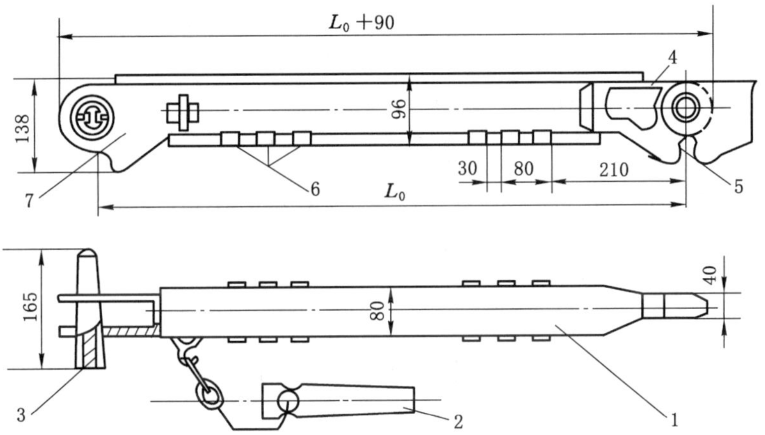

图 3-28　HDJA 型铰接顶梁

1——梁身；2——楔子；3——销子；4——接头；5——夹口；6——定位块；7——耳子

架设顶梁时，先将要安设的顶梁右端接头 4 插入已架设好的顶梁一端的耳子 7 中，然后用销子 3 穿上并固紧，以使两根顶梁铰接在一起。最后将楔子 2 打入夹口 5 中，顶梁就可悬臂支撑顶板。待新支设的顶梁已被支柱支撑时，需将楔子 2 拔出，以免因顶板下沉将楔子咬死。选用顶梁时，应使其长度与采煤机截深相适应。

(二) 滑移顶梁支架

滑移顶梁支架是一种液压支护设备，它的机械化程度介于单体液压支柱和液压支架之间，它适用于缓倾斜中厚煤层一次采全高或厚煤层放顶煤的采煤工作面。

滑移顶梁支架与液压支架相比，质量轻、结构简单、价格便宜，所以，对那些不适合综采的工作面或不具备综采条件的地方煤矿来说，是一种较为可靠和理想的支护设备。

滑移顶梁支架的架体结构如图 3-29 所示。它主要由前顶梁 1、后顶梁 6、前梁立柱 3、后梁立柱 4、防护板 2、后掩护柱 5、弹簧钢板 7 和水平推移千斤顶 8 等组成。前、后顶梁均为矩形空腹杆件,前顶梁腹腔内装有水平推移千斤顶8,千斤顶的缸体后端与前顶梁铰接,其活塞杆朝前,与插在前后顶梁腹腔内的弹簧钢板前端铰接,弹簧钢板后端则与后顶梁铰接。前顶梁1前端为鸟头结构,可与金属顶梁铰接。在前、后顶梁下面各自铰接了两根立柱3和4。

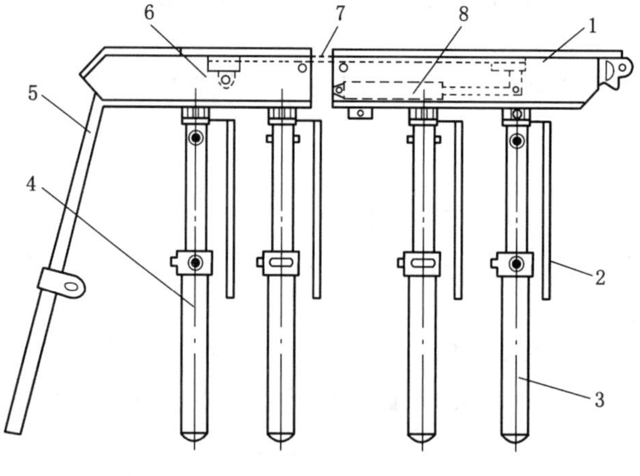

图3-29 滑移顶梁支架

1——前顶梁;2——防护板;3——前梁立柱;4——后梁立柱;
5——后掩护柱;6——后顶梁;7——弹簧钢板;8——水平推移千斤顶

滑移顶梁支架的工作过程如下:开启泵站,由乳化液泵站输出的高压液体经注液枪给每根液压支柱供液,使其升起,于是前、后顶梁撑紧顶板。支架前移时,整个移架过程可分为6个动作,如图3-30所示。

1. 后柱支撑,提前柱

如图3-30(a)所示,用注液枪向前柱缸口阀注液嘴注液,同时用卸载手把打开同一柱上三用阀的卸载阀,即立柱的活塞杆腔进液,活塞腔卸压,这样前柱即可提起。注意:前柱要逐根提起。

2. 后柱支撑,移前梁

如图3-30(b)所示,前柱提起后,将注液枪插进双向阀上连通推移千斤顶活塞杆腔的注液嘴,向活塞杆腔内注液。由于活塞杆与弹簧钢板连接而不能动,所以千斤顶缸体带动前梁一同前移。

3. 后柱支撑,支撑前柱

如图3-30(c)所示,前梁移到位后,将注液枪拔出,再插入前柱三用阀注液嘴向前柱活塞腔注液,同时活塞杆的液体从缸口阀喷出,立柱活塞杆伸出,重新将前梁支撑紧。

4. 前柱支撑,提后柱

如图3-30(d)所示,将注液枪插入后柱缸口阀注液嘴向后柱活塞杆腔注液,同时用卸载手把打开同一柱上的三用阀的卸载阀,使活塞腔卸压,后柱即可提起。同样,后柱也要逐根提起。

5. 前柱支撑,移后梁

如图3-30(e)所示,将注液枪插入双向阀的另一注液嘴向水平推移千斤顶活塞腔注

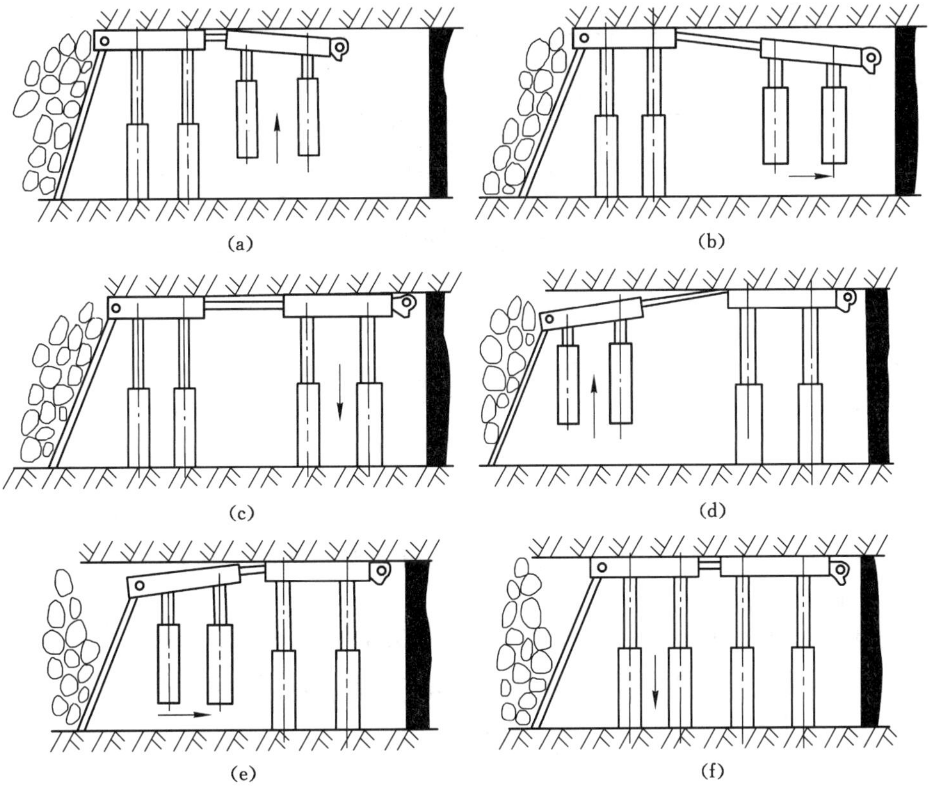

图 3-30　滑移顶梁支架的移架原理

(a) 后柱支撑，提前柱；(b) 后柱支撑，移前梁；(c) 后柱支撑，支撑前柱；
(d) 前柱支撑，提后柱；(e) 前柱支撑，移后梁；(f) 前柱支撑，支撑后柱

液，千斤顶活塞杆伸出，通过弹簧钢板带动后梁前移。

6. 前柱支撑，支撑后柱

如图 3-30(f)所示，将注液枪分别依次插入两后立柱三用阀的注液嘴，向后立柱的活塞腔注液，同时活塞杆腔的液体从缸口阀注液嘴处喷出，活塞杆伸出，后梁即可被支撑好。

二、液压支架

液压支架是以高压乳化液为动力，使支架的支撑、切顶、移架和输送机推移等工序全部实现了机械化。液压支架的使用大大改善了采煤工作面的工作环境、降低了工人的劳动强度，提高了劳动安全性，同时使工作面的技术经济效益得到了大幅度提高，并为工作面的生产自动化创造了条件，但液压支架对煤层地质条件要求较高，初期投资较大。

(一) 液压支架的工作原理

1. 液压支架的组成

如图 3-31 所示，液压支架由前梁 1、顶梁 2、掩护梁 3、连杆 4、底座 5、推移千斤顶 6、立柱 7、阀件、管路系统、连接部件及各种附属装置等组成。顶梁和底座通过数根立柱支撑在顶、底板之间，构成一个可移动的刚性架体支撑顶板，并形成一定的工作空间。

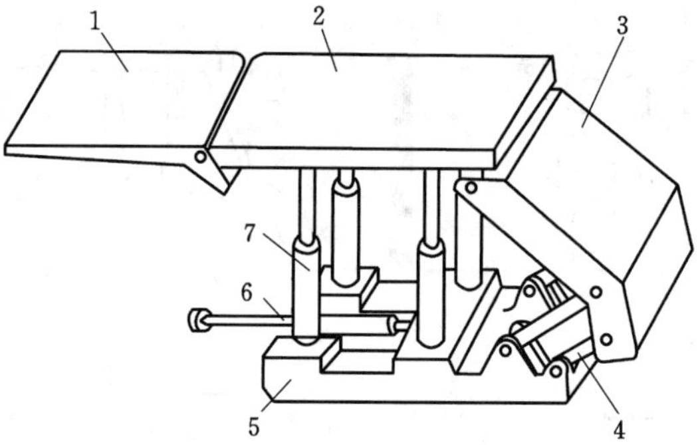

图 3-31 液压支架的组成

1——前梁；2——顶梁；3——掩护梁；4——连杆；5——底座；6——推移千斤顶；7——立柱

(1) 顶梁

顶梁直接与顶板接触并承受顶板岩石载荷，同时为立柱、掩护梁和挡矸装置等提供连接点。按顶梁对顶板支护的作用和位置不同，可分为主梁、前探梁和尾梁。

(2) 掩护梁

掩护式和支撑掩护式支架均有掩护梁。掩护梁用于阻挡采空区冒落岩石涌入工作空间，并承受冒落岩石的重量载荷和来自顶板的水平推力载荷。掩护梁上部直接与顶梁铰接，下部直接或通过连杆机构与底座铰接。

(3) 底座

底座直接坐落在底板上，将来自顶板的各种载荷传给底板。底座除为立柱、掩护梁提供连接点外，还装设了推移千斤顶等部件。

(4) 立柱

立柱直接(或间接)承受顶板压力载荷，是液压支架的主要部件。立柱上、下端分别铰接于顶梁(或掩护梁)与底座上，支架的支撑能力和支撑高度主要取决于立柱的性能和结构。立柱由活塞组件和液压缸组成。

(5) 千斤顶

千斤顶有推移千斤顶、前梁千斤顶、调架千斤顶，还有平衡、复位、侧推和护帮千斤顶等，千斤顶的主要作用是推移工作面刮板输送机、移动液压支架、使前梁伸缩、护帮和调整支架等。

(6) 控制操纵元件

控制操纵元件包括各种操纵控制阀。这些元件的作用是保证支架获得良好的工作特性，实现预定的各种动作。

(7) 辅助装置

辅助装置包括推移、复位、挡矸、护帮、防倒防滑、照明装置和其他附属装置。

(8) 工作液体

液压支架的工作液体是乳化液。

2. 液压支架的工作原理

液压支架在工作中，不仅要可靠地支撑顶板，维护一定的安全作业空间，而且要随工作面的推进，进行液压支架的移动和推移刮板输送机。因此，支架的主要动作有升架、降架、推移输送机和移架。这些动作是利用泵站提供的高压乳化液，通过控制不同功能的液压缸来实现的。如图 3-32 所示，全工作面的支架共用一个集中的泵站，工作面的每个支架形成各自独立的液压系统，其中安全阀和液控单向阀均装在本架内；操纵阀可装在本架内，也可装在相邻支架上，前者称为“本架操作”，后者为“邻架操作”。

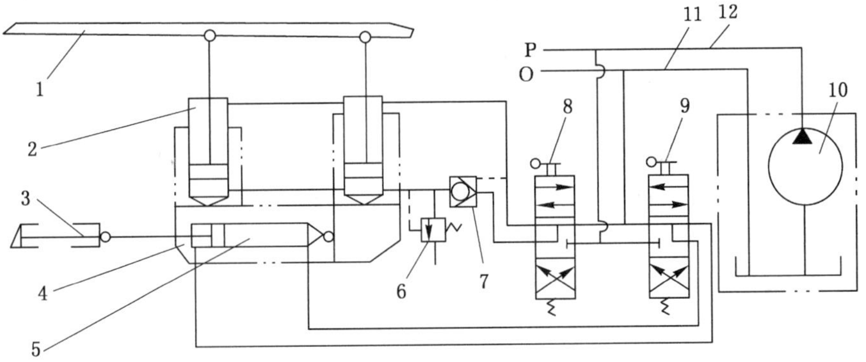

图 3-32 液压支架的工作原理

1——顶梁；2——立柱；3——输送机；4——底座；5——推移千斤顶；6——安全阀；7——液控单向阀；8，9——操纵阀；10——乳化液泵站；11——主回液管；12——主供液管

(1) 升架

使操纵阀 8 处于“升柱”位置(上位)，从乳化液泵站经压力胶管 P 来的高压液体通过操纵阀 8、液控单向阀 6 进入立柱下腔，立柱上腔的液体通过操纵阀 8 流至回液管 O，于是支架升起，并撑紧顶板。

(2) 推溜

在支架处于支撑的状态下，将操纵阀 9 置于“推溜”位置(上位)，高压液体经操纵阀 9 进入推移千斤顶 5 的活塞腔；其活塞杆腔液体经操纵阀 9 流至 O 管。这时，推移千斤顶活塞杆伸出，输送机以支架为支点被推向煤壁。推移距离一般为采煤机的一个截深。

(3) 降架

使操纵阀 8 处于“降架”位置(下位)，高压液体经操纵阀 8 进入立柱上腔，并同时打开液控单向阀 7；立柱下腔的液体经液控单向阀 7、操纵阀 8 后流回回液管 O，于是立柱回缩，支架高度降低。

(4) 移架

在支架卸载(降架)或部分卸载后，使操纵阀 9 处于“移架”位置(下位)，高压液体进入推移千斤顶活塞杆腔；千斤顶活塞腔低压液体流回回液管路 O，此时支架以输送机为支点前移，移动的距离与推溜的距离相等。移架结束后，再把支架升起，使支架撑紧顶板。

在生产实际中，上述液压支架的四个基本动作的顺序，应根据回采工艺的具体工序来确定。

3. 支架的承载过程

支架的承载过程是指支架与顶板之间相互的力学作用过程。它包括初撑、承载增阻和承载恒阻三个阶段。

(1) 初撑阶段

在升架过程中，从顶梁与顶板接触起至立柱下腔液体压力上升到泵站工作压力止，这个阶段为初撑阶段。初撑阶段终了时，液压支架对顶板产生的支撑力称为初撑力。支撑式支架的初撑力(kN)为

$$F_c = \frac{\pi}{4}D^2 p_b n \times 10^3 \tag{3-1}$$

式中 D——液压支架立柱的缸径，m；

p_b——泵站的工作压力，MPa；

n——液压支架立柱的数量。

由式(3-1)可知，支架的初撑力值取决于泵站的工作压力，立柱的缸径和数量。合理的初撑力可防止直接顶因过早下沉而离层、可减缓顶板下沉速度、增加其稳定性和保证安全生产。一般用提高泵站工作压力来提高初撑力，以免立柱缸径过大。

(2) 承载增阻阶段

初撑结束后，操纵阀 8 处于中间位置，液控单向阀 7 关闭，立柱下腔被封死，随着顶梁所受的顶板的压力增大，立柱下腔的液体压力逐渐升高，支架的支撑力也随之增大，呈现承载增阻状态，这一阶段称为支架的承载增阻阶段。

(3) 承载恒阻阶段

随着顶板的下沉，立柱下腔的液压力越来越高，当压力升高至安全阀的调定压力时，安全阀打开溢流，立柱下腔压力随之降低，同时立柱回缩。当压力降至安全阀的调定压力时，安全阀关闭。随着顶板的继续下沉，安全阀重复上述过程。由于安全阀的限压作用，支架的支撑力维持在某一恒定数值上。从安全阀第一次开启至支架泄载降柱的这一阶段称为承载恒阻阶段。支架对顶板的支撑力称为工作阻力，它是由支架安全阀的调定压力决定的。支撑式支架的工作阻力(kN)为

$$F_h = \frac{\pi}{4}D^2 p_a n \times 10^3 \tag{3-2}$$

式中 p_a——支架安全阀的调定压力，MPa。

其他符号的意义同前。

支架的恒阻特性不仅对支架本身有安全保护作用，而且还能防止因支撑力过大而压碎顶板。上述承载过程可用支架的工作特性曲线表示，如图 3-33 所示。曲线上的 t_0、t_1、t_2 分别表示支架的初撑、承载增阻和承载恒阻阶段的时间。

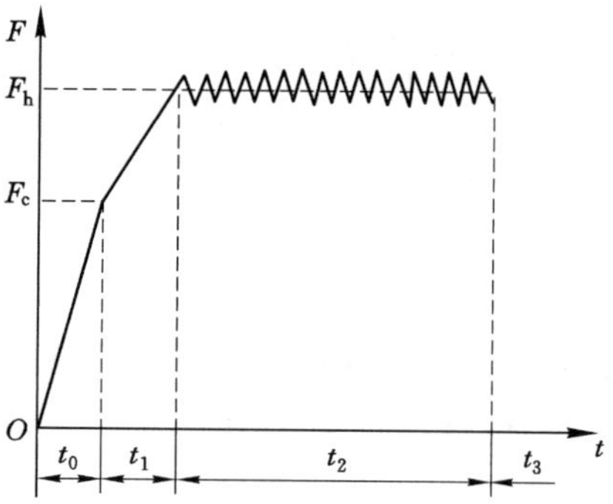

图 3-33 液压支架工作特性曲线图

由上述可知，支架的工作性能决定于立柱、液控单向阀、安全阀和操纵阀的性能和密封的好坏，所以这些元件是液压支架的关键元件。

液压支架的工作阻力表示支架支撑能力的大小，是支架的一个重要参数。但由于支架的顶梁长短和间距大小不同，所以工作阻力并不能完全反映支架对顶板的支撑能力。因此，支架的支护能力常用顶板单位支护面积

上所受支架工作阻力的大小，即支护强度来表示

$$q=\frac{F_{h}}{A}\times10^{-3} \tag{3-3}$$

式中 A——支护面积，m^2。

（二）液压支架的分类

液压支架按其对顶板的支护方式和结构特点的不同，可分为支撑式、掩护式和支撑掩护式三种基本类型。

1. 支撑式支架

支撑式支架是最早出现的一种支架，主要由顶梁、底座、立柱、推移及挡矸装置等组成。按结构和移架方式不同，这类支架又分为垛式支架[图 3-34(a)]和节式支架[图 3-34(b)]两种。垛式支架每架为一整体，其推移装置与输送机连接并互为支点整体前移。节式支架每架由 2～3 个框节组成，框节间通过导向装置和移架千斤顶联系，并互为支点，交替前移，输送机用与支架相连的推移千斤顶推移。节式支架由于稳定性差，现已基本淘汰。

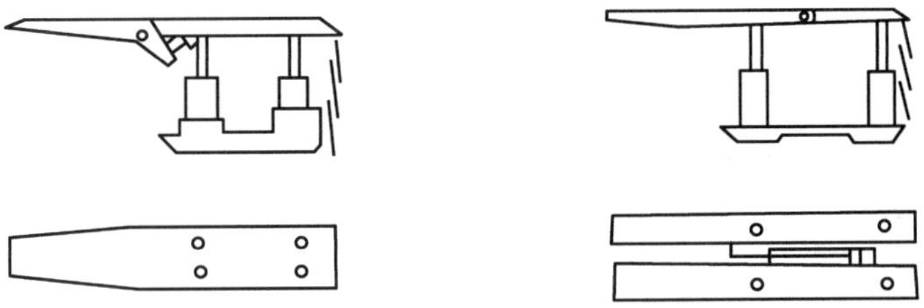

(a)　　(b)

图 3-34　支撑式支架的结构形式

支撑式支架的结构特点是：顶梁较长，通常有前探梁，其长度一般在 4 m 左右；立柱呈垂直顶梁布置，一般 4～6 根；支架后部设有复位装置和挡矸装置，以平衡指向煤壁方向不大的水平推力和防止矸石窜入支架的工作空间内。

支撑式支架的支护性能特点是：支撑力大，支撑力作用点靠近支架中后部，故切顶性能好；对顶板重复支撑次数多，易把本来完整的顶板压碎；抗水平载荷能力差，不能带压移架；稳定性差；支架间不接触，不密封，护矸能力差，矸石易窜入工作空间；但支架的工作空间和通风断面大。

由上述可知，支撑式支架适用于顶板坚硬、完整、周期来压大、水平推力小、底板较硬的煤层。

2. 掩护式支架

掩护式支架的结构如图 3-35 所示，其结构特点是：这类支架都有一个宽大的掩护梁用以阻挡采空区的岩石进入作业空间，掩护梁的上端与顶梁铰接，下端通过前后连杆与底座连接[图 3-35(b)、(c)、(d)]，以保持较稳定的梁端距和承受水平推力。少数调高范围小的支架其掩护梁直接铰接在底座上[图 3-35(a)]。立柱的支撑力通过掩护梁间接作用于顶梁[图 3-35(a)、(b)、(c)]或直接作用于顶梁[图 3-35(d)]。掩护式支架的立柱根数较少，除少数支架只有 1 根立柱外，大多数支架有 2 根立柱。这种支架的立柱均为倾斜布置，以增加支架的调高范围，支架的两侧有活动侧护板，以实现支架间密封。通常顶

梁较短，一般为 3.0 mm 左右。

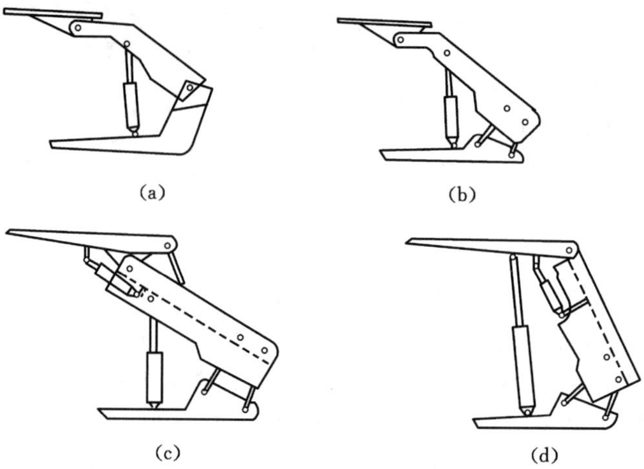

图 3-35 掩护式支架的结构形式

掩护式支架的性能特点是：支撑力小，切顶性能差；由于顶梁短，支撑力集中作用于靠近煤壁的顶板上，故支护强度较大且均匀；对顶板反复支撑的次数少；掩护性能好，能承受较大的水平载荷，允许带压移架。由于立柱倾斜布置，且顶梁又较短，所以工作空间和通风断面较小。

由上述可知，掩护式液压支架适用于顶板压力来自机道上方、顶板不稳定或中等稳定、瓦斯含量少的松散破碎顶板条件。

3. 支撑掩护式支架

支撑掩护式支架是在支撑式和掩护式支架的基础上发展起来的一种支架，它兼有支撑式和掩护式支架的结构特点和性能。支撑掩护式支架的立柱均为两排，立柱可前倾或后倾，也可呈倒八字形布置和交叉布置。图 3-36 是不同结构形式的支撑掩护式支架，它们的主要区别是立柱的布置方式不同。图 3-36(a)～(d)分别是 H 形、V 形、P 形、X 形结构，图 3-36(e)是一排立柱支撑在顶梁上，另一排支撑在掩护梁上的混合支撑结构。

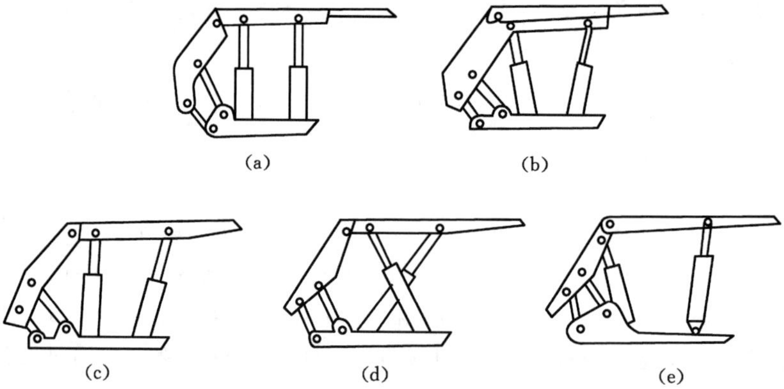

图 3-36 支撑掩护式支架的结构形式

这种支架的特点是：支撑力大，切顶性能好，通风断面大，挡矸掩护性能好，抗水平载荷能力强，稳定性好，应用范围广。但其结构复杂，重量大，价格较贵。

支撑掩护式支架适用于各种顶板条件，尤其适用于中等稳定以上的顶板条件和大采高的条件。

（三）国产液压支架标准型号含义说明

1. 垛式液压支架

垛式液压支架标准型号含义说明如下：

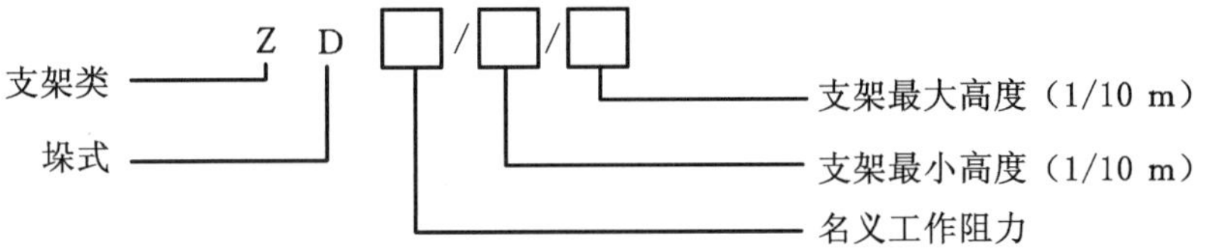

2. 掩护式液压支架

掩护式液压支架标准型号含义说明如下：

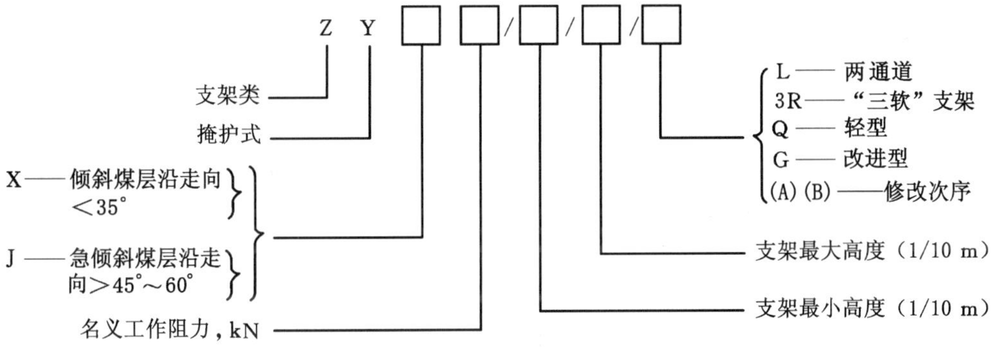

3. 支撑掩护式液压支架

支撑掩护式液压支架标准型号含义说明如下：

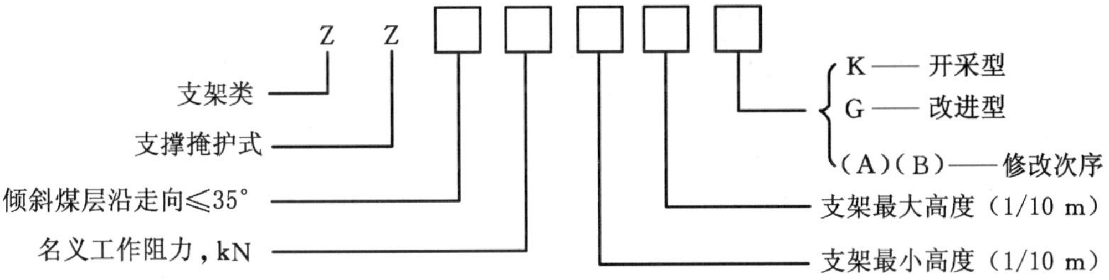

4. 特种液压支架

特种支架是为满足某些特殊要求而发展起来的液压支架，有放顶煤液压支架、端头液压支架等，它们在结构形式上仍属于上述三种基本形式的某种架型。

(1) 放顶煤液压支架

放顶煤液压支架标准型号含义说明如下：

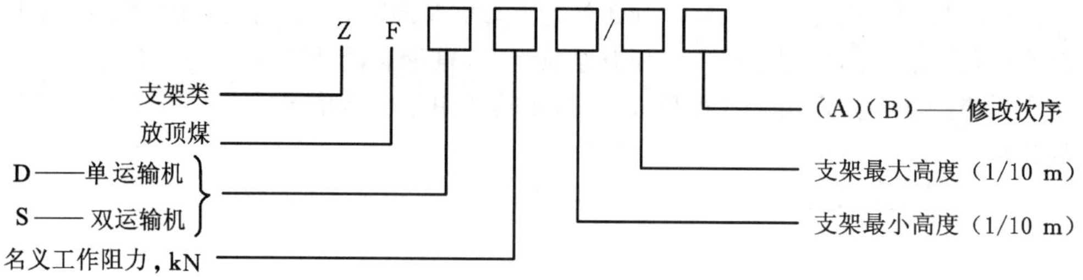

（2）端头液压支架

端头液压支架标准型号含义说明如下：

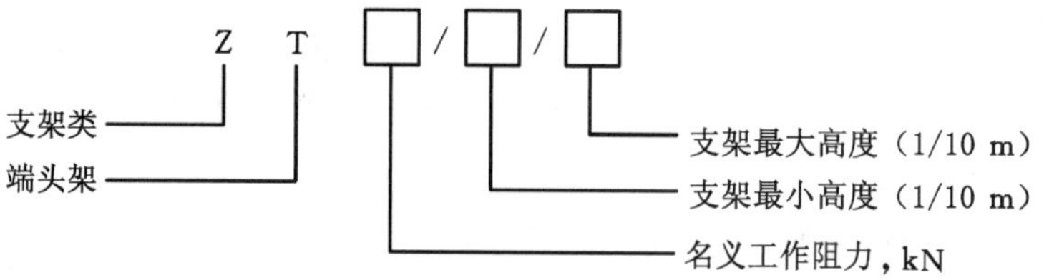

三、乳化液泵站

（一）乳化液泵站的功用和组成

乳化液泵站是向综采工作面的液压支架或高档普采工作面的外注式单体液压支柱输送高压乳化液的设备，是液压支护设备的动力源。它的工作性能将直接影响液压支护设备的使用效果。

乳化液泵站一般由乳化液泵、乳化液箱和较完善的压力控制和保护装置组成。

乳化液泵站如图 3-37 所示，由防爆电动机 1、联轴节 2、乳化液泵 3 和底座架 4 等组成。通过乳化液泵把电能转换成液压能，以一定压力的乳化液供给液压支架和外注式单体液压支柱。

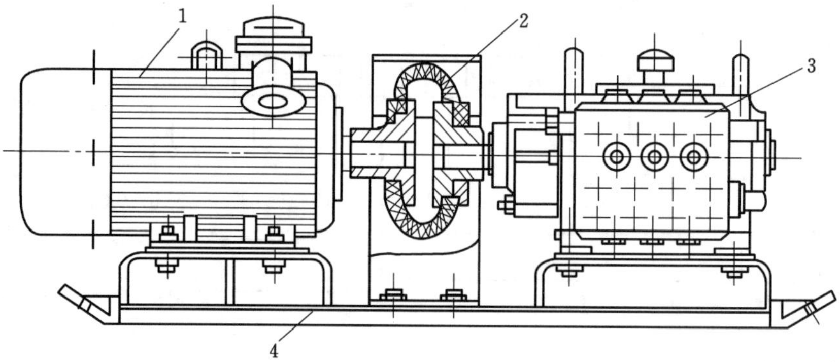

图 3-37 XRB_2B 型乳化液泵站

1——防爆电动机；2——联轴节；3——乳化液泵；4——底座架

乳化液箱如图 3-38 所示。乳化液箱是用来贮存、回收、过滤和沉淀乳化液的装置，箱上配有乳化液泵正常工作所需的控制装置。

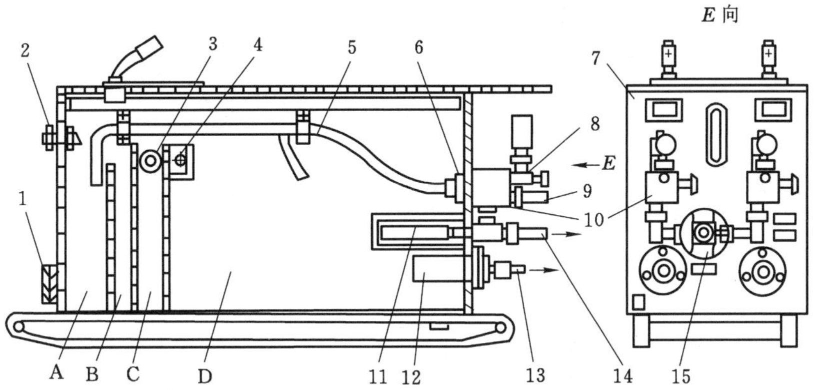

图 3-38 XRXT 型乳化液箱

A——沉淀室；B——清仓室；C——磁过滤室；D——纯净工作液室；
1——清渣盖；2——主回液管；3——磁性过滤器；4——过滤网槽；5——卸载回液管；6——回液断路器；
7——箱体；8——压力表开关；9——排液管；10——自动卸载阀；11——蓄能器；12——吸液过滤器和断路器；
13——吸液管；14——主供液管；15——交替双进液器

(二) 乳化液泵站的液压系统

乳化液泵站一般配备两台乳化液泵和一台乳化液箱。两台乳化液泵可以并联运行，也可一台工作，一台备用。

图 3-39 为 XRB_2B 型乳化液泵站的液压系统。它包括乳化液泵 1、安全阀 6、乳化液箱 7、卸载阀组 10、蓄能器 11、吸液断路器 12、交替双进液阀 15 等。其工作过程是:启动前首先打开手动卸载阀 e(阀 e 处于下位)，使泵 1 空载启动，这时泵 1 排出的乳化液经手动卸载阀 e 直接流回乳化液箱 7；启动后，关闭手动卸载阀 e(使阀 e 处于上位)，从泵 1 排出的高压乳化液经单向阀 a、交替双进液阀 15 向工作面供液；当工作面用液量很少或不用液时，系统压力升高，当系统压力升高到打开先导阀 c 和主阀 d 时，泵 1 自动卸载。当系统过载时，安全阀 6 开启溢流，实现过载保护。交替双进液阀 15 的作用是无论哪台泵工作均能通过主供液管 14 向工作面供液。

四、液压支架的使用与维护

液压支架是综采的主要设备，其投资约占整个综采工作面全套设备投资的 50%，为了延长液压支架的服务期限，保证其能可靠地工作，必须严格遵守操作规程，加强支架的维护保养和及时进行检查维修，使支架时刻处于完好状态。

(一) 液压支架的操作

1. 操作前的准备

操作液压支架前，应首先检查管路系统，注意管件不要被矸石挤压或卡住，管接头不得漏液；其次检查支架各部件的动作是否有阻碍，若有要及时清除障碍物。

开始操作支架时，应提醒周围工作人员注意或让其离开，以免发生事故，并观察顶、底板情况，发现问题应及时处理。

2. 液压支架的操作顺序

液压支架一般都具有升架、降架、移架和推溜四个基本动作及调架、防倒、防滑等辅

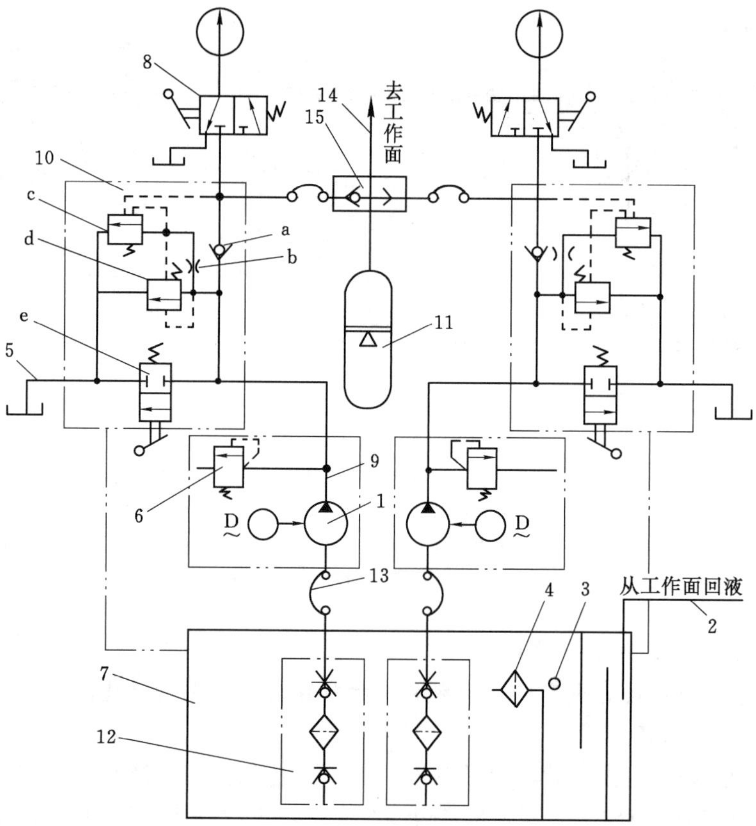

图 3-39 XRB_2B 型乳化液泵站的液压系统

a——单向阀；b——节流孔；c——先导阀；d——主阀；e——手动卸载阀；
1——乳化液泵；2——主回液管；3——磁过滤器；4——过滤器；5——卸载回液管；6——安全阀；7——乳化液箱；
8——压力表开关；9——排液管；10——卸载阀组；11——蓄能器；12——吸液断路器；13——吸液管；
14——主供液管；15——交替双进液阀

助动作。

(1) 升架

升架时先使组合操纵阀处于升架阀位，使支架升起撑紧顶板，当支撑力达到支架初撑力时，即立柱下腔液体压力达到泵站额定压力时，再使组合操纵阀处于中位。

(2) 降架

降架时先使组合操纵阀处于降架阀位，当支架降至所需高度时，再使操纵阀处于中位，以停止降架。降架过程中，要注意观察本架与邻架的关系，以便控制降架高度。正常情况下，降架高度不超过 300 mm。

(3) 移架

移架时使操纵阀处于移架阀位，此时液压支架以输送机为支点，推移千斤顶活塞杆收缩使支架前移，当移动一个步距后，再使操纵阀处于中位，支架即处于新的工作位置上。

当推移千斤顶液压支路上没有液控单向阀时，为了保证移架时输送机不后退，移架前需要先把相邻支架的移架操纵阀调到推溜阀位后，再移动本支架。

在移架过程中注意观察支架的工作状态，顶、底板变化等情况，一旦发生支架倾倒现象，应立即处理。

当工作面顶板条件较好时，移架工作可滞后采煤机后滚筒约 1.5 m 进行，通常不超过 5 m。当顶板较破碎时，移架工作应在采煤机前滚筒割煤后立即进行，以便及时支护新暴露的顶板，防止局部冒顶。移架方式有擦顶移架、脱顶移架和边降边移三种。移架方式应根据顶板情况和支架结构来确定。

（4）推溜

推溜时，先使操纵阀处于推溜阀位，输送机以支架为支点，推移千斤顶的活塞杆伸出将输送机前推，前推一个步距后，再使操纵阀处于中位。

推溜时，根据工作面具体情况，可采用逐架推溜、间隔推溜或几架支架同时推溜等方式。推溜工作一般滞后采煤机割煤滚筒 10～15 m 进行。推溜时应注意调整推溜步距，使输送机除推溜段有弯曲外，其他部分应保证平直。

（二）液压支架的使用注意事项

支架在使用过程中，应注意以下几点：

① 操作者必须经过培训，熟悉支架结构、性能及各元件的性能和作用，熟练准确地按操作规程进行各种操作。

② 移架前，要认真清理架前、架内的浮煤和碎矸，以免影响移架。

③ 认真检查管路有无被挤、被砸情况，防止胶管和接头损坏。

④ 认真检查顶梁与掩护梁、掩护梁与连杆、连杆与底座、立柱和千斤顶与架体的连接销有无脱落、窜出、弯曲现象，发现问题要及时处理。

⑤ 不允许用金属件、工具等硬物碰撞液压元件，尤其不要碰伤立柱、千斤顶活塞杆的镀层。

⑥ 综采工作面，一般不允许爆破；如遇特殊情况必须爆破时，应对爆破区域内的支架立柱、千斤顶、软管等采取可靠的保护措施，并经支架工严格、认真检查同意后方可爆破。爆破后，要加大通风量，尽快排除有害气体和煤尘。

⑦ 操作动作完成了，手柄要放回原位，以免发生误动作。

⑧ 支架的各种阀及各种液压缸，均不允许在井下调整和解体检修。若有故障，只能用合格的同类组件更换。

⑨ 井下更换零部件时，要关闭截止阀，使受检支架与主供、回液管路断开，严禁带压作业。

⑩ 备用的各种软管、阀类、液压缸等都必须用堵头封好液口，只许在使用地点打开。使用前，接头处必须用乳化液清洗干净。

⑪ 如果工作面支架较长时间不需供液时，要关闭泵站。

⑫ 当底板出现台阶时，支架工必须采取措施，把台阶的坡度减缓。若底板松软，支架下陷到输送机的水平以下时，要用木楔垫好底座，或用抬架机构调整底座。

⑬ 若顶板出现冒落空洞，应及时用坑木或板皮塞顶，使支架顶梁能较好地支撑顶板。

⑭ 应根据不同水质，选用适当牌号的乳化油，按 5%油、95%水的比例配制乳化液。在使用过程中，应经常检查其性能。

⑮ 当需要用支架起吊输送机中部槽时，必须将该架和两侧相邻的几架支架的推移千

斤顶与输送机的连接销脱开，以免在起吊过程中将千斤顶的活塞杆蹩弯。

⑯ 应经常保持底板上没有浮煤、浮矸，以保持支架实际的支撑能力，有利于管理顶板。

⑰ 要注意及时清除掉支架顶梁上冒落的坚硬石块，使支架保持良好接顶状况，防止支架顶梁遭到破坏。

⑱ 调架时，要注意保持支架顶梁和底座相对位置正确，特别是支撑高度较大的支架，严防顶梁和底座产生相对横向移位，以免支架受力状态恶化。

⑲ 使用液压支架时，要随时注意采高的变化，防止支架“压死”事故。支架被“压死”，是指活柱完全被压缩，而没有行程，支架无法降柱，也不可能前移。使用中要及早采取措施，进行强制放顶或加强无立柱空间的维护。在顶板冒落处，必须用木垛填实，浮煤、浮矸要清理干净，使支架处于正常工作状态。

⑳ 液压支架使用时要注意解决初撑力偏低的问题。初撑力偏低的主要原因有乳化液泵站压力低，系统漏液，操作时充液时间短等。操作者要随时检查调整泵站供液压力，防止系统漏液。操作时，要特别注意掌握充液时间，达到初撑力后方可把手柄拉到中位。使用初撑力保持阀，能在技术上比较好地解决初撑力大小的控制问题。

（三）液压支架的完好标准

1. 架体

① 零部件齐全，安装正确，连接可靠。

② 各结构件焊缝无影响支架安全使用的裂纹。

③ 侧护板变形不超过 10 mm，推拉杆弯曲每米不超过 20 mm。

2. 立柱、千斤顶

① 活柱不得炮崩或砸伤，镀层无脱落，局部轻微锈斑面积不大于 50 mm^2，划痕深度不大于 0.5 mm，长度不大于 50 mm，单件上不多于 3 处。

② 活柱和活塞杆无严重变形，用 500 mm 钢尺靠严，其间隙不大于 1 mm。

③ 千斤顶伸缩不漏液，内腔不窜油，密封良好。

④ 双伸缩立柱的活柱动作正确、可靠。

⑤ 推拉千斤顶与挡煤板、防倒千斤顶与座连接牢固。

3. 阀

① 各阀密封性能良好，不窜液，不漏液，动作灵活可靠。

② 截止阀、过滤网齐全，性能良好。

③ 安全阀定期抽查试验，开启与闭合压力符合规定数值。

4. 胶管

① 胶管排列整齐合理，不漏液。

② 接头与 U 形销完好无缺，不得用铁丝代替 U 形销。

③ 软管与接头连接正确，不受挤压。

5. 泵站

① 泵站供液压力符合要求，所用液体符合标准。

② 过滤器完好，操作时无异常声音。

（四）液压支架“五检”内容和要求

对液压支架要坚持“五检”，即班随检、日小检、周中检、月大检和总检。

1. 班随检

生产班维修工跟班随检，着重维修保养支架和处理一般故障。

2. 日小检

检修班维护和检修支架上可能已发生的故障部位和零部件，基本上能保证三个班正常生产。日小检的内容和要求如下：

① 液压支架系统有无漏液、窜液现象，发现立柱和前梁有自动下降现象时，应寻找原因并及时处理。

② 检查所有千斤顶和立柱用的连接销，看其有无松脱，并要及时紧固。

③ 检查所有软管，如有堵塞、卡扭、压埋和损坏，要及时整理更换。

④ 检查立柱和千斤顶，如有弯曲变形和伤痕要及时处理，影响伸缩时要修理或更换。

⑤ 推溜千斤顶要垂直于工作面输送机，其连接部分要完好无缺，如有损坏要及时处理。

⑥ 当支架动作缓慢时，应检查其原因，及时更换堵塞的过滤器。

3. 周中检

对设备进行全面维护和检修，对损坏、变形较大的零部件和漏、堵的液压件进行“强制”更换。

4. 月大检

在周检的基础上每月对设备进行一次全面检修，统计出其完好率，找出故障规律，采取预防措施。

5. 总检

一般在设备换岗时进行，主要是统计设备完好率，验证故障规律，找出经验教训，特别要处理好在井下不便处理的故障，使设备处于完好状态。

（五）液压支架的保养

① 组建维修队伍，配备与维修量相适应的设备和必需的试验设备。

② 建立健全设备维护检修制度，并认真贯彻执行。

③ 分台建立设备技术档案，以便掌握设备质量状况，积累经验，为科学管理综采设备提供依据。

④ 液压系统维修原则是：井下更换，井上检修。

⑤ 任何人不得随意调整安全阀的工作压力，不允许随意更改管路的连接系统。

⑥ 没有合格证书或检修后未经调压试验的安全阀，不允许使用。

⑦ 处理单架故障时，要关闭本架的截止阀；处理总管路故障时，要停开泵站，不允许带压作业。

⑧ 液压件装配时必须清洗干净，相互配合的密封面要严防碰伤。

⑨ 组装密封件时应注意检查密封圈唇口是否完好，密封圈与挡圈的安装方向是否正确，密封件通过的加工件上有无锐角和毛刺。

⑩ 准备足够的安装工具，凡需要专用工具拆装的部位必须使用专用工具。

⑪ 井下检修设备要各工种密切配合，注意安全；检修后要认真动作几次，确认无误之

后方可使用。

⑫ 检修人员必须经过培训。考试合格后才能上岗。

⑬ 检修完的部件按标准中的有关条款进行试验,未经检查合格的不允许投产使用。

任务实施

一、设备

模拟工作面综采设备一套。

二、实施步骤

① 教师首先讲授液压支架使用与维护的有关内容。

② 学生对模拟工作面液压支架进行整体参观,搞清液压支架的主要组成和结构,对液压支架在工作面的工作方式,有一个整体的感性认识。

③ 学生分组轮流依次按步骤操作液压支架。

④ 学生在实训过程中教师要加强指导,并可随时向学生进行提问。

三、任务考评

教师根据学生实训中的表现、答辩情况,评定出实训成绩。

液压支架操作的评分标准见表 3-3。

表 3-3　　液压支架操作的评分标准

序号	考核内容	考核项目	分值	评分标准	得分
1	操作前的准备工作	检查设备的连接、动作部位是否牢靠,有无阻碍	10	此项 10 分	
2	液压支架的操作	① 升柱、降柱 ② 升前梁、降前梁 ③ 推溜 ④ 移架 ⑤ 推出、收回侧护板 ⑥ 推出、收回护帮板	60	每项 10 分	
3	操作注意事项	① 注意前后柱高度差 ② 清除浮煤、碎矸 ③ 不能同时移动相邻两架 ④ 正确选择乳化液牌号	20	每项 5 分	
4	学习态度	① 遵守安全规程 ② 文明操作	10	每项 5 分	
总计					

思考与练习

① 简述支护设备的用途和种类。

② 简述单体液压支柱的类型及工作原理。

③ 简述三用阀及液压枪的功用。

④ 简述金属铰接顶梁的组成、架设方法及使用场合。

⑤ 简述滑移顶梁支架的结构和动作原理。

⑥ 简述液压支架的组成及工作原理。

⑦ 支撑式、掩护式和支撑掩护式液压支架在结构和支护性能上有哪些特点？它们各自的适用条件如何？

⑧ 简述乳化液泵站的功用和组成。

⑨ 简述液压支架的操作顺序。

⑩ 液压支架的“五检”内容有哪些？

任务三 刮板输送机的使用与维护

教学目标

(1) 知识目标

① 了解刮板输送机的类型、适用条件。

② 掌握刮板输送机、桥式转载机的作用、工作过程及主要结构。

(2) 能力目标

① 能说出刮板输送机、桥式转载机的作用、工作过程及主要结构。

② 能对刮板输送机进行正确的启动、运行及停止操作。

(3) 职业素质

培养学生熟悉工作环境、树立安全第一的思想。

任务描述

刮板输送机是采煤工作面生产系统的重要组成部分，是采煤工作面的主要运输设备，它担负的主要任务是把采煤机破碎下来的煤从工作面全长范围内运送至平巷转载机，再经过可伸缩带式输送机运送至采区煤仓，另外刮板输送机还要作为采煤机的运行轨道以及液压支架向前移动的支点。

能否正确使用与维护刮板输送机，直接影响采煤工作面的正常生产。使用者必须掌握刮板输送机的结构、组成、使用、维护等知识与技能，才能确保设备的安全生产。

相关知识

一、刮板输送机的类型

刮板输送机适用于煤层倾角不超过25°的采煤工作面，但对于兼作采煤机轨道与机组配合工作的刮板输送机，适用的煤层倾角一般不超过10°。煤层倾角大时，要采取防滑措施。目前，采煤工作面多选用可弯曲刮板输送机，与相应的采煤机、液压支架配套使用，以适应机械化、综合机械化采煤的需要。

国内外现行生产和使用的刮板输送机类型很多，常用的分类方式有以下几种：

① 按机头卸载方式和结构分为端卸式、侧卸式和90°转弯刮板输送机。

② 按刮板链的数目和布置方式分为单中链、边双链、中双链和三链刮板输送机（图3-40）。

③ 按溜槽布置方式和结构分为重叠式和并列式、敞底式与封底式刮板输送机（图3-40）。

④ 按单电动机额定功率大小分为轻型（$P\leqslant 40$ kW）、中型（40 kW$<P\leqslant$90 kW）、重型（$P>90$ kW）刮板输送机。

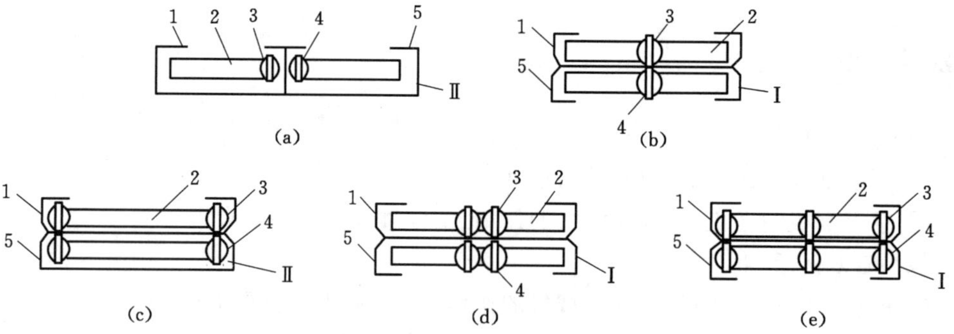

图3-40 刮板输送机类型

(a) 并列式边单链；(b) 重叠式中单链；(c) 重叠式边双链；(d) 重叠式中双链；(e) 重叠式三链

Ⅰ——敞底式；Ⅱ——封底式

1——重载槽；2——刮板；3——重载链；4——回空链；5——回空槽

刮板输送机型号含义如下：

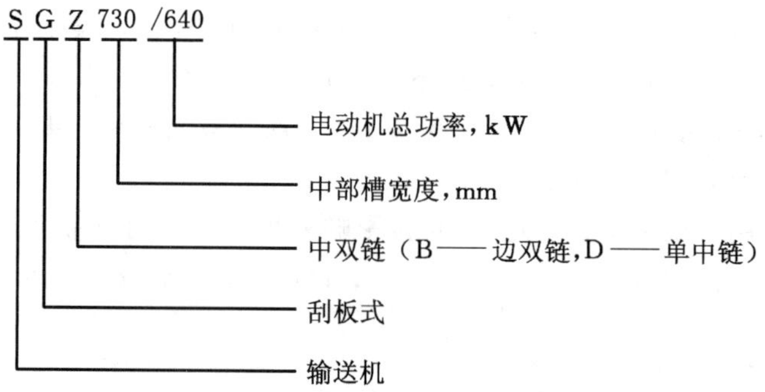

二、刮板输送机的工作原理

刮板输送机的工作原理如图 3-41 所示，刮板输送机以电动机为动力，以溜槽作为承载机构，由绕过机头主动链轮 6 和机尾链轮 8 的无极循环刮板链 2 作为牵引机构。工作时电动机 3 通过液力耦合器 4 带动减速器 5 驱动主动链轮 6，通过刮板链 2 与链轮轮齿的啮合来传递运动和动力，将装在溜槽中的煤炭从机尾处运到机头处卸载。上部溜槽是输送机的重载工作槽，下部溜槽为刮板链的回空槽。

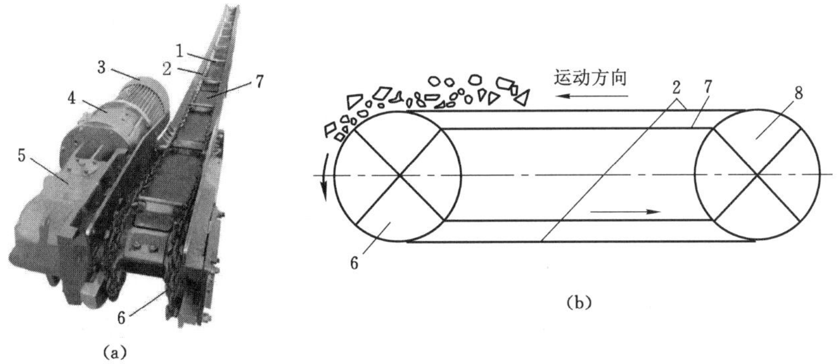

图 3-41 刮板输送机的工作原理

1——刮板；2——刮板链；3——电动机；4——液力耦合器；
5——减速器；6——主动链轮；7——溜槽；8——机尾链轮

刮板输送机在工作过程中要克服刮板链及煤炭与溜槽之间很大的滑动摩擦阻力，消耗很大的功率。与同等运输能力和运送距离的带式输送机相比较，刮板输送机的电动机容量和功率要大得多。但是，由于它机身低矮，可以弯曲，运输能力大，结构强度高，能适应采煤工作面较恶劣的工作条件，可作为采煤机的运行轨道和移置液压支架的支点，在推移刮板输送机时，铲煤板可自动清扫机道浮煤；而且挡煤板后面有安装电缆、水管的槽架，并对电缆、水管起保护作用，推移输送机时，电缆、水管随着同时移动。所以刮板输送机现在仍是缓倾斜长壁式采煤工作面唯一的煤炭运输设备。

三、刮板输送机的主要结构

刮板输送机的基本组成如图 3-42 所示，主要由机头部（包括机头架、驱动装置、链轮组件等）、中间部（包括溜槽、刮板链等）、机尾部（包括机尾架、驱动装置、链轮组件等）、附属装置（铲煤板、挡煤板、紧链器等）及供移动输送机用的推移装置组成。

（一）机头部

刮板输送机的机头部结构如图 3-43 所示，主要由机头架、传动装置、链轮组件、紧链器、舌板、压链块、架接梁和推移梁等部分组成。

1. 机头架

机头架是用来安装和支撑减速器、链轮、舌板、拨链器等部件的架体。机头架一般为左右对称结构，以适应左、右工作面的互换。传动装置中采用液力联轴器，可以降低电动机的启动电流，并使启动平稳，同时对电动机和输送机构起安全保护作用。连接罩将电动机与减速器连成一体，并使电动机轴与减速器输入轴对中，同时它又是液力联轴器的

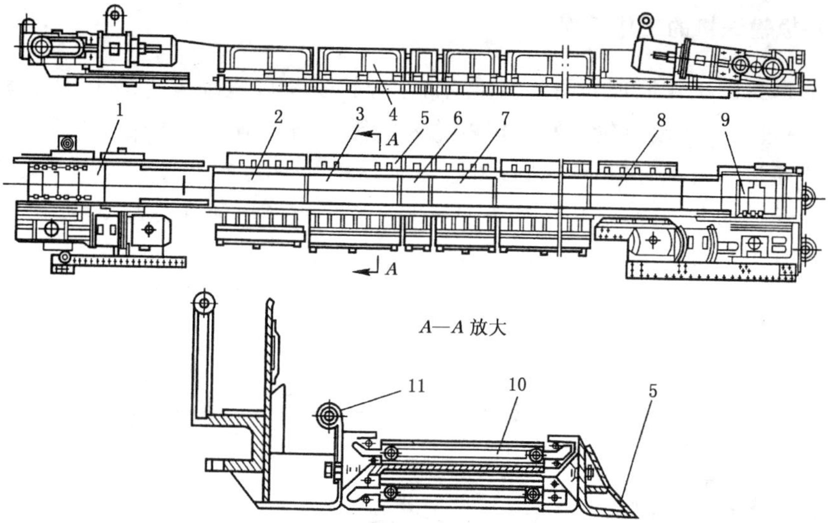

图 3-42 可弯曲刮板输送机

1——机头部；2——机头连接溜槽；3——中部标准溜槽；4——挡煤板；5——铲煤板；6,7——调节溜槽；8——机尾连接溜槽；9——机尾部；10——刮板；11——导向管

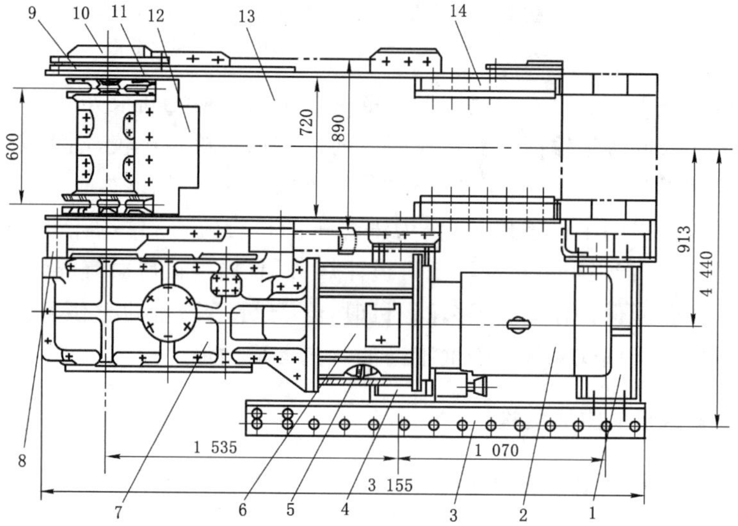

图 3-43 端卸式刮板输送机的机头部

1——连接梁；2——电动机；3——推移横梁；4——推移梁；5——液力耦合器；6——连接罩；7——减速器；8——垫座；9——链轮组件；10——盲轴；11——拨链器；12——舌板；13——机头架；14——压链块

安全保护罩。连接梁、推移横梁、推移梁将机头连成一体，便于推移，并与机头锚固装置相连接。拨链器使绕过链轮的链子迅速脱离链轮，避免链轮继续拖卷堆积并卡住链子，造成断链或打牙等事故。舌板处于机头架溜槽卸载端，与刮板链之间摩擦力大，磨损快。舌板用埋头螺栓固定在机头架的固定架上，磨损后便于更换，并且卸下舌板就可以检修和拆换拨链器，而不必拆卸链轮。压链块安装在进入机头的链道端部，防止链子在改变

运行角度时发生飘链，使刮板输送机平稳运行，与传动链轮能正常啮合。

机头部除端卸式外(图 3-43)还有侧卸式。侧卸式机头部的结构如图 3-44 所示，机头部主要由回煤罩 3、侧卸挡板 4、犁式卸煤板 5、倾斜中板 6 等组成。安装时机头跨越平巷转载机延伸到下平巷中，从机头的侧面向平巷装载机卸载，机头架侧面卸载处的中板 6 向两侧倾斜，在固定的犁式卸煤板 5 的辅助下，将大部分煤卸入转载机中。刮板链从犁式卸煤板下面带走的煤，经机头链轮卸回到回煤罩 3 内，由刮板链返程带回卸载到转载机中。为此，机头架的底板，在转载机的上面部位开有卸煤孔。

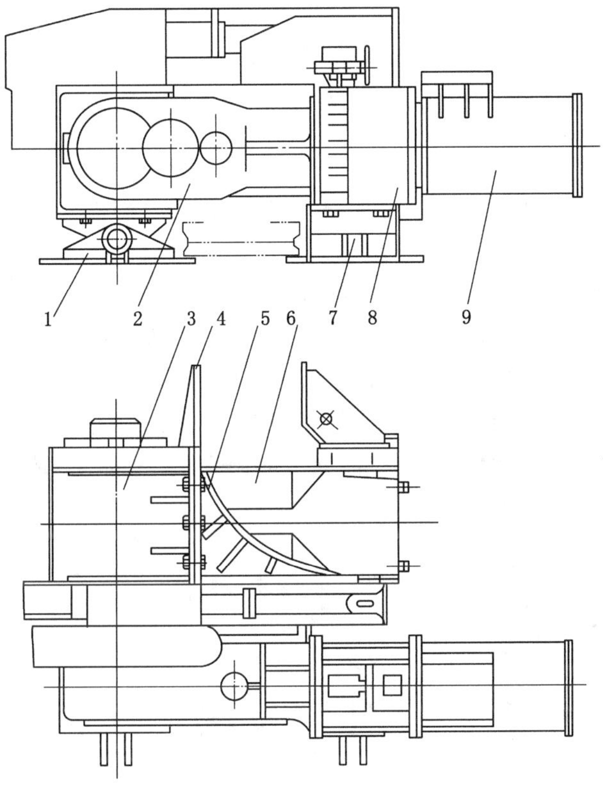

图 3-44 侧卸式刮板输送机的机头部

1——铰接推移架；2——减速器；3——回煤罩；4——侧卸挡板；5——犁式卸煤板；6——倾斜中板；7——推移架；8——连接筒；9——电动机

2. 传动装置

传动装置的布置方式有并列式、垂直式和复合式。若传动装置轴线与输送机机身平行称为并列式，若垂直称为垂直式，若两者兼备称为复合式。目前国产的双边链可弯曲刮板输送机的传动装置均采取并列式布置，如图 3-45 所示为 SGB—750/250 型刮板输送机传动系统。电动机 1 通过液力耦合器 2 和减速器 3 带动链轮 4 转动。减速器为三级圆锥—圆柱齿轮减速器。减速器的第一对齿轮为收缩齿圆弧锥齿轮，圆弧锥齿轮具有传动平稳、承载能力大、噪声小、能改变传动轴方向而且传动比较大等优点，特别适合于高速重载传动。第二对和第三对齿轮均为斜齿圆柱齿轮。根据需要更换第二对齿轮，可使刮板链获得两种不同的链速。

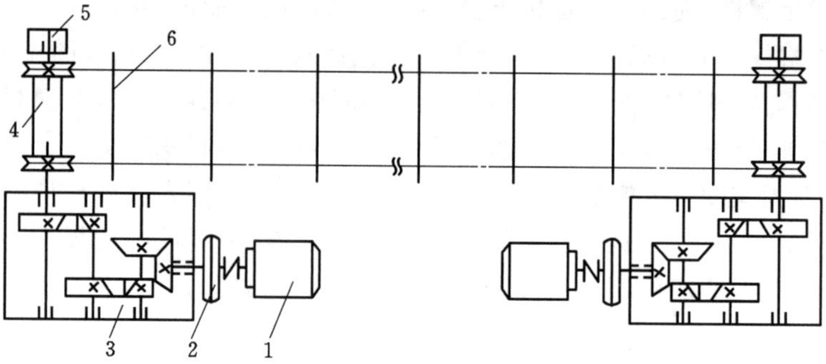

图 3-45 SGB—750/250 型刮板输送机传动系统

1——电动机；2——液力耦合器；3——减速器；4——链轮；5——盲轴；6——刮板

3. 链轮组件

链轮组件装在机头传动部的机头架上，主要由链轮、滚筒、轴（或盲轴）、轴承和密封件等组成，有整体式和剖分式两种。根据刮板链条的布置方式分为中单链型链轮、边双链型链轮、中双链型链轮和准边双链型链轮四种。

图 3-46 所示为边双链用的链轮组件，采用剖分式滚筒，两剖分式的滚筒扣合在一起，用 8 个螺栓固接。滚筒两端的扣环分别扣入两侧链轮的环槽内，其内孔用平键分别与减速器伸出轴及盲轴连接。链轮用花键与减速器的伸出轴和盲轴连接。安装时必须保证两个链轮的轮齿在相同的相位角上，以保证与刮板链正常啮合运行。

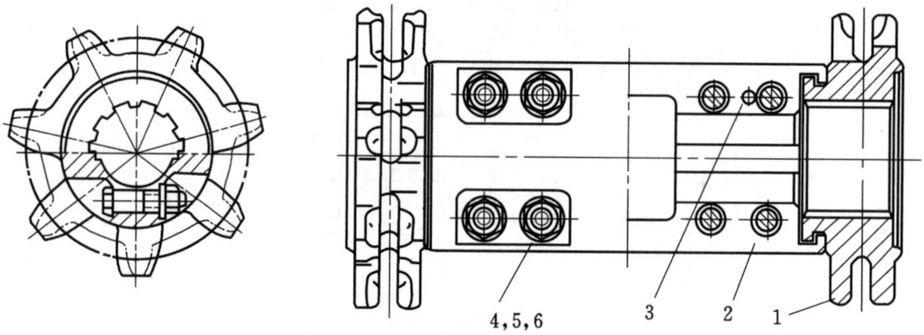

图 3-46 链轮组件

1——链轮；2——剖分式滚筒；3——定位销；4,5,6——螺栓、垫圈、螺母

盲轴装在无传动一侧机头架的侧板上，与减速器的输出轴配合共同支撑链轮组件。图 3-47 是用于与图 3-46 相配合的盲轴组件，其轴承座装在机头架侧板的座孔内，用螺栓固定。

中双链用的链轮组件结构如图 3-48 所示。整体连接筒与链轮焊接成一体，两端的内花键分别与减速器输出轴和盲轴连接。这种结构拆装维修都很方便。链轮用优质钢铸造或锻造后调质处理，链窝和齿形经淬火处理。

（二）机尾部

机尾部是使刮板输送机刮板链返回运行组件的总成，有驱动装置和无驱动装置两种。

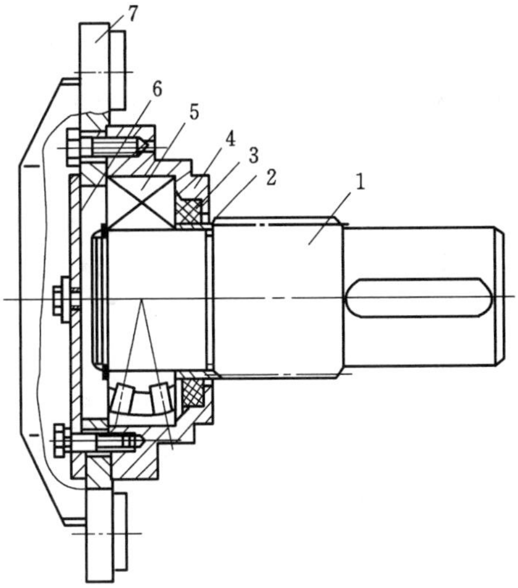

图 3-47 盲轴组件

1——盲轴;2——轴套;3——油封;4——轴承座;5——轴承;6——盖板;7——轴承托板

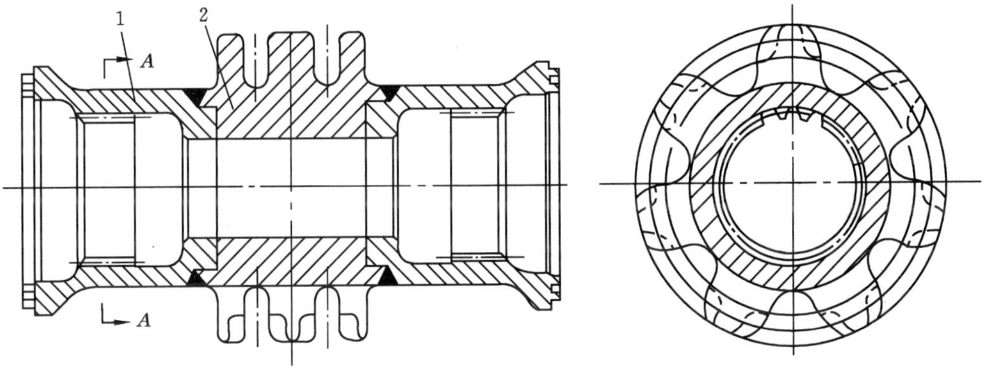

图 3-48 中双链焊接链轮组件

1——滚筒;2——链轮

有驱动装置的机尾部因不需要卸载高度,机尾架比机头架短,其他部件与机头部同。

无驱动装置的机尾部的机尾架上只有供刮板链改向用的机尾轴部件,机尾轴上的链轮也可以用滚筒代替。

(三) 中间部

中间部包括溜槽和刮板链等。

1. 溜槽

溜槽是货载和刮板链的支撑机构,是刮板输送机的重要组成部分。刮板输送机的运输能力与溜槽装载断面尺寸成正比关系。在机采和综采工作面,溜槽还作为采煤机的运行导轨,所以溜槽要求具有一定的强度、刚度及较高的耐磨性能。

溜槽的结构类型有敞底式和封底式两种,如图 3-49 所示。敞底式溜槽结构简单,维修方便,但由于机体支撑面积小,接地比压较大,易使下槽帮下沉陷入底板,造成回空链不能正常运行,故适用于中硬以上底板的工作面使用。封底式溜槽整机稳定性好,可减少刮板链运行阻力,节省动力消耗,适用于底板松软的工作面。重型刮板输送机均使用封底式溜槽。但封底式溜槽在处理下链断链故障时比较困难,为方便检修,在溜槽中板中部设有检查窗口。一般每隔 3～5 节中部槽安装一个有检查窗的中部槽。

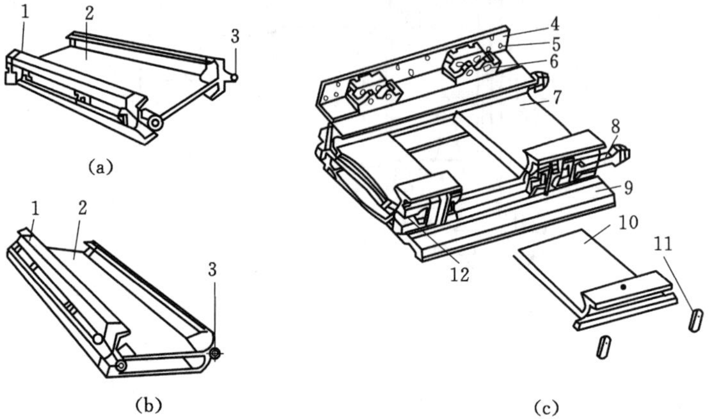

图 3-49 溜槽

(a) 敞底式溜槽;(b) 封底式溜槽;(c) 带检查窗的封底式溜槽

1——槽帮;2——中板;3——连接头;4——挡煤板托架;5——连接挡煤板座孔;6——牵引导轨安装基座;7——中板;8——哑铃栓;9——铲煤板;10——横拉插板;11——定位插销;12——哑铃连接座窝

溜槽有中部槽、调节槽和连接槽(或过渡槽)等三种。

中部槽是刮板输送机的机身主体,由槽帮和中板焊接而成,上槽为装运物料的承载槽,下槽供刮板返程,其结构如图 3-49 所示。中部槽每节长度一般为 1.5 m。目前重型刮板输送机还有 1.75 m 和 2.0 m 长的中部槽,它们与宽体液压支架配套使用。轻型机中部槽的长度有的是 1.2 m。

调节槽用来调节刮板输送机的长度,以适应工作面长度变化的需要。调节槽安设在机头、机尾附近,其结构与中部槽基本相同,有 0.5 m 和 1.0 m 两种长度。

连接槽(过渡槽)用于中部槽与机头架、机尾架间的平缓过渡,使机头架、机尾架和中部槽连为整体,有机头、机尾过渡槽两种。

溜槽靠其端部的凸、凹端头定位,用连接件连接。连接件的种类有螺栓、扣环、哑铃栓等,目前,使用最多的是哑铃连接件。相邻两节溜槽一般在水平方向上允许偏转 1°～2°,在垂直方向上允许偏转 3°～4°,以适应水平弯曲和底板的起伏。

2. 刮板链

刮板链由链条和刮板组成,是刮板输送机的牵引构件,具有推移货载的功能。目前使用的刮板链有中单链、边双链、中双链等类型。

中单链采用大直径圆环链,其强度高,受力均匀,水平弯曲性能好,断链事故少,刮板遇刮卡阻塞可偏斜通过,刮板变形时不会导致链轮处跳链。其缺点是预紧力大,链环尺寸大,使机头、机尾高度增加,运煤能力不如边双链,特别是对大块较多的硬煤。

边双链与单链比较,能承受的拉力大,拉煤能力强,预紧力较低,但其水平弯曲性能差,两条链子受力不均匀,特别是中部槽在弯曲状态下运行时更为严重;断链事故多,链轮处易跳链。边双链在薄煤层、倾斜煤层和大块较多的硬煤工作面使用性能较好，平巷转载机上也常优先采用。

中双链受力比边双链均匀，预紧力适中，水平弯曲性能较好，便于使用在侧卸式机头的输送机上。目前大运量、长距离、大功率工作面重型刮板输送机普遍采用单链和中双链。

中单链、边双链、中双链式刮板链的组成如图 3-50、图 3-51、图 3-52 所示。

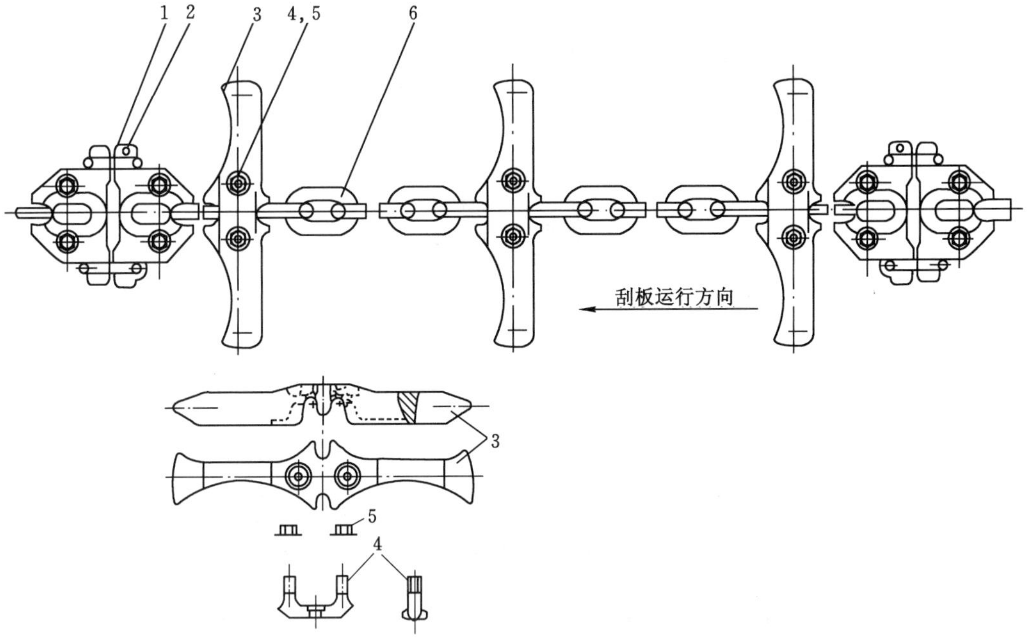

图 3-50 中单链式刮板链

1——接链器；2——开口销；3——刮板；4——U 形螺栓；5——自锁螺母；6——圆环链

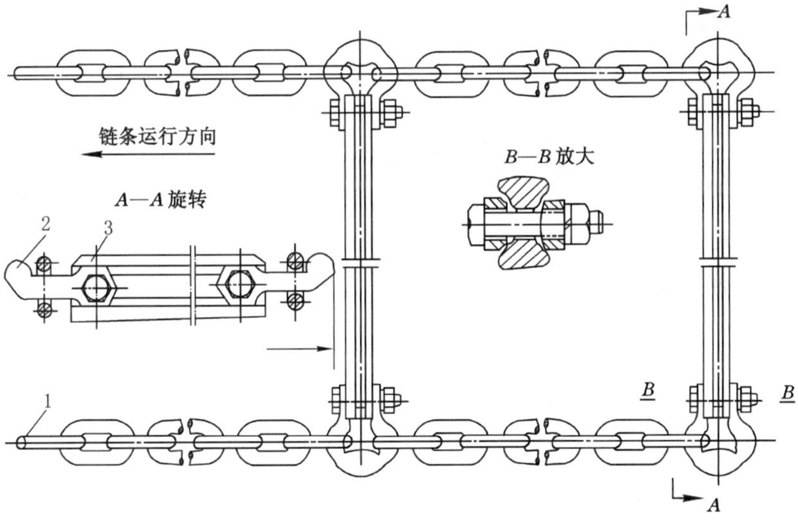

图 3-51 边双链式刮板链

1——圆环链；2——连接环；3——刮板

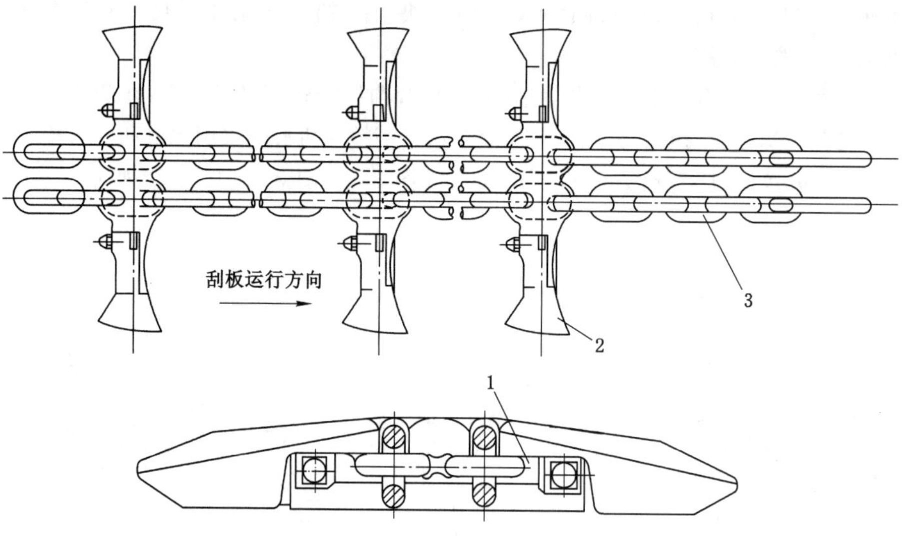

图 3-52 中双链式刮板链

1——卡链横梁;2——刮板;3——圆环链

(1) 刮板

刮板的作用是刮底清帮,随着刮板链的移动将煤运起,防止煤粉在溜槽内黏结和堵塞,同时在槽帮内起导向作用。刮板用高强度合金钢轧制或模锻,经韧化热处理制成。

(2) 圆环链

链条在工作过程中不仅要克服很大的摩擦阻力,承受很大的静载荷和动载荷,同时还要受矿水的侵蚀,因此要求链条组件要有高的抗拉强度、抗冲击韧性、抗疲劳强度和防锈抗蚀性能。链条均用圆环链,国家标准对圆环链的形式、基本参数及尺寸、技术要求、试验方法及验收规则作了统一规定。

圆环链由圆环链编焊机专用设备加工成一定长度的标准链段,按链段的长短分为长链段和短链段。长链段主要用于单链、中双链;短链段主要用于边双链及轻型刮板输送机。为了适应输送机长度的变化和紧链需要,还配有多种长度的调节链段,用来调节刮板链长度。由于每一链段的两根链条是经过测量配对成组出厂的,其长度公差在规定的范围之内,因此更换时应成对更换。若以任意两段不成组的链条配对安装,其长度误差会很大,运行中将会出现受力不均、刮板倾斜及与链轮不能正常啮合传动等现象,容易发生链轮损坏和断链事故。另外,安装圆环链时,在上槽中立环焊口应向上,双链的平环焊口均应向溜槽中心。

(3) 接链环

接链环的作用是将两段刮板链条连接在一起。其形式种类较多,常用的有:锯齿形接链环、梯形齿接链环、弧形齿接链环和扣环式接链环等。锯齿形接链环如图 3-53 所示,它由两个

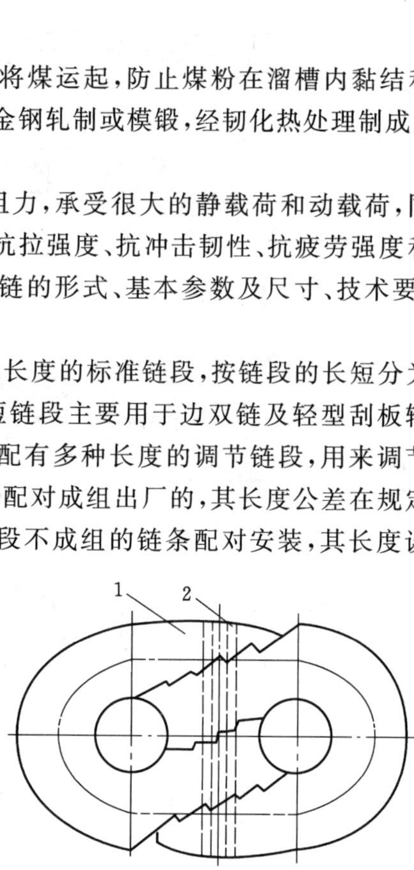

图 3-53 锯齿形接链环

1——半圆环;2——弹簧插销

形状相同的半链环组成。安装时,先在两个半环上各自挂上要连接的链环,然后对准齿形吻合安装,再装上弹簧插销2。接链环是配对出厂的,使用时不得混装,在溜槽中应处于水平位置,不可竖立放置,否则在绕经链轮时会被卡住,造成事故。必须注意检查,必要时应更换。

(四)附属装置

1. 挡煤板与铲煤板

挡煤板是一个多功能组合件,安装在工作面刮板输送机采空区一侧槽帮的支座上,如图3-54所示。其主要作用是增加溜槽的装煤量,防止向采空区撒煤。另外,在挡煤板紧靠溜槽一侧还设有导向管,对采煤机运行起导向定位作用,防止采煤机掉道。

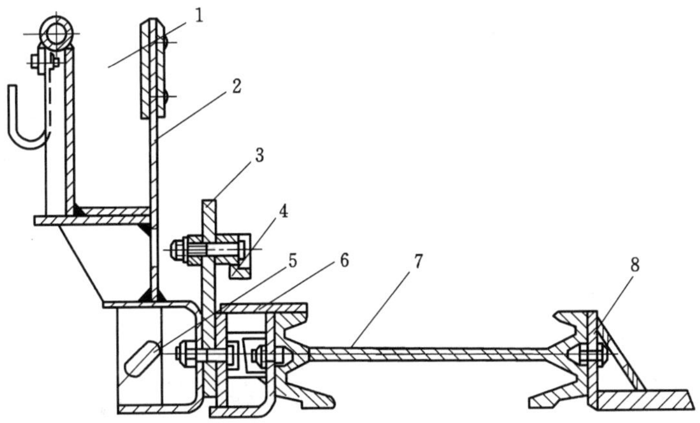

图3-54 挡煤板与铲煤板

1——电缆槽;2——挡煤板;3——无链牵引齿条;4——导向装置;
5——推移千斤顶连接孔;6——定位架;7——中部槽;8——铲煤板

电缆槽由挡板、侧板、槽钢和支架焊接而成,在挡煤板的采空区一侧,用作敷设和保护电缆及各种管路。其下部支架为液压支架推移千斤顶提供连接点。

为了改善采煤机滚筒的装煤效果,在输送机靠煤壁一侧装有铲煤板。铲煤板由立板、斜板、筋板及定位块焊接而成。当输送机向前推移时,铲煤板的斜面把采煤机遗留下来的浮煤堆挤到溜槽中去,清除机道上的浮煤,保证采煤机的全截深,避免输送机倾斜。

2. 紧链装置

紧链装置的作用是用来拉紧刮板链,给刮板链施加一定的预紧力,使其处于适度的张紧状态,以保证刮板链的正常运转。

紧链常用的方法是链轮反转紧链和专用液压缸紧链。链轮反转紧链的原理如图3-55所示,紧链时先把刮板链一端固定在机头架附近,另一端绕过机头链轮置于上溜槽。然后使链轮反转,待链子张紧程度达到要求时,用紧链器闸住链轮使其停转。拆除多余的链环,再用接链环接好刮板链。刮板链的张紧程度以运转时机头下方下垂两个链环为宜。

按使链轮反转的动力源不同紧链方式分为电动机反转式紧链和专设液压马达紧链两种。

电动机反转紧链方式常用的紧链器有棘轮紧链器、摩擦轮紧链器、闸盘紧链器三种,

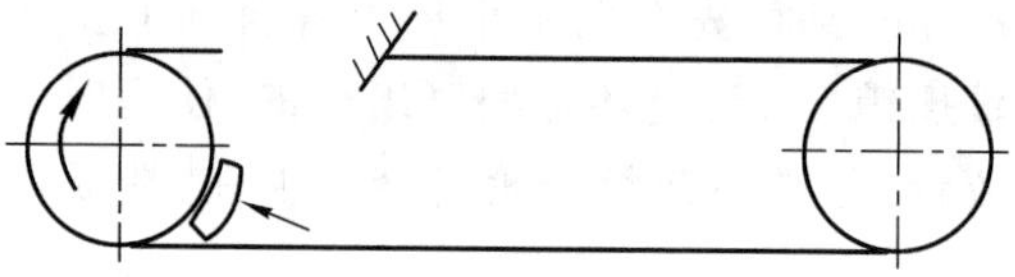

图 3-55 链轮反转紧链示意图

它们在紧链过程中起制动作用。

棘轮紧链器如图 3-56 所示，由棘轮、棘爪等件组成。棘轮安装在机头传动装置减速器的第二根轴上，手把在运行位置时，弹簧顶杆使棘爪脱离棘轮，棘轮任意转动。紧链时首先把两根紧链钩的一端挂在机头架左右侧板的圆孔内，另一端挂在刮板链条的立环中；其次将紧链器手把搬到“紧链位置”，棘爪被弹簧顶杆顶入棘轮的齿根，然后反向点动电动机，使机头链轮反转，因棘轮棘爪的限制，电动机停转时链条不能回松。当链条被张紧到有一定拉力时，停止电动机，从链条自由端拆除多余的链段，将刮板链接在一起后，点动电动机使链轮反转的同时，将手把复位到“运行位置”，使棘爪脱开棘轮。取下紧链

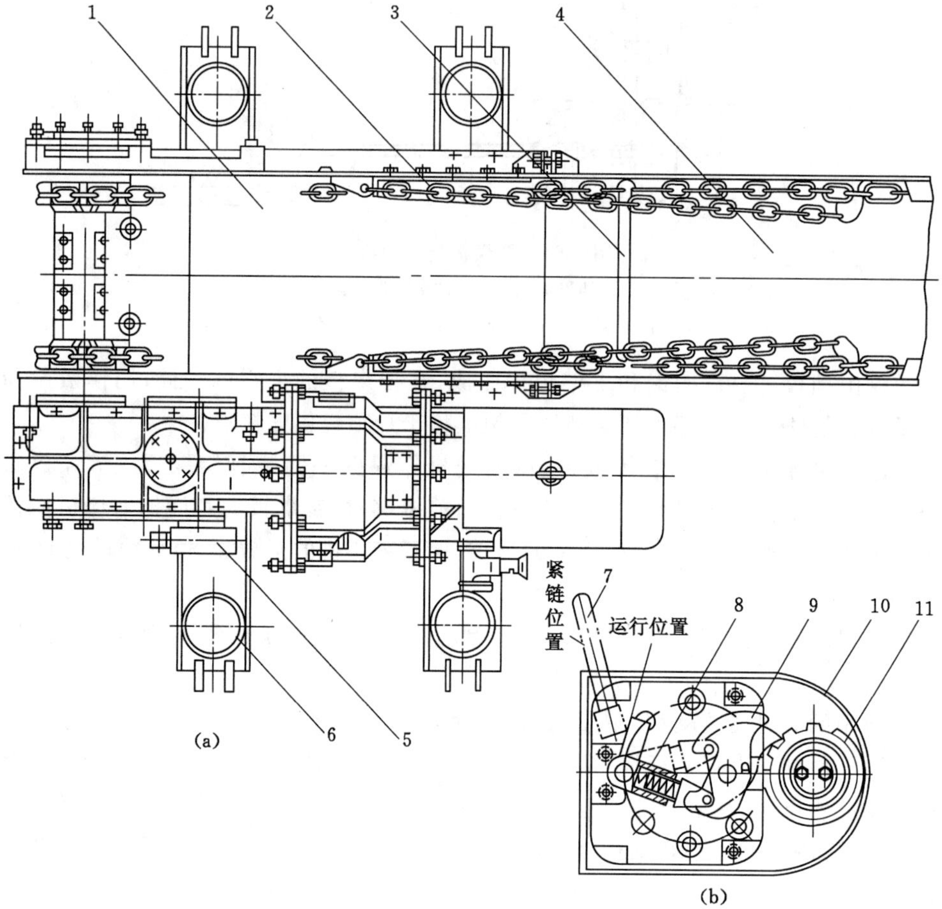

图 3-56 棘轮紧链器

1——机头；2——紧链挂钩；3——刮板链；4——过渡槽；5——紧链器；6——推移梁；7——手把；8——弹簧拉杆；9——棘爪；10——底座；11——棘轮

挂钩，即可正常运行。棘轮紧链器结构简单，操作方便，只适用于轻型刮板输送机。

摩擦轮紧链器如图 3-57 所示，它由制动轮、闸带、偏心轮等件组成。制动轮装在减速器两轴伸出端。紧链器紧链时，挂好紧链挂钩。反向点动电动机，扳动手把 1，经偏心轮 2，推动套 4、8 使闸带 5 闸住制动轮 6，减速器制动，从而实现拆链接链工序。然后松开制动手把，正向点动电动机，取下紧链挂钩即可正常运行。摩擦轮紧链器结构简单，操作省力，安全可靠，但不能准确控制紧链力。它逐渐取代棘轮插爪式紧链器，用于轻型或中型刮板输送机。

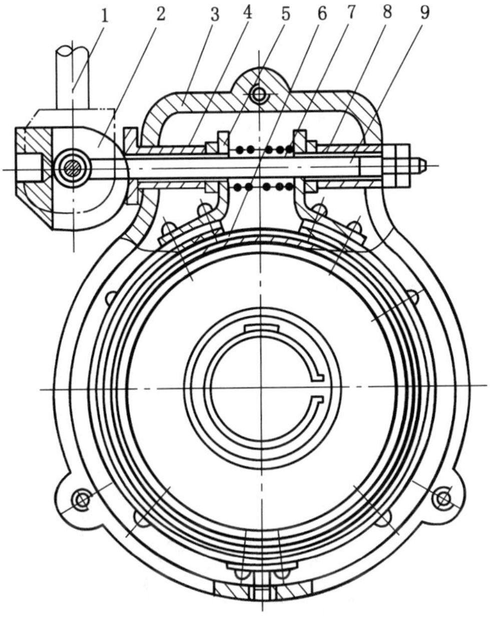

图 3-57　摩擦轮紧链器

1——手把；2——偏心轮；3——外壳；4，8——套；5——闸带；6——制动轮；7——弹簧；9——拉杆

闸盘式紧链器由手动张紧器、安装在电动机与减速器连接罩筒上的制动钳和固定在刮板输送机减速器输入轴上的制动盘等主要部件组成。制动时转动手轮，通过传力装置使制动钳上的盘块压向制动盘实现制动。闸盘式紧链器多用于中型或重型刮板输送机上。

液压马达式紧链器由紧链减速器、液压马达、液控阀组、主油路控制装置和电气闭锁装置五部分组成。紧链时，先将电动机断电，挂好紧链挂钩，把手把打到紧链位置，液压站的高压液体通过一系列液控元件到达液压马达，液压马达通过紧链减速器带动链轮反转，实现紧链。液压马达式紧链器多用在重型或超重型刮板输送机上。

液压缸紧链装置主要由液压缸紧链器、紧链链条、紧链钩、连接头、销、钩板、保险销等组成。它是利用双作用液压缸的活塞杆伸缩来实现紧链的。液压缸紧链装置主要用于重型刮板输送机。

3. 推移装置

推移装置是在采煤工作面内将刮板输送机向煤壁推移的装置。综采工作面使用液压支架上的推移液压缸实现推移，普采工作面用单体液压推溜器或手动液压推溜器推移刮板输送机。

4. 锚固装置

在倾角较大的工作面，重型刮板输送机沿工作面倾斜敷设时，工作中由于受其本身重力分力及采煤机沿其机身移动时的反向推力作用，会发生下滑或上窜。防滑锚固装置锚固输送机的机头、机尾传动部，保证其正常的工作位置。

四、桥式转载机

（一）桥式转载机

桥式转载机是机械化采煤运输系统中普遍采用的一种中间转载设备，其外形如图 3-58 所示。它安设在采煤工作面的下平巷，把采煤工作面刮板输送机运出的煤运到平巷可伸缩带式输送机上。它实际上是一种结构特殊的短刮板输送机，其传动系统和驱动装置与刮板输送机相同。主要不同点是，机身有一段悬桥结构，用来与可伸缩带式输送机搭接。当工作面刮板输送机向煤壁推移后，转载机亦沿平巷方向整体移动相应的距离。在机械化采煤工作面平巷中使用转载机，可减少平巷中带式输送机伸缩、拆装次数，并将货载抬高，便于向带式输送机装煤，从而加快了采煤工作面的推进速度，提高生产效率，增加煤炭产量。

图 3-58 桥式转载机外形图

（二）桥式转载机的结构组成

桥式转载机的结构如图 3-59 所示，它主要由导料槽、机头部（包括传动装置、机头架和链轮组件）、机头小车、中间悬桥、爬坡段、水平装载段和机尾部等部分组成。

1. 机头部及机头小车

机头部由机头架、电动机、液力耦合器、减速器、链轮组件和盲轴等组成。机头部固定在机头小车上，用以实现桥式转载机和带式输送机的搭接和相对移动。机头小车由横梁和车架组

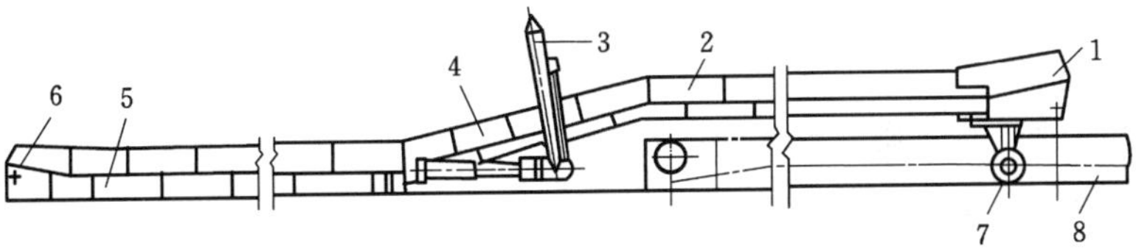

图 3-59 桥式转载机

1——机头架；2——中间悬桥部分；3——拖移装置；4——爬坡段；
5——水平装载段；6——机尾；7——行走部；8——带式输送机机尾

成，小车车架上通过销轴安装四个车轮，其外侧装有定位板，用以导向与定位。

2. 中间悬桥部分

中间悬桥段部分由标准溜槽、挡板和封底板组成，用螺栓连接成一刚性整体。连接时溜槽、挡板和封底板的接口要互相错开，以增加机身的刚度。悬桥段的前端与机头部连接，后端与爬坡段的凸形溜槽连接，构成与带式输送机机尾搭接的足够长度。

3. 爬坡段

爬坡段使机身在垂直面上改变方向，将机身从巷道底板顺利升高到所需高度，使转载机机头在带式输送机机尾方向。爬坡段通过一节凹形弯曲溜槽，使机身向上倾斜 10°，接中部爬坡段标准溜槽后将机身引导到所需高度，再通过一节凸形溜槽，把机身弯折 10°到水平方向，与悬桥部分的标准溜槽连接组成一钢体结构。

4. 水平装载段和机尾部

水平装载段溜槽和爬坡段凹形弯曲溜槽的封底板均落在巷道底板上，封底板作为滑橇可在巷道底板上滑动。水平装载段用以承接工作面刮板输送机卸下的煤炭。

使用破碎机时，破碎机的进料口与水平装载段的前方连接，出料口与爬坡段后端的凹形溜槽连接，同时应加长水平装载段的尺寸。

机尾部与水平装载段后方连接，由机尾架、机尾滚筒和压链板组成，是刮板链的换向装置。

5. 导料槽

导料槽为框形结构，内侧制成漏斗状，装在转载机的最前端，用以承接转载机卸下的货载，并导装至带式输送机中心线附近，防止偏载引起胶带跑偏，并减轻货载对胶带的冲击。

导料槽的底座是由左右两条槽钢形成的一个滑橇，骑在带式输送机机尾两侧的轨道上，并通过销轴与机头小车的车架连接。

五、刮板输送机的使用与维护

(一) 刮板输送机运转前的检查

为了保证刮板输送机的安全运转，在运转前必须作详细的检查。检查分为一般检查和重点检查。

1. 一般检查

检查工作面支架的支护情况、输送机上有无人员作业、有无障碍物、锚固装置是否牢固；电缆吊挂是否合格，电动机、开关按钮等接线是否良好。

如果检查没有发现问题，可点动电动机，看输送机是否运转正常，接着再进行重点检查。

2. 重点检查

(1) 检查机头部

① 弹性联轴器的间隙是否正确(一般为3～5 mm);

② 液力耦合器是否完好;

③ 减速箱油量是否适当(以油面淹没大齿轮高度的1/3为宜);

④ 各连接螺栓是否齐全牢固;

⑤ 链轮、托叉、护板是否完整牢固;

⑥ 联轴器和紧链器的防护罩是否齐全。

(2) 检查机身部

① 检查刮板链、刮板、连接环、连接环上的螺栓等是否完好;

② 检查中部槽接口有无搭接不平,有无上槽压入下槽、磨环、压环等现象。

(3) 检查机尾部

检查内容与机头部相同。

经以上检查,确认一切良好,即可开动电动机正式运转。

(二) 刮板输送机的启动、停止操作方法

1. 启动操作方法

按下磁力启动器上的启动按钮,电动机通电,刮板输送机启动。

2. 停止操作方法

按下磁力启动器上的停止按钮,电动机断电,刮板输送机停止。

用采煤机上的刮板输送机停止按钮停止刮板输送机。当采煤机遇到紧急情况时,采煤机司机可以直接停止刮板输送机。

3. 启动、停止时的注意事项

(1) 启动时的注意事项

① 启动前要发出信号,先断续启动,隔几秒钟再正式启动;

② 一般要先启动刮板输送机,然后再往里装煤,禁止带负载启动。

如果连续两次不能启动或切断保险销,必须找出原因并处理好后再启动。无论有无集中控制,都要由外向里逆煤流方向依次启动。

(2) 停止时的注意事项

刮板输送机停止运转时,不要向输送机内装煤,采煤机要停止割煤。必须在刮板输送机内无煤的情况下(紧急停止除外)才可停止。一般应按由里向外顺煤流的方向依次停止。

(三) 刮板输送机的维护

1. 巡回检查

在不停机的情况下每班检查2～3次。检查内容如下:

① 易松动的连接件的紧固情况;

② 发热部位的温升情况,温升是否超限(轴承温度);

③ 各润滑部位的润滑状况、油量是否适当;

④ 各运动部件是否有异响。

检查的方法一般是看、摸、听、嗅、试、量。看是从外观检查,摸是用手感触其温度,听

是对运行声音的辨别，嗅是对气味的辨别，试是对安全保护装置灵敏可靠性的试验，量是用量具和仪表对机件做必要的测量。

2. 定期检修保养

(1) 日检

日检包括巡回检查和重点检查。重点检查内容如下：

① 更换磨损和损坏的链环、连接环、刮板；

② 处理减速器和液力耦合器的漏油现象；

③ 检查溜槽、挡煤板、铲煤板磨损、变形情况；

④ 检查拨链器的紧固和磨损情况。

(2) 周检

周检除包括日检内容外，重点检修的项目是：

① 检查机头架和机尾架有无变形和损坏情况；

② 检查固定减速器的地脚螺栓和液力耦合器的保护罩两端的连接螺栓紧固情况；

③ 通过电流表测量观察液力耦合器的启动是否平稳，各台电机之间的负荷分配是否均匀；

④ 检查减速器内的油质是否良好，油量是否合适，轴承、齿轮的润滑情况和各对齿轮的啮合情况是否正常；

⑤ 测量电动机绝缘，检查开关触头及隔爆面情况；

⑥ 检查拨链器和压链块的磨损情况，检查铲煤板的磨损情况和连接情况。

(3) 季检

主要对一些较大、关键的机件进行更换和处理。季检除包括周检的内容外，还包括对弹性联轴器、液力耦合器、过渡槽、链轮等进行检修更换。对电动机、减速器进行较全面的检查和修理。

(4) 大修

当采完一个工作面后，要将设备升井进行全面检修。具体工作如下：

① 对减速器、液力耦合器进行彻底清洗、换油；

② 检查电动机绝缘、三相电流平衡情况，并对电动机轴承进行清洗；

③ 对损坏的机件进行修复、校正、更新。

任务实施

一、教学设备

模拟工作面综采设备一套。

二、任务实施方法

① 指导教师集中讲解刮板输送机运转前的检查、启动和停止操作方法，安全操作注意事项。

② 学生分组，指出刮板输送机的各组成部分，并说明各部分的作用。

③ 学生分组,按步骤轮流对刮板输送机进行操作。

④ 指导教师巡回检查并指导,随时向学生进行提问。

三、任务考评

任务考评内容及评分标准见表 3-4。

表 3-4 刮板输送机操作的评分标准

序号	考核内容	考核项目	分值	评分标准	得分
1	运转前的准备工作	① 一般检查 ② 机头检查 ③ 中部检查 ④ 机尾检查	20	① 一般检查 5 分 ② 机头检查 6 分 ③ 中部检查 4 分 ④ 机尾检查 5 分	
2	启动、停止操作	① 启动操作 ② 停止操作	20	① 启动操作 10 分 ② 停止操作 10 分	
3	启动操作时的注意事项	① 启动前发信号 ② 断续启动,而后正式启动 ③ 按正确顺序启动输送机 ④ 不向溜槽内装大块的煤或矸石	30	① 启动前发信号 5 分 ② 断续启动,而后正式启动 5 分 ③ 按正确顺序启动输送机 15 分 ④ 不向溜槽内装大块的煤或矸石输送机 5 分	
4	停止操作时的注意事项	① 按正确顺序停止输送机 ② 停止出煤前应将溜槽中煤运净 ③ 无煤时禁止输送机长时间运行	15	每项 5 分	
5	安全文明操作	① 遵守安全规程 ② 文明操作 ③ 清理现场卫生	15	每项 5 分	
总计					

思考与练习

① 试述刮板输送机的用途。

② 刮板输送机由哪几大部分组成?各部分有何功用?

③ 桥式转载机由哪些部分组成?

④ 启动刮板输送机时应注意哪些问题?

⑤ 停止刮板输送机时应注意哪些问题?

⑥ 刮板输送机启动前应进行哪些检查?

任务四 带式输送机的使用与维护

教学目标

(1) 知识目标

① 掌握带式输送机的类型、适用条件及优缺点。

② 掌握带式输送机的工作原理及常用输送机的结构特点。

(2) 能力目标

① 能说出带式输送机的结构及各部分的作用。

② 能正确操作带式输送机(运行前检查、启动操作和停机操作)。

(3) 职业素质

使学生进一步熟悉环境、认识设备、明确任务、增强学生的责任心。

任务描述

带式输送机是以无极挠性输送带载运物料的连续输送机。它的主要作用是用于井下的采掘工作面,采区上、下山及平巷进行煤和矸石的运输;也可用于地面的洗选厂、发电厂、仓库、码头、工厂等进行物料的运输。

可伸缩带式输送机是综采工作面运输平巷内广泛使用的运输设备,它能够随着综采工作面的推进灵活地伸长或缩短,大大提高了运输效率。为保证输送机安全可靠的运行,必须掌握输送机的结构、特点、应用场合、正确操作方法与维护保养等知识与技能,以保证输送机的正常运行。

相关知识

一、概述

(一) 带式输送机的作用

带式输送机是以无极挠性输送带载运物料的连续输送机。它的主要作用是用于井下的采掘工作面,采区上、下山及平巷进行煤和矸石的运输;也可用于地面的洗选厂、发电厂、仓库、码头、工厂等进行物料的运输。

(二) 带式输送机的工作过程

如图 3-60 所示,胶带 1 绕经机头主动滚筒 2 和机尾换向滚筒 3 形成一个封闭的环形带。上、下两层胶带都靠安装在机架 6 上的托辊 5 支撑。上股输送带承载货物为重段输送带,由槽形托辊支撑,以增大承载断面,提高输送能力,下股输送带不承受货载,为回空段输送带,用平形托辊支撑。拉紧装置 4 给胶带正常运转所需的张紧力。

工作时,电动机经传动装置带动主动滚筒 2 转动,主动滚筒通过与胶带之间的摩擦

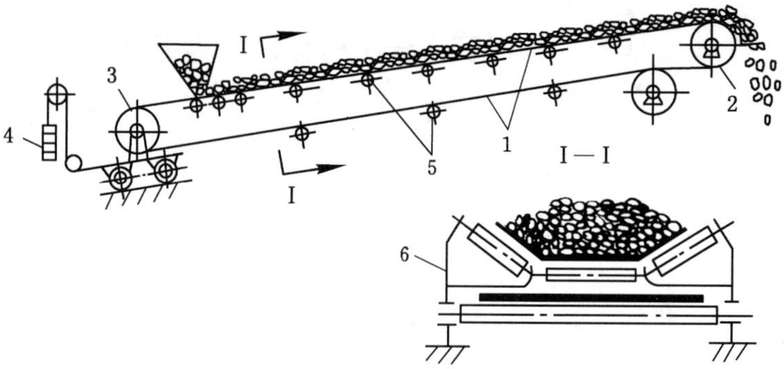

图 3-60 带式输送机工作原理图

1——胶带；2——主动滚筒；3——机尾换向滚筒；4——拉紧装置；5——托辊；6——机架

力带动胶带及胶带上的货物一起运行。当胶带绕经机头前端的卸载滚筒时，货物从胶带上卸下，胶带返回。通过专门的卸载装置也可使货物在机身中部的任意位置卸载。

（三）带式输送机的优缺点

1. 优点

带式输送机运输能力大，工作阻力小，耗电量低，货载与胶带一起移动，磨损小，货载破碎性小，工作噪声低，结构简单，铺设长度大，减少转载次数，节省人员和设备。

2. 缺点

胶带成本高，初期投资大；强度低，易损坏，不能承受较大的冲击与摩擦；机身高，需专用的装载设备；不能用于弯曲巷道。

（四）带式输送机的类型

带式输送机的类型很多，适应范围和特征各不相同。其主要类型如下。

1. 普通型带式输送机

普通型带式输送机的机架固定在底板或基础上，一般使用在运输距离不长的永久使用地点，如井下主要运输巷道、选煤厂。这种输送机由于拆装不便，因而不能满足机械化采煤工作面推进速度快的采区运输的需要。

2. 绳架吊挂式带式输送机

绳架吊挂式带式输送机与普通型带式输送机基本相同，如图 3-61 所示，其特点仅在于机身结构由两根平行的钢丝绳代替刚性机架，支承托辊和输送带。它主要用于煤矿井下采区平巷和集中运输巷中，在条件适宜的情况下，亦可用于采区上、下山运输。

绳架吊挂式带式输送机结构特点如下：

① 结构简单，可利用废旧的钢丝绳，节省钢材，节约投资，安装拆卸及调整均很方便。

② 机架 2 是用中间吊架 6 吊挂在巷道顶梁上，便于调节机身高度，以适应底板起伏不平，便于清扫巷道。

③ 间隔 60 m 安装一个紧绳托架 7，以张紧机架钢丝绳。

④ 铰接槽形托辊组是钩挂在钢丝绳架上的，可在任一侧拨下楔形销，前后移动托辊组实现跑偏调整。

⑤ 传动装置中有液力耦合器，以改善启动性能；拉紧装置在机头附近，便于司机调节。

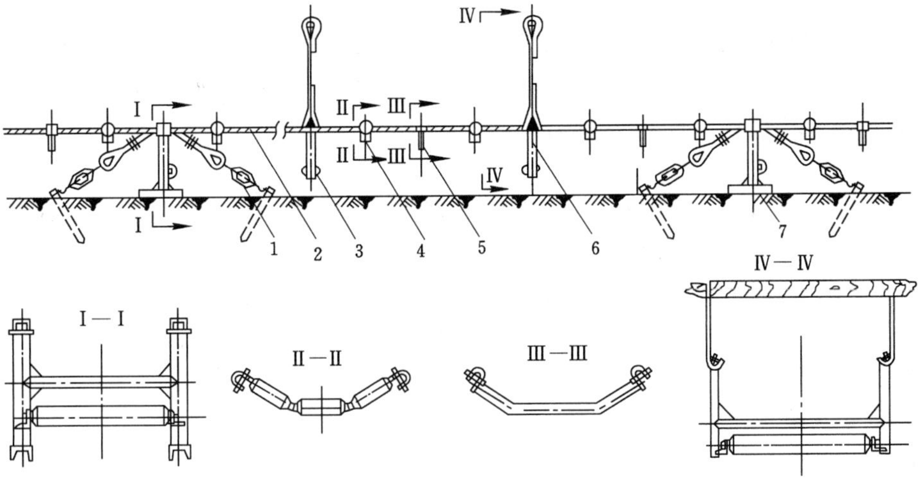

图 3-61 绳架吊挂式带式输送机机架

1——紧绳装置;2——钢丝绳机架;3——下托辊;4——上托辊;5——分绳架;6——中间吊架;7——紧绳托架

3. 可伸缩带式输送机

可伸缩带式输送机是综采、综掘和高档普采工作面配套的一种运输设备,它也可用于其他矿山、化工、冶金和港口码头等运送距离变化的场合。其最大优点是随工作面的推进,可灵活伸缩。

可伸缩带式输送机如图 3-62 所示,它与普通带式输送机相比增加了储带装置等。储带装置 4 位于机头部后面,主要由固定滚筒 3、活动滚筒小车及活动滚筒 5、拉紧装置 6、托辊、输送带收放装置 8 等组成,需要缩短带式输送机时,先拆除机尾部前端的机架,用机尾牵引装置 9 使机尾前移,活动滚筒小车在拉紧装置 6 的牵引下向后移动,输送带重叠成 4 层储存在储带装置内;需要伸长时,操作拉紧装置,使其松绳,活动滚筒小车前移,储带装置中的输送带放出,机尾后移,并相应地增设机架。输送机伸缩作业完成以后,拉紧装置仍以适当的拉力将输送带张紧,使输送机正常运行。托辊用来托住储带装置内折返的输送带,以免垂度过大引起上下输送带互相摩擦,保证输送带正常运行。输送带收放装置的作用是用来收放输送带。当活动小车向机尾一端移动时,胶带进入储带装置内,机尾回缩,反之机尾延伸,因而使带式输送机具有可伸缩性。

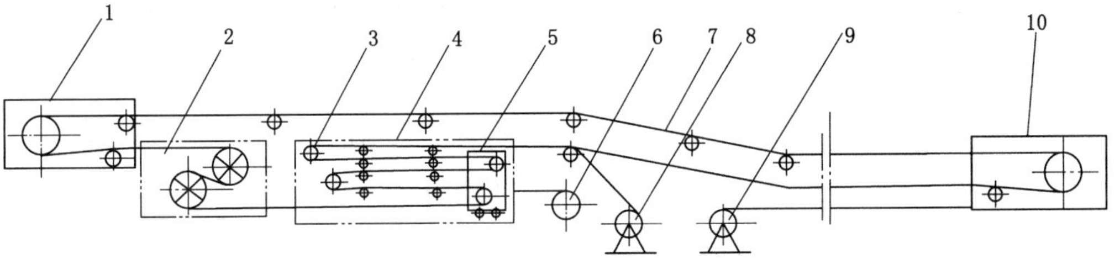

图 3-62 可伸缩带式输送机

1——卸载端;2——传动装置;3——固定滚筒;4——储带装置;5——活动滚筒小车及活动滚筒;6——拉紧装置;7——输送带;8——输送带收放装置;9——机尾牵引装置;10——机尾

4. 钢丝绳芯带式输送机

钢丝绳芯带式输送机又称强力带式输送机。主要用于平硐、主斜井、大型矿井的主运输巷及地面，作为大运量、长距离的运煤设备。它的主要特点是用钢丝绳芯胶带代替普通胶带，胶带抗拉强度高、运送能力大。

5. 钢丝绳牵引带式输送机

钢丝绳牵引带式输送机是一种特殊形式的强力带式输送机。它将输送机的牵引机构和承载机构分开，胶带只起承载作用，不承受牵引力，钢丝绳作为牵引机构。这样解决了运送距离长、运输量大、胶带强度不够的矛盾。钢丝绳牵引带式输送机的缺点是：设备投资大，钢丝绳及托绳轮衬垫寿命低，维护量大，运转维护费用高。因此，多用于斜井主提升系统。

6. 双向运输带式输送机

双向运输带式输送机主要用于掘进工作面巷道正、反两个方向的同时运输。它是在可伸缩带式输送机的基础上，增设了下输送带装置、卸料装置。上输送带用来向外运送掘进落下的煤或矸石，下输送带用来向掘进工作面运送支护材料（长度小于 4 m 的直线材料、工字钢、木板等）。下输送带可以通过自动装、卸料装置，实现定点自动装、卸料。装料点位于储带装置后面，卸料点随机尾可一起伸缩。特点是一机多用，操作方便；替代了人工拉、扛支护材料，减轻了劳动强度，提高了生产率。

（五）带式输送机的适用条件

1. 适用倾角

带式输送机可用于水平及倾斜运输，倾斜向上运输时，运送原煤时，允许倾角不大于 20°，运送块煤时，倾角不大于 18°；向下运输时，倾角不大于 15°，若运送附着性和黏结性大的物料时，倾角还可再大一些。

2. 适用地点

① 采区平巷多采用可伸缩带式输送机。

② 采区上下山及主要运输平巷采用绳架吊挂式或落地可拆式带式输送机。

③ 平硐和主斜井采用固定式钢绳芯式带式输送机或钢丝绳牵引式带式输送机。

④ 地面选煤厂采用普通型固定式带式输送机。

二、带式输送机的主要结构

带式输送机主要由胶带、机架与托辊、传动装置、拉紧装置、制动装置、清扫装置及保护装置等部分组成。

（一）胶带

胶带是承载和牵引的机构，胶带应有足够的强度和一定的挠性和弹性。胶带由芯体和覆盖层构成。芯体承受拉力，覆盖层保护芯体不受损伤和腐蚀。

1. 输送带类型

(1) 普通胶带

普通胶带主要用于通用固定式、绳架吊挂式及可伸缩式带式输送机。带芯材料为棉、维纶、尼龙、涤纶编织物，有多层黏合型和整体编织型，如图 3-63 所示。

多芯输送带由多层浸胶帆布作带芯，层与层之间用橡胶黏结，经压延成型，外表覆以

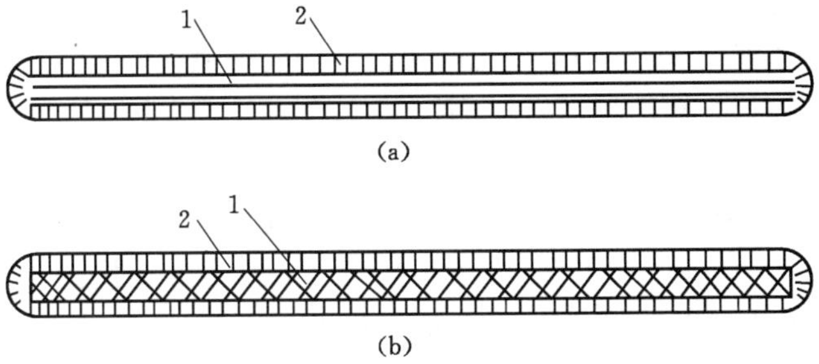

图 3-63 普通胶带
(a) 多芯胶带;(b) 整芯胶带
1——带芯;2——橡胶保护层或聚氯乙烯覆盖层

橡胶覆盖层和边胶,硫化结合成整体。帆布层材质主要为尼龙,部分为锦纶。上覆盖胶接触货载,厚度一般为 3 mm,下覆盖胶厚度一般为 1 mm。多芯输送带强度低且易发生层间开裂。

整芯输送带有塑料整芯输送带和橡塑复合整芯输送带两种。塑料整芯输送带用维纶和棉纤(或尼龙和棉纤)混纺织物编织成整体平带芯,经浸以糊状聚氯乙烯塑化后,与刻有花纹的软聚氯乙烯覆盖面加热挤压而成。这种输送带原料丰富、成本低;带芯厚度小,不会发生层间开裂;覆盖层损坏易修复。但这种输送带伸长率较大,不耐低温,易老化,摩擦因数较低。橡塑复合整芯输送带带芯结构与塑料带相同,区别是上下覆盖面用橡胶经硫化压制而成。较塑料带柔韧性好,不易打滑,爬坡角度大,低温适应性强。

(2) 钢绳芯胶带

钢绳芯胶带有普通型和加强型两种,如图 3-64 所示。普通型由纵向排列的钢丝绳作带芯,外包具有良好黏合性能的中间胶和覆盖胶。加强型又称防撕裂型,在纵向钢丝绳与覆盖胶之间,增加了 1~2 层的由合成纤维绳或钢丝绳按一定间距横向排列的加强层,增强了胶带的防撕裂性。钢绳芯胶带具有强度高、伸长率小、铺设长度长、成槽性好等优点,但其价格较贵,带体重,消耗功率大。

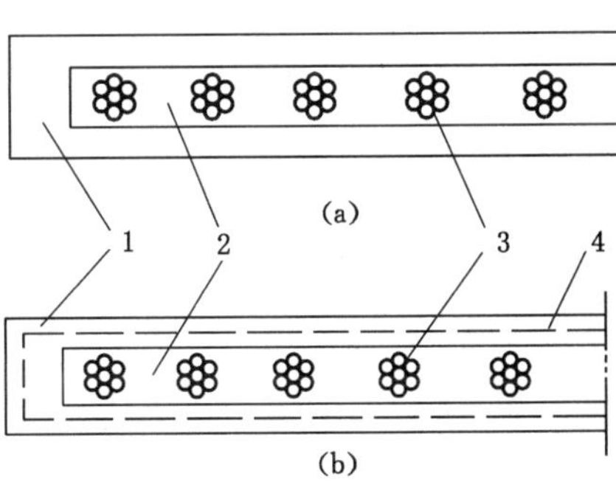

图 3-64 钢绳芯胶带结构
(a) 普通型;(b) 加强型(防撕裂型)
1——覆盖胶;2——中间胶;3——钢丝绳芯;4——加强层

2. 输送带的连接

输送带出厂标准长度为100 m,使用时按需要进行连接,其连接方法有机械连接法、硫化连接法、冷黏连接法和塑化连接法4种。

(1) 机械连接法

机械连接法用于多层芯输送带和整芯输送带的连接。常用的有钩卡、钉扣、合页和夹板铆接,如图3-65所示。其中钉扣连接法较好,连接强度接近输送带本身。使用图3-65(a)所示形式的胶带扣时,配有专门的钉扣机;图3-65(b)所示形式的胶带扣,配有专门的冲模。连接时要注意输送带切口与其中心线必须垂直,连接件不能歪斜,以免造成沿宽度方向受力不均,运行时发生跑偏或拉豁胶带的现象。

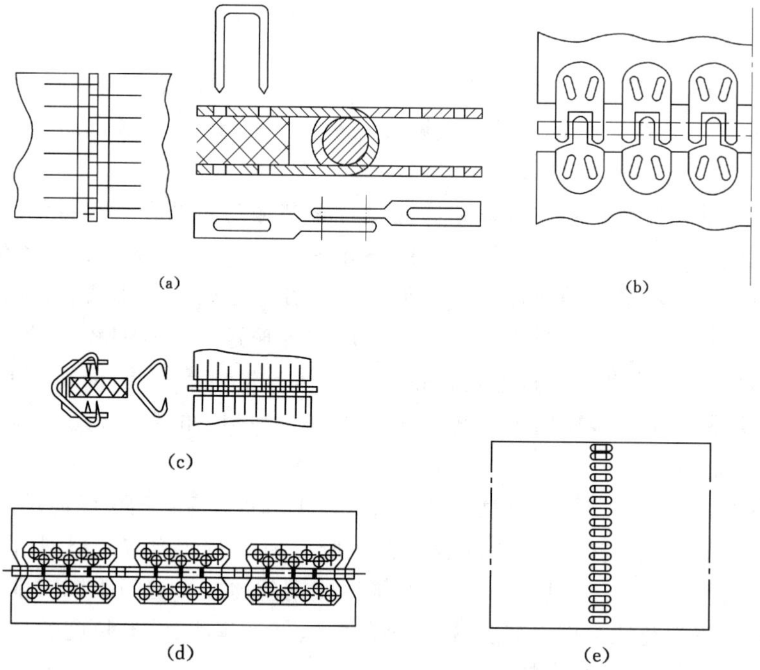

图3-65 机械连接法

(a) 配有专门的钉扣机的胶带扣;(b) 配有专门的冲模的胶带扣;(c) 钩卡连接;(d) 合页连接;(e) 夹板铆接

(2) 硫化连接法

硫化连接法用于多层芯胶带和钢绳芯胶带。多层芯胶带连接时先将胶带按帆布层切成阶梯形斜角切口,并使接头处很好地搭接,将连接用的胶料置于连接部位,再用专用的硫化设备加压硫化,连为整体,如图3-66所示。钢绳芯胶带的两个接头也切成斜角切口,但两个接头的覆盖胶和芯胶要全部剥离。

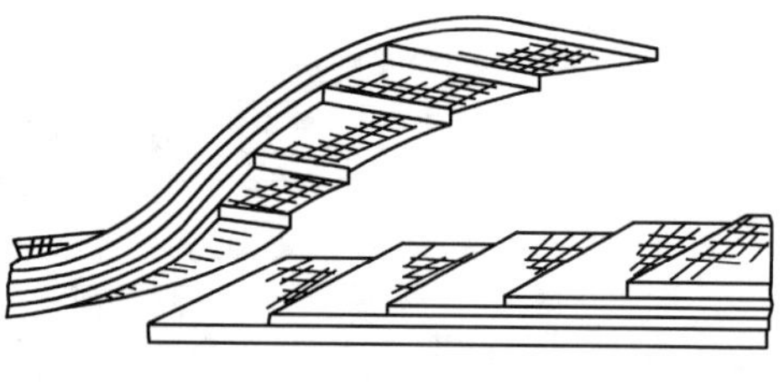

图3-66 硫化连接法

(3) 冷黏连接法

与硫化连接法相比,冷黏连接是将胶料涂在接口上后不需加温,施加适当的压力保持一定时间即可。冷黏连接法只适用于帆布层芯体的输送带。

(4) 塑化连接法

塑化连接法适用于塑料带，对于帆布层芯体的胶带，接头的切口和接头搭接方向，与硫化连接相同，只是工艺不同；对于整编芯体的胶带，是将接头处的编织体拆散，然后将拆散的两端互相对接，包覆塑料片后施加适当的温度和压力。塑化接头的强度可达到输送带本身强度的 75%～80%。

(二) 机架与托辊

1. 机架

机架用于安装托辊。有吊挂式和落地式两种类型，落地式又分为固定式和可拆移动式。固定式用于地面和井下主要运输巷道或永久铺设的地点，可拆移动式用于工作面平巷。如图 3-67 所示为可拆移动式落地机架，主要由 H 形中间托架和两侧纵向钢管组成。机架与机架之间采用插入及挂钩的连接方式，以销钉定位。整个机架无一螺栓，可实现快速安装和拆卸。

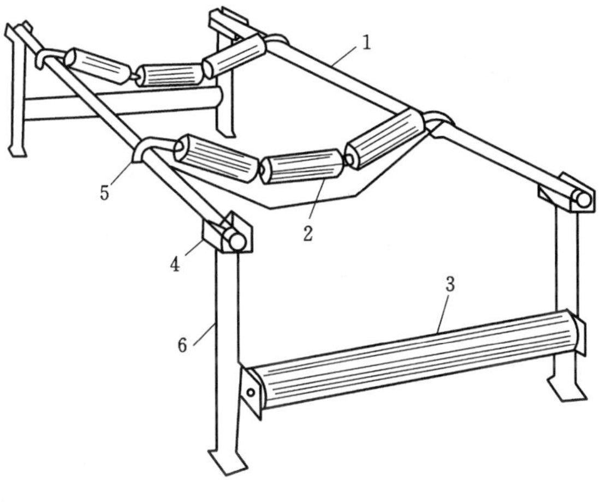

图 3-67 可拆移动式落地机架

1——纵梁；2——铰接槽形托辊；3——平形托辊；4——弹簧销；5——弧形弹性挂钩；6——支承架

2. 托辊

托辊的作用是支承胶带，减小胶带运行阻力，使胶带的悬垂度不超过要求，以保证胶带平稳运行。

托辊的标准直径有 89 mm、108 mm、133 mm、159 mm、194 mm、219 mm 6 种，选用时按带速选配，其转速一般不超过 600 r/ min。按材质分有无缝钢管托辊和塑料(酚醛复合材料)托辊；按用途分有槽形、平形、V 形、深槽形托辊及缓冲托辊和调偏托辊等。托辊的结构如图 3-68 所示。

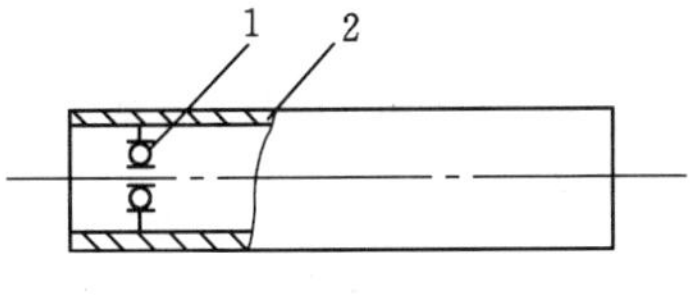

图 3-68 托辊结构示意图

1——滚动轴承；2——管体

(1) 槽形托辊

槽形托辊用于支承重段输送带，有固定式(图 3-60)和铰接式(图 3-67)两种，前者用于固定式输送机，后者用于可拆移动式输送机。其槽形角一般为 30°、35°。各托辊间距一般为 1.2 m

和 1.5 m。

(2) 平形托辊和 V 形托辊

平形托辊和 V 形托辊用于支承空段胶带，各托辊间距一般为 3 m，平形托辊如图 3-67 所示。V 形托辊如图 3-69 所示，它具有防跑偏作用，一般隔数个平行托辊安放一个 V 形托辊，其槽形角一般为 10°。

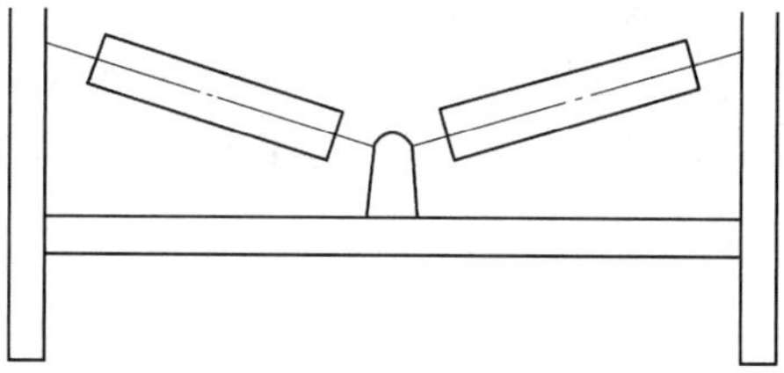

图 3-69 V 形托辊

(3) 缓冲托辊

缓冲托辊装在输送机的装载处，用于缓和货载对输送带的冲击。与槽形托辊的结构相同，只是在管体外部加装阻燃橡胶圈。

(4) 深槽形托辊

深槽形托辊用于倾角为 25°左右的大倾角带式输送机，支承重段胶带。常用双排 4 辊结构，如图 3-70 所示。

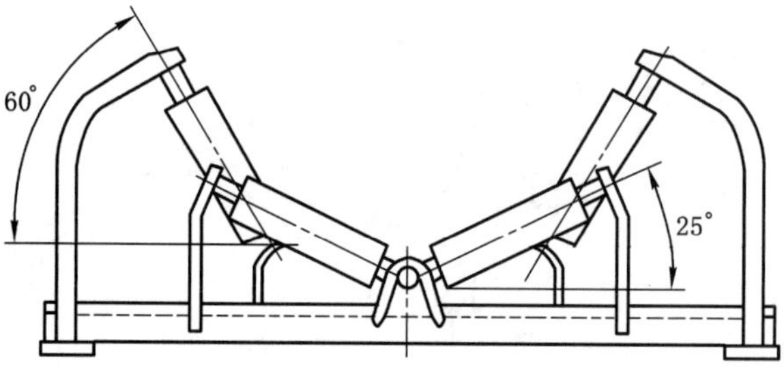

图 3-70 深槽形托辊

(5) 调偏托辊

调偏托辊具有防止和纠正胶带跑偏的作用，主要用于巷道或地面设置的固定式输送机。重载段一般每隔 10 组托辊放置 1 组回转式槽形调偏托辊，如图 3-71 所示。回空段每隔 6～10 组托辊放置 1 组回转式平形调偏托辊。两种调偏托辊的结构相似，调偏原理相同。当胶带跑偏时，碰撞立辊 1，使其带动回转架 3 及槽形托辊 2 向运行方向旋转一个角度，实现自动调偏。

(三) 驱动装置

驱动装置由电动机、联轴器、减速器和驱动滚筒组成，其作用是给带式输送机正常运行提供牵引力。

1. 驱动装置的类型

按驱动装置的布置位置驱动装置分有头部驱动、头尾驱动和中间多点驱动 3 种类型。仅在机头或机尾设置驱动装置的为头部驱动；两端都设置驱动装置的为头尾驱动；不仅在机头机尾，而且在中间部位也设置若干套驱动装置的为多点驱动，如图 3-72 所示。头尾驱动和多点驱动用于长距离输送，以减小输送带张力。

驱动方式按驱动滚筒的数量分有单滚筒、双滚筒及多滚筒驱动 3 种。单滚筒驱动用于功率较小的小型输送机上，双滚筒及多滚筒驱动用于功率较大的中、大型输送机上。

头部驱动有单驱动与双驱动两种方式。两滚筒共用 1 台电动机为双滚筒共同驱动；

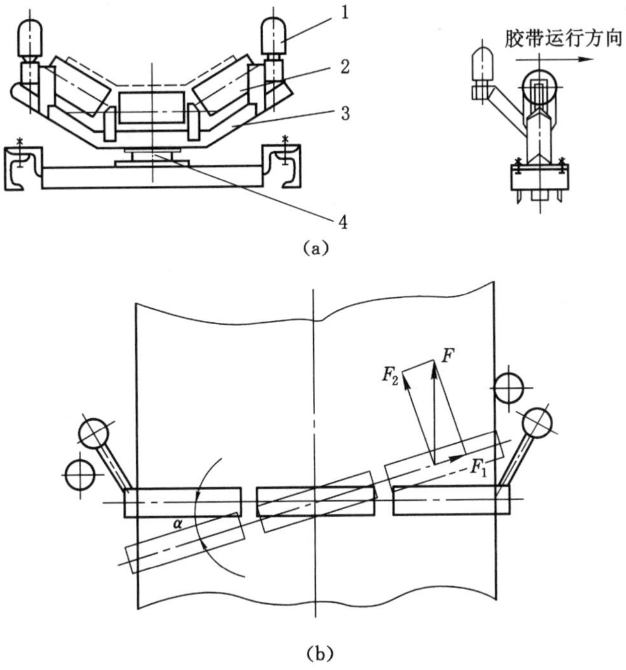

图 3-71　回转式槽形调偏托辊

(a) 调偏托辊结构；(b) 调偏原理示意图

1——立辊；2——槽形托辊；3——回转架；4——回转轴

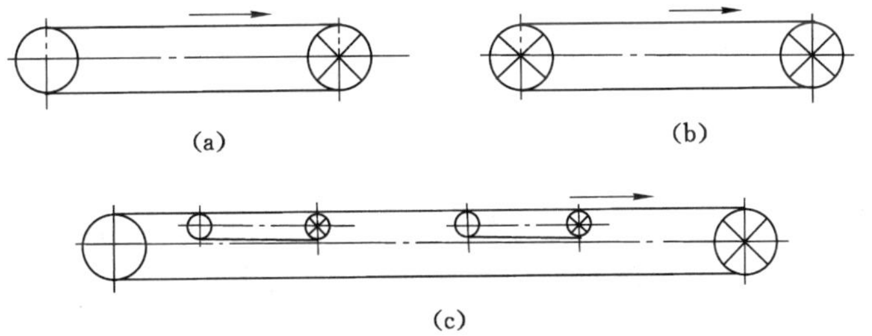

图 3-72　驱动装置布置示意图

(a) 头部驱动；(b) 头尾驱动；(c) 多点驱动

两滚筒各用 1 台电动机为双滚筒分别驱动，如图 3-73 所示。向下运输倾角较大时，应采用尾部驱动。

2. 滚筒

滚筒是带式输送机的重要部件之一，按所起作用的不同可分为传动(驱动)滚筒与改向滚筒。

传动滚筒用来传递牵引力及制动力。其表面有钢制光面和带衬两种形式。衬垫的作用是增大滚筒表面与胶带之间的摩擦因数，减少滚筒表面的磨损。常用的衬垫材料有橡胶、陶瓷、合成材料等，其中最常见的是橡胶，橡胶衬垫与滚筒表面的接合方式有铸胶与包胶两种。铸胶滚筒表面厚而耐磨，质量好；包胶滚筒的胶皮容易脱掉，而且固定胶皮

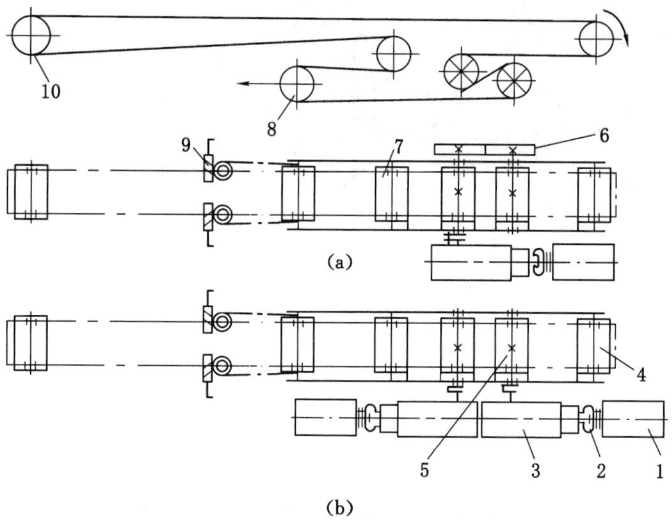

图 3-73 双滚筒的驱动方式

(a) 双滚筒共同驱动;(b) 双滚筒分别驱动

1——电动机;2——液力耦合器;3——减速器;4——卸载滚筒;5——驱动滚筒;6——齿轮对;7——改向滚筒;8——拉紧滚筒;9——手动蜗轮卷筒;10——机尾换向滚筒

的螺钉易露出胶面而刮伤胶带。钢制光面滚筒加工工艺比较简单,但表面摩擦因数小,且有时不够稳定。在小功率、不潮湿的情况下,可采用光面滚筒;在大功率、环境潮湿、易打滑的情况下,宜采用胶面滚筒,条件许可时尽量采用铸胶滚筒。

改向滚筒主要用作改变输送带的运行方向,同时可完成拉紧功能。改向滚筒有钢制光面滚筒和光面包(铸)胶滚筒。包(铸)胶的目的是为了减少物料在其表面黏结,以防胶带的跑偏与磨损。

(四) 拉紧装置

拉紧装置的作用有两个:一是保证胶带具有足够的张力,使驱动滚筒与胶带间产生足够的摩擦牵引力;二是限制胶带在两托辊间的垂度,使输送机能正常运行。拉紧装置应尽量布置在胶带张力最小处或靠近驱动滚筒的松边处,以使拉紧装置的拉紧力与拉紧行程最小、张紧响应速度最快。按拉紧装置在工作过程中的拉紧力是否可调分为固定式和自动式两类。

1. 固定式

固定式拉紧装置的特点是在工作过程中拉紧力恒定不可调。常用的有以下几种:

(1) 螺旋式拉紧装置

螺旋式拉紧装置如图 3-74 所示,这种拉紧装置由于行程小,只适用于长度小于 80 m,功率较小的输送机。

(2) 重力式拉紧装置

重力式拉紧装置适用于固定安装的带式输送机,结构形式较多,其中一种如图 3-60 所示,另外两种布置方式如图 3-75 所示。其主要特点是胶带伸长、变形不影响拉紧力,但体大笨重。

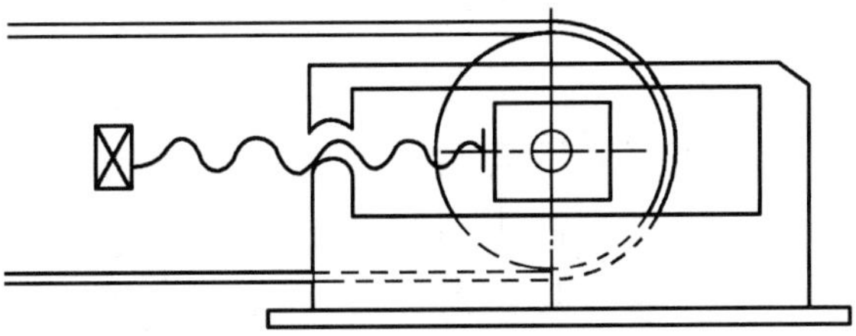

图 3-74　螺旋式拉紧装置

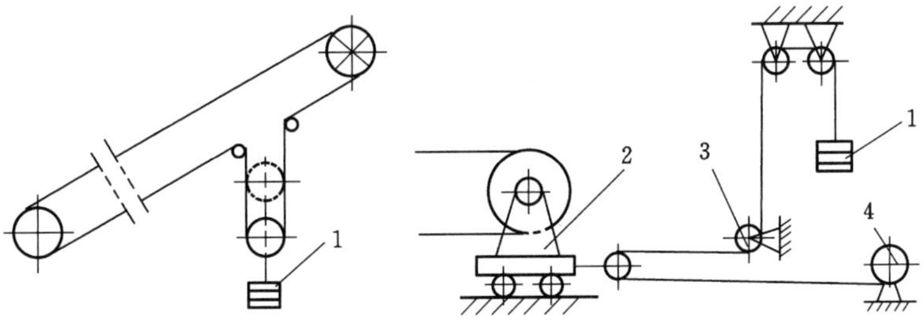

(a)　　　　　　(b)

图 3-75　重力式拉紧装置

1——重锤；2——拉紧滚筒小车；3——滑轮；4——绞车

(3) 钢丝绳式拉紧装置

钢丝绳式拉紧装置有两种形式，即绞车式和卷筒式。

绞车式是用绞车代替重力式拉紧装置中的重锤，以牵引钢丝绳改变滚筒位置，实现张紧胶带的目的。这种张紧方式，当胶带伸长变形时，需及时开动绞车张紧胶带，以避免张紧力下降。满载启动时，可开动绞车适当增加张紧力；正常运转时，反转绞车适当减小拉紧力；滚筒打滑时，开动绞车加大拉紧力，使胶带的张紧力始终处于适度状态。

钢丝绳卷筒式拉紧装置如图 3-73 所示，转动蜗杆手把，经蜗轮蜗杆减速器带动卷筒缠绕钢丝绳，移动拉紧滚筒便可张紧胶带。该装置广泛用于采区运输巷道中的绳架吊挂式和可伸缩式带式输送机上。

以上几种固定式拉紧装置的拉紧力大小是按整机重载启动时，满足胶带与驱动滚筒不打滑所需张紧力确定的，而输送机在稳定运行时所需张紧力较启动时小，由于拉紧力恒定不可调，所以胶带在稳定运行工况下仍处于过度张紧状态，从而影响其使用寿命，增加能耗。

2. 自动式

自动式张紧装置的特点是在工作过程中张紧力大小可调，即输送机在启动、稳定运行、制动时，张紧装置能够提供合理的张紧力。它主要应用于大型带式输送机。常用的有自动电动绞车拉紧装置和自动液压绞车拉紧装置。

(1) 自动液压绞车拉紧装置

自动液压绞车拉紧装置如图 3-76 所示，由液压绞车、拉紧力传感器及 PLC 控制装置相互配合，来调整启动、运行、制动及打滑时所需的牵引力。主要优点是动态响应快，拉紧行程大，是一种具有发展前途的拉紧装置。

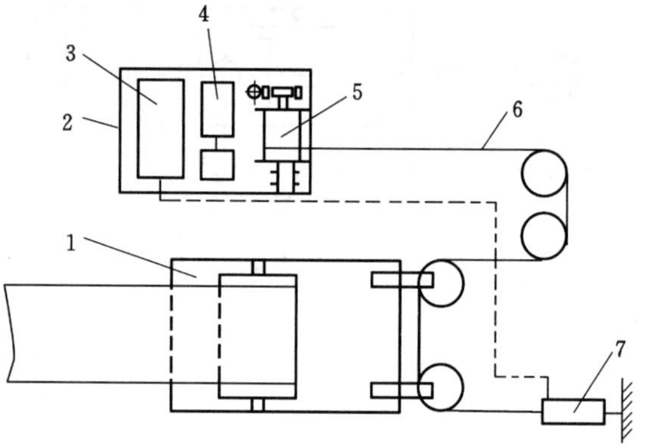

图 3-76　自动液压绞车拉紧装置

1——输送带拉紧小车；2——拉紧站；3——控制柜；4——油泵；5——液压绞车；6——钢丝绳；7——拉紧力传感器

(2) 自动电动绞车拉紧装置

它的组成布置与自动液压绞车拉紧装置基本相似，但使用的是电动绞车。工作时，通过测力机构的电阻应变式张力传感器模拟反应并转换为电信号，与电控系统给定值比较，控制绞车的正转、反转和停止，实现自动调整拉紧力。缺点是动态响应差。

(五) 制动装置

制动装置的作用有两个：一是正常停机，即输送机在空载或满载情况下停车时，能可靠地制动住输送机；二是紧急停机，即当输送机工作不正常或发生紧急事故时(如胶带被撕裂或跑偏等故障出现时)对输送机进行紧急制动，迅速而又合乎要求地制动住输送机。

制动装置按工作性质分为制动器和逆止器两类。制动器用于输送机在各种情况下的制动；逆止器用于倾角大于 4°向上运输的满载输送机，在突然断电或发生事故时停车制动防止其倒转。

1. 逆止器

常用的有塞带逆止器和滚柱逆止器。

(1) 塞带逆止器

如图 3-77 所示，输送带向上正向运行时，制动带在滚筒旁呈弯曲状不起作用；若满载的输送机停车倒行时，制动带靠摩擦力被卷入胶带与滚筒之间，因制动带另一端固定在机架上，依靠胶带与输送带之间的摩擦力，制止输送机倒行。这种逆止器结构简单、容易制造，但必须倒转一段距离方可制动，容易造成机尾处撒煤，故多用于小功率带式输送机。

(2) 滚柱逆止器

滚柱逆止器如图 3-78 所示，星轮 1 装在减速器低速轴背离驱动滚筒侧的轴上，同滚筒转向相同，固定圈 2 固定在地基上。向上运输时，星轮逆时针转动，滚柱 3 位于切口宽侧，不妨碍星轮在固定圈内转动；停车后若胶带带动滚筒倒转使星轮反转，滚柱挤入切口窄侧，滚柱越挤越紧使星轮不能继续反转，输送机被制动。这种逆止器在 TD 型带式输送机中已系列化，有定型产品供选用。

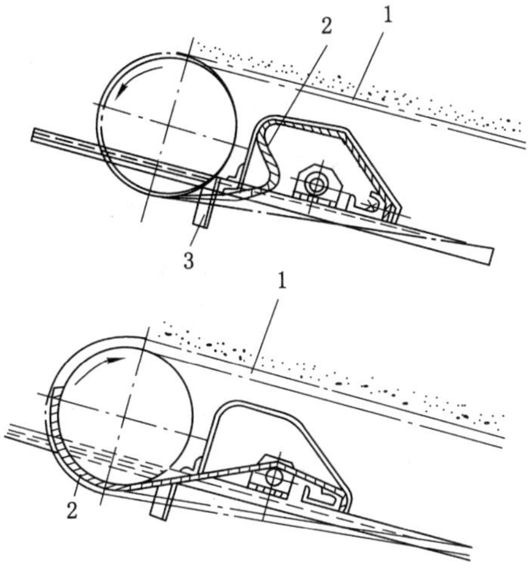

图 3-77 塞带逆止器

1——胶带；2——制动带；3——固定挡块

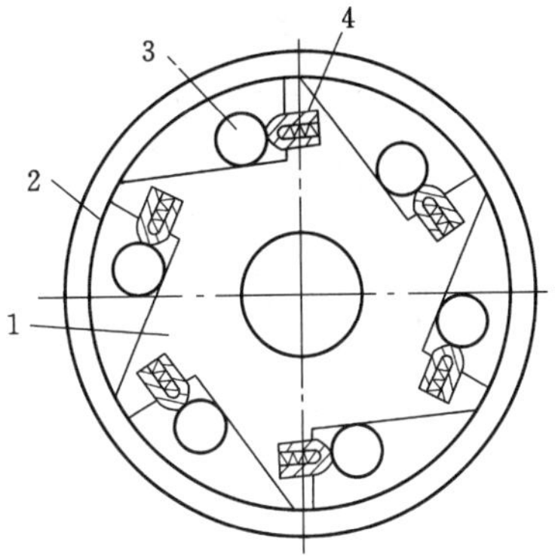

图 3-78 滚柱逆止器

1——星轮；2——固定圈；3——滚柱；4——弹簧柱销

2. 制动器

常用的制动器有闸瓦制动器和盘式制动器。

(1) 电动液压推杆的闸瓦制动器

电动液压推杆的闸瓦制动器可用于水平、向上、向下运输的输送机，这种制动器制动力矩小，安装在减速器一轴或二轴上。其制动原理如图 3-79 所示，制动器通电后，由电力液压推动器 7 推动制动杠杆 9 右端抬起松闸；失电时靠弹簧抱闸，制动力是由弹簧和杠杆加在闸瓦上的。

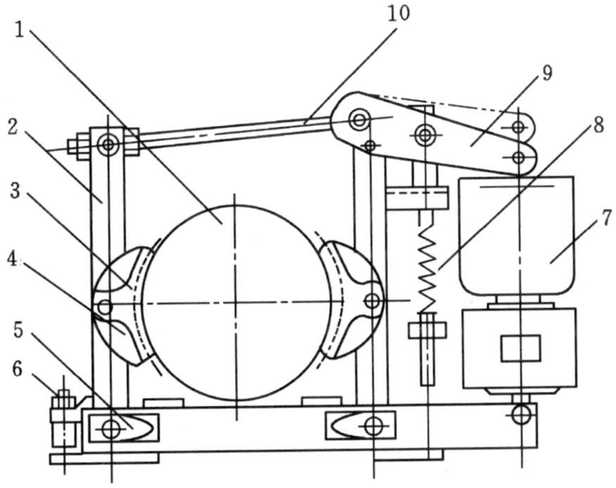

图 3-79 电动液压推杆的闸瓦制动器

1——制动轮；2——制动臂；3——制动瓦衬垫；4——制动瓦块；5——底座；6——调整螺钉；7——电力液压推动器；8——制动弹簧；9——制动杠杆；10——推杆

电力液压推动器的结构原理如图 3-80 所示，通电时，伸进电动机轴盲孔中的传动轴

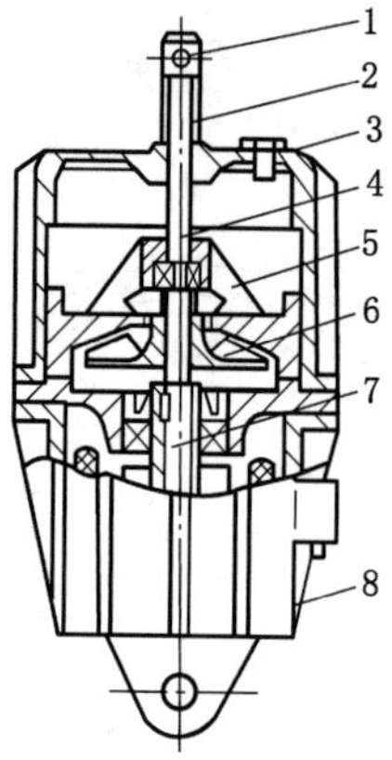

图 3-80 YD型单推杆电力液压推动器

1——连接块；2——护管；3——液压缸；4——推杆；5——活塞；6——叶轮；7——传动轴；8——电动机

7及固定在传动轴上的叶轮6随电动机8一同高速旋转，将液压缸3内活塞5上部的油液吸到活塞与叶轮下部，形成压差，迫使活塞及固定在活塞上的推杆4随传动轴和叶轮一同上升，举起制动杠杆；断电后，推杆在制动弹簧的作用下复位。叶轮与活塞下部的油液则通过叶轮径向叶片间的流道被重新压到活塞上部。

（2）盘式制动器

盘式制动器由制动盘、制动缸和液压系统组成，安装在减速器输出轴或滚筒轴上，如图3-81所示，其工作原理与提升机的盘闸制动系统相同。该制动器多用于大型带式输送机，水平、向上、向下运输时均可采用，但下运时必须加强制动盘及闸瓦的散热能力。

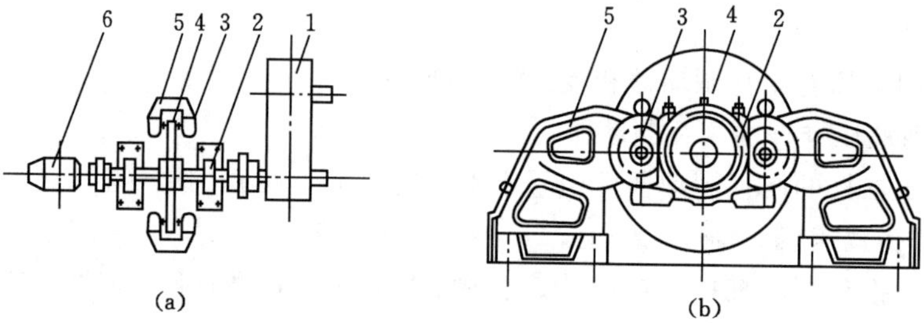

图 3-81 盘式制动器

（a）总体布置；（b）盘式制动器组成

1——减速器；2——制动盘轴承座；3——制动缸；4——制动盘；5——制动缸支座；6——电动机

（六）清扫装置

清扫装置安装在卸载端，用来清扫卸载后胶带表面的黏附物料，清扫装置有刮板式、旋转刷式、指状弹性刮刀式、水力冲刷式、振动清扫式等，最简单的是刮板式清扫器，如图3-82所示。刮板用橡胶带制成，靠重砣的重量紧贴在胶带上，将卸载后胶带表面的黏附物料刮掉。

清扫装置对双滚筒传动的带式输送机，特别是分别传动的尤为重要，因为胶带的上表面要与传动滚筒表面接触，若清扫不净，煤粉会黏结在传动滚筒表面，不仅使胶带磨损加快，而且还会造成两传动滚动直径的差异而使电动机功率分配不均，甚至发生事故。

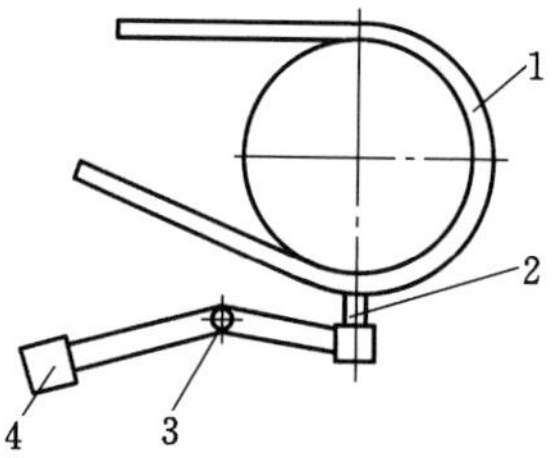

图 3-82 刮板式清扫器

1——胶带；2——刮板；3——铰轮；4——重砣

三、带式输送机的使用与维护

（一）熟悉工作环境及设备

① 熟悉工作面环境，各设备间位置关系，工作面平巷带式输送机的布置方式。

② 熟悉所使用带式输送机的型号、组成结构、工作性能、工作方式等。

③ 熟悉带式输送机的使用操作方法。

（二）带式输送机的操作运行

1. 带式输送机运转前的准备

① 检查电动机、减速器和液力耦合器等各部分的螺栓是否齐全，连接是否牢固，有无渗、漏油现象，油量是否符合规定。

② 检查带式输送机滚筒、轴承座、机架、上下托辊等部件连接是否牢固。

③ 检查驱动滚筒及托辊处有无浮煤和其他障碍物，如有要及时清理。

④ 检查胶带接头是否良好，输送带上有无易割伤胶带的硬物和卡堵现象。

⑤ 检查清扫装置及各种保护装置是否可靠正常。

⑥ 检查控制按钮、信号、通信等设施是否灵敏可靠。

2. 带式输送机的启动

开机时，取下控制开关上的停电牌，合上控制开关，发出开机信号并喊话，让人员离开输送机转动部位。先点动 2 次，再转动 1 周，并检查各部位运转声音是否正常，输送机有无跑偏、打滑、跳动或刮卡现象，输送机松紧是否合适，张紧拉力表指示是否正确。若一切检查正常，可正式操作运行。

3. 带式输送机的运行

① 送电开机后，司机要随时观察设备运行是否平稳，有无异常，胶带有无跑偏现象，张紧程度是否适当，各转动部位是否灵活。

② 带式输送机周围要保持清洁，保证电动机、液力耦合器和减速器有良好的散热条件。

③ 保持清扫装置工作可靠，巷道无浮煤。

④ 按规定巡回检查电动机、轴承和减速器的温度。监视各部件工作情况，如发现故障时，应立即停机处理。

⑤ 若发现胶带上有大块煤、岩石或易割伤胶带的硬物时要及时处理，以防损伤胶带和堵卡煤仓（漏斗）。

4. 带式输送机的停机

① 收到停机信号后，应立即停车，以防事故的发生。自身停机时要将胶带上的煤岩拉净后再停止电动机。

② 停机后，司机应检查机头部各部件的情况，若发现问题，应及时处理。

③ 司机离开工作岗位时，要切断电源，将开关打到零位并进行闭锁。

5. 伸缩带式输送机的伸缩操作

当需要缩短胶带时，用机尾牵引绞车拉动机尾前移，再运行拉紧绞车，拉动储带装置的活动滚筒，将松弛的胶带拉紧；当需要伸长胶带时，使拉紧绞车和机尾牵引绞车松绳，机尾后移，把储带仓中的胶带放出，活动滚筒前移。根据缩短或伸长的距离，可相应地拆除或增加中间架。带式输送机伸缩完成后，用拉紧绞车以适当的拉力把胶带拉紧，以保证带式输送机正常传动的运输。

（三）维护

维护工作分为日检、周检、月检、半年检四类。应按照各类检查规定的检查内容进行检查，发现问题应及时处理。每种带式输送机的部件润滑有其各自的规定，应按该机使用维护说明书严格执行，以确保设备正常运行。

任务实施

一、教学设备

模拟工作面综采设备一套。

二、任务实施方法

① 指导教师集中讲解带式输送机运转前的准备，启动，胶带伸缩及停机操作方法，运行中的注意事项。

② 学生分组，结合可伸缩带式输送机，指出带式输送机的各组成部分，并说明各部分的作用。

③ 学生分组，按步骤轮流对可伸缩带式输送机进行操作。

④ 指导教师巡回检查并指导，随时向学生进行提问。

三、任务考评

任务考评内容及评分标准见表 3-5。

表 3-5　　带式输送机操作的评分标准

序号	考核内容	考核项目	分值	评分标准	得分
1	输送机的工作原理	对照输送机说明其工作原理	10	工作原理 10 分	
2	机器的结构及各部分的作用	① 胶带 ② 机架与托辊 ③ 驱动装置 ④ 拉紧装置 ⑤ 制动装置 ⑥ 清扫装置	30	① 胶带部分 5 分 ② 机架与托辊 5 分 ③ 驱动装置 5 分 ④ 拉紧装置 5 分 ⑤ 制动装置 5 分 ⑥ 清扫装置 5 分	
3	启动与停止的操作	① 操作前准备 ② 启动运行操作 ③ 停止操作	30	① 操作前准备 10 分 ② 启动运行 10 分 ③ 停止操作 10 分	
4	收放胶带的操作	① 缩短胶带 ② 伸长胶带	20	每项 10 分	
5	安全文明操作	① 遵守安全规程，文明操作 ② 清理现场卫生	10	每项 5 分	
总计					

思考与练习

① 试述带式输送机的用途、组成部分及其工作原理。
② 带式输送机与刮板输送机比较有哪些优点？
③ 常用的输送带有哪几种类型？
④ 说明绳架吊挂式、可伸缩式、钢丝绳芯式带式输送机的结构特点。
⑤ 拉紧装置、制动装置的作用是什么？
⑥ 带式输送机应如何启动和停止？
⑦ 带式输送机在运行时应注意什么？
⑧ 可伸缩带式输送机储带装置有什么用途？收放胶带应如何操作？

参考文献

[1] 王启广.采掘设备使用维护与故障诊断[M].徐州:中国矿业大学出版社,2006.
[2] 王守彪.综合机械化采煤机械[M].北京:中国劳动社会保障出版社,2006.
[3] 王寅仓,丁原廉.采掘机械[M].北京:煤炭工业出版社,2004.
[4] 王志甫,毋虎城.矿山机械[M].徐州:中国矿业大学出版社,2009.
[5] 查丁杰,王永祥.采掘机械使用与维护[M].徐州:中国矿业大学出版社,2009.
[6] 赵济荣.液压传动与采掘机械[M].徐州:中国矿业大学出版社,2008.
[7] 朱真才,韩振铎.采掘机械与液压传动[M].徐州:中国矿业大学出版社,2005.
[8] 黄文建.矿山流体机械的操作与维护[M].重庆:重庆大学出版社,2010.
[9] 彭伦天,韩治华.采掘机械选型与操作[M].重庆:重庆大学出版社,2010.
[10] 丁原廉,马立克.煤矿机械[M].北京:煤炭工业出版社,2010.